高等学校机械类专业系列教材

液压与气压传动

主　编　张　平

副主编　顾海荣　张智明

参　编　贺利乐　吕　刚　焦　渊

西安电子科技大学出版社

内 容 简 介

本书包括绪论、液压传动部分和气压传动部分三部分，共 13 章。

液压传动部分以液压传动为主线，在阐述液压传动流体力学基本内容的基础上，主要介绍了液压泵、液压马达、液压缸、液压控制阀、液压辅助元件、液压系统基本回路，并对典型机械设备的液压传动系统进行了分析，最后结合实例系统地讲述了液压系统的设计计算。气压传动部分介绍了气压传动基础、气源装置及气动元件、气动基本回路及气压传动系统实例等内容。各章内容相互关联，同时又有一定的独立性。为了便于读者掌握所学知识，本书提供了习题和常用相关国标。

本书可作为高等院校机械类专业本科生的教学用书，也可作为流体传动及控制技术人员的参考书。

图书在版编目（CIP）数据

液压与气压传动 / 张平主编. -- 西安 ：西安电子科技大学出版社，2025. 1. -- ISBN 978-7-5606-7490-2

Ⅰ. TH137；TP136

中国国家版本馆 CIP 数据核字第 2025U18Z96 号

策　　划　　刘玉芳　刘百川
责任编辑　　薛英英
出版发行　　西安电子科技大学出版社（西安市太白南路 2 号）
电　　话　　(029) 88202421　88201467　　邮　　编　　710071
网　　址　　www. xduph. com　　　　　　　电子邮箱　xdupfxb001@163. com
经　　销　　新华书店
印刷单位　　陕西天意印务有限责任公司
版　　次　　2025 年 1 月第 1 版　　　　　2025 年 1 月第 1 次印刷
开　　本　　787 毫米×1092 毫米　1/16　　印张　21
字　　数　　499 千字
定　　价　　56.00 元

ISBN 978-7-5606-7490-2

XDUP 7791001-1

＊＊＊如有印装问题可调换＊＊＊

前　言

本书是编者根据当前国内外液压技术的应用情况，结合长期的教学、工程设计实践经验编写的。本书以液压传动为主线，力求理论联系实际，注重基本概念和原理的阐述，加强工程应用介绍，着重反映液压、气动技术在现代机械工程技术中的应用。

全书共 13 章，在全面阐述液压传动及流体力学基本内容的基础上，收入了近年来的新元件、新技术等内容，罗列了液压系统设计常用标准。书中重点分析了各类液压与气压元件的工作原理和结构，基本液压与气压回路的组成、特点及应用；简要介绍了液压伺服与比例控制系统的基本知识，液压系统的安装、调试及使用和维护方面的知识；系统讲述了液压传动系统的设计方法和计算步骤，并辅以工程设计案例；有针对性地对几种典型机械设备的液压传动系统、气压传动系统进行了分析，以帮助读者尽快达到学以致用、提高综合应用能力的目的。另外，为便于读者加深理解和巩固所学内容，各章后附有习题。

本书由张平担任主编并统稿，由顾海荣、张智明担任副主编。西安建筑科技大学谷立臣教授给予了指导。编写分工如下：西安建筑科技大学张平编写了绪论、第 5 章、第 8 章、第 9 章、第 11 章和附录，长安大学顾海荣编写了第 2 章和第 3 章，同济大学张智明编写了第 7 章，西安建筑科技大学贺利乐编写了第 1 章和第 10 章，西安建筑科技大学吕刚编写了第 6 章和第 12 章，西安建筑科技大学焦渊编写了第 4 章。此外，硕士研究生曹支朋、张鑫、张琛、雍嘉伟绘制了部分插图。

由于编者水平有限，加之时间仓促，书中难免存在不妥之处，敬请广大读者批评指正。

编　者
2024 年 9 月

目　录

液压传动部分

气压传动部分

第 0 章

绪　论

　　通常，一台完整的机器由原动机、工作机构和传动装置三部分组成。原动机是机器的动力源，包括电动机、内燃机等；工作机构即完成该机器工作任务的直接工作部分。由于原动机的功率和转速变化范围有限，为了满足工作机构的工作力或力矩、工作速度、控制性能等要求，在原动机和工作机构之间须设置传动装置，通过传动装置将原动机输出的动力和速度转换成工作机构需要的动力和速度。

　　在各类机械设备中，传动是指能量或动力由原动机向工作装置的传递。通过不同的传动方式，可使原动机的转动变为工作装置的各种不同的运动形式，如推土机推土板的升降、起重机转台的回转、挖掘机铲斗的挖掘动作等。

　　目前，根据传递能量的工作介质的不同，传动可分为机械传动、电气传动、气体传动和液体传动，气体传动和液体传动统称为流体传动。液体传动是以液体为工作介质传递能量和进行控制的一种传动方式。按其工作原理的不同，液体传动又分为液压传动和液力传动。液压传动是利用液体的压力能传递能量的一种液体传动，液力传动则是利用液体的动能传递能量的一种液体传动。气体传动是以气体为工作介质传递能量和进行控制的一种传动方式。气压传动是气体传动的一种，是以压缩气体为工作介质传递能量和进行控制的一种气体传动。本书主要介绍液压传动和气压传动。

1. 液压传动

　　液压传动相对于机械传动而言，还是一门新学科。17 世纪中叶，帕斯卡提出静压传动原理(密闭液体上的压强，能够大小不变地向各个方向传递)。在此基础上，18 世纪末，英国制造出世界第一台水压机，从这台水压机诞生算起，液压传动已有 200 多年的历史。这期间，随着科学技术的不断发展，液压传动技术本身也在不断发展，特别是在第二次世界大战期间及战后，由于军事及建设需求的刺激，液压传动技术得到了迅猛发展。近二十年来，随着航空航天技术、控制技术、微电子技术、材料科学技术等学科的发展，液压技术已发展为集传动、控制和检测于一体的一门完整的自动化技术，在国民经济的各个部门都得到了广泛应用,如建设工程机械、机械装备制造、航空航天、石油化工、海洋机械等。表0-1为液压传动在各类机械行业中的应用举例。液压传动极大地提升了我国装备及其制造水平。我国自主研发的重大装备中,广泛使用了液压传动,如海洋石油钻井平台、万吨级模锻压力机、大口径球面射电望远镜、航空母舰、盾构机等。

表0-1 液压传动在各类机械行业中的应用举例

行业名称	应用举例
起重机械	汽车吊、龙门吊、叉车等
矿山机械	凿岩机、破碎机、提升机、采煤机、掘进机、液压支架等
建筑机械	挖掘机、打桩机、平地机、装载机、推土机、混凝土泵、搅拌运输车等
筑路机械	摊铺机、铣刨机、压路机等
农业机械	联合收割机、拖拉机等
林业机械	木材采运机、人造板机等
石油机械	抽油机、石油钻机等
建材机械	水泥回转窑、石料切割机、玻璃加工机等
锻造机械	高压造型机、压铸机、模锻压力机等
机床机械	液压车床、磨床、液压机等
冶金机械	电炉炉顶电极提升器、轧钢机等
轻工机械	机械手、自卸汽车、高空作业车等
船舶海洋机械	起锚机、航母阻拦系统、海洋石油钻井平台等
航空机械	飞机起落架、襟翼和减速板收放系统等
兵器机械	坦克/火炮稳定器、调平机构等
智能机械	机器人、无人驾驶压路机、无人驾驶摊铺机等

2. 气压传动

气压传动的应用历史悠久,最早可以追溯到公元前。从18世纪开始,气压传动逐渐被应用于各行各业,如矿山用的风镐、气动刹车装置等。作为一种低成本的工业自动化手段,自20世纪60年代以来,气压传动发展十分迅速,已成为一个独立的专门技术领域,广泛应用于机械制造、汽车、电子、航天航空、食品加工、生物制药、化工、机器人等领域。

3. 发展概况

随着人工智能、物联技术、增材制造技术、新材料技术等学科的发展,液压与气压传动在元件制造(如3D打印制造元件、碳纤维液压缸等)、系统集成(如智能化油源模块、集成式气路板、智能物联、远程检测与控制等)、控制精度(如数字液压技术、比例控制等)、传动效率(如负载敏感控制、能量回收、浮杯柱塞泵等)、环保清洁(如水液压传动、环保型液压油等)等方面都取得了极大的进步,元件朝着高压化、小型化、轻量化、高可靠性、智能化、集成化、精密化、高速化、长寿命、环保等方向发展。

0.2　液压传动与气压传动的工作原理和组成

　　液压传动与气压传动都是以流体作为介质进行能量传递的，其组成部分都包含动力元件、执行元件、控制元件、辅助元件及工作介质。

0.2.1　液压传动的工作原理

　　图 0-1 所示为工程机械上常见的一种举升机构（如液压起重机的变幅机构、液压挖掘机动臂的升降机构、自卸式卡车举升机构等）。

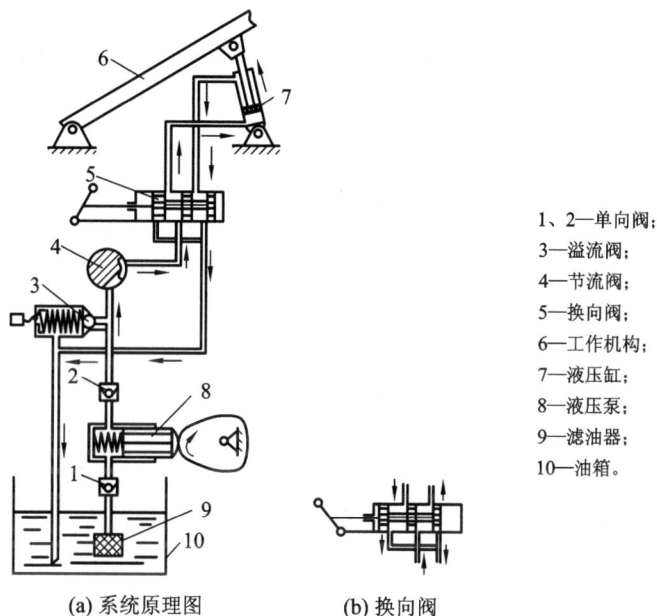

1、2—单向阀；
3—溢流阀；
4—节流阀；
5—换向阀；
6—工作机构；
7—液压缸；
8—液压泵；
9—滤油器；
10—油箱。

(a) 系统原理图　　　　(b) 换向阀

图 0-1 液压举升机构结构式原理图

　　现结合图 0-1 说明其工作原理。当换向阀 5 处于图 0-1(a) 中所示位置时，原动机带动液压泵 8 从油箱 10 经单向阀 1 吸油，并将有压力的油经单向阀 2 排至管路，压力油沿管路经过节流阀 4 和换向阀 5 进入液压缸 7 的无杆腔。此时，压力油经过换向阀 5 阀芯左边的环槽，经管路进入液压缸 7 的无杆腔。由于液压缸 7 的缸体被铰接在机座上，因此在压力油的推动下，活塞向上运动，通过活塞杆带动工作机构 6 产生举升运动。同时，液压缸 7 有杆腔中的油液被排出，经换向阀 5 阀芯右边的环槽和管路流回油箱。如果扳动换向阀 5 的手柄使其阀芯移到左边位置，如图 0-1(b) 所示，那么压力油会经过阀芯右边的环槽，经管路进入液压缸 7 的有杆腔，使举升机构降落。同时，从液压缸 7 的无杆腔排出的油液经阀芯左边的环槽和管路流回油箱。值得注意的是，对于实际工况和回路，在设计时还需考虑下降时的平衡回路，相关内容可参考本书 7.1.4 节。

　　从图中可以看出，液压泵输出的压力油流经单向阀 2 后分为两路：一路通向溢流阀 3，另一路通向节流阀 4。改变节流阀 4 的开口大小，就能改变通过节流阀的油液流量，控制举升速度。而从定量液压泵输出的油液除进到液压缸外，其余部分通过溢流阀 3 返回油箱。

这里，溢流阀 3 起着过载安全保护和配合节流阀 4 改变进到液压缸的油液流量的双重作用。当溢流阀 3 中的钢球在弹簧力的作用下将阀口堵住时，压力油不能通过溢流阀 3。如果油液的压力增高到使作用在钢球上的液压作用力能够克服弹簧的作用力而将钢球顶开，压力油就通过溢流阀 3 和管路直接流回油箱，油液的压力就不会继续升高。因此，只要调定溢流阀 3 中弹簧的预压缩力，就可以改变压力油顶开溢流阀 3 中的钢球时的压力，也就控制了液压泵 8 输出的油液的最高压力，使系统具有过载安全保护作用。改变节流阀 4 的开口大小可以改变通过节流阀的油液流量，同时改变通过溢流阀 3 的分流油液流量，从而调节举升机构的运动速度。

此系统中，换向阀 5 控制运动方向，使举升机构既能举升又能降落；节流阀 4 控制举升的速度；溢流阀 3 控制液压泵的最高输出压力。网式滤油器 9 用于过滤较大杂质颗粒，保护元件和系统。值得注意的是：该系统未考虑工作机构下降时的负载工况，实际系统设计时，应该在油路上设置对应的平衡阀来平衡重力负载，防止工作机构下降超速，起到平稳安全下降的作用。

▆▆▆ 0.2.2 ▆▆▆ 气压传动的工作原理

气压传动系统的组成如图 0-2 所示。在原动机驱动下，空气压缩机 2 产生高压气体，并将其储存在气罐 3 中。气缸 9 是气压传动系统的执行装置。除此之外，气压传动系统还包括控制压缩气体压力、流量、流动方向的控制元件和压缩空气净化、润滑、消声和传输所需要的一些装置。工作时，高压气体通过气动三大件（分水滤气器、减压阀、油雾器）、管路、换向阀 6、流量控制阀进入气缸中，作用在气缸活塞上，从而控制活塞及活塞缸运动，由流量控制阀调节进入气缸的流量，换向阀 6 控制气缸活塞杆运动方向。此外，气压传动系统还包括必要的油雾器 11、消声器 10、管路、管接头等。

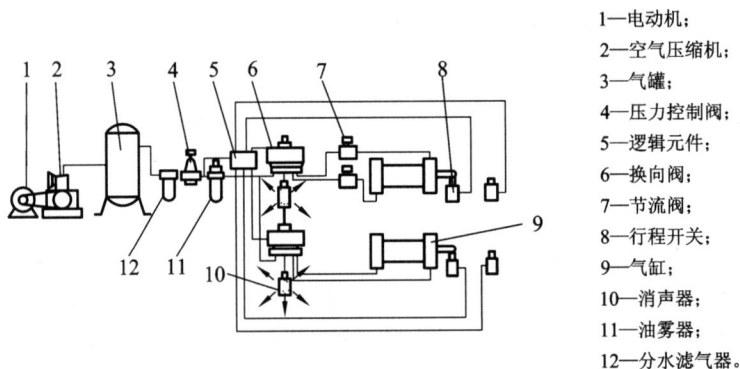

1—电动机；
2—空气压缩机；
3—气罐；
4—压力控制阀；
5—逻辑元件；
6—换向阀；
7—节流阀；
8—行程开关；
9—气缸；
10—消声器；
11—油雾器；
12—分水滤气器。

图 0-2   气压传动系统

▆▆▆ 0.2.3 ▆▆▆ 液压传动系统与气压传动系统的组成

为实现某种特定功能，由液压元件构成的组合，称为液压回路；由气压元件构成的组合，称为气压回路。液压回路按给定的用途和要求组成的整体，称为液压传动系统；气压回路按给定的用途和要求组成的整体,称为气压传动系统。

经过上述分析可知,一个完整的液压传动系统或气压传动系统若要能正常工作,一般要包括五个组成部分,即动力元件、执行元件、控制元件、辅助元件和工作介质。

(1)动力元件。对于液压传动系统,动力元件即液压泵,其作用是将原动机输出的机械能转换成液压能,并向液压系统供给液压油。对于气压传动系统,动力元件的主体部分是空气压缩机,以及储存、净化压缩空气的附属设备。

(2)执行元件。对于液压传动系统,执行元件包括液压缸和液压马达,前者实现往复运动,后者实现连续旋转运动。执行元件的作用是将液压能转化成机械能,输出到工作机构上。对于气压传动系统,执行元件包括气缸、气动马达等。执行元件的作用是将气压能转化成机械能,输出到工作机构上。

(3)控制元件。控制元件包括压力控制阀、流量控制阀和方向控制阀等,其作用分别是控制液压系统或气压系统的压力、流量和流动方向,以保证执行元件能够得到所要求的力(或扭矩)、速度(或转速)和运动方向(或旋转方向)。

(4)辅助元件。对于液压传动系统,辅助元件包括油箱、油管、管接头、过滤器、空滤器、蓄能器、散热器以及各种仪表等。这些元件也是液压系统必不可少的。对于气压传动系统,辅助元件包括分水滤气器、油雾器、消声器、气管、管接头等。

(5)工作介质。对于液压传动系统,工作介质现阶段主要是液压油,用以传递能量,同时还起散热、润滑和防锈的作用。对于气压传动系统,工作介质主要是空气。

0.3 图形符号和液压系统图

从图 0-1 可以看出,液压传动系统结构式原理图近似于实物的剖面图,很直观,比较容易理解。当液压系统出现故障时,根据该原理图进行检查、分析也比较方便。但是,它反映不出元件的职能作用,必须根据元件的结构进行分析才能了解其作用,而且其图形比较复杂,特别是当系统中元件较多时,绘制很不方便。气压传动系统存在同样的问题。为了简化液压传动系统和气压传动系统原理图的绘制,另有一种职能符号式系统原理图。在这种原理图中,各元件都用符号表示,这些符号只表示元件的职能和连接系统的通路,并不表示元件的具体结构。这对专利元件更具有保密性。我国制定的国家标准《流体传动系统及元件图形符号和回路图 第 1 部分:图形符号》(GB/T 786.1—2021)就采用职能符号,其中规定,符号都以元件的静止位置或零位置表示。所以图 0-1 所示的结构式原理图用职能符号可表示为如图 0-3 所示的形式。

在图 0-3 中,换向阀 4 处于中间位置,其压力油口、通液压缸的两个油口以及回油口均被阀芯堵住。这时液压泵输出的油液全部通过溢流阀 1 流回油箱,工作机构 2 不动。若操纵手柄将换向阀 4 的阀芯向右推,油路连通情况就如图 0-1(a)所示。这时液压缸 3 下腔通压力油,上腔通油箱,液压缸活塞带动工作机构向上举升。若将换向阀 4 阀芯向左推,油路就如图 0-1(b)所示,工作机构向下降落。溢流阀 1 上的虚线代表控制油路。控制油路中,油液的压力为液压泵的输出油压,当该压力油的作用力能够克服弹簧力时,下压溢流阀的阀芯使液压泵出口与回油管构成通路,产生溢流作用。

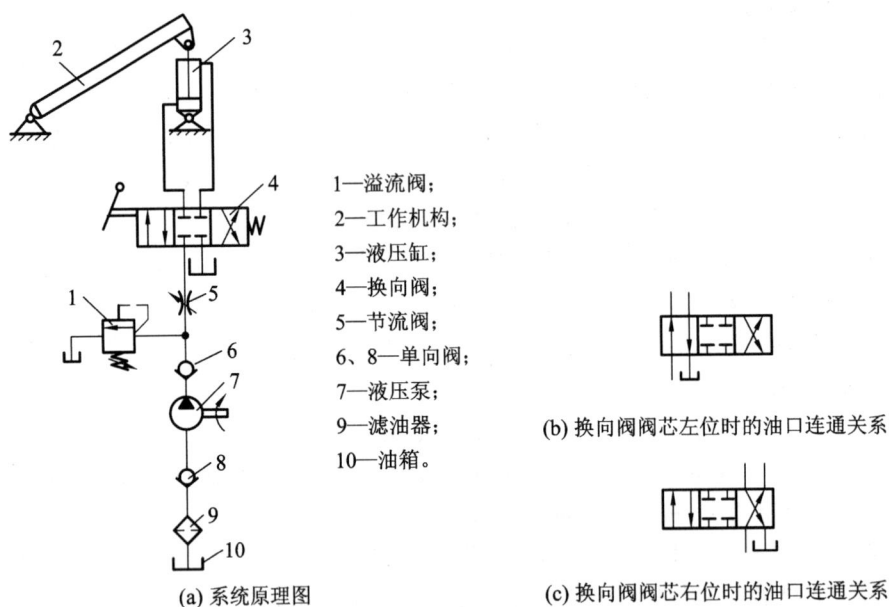

1—溢流阀；
2—工作机构；
3—液压缸；
4—换向阀；
5—节流阀；
6、8—单向阀；
7—液压泵；
9—滤油器；
10—油箱。

(a) 系统原理图

(b) 换向阀阀芯左位时的油口连通关系

(c) 换向阀阀芯右位时的油口连通关系

图 0-3　用职能符号表示的液压系统原理图

0.4　液压与气压传动的特点

液压与气压传动都属于流体传动，但它们具有不同特点。在进行传动方案设计时，应深刻理解它们各自的特点，结合传动要求选择合适的传动方式。

0.4.1　液压传动的特点

与其他传动相比，液压传动有以下主要优点：

（1）能获得较大的力或力矩。一般液压传动系统压力可以达到 30 MPa 以上，甚至更高，因此液压油缸或马达可以输出较大的力或力矩，适合大负载传动。

（2）功率密度大。同其他传动方式相比，传动功率相同的情况下，液压传动装置的重量轻，体积紧凑。

（3）调速方便，调速范围大。通过变量泵、变量马达、流量控制阀等元件，都可以实现执行元件输出速度的调整，其调速范围可到 2000。

（4）易布置，组合灵活性大。液压传动通过液体进行能量传递，因此它可以通过管路将能量传递至设备所需的地方。另外，液压传动系统有单泵多执行元件、多泵多执行元件等系统，可以通过合适的组合实现设备传动功能。由于重量轻、惯性小、响应快，液压传动系统可用于快速启动、制动和频繁换向的场合。

（5）传动工作平稳，系统容易实现缓冲吸振，并能自动防止过载，容易实现直线运动。液压传动系统可以方便地实现系统压力控制；利用一定的容腔、液压油的压缩性，可以实现系统缓冲吸振；相较于机械传动，通过液压缸，可以方便地实现直线运动。

（6）可以与电控部分进行深度结合，组成机电液一体化的传动和控制器件，实现各种自动控制。这种电液控制既具有液压传动输出功率适应范围大的特点，又具有电子控制方便灵活的特点。

（7）有自润滑特性。大部分液压传动系统采用的是液压油，因此液压元件内部的摩擦副不需要专门的润滑，靠液压油即可实现润滑。

（8）元件已实现系列化、通用化和标准化。在进行液压传动系统设计时，可根据需要进行相关选型和集成，提高系统设计效率，降低成本，也便于使用和维护。

液压传动有以下主要缺点：

（1）易泄漏（包括内泄漏和外泄漏）。泄漏会导致系统容积效率降低、液动机位移精度降低、锁精度降低、油温升高，此外，外泄漏还会浪费油且污染环境。

（2）对元件的加工质量要求高，对油液的过滤要求严格。为了减少泄漏、提高元件额定压力和传动效率，液压传动对液压元件有较高的加工质量要求；为了降低液压传动系统故障率，需保持液压油液的洁净度。

（3）受环境影响较大，液压传动性能对温度比较敏感。液压油液的黏度极易受到温度的影响：温度降低，油液黏度变大，会影响油液流动并增大油液流动过程中的压力损失；温度升高，油液黏度变小，液压系统的内泄漏会增大，降低系统总效率并可能影响系统压力。

（4）能量转换次数多等原因导致系统的总效率低，目前一般效率为 $75\% \sim 85\%$。

（5）液压元件的制造和维护要求较高，价格也较贵。

（6）故障诊断与排除技术要求较高。

0.4.2　气压传动的特点

气压传动具有以下主要优点：

（1）气压传动系统的介质是空气，成本低，无污染。空气取之不尽用之不竭，成本较低，用后的空气可以排到大气中去，不会污染环境。

（2）气压传动的工作介质黏度很小，所以流动阻力很小，压力损失小，便于集中供气和远距离输送，便于使用。

（3）气压传动工作环境适应性好。

（4）气压传动有较好的自保持能力。即使气源停止工作或气阀关闭，气压传动系统仍可维持一个稳定压力。

（5）气压传动动作速度快、反应快。

（6）气压传动在一定的超负载工况下运行也能保证系统安全工作，不易发生过热现象。

（7）气动元件可靠性高、寿命长。电气元件可运行百万次，而气动元件可运行 2000 万次至 4000 万次。

（8）工作环境适应性好，特别在易燃、易爆、多尘埃、强磁、辐射、震动等恶劣环境下，比液压、电子、电气传动和控制更优越。

（9）气动装置结构简单，成本低，维护方便，过载能自动保护。

气压传动具有以下主要缺点：

（1）气压传动系统的工作压力低，一般在 $0.3 \sim 0.8$ MPa，因此气压传动装置的推力一般不宜大于 40 kN，且传动效率较低，仅适用于小负载、低功率的场合。

（2）由于空气的可压缩性大，气压传动系统的速度稳定性差，位置和速度控制精度不高。

（3）气压传动系统的噪声大，尤其在排放气体时，需要加消音器降低噪声。

（4）气压传动工作介质本身没有润滑性。

（5）气压传动控制信号传递速度小于声速，与电信号、光信号相比，信号传递速度慢，不适合复杂控制回路。

习　题

0.1　什么是液压传动和气压传动？

0.2　结合某一个设备，举例说明液压系统一般由哪几部分组成，简述每部分的作用。

0.3　液压传动和气压传动分别有哪些优缺点？

液压传动部分

第1章

液压流体力学基础

1.1 传动介质

了解传动介质的性质、分类、污染对于正确选择和使用传动介质进行系统设计和维护是十分重要的。

本节介绍传动介质的性质、分类和选用、特殊传动介质和传动介质污染及污染控制。

1.1.1 传动介质的性质

1. 密度

均质的液体单位体积所具有的质量叫作密度，其计算公式如下：

$$\rho = \frac{m}{V} \tag{1-1}$$

式中，ρ——液体的密度（kg/m^3）；

$\quad\quad m$——液体质量（kg）；

$\quad\quad V$——液体体积（m^3）。

我国采用20℃时的密度为液压油的标准密度，以 ρ_{20} 表示。计算时，液压油的密度常取 $\rho_{20} = 850 \sim 900 \ kg/m^3$。在一般条件下，温度和压力引起的密度变化很小，故实际应用中可近似认为液压油的密度是固定不变的。

2. 压缩性

液体受压力的作用发生体积变化的性质叫作压缩性，可用体积压缩系数 β 来表示，是指液体所受的压力每增加一个单位压力时，其体积的相对变化量，即

$$\beta = -\frac{1}{\Delta P} \cdot \frac{\Delta V}{V} \tag{1-2}$$

式中，ΔP——液体压力的变化值（Pa）；

$\quad\quad \Delta V$——液体体积在压力变化 ΔP 时，其体积的变化（m^3）；

$\quad\quad V$——液体的初始体积（m^3）。

压力增大时，液体体积减小；反之，则增大。为了使 β 为正值，故式(1-2)中加负号。液体体积压缩系数的倒数为液体体积弹性模量，用 K 表示，即

$$K = \frac{1}{\beta} \tag{1-3}$$

常用液压油的压缩系数 $\beta = (5\sim7)\times10^{-10}$ m²/N，故 $K = (1.4\sim2)\times10^9$ Pa。在液压传动中，如果液压油中混入一定量的处于游离状态的气体，会使实际的压缩性显著增加，即让液体的弹性模量降低。在实际液压系统中，一般可忽略油液的压缩性，但当压力较高或进行动态分析时，就必须考虑液体的压缩性。

3. 液压油的黏性

液压油在流动过程中，其微团间因有相对运动而产生内摩擦力。这种流动液体内部产生内摩擦力的性质称为黏性。黏性是流体固有的属性，但只有在流动时才呈现出来。因此，黏性是液压油最重要的特性之一。

1) 黏性的度量

黏性的大小用黏度表示。黏度是液体流动的缓慢程度的度量。当黏度较低时，液体较稀，很容易流动；液体的黏度较高时，较难流动。液体黏度常用动力黏度、运动黏度和相对黏度三种方式来表示。国标 GB/T 3141—1994 规定，液压油产品的牌号用黏度的等级表示，即用该液压油在 40℃时的运动黏度中心值表示。

（1）动力黏度。液体流动时，它与固体之间的附着力以及自身的黏性，会使其内各液层间的速度大小不等。如图 1-1 所示，两平行平面内充满液体，上板以 v_0 运动，下板固定不动。由于存在液体与固体间的附着力及液体各层之间的吸附力，各液层速度呈线性分布。

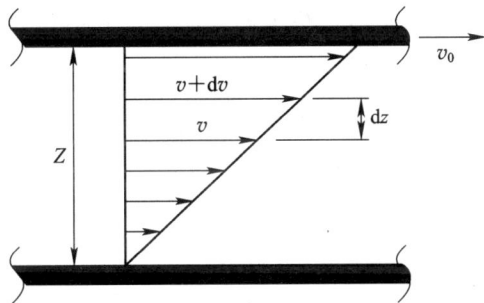

图 1-1　液体黏性示意图

实验表明，各液层间的内摩擦力 T 与下述因素有关：

① 与 $\dfrac{\mathrm{d}v}{\mathrm{d}z}$ 成正比。这里，$\dfrac{\mathrm{d}v}{\mathrm{d}z}$ 为速度梯度，即由下层向上层速度变化的快慢程度；

② 与两层液体的接触面积 A 成正比；

③ 与液体的品种有关，与压力无关。

内摩擦力的数学表达为

$$T = \mu A \cdot \frac{\mathrm{d}v}{\mathrm{d}z} \tag{1-4}$$

式中，μ 为比例系数，又称为动力黏度。其物理意义是：面积各为 1 cm²，相距 1 cm 的两层

液体，以 1 cm/s 的速度相对运动，此时产生的内摩擦力。

在 SI 单位制中，动力黏度单位为帕·秒(Pa·s)，即 N·s/m²；在物理国际单位制中，动力黏度单位为达因·秒/厘米²，称为泊(P)。两者的换算关系为 1P=0.1 Pa·s，1 cP(厘泊)=1 mPa·s。

（2）运动黏度。由于许多流体力学方程中出现了动力黏度与液体密度的比值，于是流体力学中把同一温度下的这一比值定义为运动黏度，用 v 表示，即

$$v = \frac{\mu}{\rho} \qquad (1-5)$$

运动黏度 v 的单位，在 SI 单位制中为 m²/s，在工程上常用 mm²/s(厘斯，cSt)或 cm²/s(斯，St)表示。两者的换算关系为 1 m²/s=10⁴ St=10⁶ cSt。

一般采用运动黏度来表示液压油的黏度等级。我国生产的液压油采用温度为 40℃ 的运动黏度值(mm²/s)为其黏度等级标号。例如黏度等级标号为 HM46 的液压油，在 40℃ 时的运动黏度平均值为 46 mm²/s。

（3）相对黏度。相对黏度又称条件黏度，是指在规定条件下可以直接测量的黏度。由于测定条件不同，各国采用的条件黏度单位也不同。美国用赛氏黏度 SSU，英国用雷氏黏度 R，我国、德国和俄罗斯用恩氏黏度°E。

恩氏黏度是被测液体与水的黏性的相对比值，用恩氏黏度计来测量。其测定办法是在某个标准温度 T 下，将 200 cm³ 被测液体装入恩氏黏度计的容器中，测定这些液体经容器底部小孔(直径为 2.8mm)流尽的时间 t_1，然后在温度 T 时将 200 cm³ 蒸馏水装入恩氏黏度计的同一容器中，测出这些水经容器底部小孔流尽的时间 t_2，时间 t_1 和 t_2 的比值就是被测液体在该标准温度 T 下的恩氏黏度。

工业上用 50℃ 作为测定恩氏黏度的标准温度，并相应地以符号°E 50 来表示。

恩氏黏度和运动黏度的换算关系为

$$v = 0.0731°E - \frac{0.0631}{°E}(St) \qquad (1-6)$$

或

$$v = 7.31°E - \frac{6.31}{°E}(cSt)$$

另外，还可以利用各种手册上绘制好的黏度图及标尺来进行黏度换算。

2）压力对黏度的影响

一般来说，液压油的黏度随压力的增加而增大，但压力值在 20 MPa 以下变化时液压油的黏度变化不大，故可忽略不计。不同的油液有不同的黏度压力变化关系，这种关系叫作油液的黏压特性。在实际应用中，当压力在 0～50 MPa 的范围内变化时，可用下列公式计算油的黏度：

$$v_p = v_0(1+bp) \qquad (1-7)$$

式中，v_p——压力为 p 时的运动黏度；

v_0——在一个大气压下的运动黏度；

p——油压力；

b——系数，对于一般液压油，$b=0.002～0.003(Pa)^{-1}$。

3）温度对黏性的影响

液压油的黏性对温度的变化十分敏感，在低温范围内表现得特别强烈。不同的油液有不同的黏度温度变化关系，这种关系叫作油液的黏温特性。液压油的黏温特性表现为温度升高时黏性降低。液压油黏性的变化会直接影响液压系统的工作性能，因此希望液压油的黏性随温度的变化越小越好。油温为 20～80℃时，黏温关系为

$$\mu = \mu_0 e^{-\lambda(t-t_0)} \tag{1-8}$$

式中，μ、μ_0——温度为 t 和 t_0 时该油液的动力黏度；

λ——取决于油液物理性能的黏度系数，对于矿物系液压油，可取 $\lambda = 1.8\sim3.6\times10^{-2}[℃]^{-1}$。

液压油的黏性随温度变化的程度可用黏度指数来衡量。它表示被试油液的黏性随温度变化的程度与标准液压油黏性随温度变化的程度之间的相对比较值。黏度指数越大的液压油，其黏性随温度的变化越小，黏温特性越好。目前，液压油的黏度指数一般要求在 90 以上，优良的在 100 以上。

4）调和油的黏度

有时，一种液压油的黏度不符合要求，需要用两种液压油调和才能达到所要求的黏度，调和油的黏度可用下式计算：

$$°E = \frac{a\,°E_1 + b\,°E_2 - c\,(°E_1 - °E_2)}{100} \tag{1-9}$$

式中，$°E_1$、$°E_2$、$°E$——参加调和的两种油的黏度及调和后的黏度，$°E_1 > °E_2$；

a、b——参加调和的两种油各占的百分比，$a+b=100$；

c——实验所得的系数，可查相应的手册或资料。

4. 液压油的相容性

液压油的相容性是指液压油与各种材料(如密封件、软管、金属等)起作用的程度。不起作用或少起作用，称为相容性好。当液压油与所接触的密封件、软管等相容性差时，会使所接触的材料产生体积、硬度、强度、延伸率的变化，甚至出现材料溶解等现象，造成系统泄漏、密封件的加速老化和失效，溶解后生成的胶状物还会使油液污染。因此选用液压油时必须考虑相容性，或者在液压件选型时要考虑其中密封材料和液压油的相容性。

1.1.2　传动介质的分类和选用

在液压系统中，液压油是传递动力和信号的工作介质。同时它还起到润滑、冷却和防锈的作用。

液压传动介质按照国标 GB/T 7631.2—2003 进行分类，主要有石油基液压油和难燃液压油两大类。石油基液压油可分为普通液压油、液压-导轨油、抗磨液压油、低温液压油、高黏度指数液压油、机械油、汽轮机油和其他专用液压油。难燃液压油可分为合成型、油水乳化型和高水基型。本节主要介绍液压系统通常采用的石油基液压油及液压油的选用。

1. 石油基液压油

(1)普通液压油(L-HL 液压油)。普通液压油采用精制矿物油作基础油，加入抗氧、抗

腐、抗泡、防锈等添加剂调和而成，是当前我国供需量最大的主品种，用于一般液压系统，但只适于 0℃ 以上的工作环境。其牌号有 HL-32、HL-46、HL-68。

在产品代号 L-HL32 中，前一个 L 代表润滑剂类，H 为该 L 类产品所属的组别，表示应用场合为液压系统(本书中的代号含义相同)，后一个 L 代表防锈、抗氧化型，数字 32 表示该液压油在 40℃ 时的运动黏度厘斯数。

(2) 抗磨液压油(L-HM 液压油)。抗磨液压油的配制较复杂，除要添加防锈、抗氧剂外，还需添加抗磨剂、金属钝化剂、破乳化剂和抗泡沫添加剂等。从抗磨剂的组成来看，抗磨液压油分为两种：一种是以二烷基二硫代磷锌为主剂的含锌油；一种是不含金属盐(简称无灰型)的油。含锌抗磨液压油对钢-钢摩擦副(如叶片泵)来说抗磨性特别突出，而对含有银和铜的部件有腐蚀作用。无灰抗磨液压油对含有银和铜的部件不会产生腐蚀且在水解安定性、破乳化及氧化安定性方面好于含锌抗磨液压油。

抗磨液压油适用于 -15℃ 以上的高压、高速工程机械和车辆液压系统。其代号有 HM-32、HM-46、HM-68、HM-100、HM-150，其中 M 代表抗磨型。

(3) 低温液压油、稠化液压油和高黏度指数液压油(L-HV 液压油)。这类液压油是用深度脱蜡的精制矿物油，加入抗氧、抗腐、抗泡、防锈、降凝和增黏等添加剂调和而成的。其黏温特性好，有较好的润滑性，可保证不发生低速爬行和低速不稳定现象，适用于低温地区的户外高压系统。

(4) 低凝抗磨液压油(L-HS)。低凝抗磨液压油是用高黏度指数基础油，加入抗氧、防锈、抗磨剂和黏温性能改进剂调和而成的，其应用同 L-HV 油。这种液压油比 HV 低温抗磨液压油的低温性能更好，特别适用于冬季严寒地区户外作业机械的润滑。这种液压油按照 40℃ 运动黏度分为 10、15、22、32、46 等牌号。

HV 和 HS 油均属于宽温度变化范围下使用的低温液压油，都具有低凝点、优良的抗磨性、低温流动性及低温泵送性，且黏度指数均大于 130。但是，HV 油的低温性能稍逊于 HS 油，而 HS 油的成本及价格都高于 HV 油。HV 油主要用于寒冷地区，HS 油主要用于严寒地区。L-HV 油适用于寒冷地区 -30℃ 以上、作业环境温度变化较大(-30～+70℃)的室外的中、高压液压系统的机械设备上。L-HS 油适用于严寒区 -40℃ 以上、环境温度变化更大(-40～+90℃)的室外作业的中、高压液压系统的机械设备上。

(5) 机械油。机械油是一种工业用润滑油，价格低廉，但精制程度较浅，化学稳定性差，使用时易生成黏稠物质阻塞元件小孔，影响系统性能。系统的压力越高，问题越严重。因此，只有在低压系统且压力要求很低时才可以应用机械油。

2. 液压油的选用

一般来说，选用液压油时最先考虑的是它的黏度，因为液压油黏度对液压装置的性能影响最大。黏度太大，则流动压力损失就会加大，油液发热，会使系统效率降低；黏度太小，则泄漏过多，使容积效率降低，同样会使系统效率降低。因此，在实际使用时，应选用使液压系统能正常、高效和长时期运转的液压油黏度。

一种选用方法是按照液压泵的类型及要求来确定液压油的黏度及型号，如表 1-1 所示。

表 1-1 液压泵用油的黏度范围及用油表

名称	运动黏度范围 /($\times 10^{-6}$ m² · s⁻¹)		工作压力 /MPa	工作温度 /℃	推荐用油
	允许	最佳			
叶片泵(1200 r/min)	16～220	26～54	7	5～40	L-HH32、L-HH46 机械油
				40～80	L-HH46、L-HH68 机械油
叶片泵(1800 r/min)	22～220	25～54	14 以上	5～40	L-HL32、L-HL46
				40～80	L-HL46、L-HL68
齿轮泵	4～220	25～54	12.5 以下	5～40	L-HL32、L-HL46
				40～80	L-HL46、L-HL68
			10～20	5～40	L-HL32、L-HL46
				40～80	L-HM46、L-HM68
			16～32	5～40	L-HM32、L-HM46
				40～80	L-HM46、L-HM68
径向柱塞泵	10～65	16～48	14～36	5～40	L-HM32、L-HM46
				40～80	L-HM46、L-HM68 L-HM100
轴向柱塞泵	4～76	16～47	35 以上	5～40	L-HM46、L-HM68
				40～80	L-HM68、L-HM100、 L-HM150
螺杆泵	19～49		10.5 以上	5～40	L-HL32、L-HL46
				40～80	L-HL46、L-HL68

注：表中 L-HH 表示无抗氧剂的精制矿物油。

另一种液压油的选择方法通常按照下述三个步骤进行。

（1）列出液压系统对液压油性能的变化范围要求，如黏度、密度、温度、压力、抗燃性、润滑性、空气溶解率、可压缩性和毒性等。

（2）尽可能选出符合或接近上述要求的工作介质品种。从液压元件的生产厂及产品样品本中获得对工作介质的推荐资料。

（3）综合、权衡、调整各方面的要求，决定采用合适的油液。

▇ 1.1.3 ▇ 特殊传动介质

除传统液压油外，还有特殊液压油，包括 10 号航空液压油、合成锭子油、炮用液压油和机动车辆制动液。其中，10 号航空液压油以深度精制的轻质石油馏分油为基础油，加入 8％～9％的 T601 增黏剂、0.5％的 T501 抗氧防胶剂、0.007％的苏丹Ⅳ染料，具有良好的黏温特性，其凝点低，低温性能和抗氧化安定性好，不易生成酸性物质和胶膜，油液高度清洁,可应用于飞机的液压系统和起落架、减震器、减摆器等,也可应用于大型舰船的武器和通信设备,如雷达、导弹发射架和火炮的液压系统。寒区作业的工程机械,有的规定冬季使用航空液压油,如日本的加藤挖掘机等。

传统的液压油分为石油型和难燃型两种,其中,石油型液压油是由石油经过提炼再加入相应的添加剂形成的。这种液压油成本低,是目前液压系统中普遍使用的液压油液。但石油型液压油易燃,而且难以生物降解,如果泄漏到环境中,会带来安全隐患或对环境造成长久的污染。难燃型液压油主要应用于矿山和钢铁制造等具有防爆要求的行业。有些难燃型液压油是水和石油型液压油的乳化液;有些难燃型液压油含有大量水,并以乙二醇做黏稠剂;有些是由有毒的磷酸酯合成的,其主要组成成分的生物可降解率很低。随着人类环境保护意识和可持续发展意识的增强,加之地球石油资源的逐渐枯竭,各国纷纷开展了环保型液压油的研究和生产。

液压油的环保性指的是液压油的生物可降解能力,即生物可降解性。通常一种材料的生物可降解性是指该材料具有的普通环境下分解的能力,即在 3 年内通过自然生物过程,材料变成无毒的、含碳的土壤、水、碳氧化合物或者甲烷的能力。生物可降解性用生物可降解率作为其评价标准。生物可降解率是指在一定条件下、一定时间内被自然界存在的微生物消化代谢分解为二氧化碳、水或降解中间体的百分率,即材料被微生物降解的百分率。

生物可降解液压油是指既能满足机器液压系统的要求,其损耗产物又对环境不造成危害的液压油,又称为环境友好型液压油或绿色液压油。

根据基础油的种类不同,环保型液压油主要可分为聚乙二醇、植物油、合成酯及碳氢化合物等。国际标准 ISO 6743-4(国标 GB/T 7631.2—2003)中对环保型液压油的分类见表 1-2。

表 1-2　环保型液压油的分类

分类代码	组成及特性	常用名称
L—HETG	植物油(甘油脂),不溶于水	天然脂肪液压油
L—HEES	合成酯类油,不溶于水	合成酯液压油
L—HEPG	聚乙二醇(聚醚),可溶于水	聚乙二醇液压油
L—HEPR	碳氢化合物(合成烃 PAO),不溶于水	合成烃液压油

目前已有多家公司生产环保型液压油,例如 Mobil 公司的 EAL 224 H 系列、Fuchs 公司的 PLANTOHYD S 系列合成酯型液压油,Castrol 公司的 Carelube HTG 植物油型液压油,Quaker 公司的 Quintolubric 855 合成酯抗燃型液压油,ACT 公司的 EcoSafe FR 系列抗燃液压油,Houghton 公司的 COSMOLUBRIC HF-130 合成酯抗燃液压油以及中国石化的 EALHF-E 可生物降解液压油等。

环保型液压油尽管既具备普通矿物油的抗磨及润滑等特性,同时又不会对环境造成污染,但在目前阶段仍然存在着一些问题,例如低温、承载压力有限、寿命等问题。

(1)低温问题。低温下许多以植物油作为基础油的环保型液压油会出现胶凝或固化现象。

(2)承载压力有限。目前,环保型液压油的工作压力一般不超过 34.5 MPa。如果超过该值,则会使液压泵产生较大磨损。例如,较大的承载工况可把甘油三酸酯分解为酸,从而破坏泵内的有色金属。

（3）寿命问题。若暴露在光照下，环保型液压油会变黑，因为油中的光敏类和脂肪材质会吸收紫外线而改变颜色。

但是，随着科学技术的进步，环保型液压油的性能必然会逐步得到提高和改善，上述问题必将得到解决，环保型液压油的应用会越来越广泛。

▇▇ 1.1.4 ▇▇ 传动介质污染及污染控制

工作介质的污染是液压系统发生故障的主要原因。它严重影响液压系统的可靠性及液压元件的寿命，因此工作介质的正确使用、管理以及污染控制，是提高液压系统可靠性及延长液压元件使用寿命的重要手段。油液中的污染物质根据其物理形态可分为固体、液体和气体三种类型。其中，液体污染物主要是从外界侵入系统的水、清洗液等；气体污染物主要是空气；固体污染物通常以颗粒状态存在于工作介质中，也是液压传动系统中最普遍、危害最大的污染物。因此，在此主要介绍固体污染物的产生和控制。

进入工作介质的固体污染物有四个来源，分别是已被污染的新油、残留污染物、侵入污染物和内部生成污染物。

（1）已被污染的新油。虽然液压油和润滑油是在比较清洁的条件下精炼和调和的，但油液在运输和储存过程中会受到管道、油桶和储油罐的污染，其污染物为灰尘、沙土、锈垢、水分和其他液体等。

（2）残留污染物。残留污染物是指液压系统和液压元件在装配和清洗过程中的残留物，如毛刺、切屑、型砂、涂料、橡胶、焊渣和棉纱纤维等。

（3）侵入污染物。侵入污染物是指液压系统运行过程中，由于油箱密封不完整、元件密封装置损坏等导致的系统外部入侵的污染物，如灰尘、砂石等。

（4）内部生成污染物。内部生成污染物是指液压系统运行中系统自身所生成的污染物。其中既有元件磨损、腐蚀的金属颗粒或橡胶末，又有油液老化产生的污染物。这一类污染最具有危险性。

液压系统的故障有 75% 以上是由工作介质污染引起的。污染物颗粒具有各种形状和尺寸，并由各种材料构成，大多数是磨粒性的。它们与元件表面相互作用时，产生磨粒磨损和表面疲劳，从元件表面切削出碎片，加速元件磨损，使内泄漏增加，降低液压泵、液压阀等液压元件的精度。这些变化一开始很难察觉，最终会引起失效，对液压泵来说尤甚。这种失效是不能恢复的退化失效。最容易引起磨损的颗粒是处于间隙尺寸的颗粒。

当一个大颗粒进入液压泵或液压阀时，可能使液压泵或液压阀卡死，或者堵塞液压阀的控制节流孔，引起突发失效。有时，颗粒或污染物妨碍液压阀的归位，使液压阀不能完全关闭，当液压阀再次打开时，该颗粒或污染物可能被冲走，于是出现一种所谓的间隙失效，导致液压系统不能完全工作。

颗粒、污染物和油液氧化变质生成的黏性胶质堵塞过滤器，使液压泵运转困难，产生噪声。水分和空气的混入使工作介质的润滑性能降低，并使介质加速氧化变质，产生气蚀，使液压元件加速腐蚀，液压系统出现震动和爬行等现象。此外，油液中水分过多时，油液容易被乳化。这些故障轻则影响液压系统的性能和使用寿命，重则损坏元件使其失效，导致液压系统不能工作，危害非常严重。

为了描述和评定工作介质污染的程度，以便对它进行控制，有必要规定出工作介质的污染度等级。我国制定了 GB/T 14039《液压传动油液固体颗粒污染等级代号》，美国有 NAS1638 油液污染等级。

工作介质污染的原因很复杂，工作介质自身又在不断产生污染物，因此要彻底解决工作介质污染问题是很难的。为了延长液压元件的寿命，保证液压系统可靠地工作，将工作介质的污染度控制在某一限度内是较为切实可行的办法。

为了减少工作介质的污染，应采取如下一些措施：

（1）对元件和系统进行彻底的清洗，清除在加工和组装时残留的污染物。达到系统要求的污染度后，将冲洗液换掉。注入新的工作介质后，才能正式运转。

（2）防止污染物从外界入侵。油箱呼吸孔安装空气滤清器或采用密封油箱，工作介质应通过过滤器注入系统，活塞杆端应装防尘密封装置。

（3）在液压系统的合适部位安装合适的过滤器，并定期检查、清洗或更换。

（4）控制工作介质的温度。工作介质的温度过高会加速其氧化变质，产生各种生成物，缩短其使用寿命。

（5）定期检查和更换工作介质。定期对液压系统的工作介质进行抽样检查，分析其污染度，如已不符合要求，必须立即换掉。在更换新的工作介质前，必须对整个液压系统进行彻底的清洗。

此外，环境湿度大时，可选择带干燥剂的空滤器来滤除空气中的水分。

1.2　液体静力学

作用在液体上的力有两种，即质量力和表面力。单位质量液体受到的质量力称为单位质量力，在数值上就等于加速度。表面力有外力和内力之分：① 与流体相接触的其他物体（如容器或其他液体）作用在液体上的力是外力；② 一部分液体作用在另一部分液体上的力是内力。单位面积上作用的表面力称为应力，应力又有法向应力和切向应力之分。当液体静止时，液体质点间没有相对运动，不存在摩擦力，所以静止液体的表面力只有法向应力。

1.2.1　静压力及其特性

静压力是液体处于静止状态时，单位面积上所受的法向作用力。静压力在液压传动中简称压力，在物理学中则称为压强。

静止液体中各点的压力不均匀，则液体中某一点的压力可写为

$$p = \underset{\Delta A \to 0}{\text{Lim}} \frac{\Delta F}{\Delta A} \qquad (1-10)$$

如法向作用力 F 均匀地作用在面积 A 上，则压力可表示为

$$p = \frac{F}{A} \qquad (1-11)$$

静压力有两个重要性质：

（1）液体静压力垂直于作用面，其方向和该面的内法线方向一致。这是因为液体只能

受压,不能受拉。

(2) 静止液体中任何一点受到各个方向的压力都相等。如果液体中某点受到的压力不相等,那么液体就要运动,这就破坏了静止的条件(静止液体内任一点各方向静压力均相等)。

▆▆▆ 1.2.2 ▆▆▆ 静压力基本方程及压力的表示方法和单位

1. 静压力基本方程

在重力作用下的静止液体,其受力情况如图 1 - 2 所示。要求液面下 h 处的压力,可以从液体中取出一个底面包含 A 点的竖直小液柱,其上顶面与液面重合,底面积为 ΔA,高度为 h。小液柱在重力及周围压力作用下在垂直方向的力平衡方程为

$$p\Delta A = p_0\Delta A + \rho gh\Delta A \qquad (1 - 12)$$

化简后得

$$p = p_0 + \rho gh \qquad (1 - 13)$$

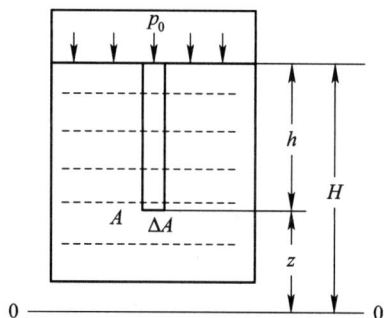

图 1 - 2　重力作用下的静止液体

式中,p——静止液体中某一点的压力;

p_0——作用在液面上的压力;

h——该点离液面的垂直距离;

ρ——液体的密度;

g——重力加速度。

静压力基本方程(式(1 - 13))说明:

(1) 静止液体中任一点的压力是液面上的压力 p_0 和液柱重力所产生的压力 ρgh 之和。当液面上只有大气压力 p_a 作用时,A 点处的静压力为

$$p = p_a + \rho gh \qquad (1 - 14)$$

(2) 静止液体内的压力随着深度 h 的增加而线性地增加。

(3) 同一液体中,深度相同的各点压力相同。由压力相同的点组成的面称为等压面。在重力作用下,静止液体中的等压面是水平面。

在工程应用中,还可以用另外的形式表达压力分布规律。将式(1 - 14)按坐标 z 变换一下,整理后可得

$$p = p_0 + \rho gh = p_0 + \rho g(H - z)$$

$$\frac{p}{\rho g} + z = \frac{p_0}{\rho g} + H \qquad (1 - 15)$$

对于静止液体,p_0、H、ρg 均是常数,设 $c = \dfrac{p_0}{\rho g} + H$,则有

$$\frac{p}{\rho g} + z = c \,(\text{const}) \qquad (1 - 16)$$

式中,z 实质上表示了 A 点单位重量液体相对于基准平面的位能。设 A 点液体质量为 m,重量为 mg,相对于基准水平面的位置势能为 mgz,则单位重量的位能就是 $mgz/mg = z$,故 z 又常称为位置水头。

$\frac{p}{\rho g}$ 表示了单位重量的压力能，如图 1-3 所示。如果在与 A 点等高的容器壁上接一根上端封闭并抽去空气的玻璃管，可以看见在静压力的作用下，液体将沿玻璃管上升至高度 h_p。根据静力学基本方程，有 $p = \rho g h_p$。这说明 A 处液体质点由于受到静压力作用而具有 mgh_p 的势能，或单位重量具有的势能为 h_p。又因为 $h_p = \frac{p}{\rho g}$，故 $\frac{p}{\rho g}$ 为单位重量液体的压力能，也称为压力水头。

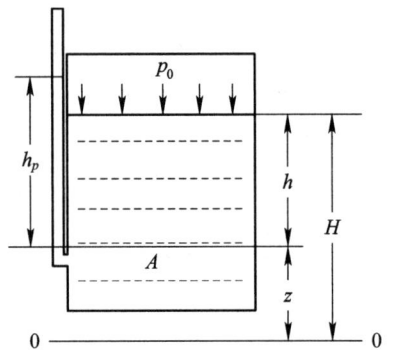

图 1-3 静压力基本方程式的物理意义

2. 压力的表示方法及单位

压力有两种表示方法：一种是以绝对零压力作为基准所表达的压力，称为绝对压力；另一种是以当地大气压力为基准所表示的压力，称为相对压力。绝大多数测压仪所测得的压力都是高于大气压力的压力，故相对压力又称为表压力。显然有

$$绝对压力 = 大气压力 + 相对压力 \qquad (1-17)$$

或

$$相对压力（表压力）= 绝对压力 - 大气压力 \qquad (1-18)$$

在工程上会遇到绝对压力高于大气压力的情况，也会遇到绝对压力低于大气压力的情况。例如，当液压泵运转时，在液压泵吸油腔内，液体的绝对压力就低于大气压力。这时相对压力是负值，工程上称为真空度，即

$$真空度 = 大气压力 - 绝对压力 \qquad (1-19)$$

由此可见，当以大气压力为基准计算压力时，基准压力以上的正值是表压力，基准以下的负值表示真空度。

绝对压力、相对压力和真空度之间的关系如图 1-4 所示。

我国法定的压力单位称为帕斯卡，简称帕，符号为 Pa，$1Pa = 1 \ N/m^2$。因帕这个单位很小，工程上常采用它的倍数单位兆帕，符号为 MPa。它们的换算关系是

$$1 \ MPa = 10^6 \ Pa$$

在工程上也采用工程大气压、水柱高或汞柱高度表示压力大小。在液压技术中，目前采用的压力单位还有巴（bar）、磅力每平方英寸（psi），它们和法定单位的转换关系为

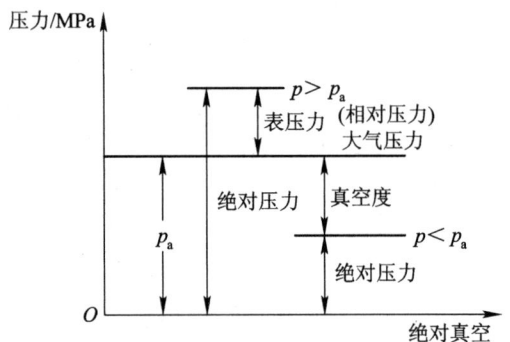

图 1-4 绝对压力、相对压力与真空度之间的关系

$$1 \ bar = 10^5 \ Pa = 14.5 \ psi \approx 1.02 \ kgf/cm^2$$

1.2.3 帕斯卡原理

盛放在密闭容器内的液体，其外加压力 p_0 发生变化时，只要液体仍保持原来的静止状态不变，液体中任一点的压力均将发生同样大小的变化。也就是说，在密闭容器内，施加于

静止液面上的压力将会等值同时传到各点。这就是静压传递原理或帕斯卡原理。

　　下面以图 1 - 5 为例来说明帕斯卡原理的应用。图中垂直液压缸、水平液压缸的截面积分别为 A_1、A_2，活塞上作用的负载分别为 F_1、F_2。由于两缸互相连通，构成一个密闭容器，根据帕斯卡原理，缸内压力处处相等，即 $p_1 \approx p_2$，于是

$$F_2 = \frac{A_2}{A_1} F_1 \qquad\qquad (1-20)$$

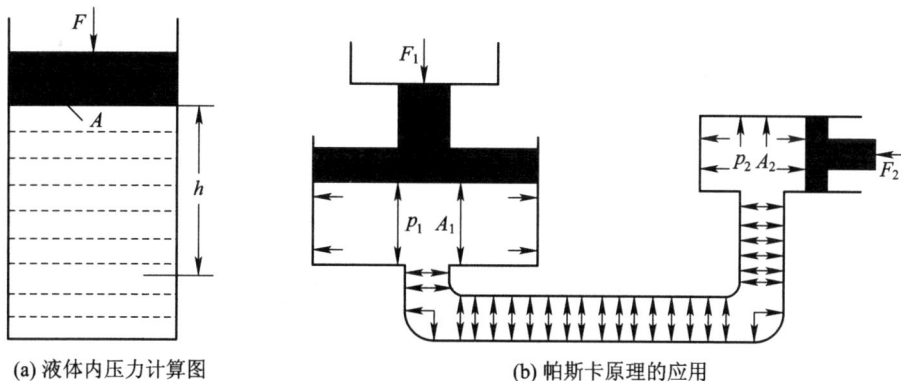

(a) 液体内压力计算图　　　　　(b) 帕斯卡原理的应用

图 1 - 5　帕斯卡原理示意图

　　如果垂直液压缸的活塞上没有负载，则略去活塞自重及其他阻力后，无论怎样推动水平液压缸活塞，都不能在液体中形成压力，这说明液压系统中的压力是由外界负载决定的。

1.2.4　静压力对固体壁面的作用力及应用

　　静止液体和固体壁面相接触时，固体壁面上各点在某一方向上所受静压力作用力的总和，便是液体在该方向上作用于固体壁面上的力。在液压传动计算中，质量力($\rho g h$)可以忽略，静压力处处相等，所以可认为作用于固体壁面上的压力是均匀分布的。

　　当固体壁面是一个平面，如图 1 - 6(a)所示时，压力 p 作用在活塞(盘径为 D、面积为 A)上的力 F 为

$$F = pA = \frac{\pi D^2}{4} p \qquad\qquad (1-21)$$

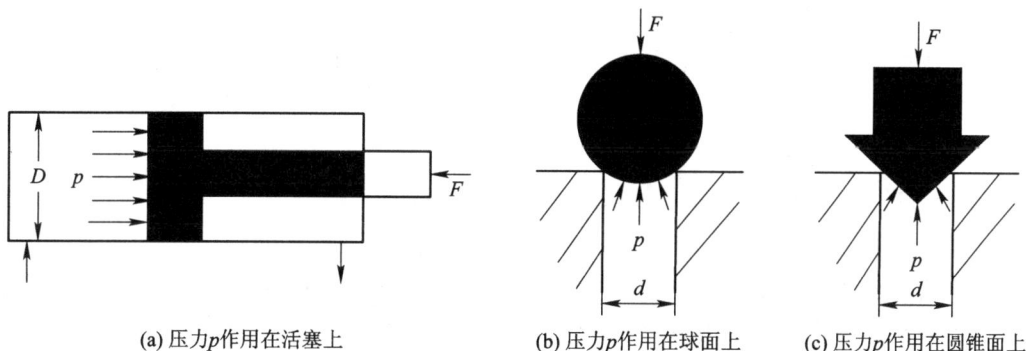

(a) 压力 p 作用在活塞上　　(b) 压力 p 作用在球面上　　(c) 压力 p 作用在圆锥面上

图 1 - 6　液压力作用在固体壁面上的力

　　当固体壁面是一个曲面时，液体作用在曲面各点的压力是不平衡的，但是静压力的大小是相等的，因而作用在曲面上的总作用力在不同的方向也就不一样，所以必须首先明确

要计算的是曲面上哪一个方向的力。

如图 1-6(b)、(c)所示的球面和圆锥面中，液体静压力 p 沿垂直方向作用在球面和圆锥面上的力 F，就等于压力作用于该部分曲面在垂直方向上的投影面积 A 与压力 p 的乘积，其作用点通过投影圆的圆心，其方向向上，即

$$F = pA = p\,\frac{\pi}{4}d^2 \tag{1-22}$$

式中，d 为承压部分曲面投影圆的直径。

由此可见，曲面上液压作用力在某一方向上的分力等于液体静压力和曲面在该方向的垂直面内投影面积的乘积。该结论可以用来确定管路或油缸壁内的作用力，进而用于确定相关管路或油缸缸筒壁厚。

1.3 液 体 动 力 学

液体动力学研究液体流动时的力学规律及其应用。流量连续性方程、伯努利方程（能量方程）和动量方程是液体动力学的三个基本方程。前两个方程反映了流动液体的速度、流量与压力之间的关系，动量方程则用于解决流动液体与其接触固体壁面之间作用力的问题。

1.3.1 液体动力学的基本概念

液体具有黏性，并且只有在液体流动时才显现黏性。但黏性阻力的规律比较复杂，所以开始时先假设液体无黏性，在此基础上推导出基本方程，然后再考虑黏性的影响，并通过实验验证的方法对基本方程予以修正。

液体动力学中的基本概念如下：

理想液体：既无黏性又不可压缩的液体。

实际液体：既有黏性又可压缩的液体。

稳定流动/非稳定流动：液体流动时，若液体中任何一点的压力、流速和密度都不随时间而变化，这种流动称为稳定流动（恒定流动）；反之称为非稳定流动（非恒定流动）。

通流截面：垂直于液体流动方向的截面。

流量：单位时间内流过某通流截面的液体体积称为流量，单位为 m^3/s，常用单位为 L/min。

由于流动液体黏性的作用，在通流截面上各点的流速 u 一般是不相等的，在计算流过整个通流截面 A 的流量时，假设通流截面上各点的流速均匀分布，以此流速 v 流过的流量等于以实际流速流过的流量，即

$$q_v = \int_A u\,\mathrm{d}A = vA \tag{1-23}$$

由此得平均流速为

$$v = \frac{q_v}{A} \tag{1-24}$$

由于实际流速 u 在通流截面上的分布规律很难获得，因此工程实际中常用平均流速。

1.3.2　流量连续性方程

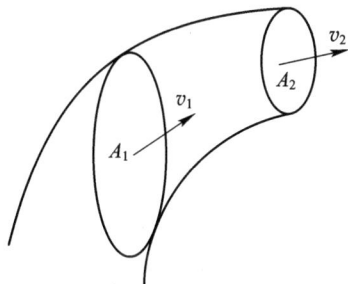

液体的压缩性很小，在一般情况下，可认为其是不可压缩的。当液体在管道内作稳定流动时，根据质量守恒定律，管内流体的质量不会增多也不会减少，所以在单位时间内流过每一通流截面的液体质量必然相等，如图 1-7 所示。

图 1-7　流量连续性原理

$$m_1 = m_2 \Rightarrow \rho V_1 = \rho V_2 \Rightarrow \rho(v_1 A_1)t = \rho(v_2 A_2)t$$

$$\rho v_1 A_1 = \rho v_2 A_2 = 常数$$

或

$$\frac{v_1}{v_2} = \frac{A_2}{A_1} \tag{1-25}$$

式(1-25)被称为连续性方程，它说明：在同一管路中，无论通流面积怎样变化，只要液体是连续的，即没有空隙、没有泄漏，那么液体通过任意一截面的流量就是相等的；同时还说明：同一管路中通流面积大的地方液体流速小，通流面积小的地方液体流速大。当通流面积一定时，通过液体的流量越大，其流速也越大。

1.3.3　伯努利方程

1. 理想液体的伯努利方程

理想液体没有黏性，它在管内作稳定流动时(仅考虑紊流状态[①]，此时液流实际流速和平均流速近似相等)没有能量损失。根据能量守恒定律，同一管道在各个截面上液体的总能量都是相等的。

如流体静力学所述，对于静止液体，任一点液体的总能量为单位重量液体的压力能和位能之和。对于流动液体，除上述两项能量外，还有单位重量液体的动能 $\dfrac{\frac{1}{2}mv^2}{mg} = \dfrac{v^2}{2g}$。

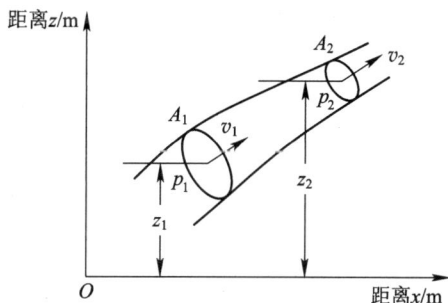

伯努利方程示意图如图 1-8 所示，液体在管道内作稳定流动，任意取两个截面 A_1、A_2，它们距离基准水平面的标高分别为 z_1、z_2，流速分别为 v_1、

图 1-8　伯努利方程示意图

---

① 紊流状态，与之对应的是层流，详见 1.4.1 节。

v_2，压力分别为 p_1、p_2。根据能量守恒定律有

$$\frac{p_1}{\rho g} + z_1 + \frac{v_1^2}{2g} = \frac{p_2}{\rho g} + z_2 + \frac{v_2^2}{2g} \tag{1-26}$$

由于两截面是任取的，因此式(1-26)可改写为

$$\frac{p}{\rho g} + z + \frac{v^2}{2g} = 常数 \tag{1-27}$$

式中，等号左边三项分别为比压能(压力水头)、比位能(位置水头)、比动能(速度水头)，每一项的量纲都是长度单位。

伯努利方程的物理意义是：在管内作稳定流动的理想液体具有压力能、位能和动能三种形式的能量，在任一截面上，这三种能量可以互相转换，但其总和保持不变。而静压力基本方程则是伯努利方程(在流速为零时)的特例。

2. 实际液体的伯努利方程

实际液体具有黏性，在管中流动时，为克服黏性阻力需要消耗能量。此外，由于管道形状和尺寸的变化，实际液体也会消耗能量。常用 h_w 表示能量损失。

工程实际中，一般用平均流速来代替实际流速计算液体动能。由于实际流速在通流截面上的分布并不均匀，因此这种代替必然产生误差。为修正这一误差，引入动能修正系数 α，它等于单位时间内某截面处的实际动能和按平均流速计算的动能之比，即

$$\alpha = \frac{\frac{1}{2} \int_A u^2 \rho u \, \mathrm{d}A}{\frac{1}{2} \rho A v v^2} = \frac{\int_A u^3 \, \mathrm{d}A}{v^3 A} \tag{1-28}$$

动能修正系数 α 与液体的流动状态(详见 1.4.1 节)有关，在紊流时取 1.1，层流时取 2。

至此，实际液体的伯努利方程可表示为

$$\frac{p_1}{\rho g} + z_1 + \frac{\alpha_1 v_1^2}{2g} = \frac{p_2}{\rho g} + z_2 + \frac{\alpha_2 v_2^2}{2g} + h_w \tag{1-29}$$

例题 1.1 计算液压泵吸油腔的真空度或液压泵允许的最大吸油高度。液压泵从油箱吸油示意如图 1-9 所示。

解：如图 1-9 所示，设液压泵的吸油口比油箱液面高 h，取油箱液面 $a—a'$ 和液压泵进口处截面 $b—b'$ 列伯努利方程，并取截面 $a—a'$ 为基准平面，则有

$$\frac{p_1}{\rho g} + \frac{\alpha_1 v_1^2}{2g} = \frac{p_2}{\rho g} + h + \frac{\alpha_2 v_2^2}{2g} + h_w \tag{1-30}$$

式中，p_1——油箱液面压力，由于一般油箱液面与大气接触，故 $p_1 = p_a$；

v_2——液压泵的吸油速度，一般取吸油管流速；

v_1——油箱液面流速，由于 $v_1 \ll v_2$，因此可以将 v_1 忽略不计；

p_2——吸油口的绝对压力；

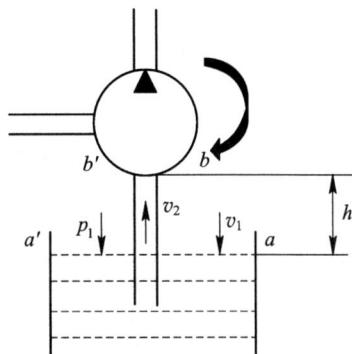

图 1-9 液压泵从油箱吸油示意图

h_w——单位重量液体的能量损失。

式(1-30)可简化为

$$\frac{p_a}{\rho} = \frac{p_2}{\rho g} + h + \frac{\alpha_2 v_2^2}{2g} + h_w \tag{1-31}$$

液压泵吸油口的真空度为

$$p_a - p_2 = \rho g h + \rho \frac{\alpha_2 v_2^2}{2} + \rho g h_w \tag{1-32}$$

由式(1-32)可知，液压泵吸油口的真空度由三部分组成：① 把油液提升到一定高度所需的压力；② 产生一定的流速所需的压力；③ 吸油管内的压力损失。液压泵吸油口真空度不能太大，即液压泵吸油口处的绝对压力不能太低，否则就会产生气穴现象，导致液压泵噪声过大。因而在实际使用中 h 一般应小于 500 mm，有时为使吸油条件得以改善，采用浸入式或倒灌式安装，目的是使液压泵的吸油高度小于 0。此外，对于开式泵，可增大吸油管路管径以降低吸油管路流速，缩短管路以减小吸油管路上的压力损失。

■■■ 1.3.4 ■■■ 动量方程

液体作用在固体壁面上的力，用动量定理来求解比较方便。动量定理指出：作用在物体上的力的大小等于物体在力作用方向上的动量的变化率，即

$$\sum F = \frac{d(mv)}{dt} \tag{1-33}$$

把动量定理应用到流动液体上时，须从流管中任意取出如图 1-10 所示的被通流截面 1—1 和 2—2 所限制的液体体积(称为控制体积，截面 1—1 和截面 2—2 称为控制表面)，假设其在管内做恒定流动，在通流截面 1—1 和 2—2 处的平均流速分别为 v_1 和 v_2，面积分别为 A_1 和 A_2。经过时间 Δt 后，液体从 1—2 流到 $1'$—$2'$ 位置。因为是恒定流动，故液体段 $1'$—2 内各点流速是不变的，它的体积和质量也是不变的，所以动量也没有发生变化。这样，在 Δt 时间内，液体段 1—2 的动量变化等于液体段 2—$2'$ 动量与液体段 1—$1'$ 动量之差，也等于在同一时间内经液体段 1—2 流出与流入的液体动量的差值。其表达式为

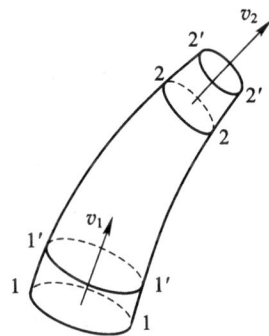

图 1-10　液流动量方程示意图

$$\Delta(mv) = (mv_2)_{2-2'} - (mv_1)_{1-1'} = \rho q_v v_2 \Delta t - \rho q_v v_1 \Delta t \tag{1-34}$$

则可得

$$\sum F = \rho q_v v_2 - \rho q_v v_1 \tag{1-35}$$

在工程实际应用中，往往用平均流速 v 代替实际流速 u，其误差用一动量修正系数 β 予以修正，故式(1-35)可改写为

$$\sum F = \rho q_v \beta_2 v_2 - \rho q_v \beta_1 v_1 \tag{1-36}$$

其中，

$$\beta = \frac{\int_A \mathrm{d}mu\Delta t}{mv\Delta t} = \frac{\int_A (\rho u\,\mathrm{d}A)u}{(\rho vA)v} = \frac{\int_A u^2\,\mathrm{d}A}{v^2 A} \qquad (1-37)$$

当液流流速较大且分布较均匀(湍流)时，$\beta = 1$；当液流流速较低且分布不均匀(层流)时，$\beta = 1.33$。

式(1-35)为流动液体的动量方程。方程左边的 $\sum F$ 为作用于控制体积内液体上的力。如果控制体积中的液体在所分析的方向上不受其他外力作用，则液体对固体壁面的作用力与液体上的受力为作用力与反作用力的关系，即两个力大小相等、方向相反。另外，式(1-35)为矢量表达式，在应用时可根据问题的具体要求向指定方向投影，列出该指定方向的动量方程，从而求出作用力在该方向上的分量，然后加以合成。

1.4　管道流动

实际液体具有黏性，液体流动时突然拐弯及流经阀口时会产生相互撞击或出现旋涡等，因此液体流动过程中必然会产生阻力。为了克服阻力就必然要消耗能量，产生能量损失，能量损失可以用压力损失来表示。

压力损失过大，将使功率消耗增加，油液发热，泄漏量增加，效率降低，液压系统性能变差。因此，正确估算压力损失的大小，从而找出减少压力损失的途径是有其实际意义的。

1.4.1　流态与雷诺数

19 世纪末，雷诺通过大量实验发现了液体在管道内流动时具有两种状态：层流和紊流，如图 1-11 所示，并找到了判别这两种状态的方法。

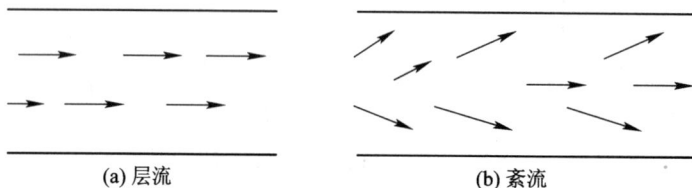

(a) 层流   (b) 紊流

图 1-11　液体流态示意图

层流时，液体质点沿管道作直线运动而没有横向运动，即液体作分层流动，各层间的液体互不混杂。紊流时，流体质点的运动杂乱无章，除沿管道轴线运动外，还横向运动，呈现紊乱混杂状态。

层流和紊流是两种不同性质的流态。层流时，液体流速较低，质点受黏性制约，不能随意运动，这时黏性力起主导作用。紊流时，液体流速较高，黏性制约作用减弱，因而惯性力起主导作用。

大量实验证明，流体在圆管内的流动状态，不仅与液体的平均流速 v 有关，还和管径 D 及油液的运动黏度 ν 有关。决定液流状态的是这三个参数组成的一个称为雷诺数 Re 的无量纲数，即 $Re = vD/\nu$。

液体在圆管内流动时，若雷诺数相同，则流动状态亦相同。液流由层流转变为紊流时的雷诺数和由紊流转为层流时的雷诺数是不同的，后者数值小，一般用后者作为判别液流状态的依据，称为临界雷诺数，记为 $Re_{临界}$。各种形状通道的临界雷诺数由实验确定。实验表明：在管道形状相同的条件下，其临界雷诺数基本上是一个定值。当 $Re > Re_{临界}$ 时为紊流，当 $Re < Re_{临界}$ 时为层流。常见液流通道的临界雷诺数如表 1-3 所示。

表 1-3　常见液流通道的临界雷诺数

通 道 形 状	临 界 雷 诺 数
光滑金属圆管	2320
橡胶软管	1600～2000
光滑的同心环状缝隙	1100
光滑的偏心环状缝隙	1000
有环槽的同心环状缝隙	700
有环槽的偏心环状缝隙	400
圆柱形滑阀阀口	260
锥阀阀口	20～100

1.4.2　压力损失

　　液体压力的损失分为两类，一类是油液流经直管时的压力损失，称为沿程压力损失，这类压力损失是由液体流动时的内摩擦力引起的；另一类是油液流经局部障碍（如弯管、管道突然扩大或收缩以及阀控口等）时，由于液流方向或速度突然变化，在局部地区形成旋涡引起液体质点相互碰撞和剧烈摩擦而产生的压力损失，这类压力损失称为局部压力损失。

　　液体在管道中的流动状态直接影响液流的压力损失。沿程压力损失除与管道的长度、内径和液体的流速、黏度等有关外，还与液体的流动状态有关。液体在直管中的层流流动是液压传动中最常见的现象，在设计和使用液压系统时，希望管道中的液流保持这种状态。

　　沿程压力损失的大小与液体流动状态有关，因此下面首先介绍液体的两种流态（层流和紊流）和判断准则。

　　在液压系统中，判断出液体流态后，就可以分别计算出管路系统中所有直管中的沿程压力损失和局部压力损失，这两者之和就是系统总的压力损失 $\sum \Delta p$。考虑到存在的压力损失，一般液压系统中液压泵的工作压力 p_p 应比执行元件的工作压力 p_1 高 $\sum \Delta p$，即

$$p_p = p_1 + \sum \Delta p \qquad (1-38)$$

1. 层流时的压力损失

当液体在等直径圆管中做层流流动时，其沿程压力损失可以通过理论计算求得。

1）液流在通流截面上的速度分布规律

圆管中的层流如图 1-12 所示，液体在直径为 d 的圆管中自左向右做层流流动。在管

流中取轴线与管道轴线重合的微小圆柱体，微小圆柱体长为 l，半径为 r，作用在小圆柱体两端的压力分别为 p_1 和 p_2，圆柱表面作用有切应力 τ。

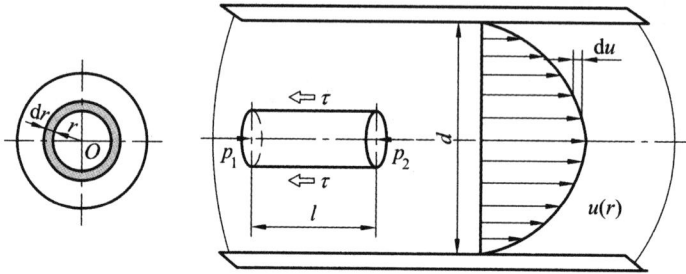

图 1-12 圆管中的层流

液体在轴线方向上的受力平衡方程为

$$(p_1 - p_2)\pi r^2 - 2\pi rl\tau = 0 \qquad (1-39)$$

由牛顿内摩擦定律可知

$$\tau = -\mu \frac{du}{dr} \qquad (1-40)$$

式中，负号表示流速 u 随 r 的增加而降低。将式(1-40)代入式(1-39)积分，可得

$$u = -\frac{p_1 - p_2}{\Delta\mu l}r^2 + C \qquad (1-41)$$

由边界条件：当 $r = d/2$ 时，$u = 0$，可求得积分常数 C，即

$$C = \frac{p_1 - p_2}{16\mu l}d^2 \qquad (1-42)$$

将式(1-42)代入式(1-41)可得

$$u = \frac{(p_1 - p_2)d^2}{4\mu l}\left(\frac{d^2}{4} - r^2\right) \qquad (1-43)$$

从式(1-43)中可看出，液体做层流流动时，在通流截面上的速度分布规律呈旋转抛物体状，在 $r = 0$ 处(即管中心)流速最大，其值为

$$u_{max} = \frac{(p_1 - p_2)d^2}{16\mu l} \qquad (1-44)$$

2) 圆管中的流量

流过整个通流截面的流量可通过对式(1-43)积分求得，即

$$q = \int_A u\,dA = \int_0^{\frac{d}{2}} \frac{(p_1 - p_2)}{4\mu l}\left(\frac{d^2}{4} - r^2\right)2\pi r\,dr = \frac{\pi d^4}{128\mu l}\Delta p \qquad (1-45)$$

式中，d——管道的内径(m)；

l——管道的长度(m)；

μ——在管道中流动的液体的动力黏度($N \cdot s/m^2$)；

Δp——管道在长度 l 上的压力降(压力损失)(N/m^2)，$\Delta p = p_1 - p_2$；

q——流过管道的流量(m^3/s)。

因此，圆管通流截面上的平均流速为

$$v = \frac{q}{A} = \frac{\frac{\pi d^4}{128\mu l}\Delta p}{\frac{\pi d^2}{4}} = \frac{d^2}{32\mu l}\Delta p \qquad (1-46)$$

比较式(1-44)和式(1-46)可得,液体在圆管中做层流流动时,其中心处的最大流速正好等于其平均流速的两倍,即 $u_{max} = 2v$。

3) 沿程压力损失

由式(1-45)可得液流的沿程压力损失为

$$\Delta p_f = \frac{128\mu l}{\pi d^4}q \qquad (1-47)$$

因为 $q = v\pi d^2/4$,$\mu = \rho v$,$Re = dv/v$,代入并整理得

$$\Delta p_f = \frac{64l}{Red}\rho g\frac{v^2}{2g} = \lambda\frac{l}{d}\rho\frac{v^2}{2} \qquad (1-48)$$

式中,λ——沿程阻力系数,理论值为 $64/Re$,水在作层流流动时的实际阻力系数和理论值是很接近的。液压油在金属圆管中做层流流动时,常取 $\lambda = 75/Re$,在橡胶管中 $\lambda = 80/Re$。

2. 紊流时的压力损失

紊流流动现象是很复杂的,完全用理论方法研究,至今未获得令人满意的成果,故仍用试验的方法加以研究,再辅以理论解释。因而紊流状态下液体流动的压力损失仍用式(1-47)来计算,式中的 λ 值不仅与雷诺数 Re 有关,而且与管壁表面粗糙度 Δ 有关,具体的 λ 值见表 1-4。

表 1-4　圆管紊流时的 λ 值

雷诺数		λ 值计算公式
$Re < 22\left(\dfrac{d}{\Delta}\right)^{\frac{8}{7}}$	$3000 < Re < 10^5$	$\lambda = \dfrac{0.3164}{Re^{0.25}}$
	$10^5 \leqslant Re \leqslant 10^8$	$\lambda = \dfrac{0.308}{(0.842 - l \cdot gRe)^2}$
$22\left(\dfrac{d}{\Delta}\right)^{\frac{8}{7}} < Re < 597\left(\dfrac{d}{\Delta}\right)^{\frac{9}{8}}$		$\lambda = \left[1.14 - 2l \cdot g\left(\dfrac{\Delta}{d} + \dfrac{21.25}{Re^{0.9}}\right)\right]^{-2}$
$Re < 597\left(\dfrac{d}{\Delta}\right)^{\frac{9}{8}}$		$\lambda = 0.11\left(\dfrac{\Delta}{d}\right)^{0.25}$

注:钢管的 $\Delta = 0.004$ mm,铜管的 $\Delta = 0.0015 \sim 0.01$ mm,橡胶软管的 $\Delta = 0.03$ mm。

3. 局部压力损失

局部压力损失是液体流经如阀口、弯管、通流截面有变化等局部阻力处时所引起的压力损失。液流通过这些局部阻力处时,由于液流方向和流速均发生变化,故在这些地方形成旋涡,使液体的质点间相互撞击,从而产生了能量损耗。

局部压力损失的计算公式为

$$\Delta p_r = \zeta \frac{\rho v^2}{2} \tag{1-49}$$

式中，ζ 为局部阻力系数，一般由试验确定，也可查阅有关液压传动设计手册获取；

v 为液体的平均流速，一般情况下均指局部阻力后部的流速。

4. 管路系统中的总压力损失与压力效率

管路系统中的总压力损失等于所有直管中的沿程压力损失和局部压力损失之和，即

$$\sum \Delta p = \sum \lambda \frac{l}{d} \frac{\rho v^2}{2} + \sum \zeta \frac{\rho v^2}{2} \tag{1-50}$$

必须指出，应用式(1-47)计算总压力损失时，只有在两相邻局部损失之间的距离大于管道内直径 10~20 倍时才成立，否则液流受前一个局部阻力的干扰还没稳定下来，就要经历下一个局部阻力，它所受的扰动将更为严重，因而会使利用式(1-47)算出的压力损失值比实际数值小得多。

考虑存在压力损失，一般液压系统中液压泵的工作压力 p_p 应比执行元件的工作压力 p_1 高 $\sum \Delta p$，即

$$p_p = p_1 + \sum \Delta p \tag{1-51}$$

因此管路系统的压力效率为

$$\eta_{L_p} = \frac{p_1}{p_p} = \frac{p_p - \sum \Delta p}{p_p} = 1 - \frac{\sum \Delta p}{p_p} \tag{1-52}$$

1.5 孔 口 流 动

在液压系统的管路中，装有截面突然收缩的装置称为节流装置(如节流阀)，突然收缩处的流动叫节流。一般采用各种形式的孔口来实现节流。由前述内容可知，液体流经孔口时会产生局部压力损失，使系统发热，油液黏度下降，系统的泄漏增加，这是其不利的一方面；但在液压传动及控制中，可以通过人为地制造这种节流装置来实现对流量和压力的控制，这是其有利的一方面。

1.5.1 小孔分类

当小孔的通道长度 l 与孔径 d 之比 $\frac{l}{d} \leqslant 0.5$ 时，此小孔称为薄壁小孔；当小孔的通道长度 l 与孔径 d 之比 $\frac{l}{d} > 4$ 时，此小孔称为细长孔；当 $0.5 < \frac{l}{d} \leqslant 4$ 时，此小孔称为短孔。

薄壁小孔、细长孔及介于二者之间的所有节流器流量为

$$q = KA\Delta p^m \tag{1-53}$$

式中，K——与节流孔(器)的形状、尺寸和液体性质有关的节流系数，由实验求得；

A——节流孔的通流面积；

Δp——节流孔前后的压力差；

m——由节流孔的形状(即孔径与孔长的相对大小)决定的指数,$0.5 \leqslant m \leqslant 1$。对于薄壁小孔,$m = 0.5$;对于细长孔,$m = 1$;对于其余孔,$m$ 介于二者之间。

三种节流孔的流量特性曲线如图 1-13 所示,图中直线 OA 表示细长孔的流量特性,抛物线 OB 表示薄壁小孔的流量特性,而介于两种孔之间的节流器流量特性位于 OA 与 OB 之间的阴影部分中。

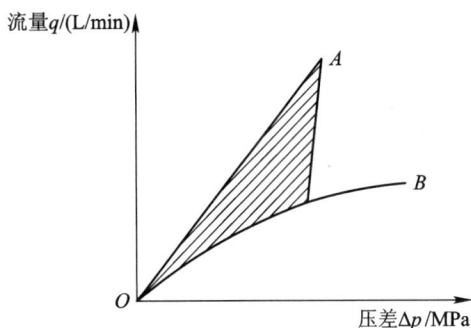

图 1-13　三种节流孔的流量特性曲线

1.5.2　薄壁小孔

当小孔为薄壁小孔时,K 与动力黏度 μ 无关;当小孔为细长孔时,K 是 μ 的函数。所以当其他条件相同而温度变化较大时,细长孔的流量变化也大,薄壁小孔的流量就不受温度变化的影响。液压技术为使流量稳定多采用薄壁小孔作为控制流量的节流器,而细长孔则大多作为阻尼孔使用。

对于薄壁小孔,其流量为

$$q = CA\sqrt{\frac{2\Delta p}{\rho}} = K_1 A \Delta p^{0.5} \tag{1-54}$$

式中,C——流量系数;

ρ——液体密度;

K_1——薄壁小孔的节流系数。

1.5.3　滑阀阀口

滑阀利用阀芯在密封面上的滑动,改变流体进出口通道位置,以控制流体的流向。对于液压阀口,设计时主要考虑因素包括:阀口形式有利于提高流量特性的刚性;抗阻塞性能较好;对油温和黏度的变化不敏感;具有足够的流量调节范围和良好的调节均匀性;易于实现良好的密封性,减少内泄漏;工艺性好等。

节流阀形式的阀口水利半径较大,抗阻塞性能好,容易获得小的稳定流量,流量调节范围宽。由于面积梯度较小容易控制,其流量微调性能优良。节流槽的结构形式很多,如双三角形、单三角形、U 形、V 形、圆孔形等,还有多种形状节流槽的组合形式。

1. U 形阀口过流面积计算

U 形阀口面积计算简图如图 1-14 所示。

U 形阀口的面积计算公式如下:

当 $x_1 < r$ 时:

$$A_2 = 2n \int_0^{x_1} R \arcsin \frac{z}{R} \mathrm{d}x \tag{1-55}$$

$$A_1 = n \left[\frac{1}{2} \left(2\arcsin \frac{z}{r} \right) \times R^2 + yz - 2z(R - h) \right] \tag{1-56}$$

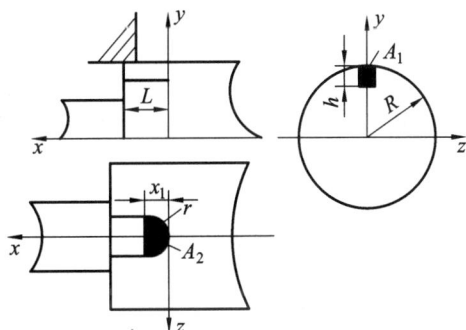

图 1-14　U 形阀口面积计算简图

当 $x_1 > r$ 时：

$$A_2 = A_{20} + n(x_1 - r) \times 2R \arcsin \frac{r}{R} \tag{1-57}$$

式中，A_{20}——式(1-55)在 $x_1 = r$ 时的 A_2 值；

x_1——阀口开度(mm)。

$A_1 = A_{10}$(常数)，A_{10} 为

$$A_{10} = n \left[\frac{1}{2} \left(2 \arcsin \frac{r}{R} \right) \times R^2 + 2 \times \frac{1}{2} r \times \sqrt{R^2 - r^2} - 2r \times (R - h) \right] \tag{1-58}$$

式中，h——节流槽深度(mm)；

r——U 形槽断口的半径(mm)；

R——阀芯的最大直径(mm)；

n——U 形节流槽个数；

$$z = \sqrt{r^2 - (x - r)^2} \quad \text{(mm)}$$

$$y = \sqrt{R^2 - r^2 + (x - r)^2} \quad \text{(mm)}$$

上述各式中，A_2 为开口量为 x_1 时 U 形阀口上表面处的面积公式；A_1 为开口量为 x_1 时 U 形口的竖直面的面积计算公式，如图 1-14 中阴影处所示。在开口量为 x_1 时，过流面积取两者中的较小值。

2. 双三角形阀口过流面积计算

双三角形阀口面积计算简图如图 1-15 所示，由此图可以推导出双三角形阀口的面积计算公式。

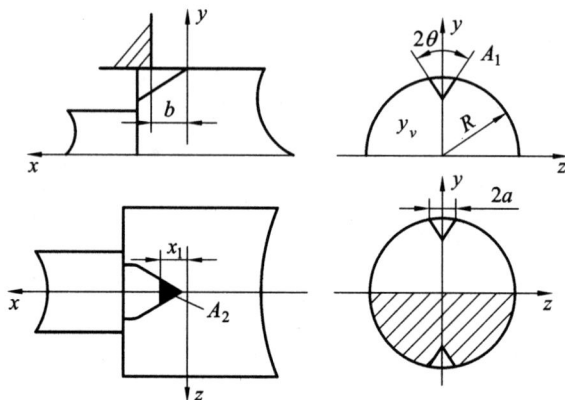

图 1-15 双三角形阀口面积计算简图

由图 1-15 可以建立双三角形槽的相贯线方程：

$$\begin{cases} z^2 + y^2 = R^2 \\ y_v + z \cdot \cot\theta = y \end{cases} \tag{1-59}$$

双三角形槽的底线方程为

$$y_v = R - \frac{R + a \cdot \cot\theta - \sqrt{R^2 - a^2}}{b} \cdot x \tag{1-60}$$

$$A_2 = 2n \int_0^{x_1} R \cdot \arcsin \frac{z}{R} \mathrm{d}x \tag{1-61}$$

$$A_1 = n \left(2 \times \frac{1}{2} \arcsin \frac{z}{R} R^2 - z \cdot y_v \right) \tag{1-62}$$

式中，a——对应某一开口时，双三角形槽在 z 轴上的位置(mm)；

　　　b——对应某一开口时，双三角形槽在 x 轴上的位置(mm)；

　　　2θ——刀具头部的夹角；

　　　R——阀芯的最大直径(mm)；

　　　x_1——阀口开度(mm)；

　　　y_v——三角形槽底部顶点到 z 轴的距离(mm)；

　　　n——双三角形槽数。

令

$$\frac{R + a \cdot \cot\theta - \sqrt{R^2 - a^2}}{b} = k, \cot\theta = m$$

则有

$$y_v = R - kx \tag{1-63}$$

联立式(1-59)和式(1-63)可以得出

$$z = \frac{-2m(R - kx) + 2\sqrt{m^2 R^2 - k^2 x^2 + 2kRx}}{2(1 + m^2)} \tag{1-64}$$

将式(1-63)、式(1-64)代入式(1-61)和式(1-62)中可求得双三角形槽的过流面积。

3. 双三角-U 形组合阀口的过流面积计算

建立如图 1-16 所示的直角坐标系，推导双三角-U 形组合阀口的过流面积计算公式。

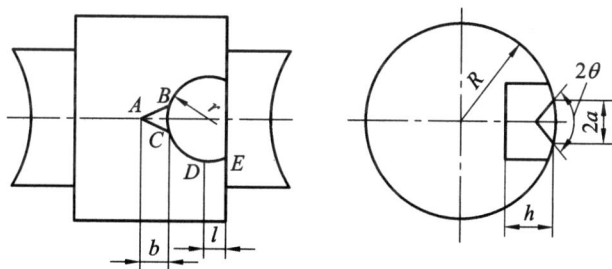

图 1-16　双三角-U 形组合阀口面积计算简图

设 $x_B = b$，$z_B = a$，$x_D = b + r$，$z_D = r$，$x_E = b + r + l$。双三角形槽与 U 形槽的交点为 C 点，则在 C 点有如下关系式：

$$x_C - b = r - \sqrt{r^2 - z_C^2} \tag{1-65}$$

联立式(1-64)和式(1-66)可计算出 z_C 与 x_C 的值。

面积 A_2 及其微元面积 $\mathrm{d}A_2$ 计算如下：

(1) 当 $x_1 < x_C$ 时，

$$\mathrm{d}A_2 = R \left(2\arcsin \frac{z}{R} \right) \mathrm{d}x \tag{1-66}$$

$$A_2 = 2n \int_0^{x_1} R \cdot \arcsin \frac{z}{R} dx \qquad (1-67)$$

由于双三角形槽的宽度始终比 U 型槽的宽度大，因此式中，

$$z = \frac{-2m(R-kx) + 2\sqrt{m^2 R^2 - k^2 x^2 + 2kRx}}{2(1+m^2)}$$

（2）当 $x_1 < x_D$ 时，

$$A_2 = A_{2C} + 2n \int_{x_c}^{x_1} R \cdot \arcsin \frac{z}{R} dx \qquad (1-68)$$

此时，$z = \sqrt{r^2 - (x-(b+r))^2}$，$A_{2C}$ 为式(1-64)在 $x_1 = x_C$ 时的 A_2 值。

（3）当 $x_1 < x_E$ 时，

$$A_2 = A_{2D} + n[x_1 - (b+r)] \times 2R \arcsin \frac{r}{R} \qquad (1-69)$$

A_{2D} 等于式(1-68)在 $x_1 = x_D$ 时的 A_2 值。

面积 A_1 计算如下

（4）当 $x_1 < x_B$ 时，

$$A_1 = n\left(2 \times \frac{1}{2} \arcsin \frac{z}{r} \cdot R^2 - z \cdot y_v\right) \qquad (1-70)$$

此时，

$$y_v = R - kx$$

$$z = \frac{-2m(R-kx) + 2\sqrt{m^2 R^2 - k^2 x^2 + 2kRx}}{2(1+m^2)}$$

（5）当 $x_B < x_1 < x_C$ 时，A_1 如图 1-17 所示。

$$A_1 = A_{ACEFDB} = n(A_{AOB} - A_{COD} + A_{CDEF})$$

$$A_1 = n\left(\frac{1}{2}\left(2\arcsin \frac{z}{R}\right) \cdot R^2 - z \cdot y_v\right) - \cot\theta \cdot z_2^2 + 2z_2 \cdot (y_v + \cot\theta \cdot z_2 - (R-h))$$
$$(1-71)$$

$$z_2 = \sqrt{r^2 - (x-(b+r))^2}$$

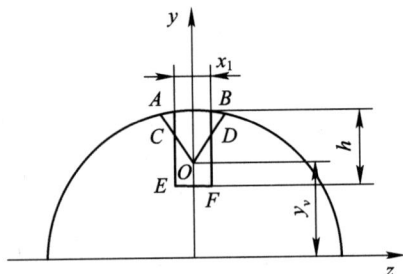

图 1-17 在 BC 段 A_1 面积计算简图

（6）当 $x_C < x_1 < x_D$ 时，

$$A_1 = n\left[\frac{1}{2}R^2\left(2\arcsin \frac{z}{R}\right) + 2 \times \frac{1}{2}yz - 2z(R-h)\right] \qquad (1-72)$$

$$z = \sqrt{r^2 - (x - (b+r))^2} \,, \quad y = \sqrt{R^2 - r^2 + (x - (b+r))^2}$$

（7）当 $x_D < x_1 < x_E$ 时，

$A_1 = A_{10}$（常数），

$$A_{10} = n \left[\frac{1}{2} \left(2\arcsin \frac{r}{R} \right) \times R^2 + 2 \times \frac{1}{2} r \times \sqrt{R^2 - r^2} - 2r \times (R - h) \right] \quad (1-73)$$

4. 大双三角-U 形组合阀口的过流面积

按照图 1-18 推导大双三角-U 形组合阀口的过流面积计算公式。

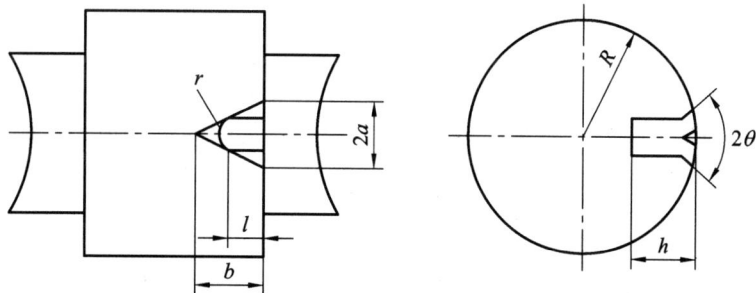

图 1-18　大双三角-U 形组合阀口面积计算简图

由图 1-18 可知，大双三角形槽的宽度总是大于 U 形槽的宽度，且有

$$A_2 = 2n \int_0^{x_1} R \cdot \arcsin \frac{z}{R} \mathrm{d}x$$

式中，

$$z = \frac{-2m(R - kx) + 2\sqrt{m^2 R^2 - k^2 x^2 + 2kRx}}{2(1 + m^2)}$$

（1）当 $x_1 < b - l - r$ 时，

$$A_1 = n \left(2 \times \frac{1}{2} \arcsin \frac{z}{R} \cdot R^2 - z \cdot y_v \right)$$

z 与 y_v 分别由式（1-64）和式（1-60）代入上式中得出。

（2）当 $b - l - r < x_1 < b - l$ 时，

$$A_1 = n \left(\arcsin \frac{z}{R} \cdot R^2 - z \cdot y_v \right) - \cot\theta \cdot z_2^2 + 2z_2 \cdot (y_v + \cot\theta \cdot z_2 - (R - h))$$

$$z_2 = \sqrt{r^2 - (x - (b + h))^2}$$

（3）当 $b - l < x_1 < b$ 时，阀口开度已达到 U 形槽的等截面。此时，$z_2 = r$，

$$A_1 = n \left(\arcsin \frac{z}{R} \cdot R^2 - z \cdot y_v \right) - \cot\theta \cdot r^2 + 2r \cdot (y_v + \cot\theta \cdot r - (R - h))$$

$$(1-74)$$

1.5.4　锥阀阀口

图 1-19 所示为一针状锥阀，锥阀的锥角为 2ϕ，入口处的流速为 v_1，压力为 p_1，锥阀出口处的流速为 v_2，压力为大气压（$p_2 = 0$），求在外流式（图 1-19 左）和内流式（图 1-19 右）两种情况下的液流对锥阀阀芯的稳态液动力。

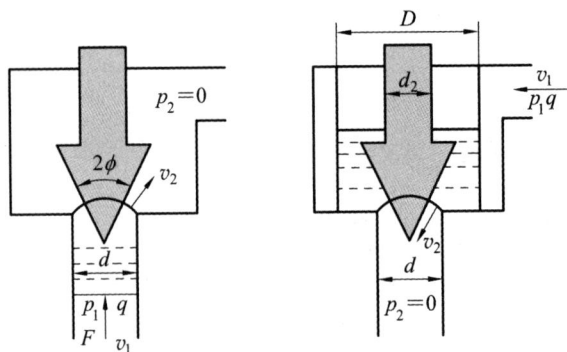

图 1-19 作用在锥阀上的轴向推力

根据液体流动情况分别取控制体如图 1-19 所示，根据动量定理，设阀芯对控制体的作用力为 F，方向如图 1-19 所示。

对于图 1-19 左图所示的外流式，有

$$p\,\frac{\pi}{4}d^2 - F = \rho q(\beta_2 v_2 \cos\theta_2 - \beta_1 v_1 \cos\theta_1)$$

取 $\beta_1 = \beta_2 = 1$，因为 $\theta_2 = \phi$，且 v_1 相比于 v_2 很小，可略去，则

$$F = p\,\frac{\pi}{4}d^2 - \rho q v_2 \cos\phi$$

此时液流作用在阀芯上的力大小等于 F，方向向上，因 $\rho q v_2 \cos\phi$ 项是负的，故这部分力有使阀芯关闭的趋势。

对于图 1-19 右图所示的内流式，有

$$p\,\frac{\pi}{4}(D^2 - d_2^2) - p\,\frac{\pi}{4}(D^2 - d^2) - F = \rho q(\beta_2 v_2 \cos\theta_2 - \beta_1 v_1 \cos\theta_1)$$

同样取 $\beta_1 = \beta_2 = 1$，$\theta_2 = \phi$，$v_1 \ll v_2$，则

$$F = p\,\frac{\pi}{4}(d^2 - d_2^2) - \rho q v_2 \cos\phi$$

此时液流作用在阀芯上的力大小等于 F，方向向下，因 $\rho q v_2 \cos\phi$ 项是负的，故这部分力有使阀芯开启的趋势。

实际上在图 1-19 左图所示的外流式中，随着锥阀的开启，自锥顶至阀口因为流速不断加大，由伯努利方程可知，压力是逐渐下降的（这个压力分布相当复杂），故比起阀尚未开启时液压力要小一点；此外，在推导过程中假设 $v_1 \ll v_2$，这在阀开口较小时是正确的，随着阀的开度加大、流动形式的改变以及结构的影响，这个假设就不一定成立了。因而在锥阀开启过程中，稳态液动力并不总是指向阀芯关闭的方向，而应具体问题具体分析。

1.5.5 短孔和细长孔

细长小孔一般是指小孔的长径比 $l/d > 4$ 时的情况。液体流经细长小孔时，一般都是层流状态。

细长孔的流量为

$$q = \frac{\pi d^4}{128\mu l}\Delta p = K_2 A \Delta p \tag{1-75}$$

式中，$K_2 = \dfrac{d^2}{32\mu l}$——细长孔的节流系数，$d$ 为孔径，l 为孔长，μ 为液体绝对黏度。

薄壁小孔、细长孔或缝隙等会对液体流动产生阻力（即形成压力降或压力损失）。通流面积和通道长度不同，其阻力也不同，这种阻力称为液阻。节流阀是借助改变阀口通流面积或通道长度来改变阻力的可变液阻。

1.6　缝　隙　流　动

液压系统是由一些元件、管接头和管道组成的，其中的每一部分都是由一些零件组成的。在这些零件之间，通常需要有一定的配合间隙，由此产生了泄漏现象，同时液压油也总是从压力较高处流向系统中压力较低处或大气中，前者称为内泄漏，后者称为外泄漏。

泄漏主要是由压力差与间隙造成的。泄漏量过大会影响液压元件和系统的正常工作，而且泄漏也将使系统的效率降低，功率损耗加大。因此研究液体流经间隙的泄漏规律，对提高液压元件的性能和保证液压系统正常工作是十分重要的。此外，液流经过不对称的缝隙时，也会产生不均衡的压力，甚至造成卡紧现象。

由于液压元件中相对运动的零件之间的间隙很小，一般在几微米到几十微米之间，水力半径也小，又由于液压油具有一定的黏度，因此油液在间隙中的流动状态通常为层流。

1.6.1　平板缝隙流动

如图 1-20 所示，设平板长为 l，宽为 b（图中未画出），两平行平板间的间隙为 h，且 l 远大于 h，b 远大于 h，液体不可压缩，质量力可忽略不计，黏度为常数，则在流动液体中取一微小单元体 $dxdy$（宽度方向取单位长），作用在它与液流相垂直的两个表面（面积为 $dy\times 1$）上的压力为 p 和 $p+dp$，作用在它与液流相平行的两个表面（面积为 $dy\times 1$）上的单位面积摩擦力为 τ 和 $\tau+d\tau$，因此它的受力平衡方程见式（1-76）。

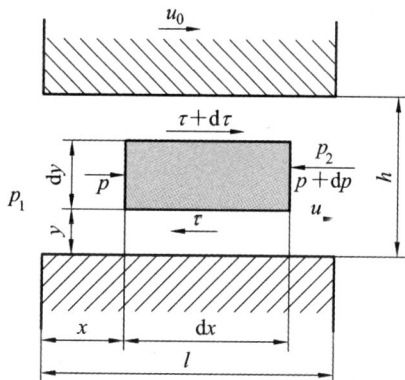

图 1-20　平行平板间隙流动

经整理并将 $\tau = \mu du/dy$ 代入后有

$$p\,dy + (\tau + d\tau)\,dx = (p + dp)\,dy + \tau\,dx \tag{1-76}$$

对上式进行两次积分可得

$$u = \frac{\mathrm{d}p}{2\mu\mathrm{d}x}y^2 + c_1 y + c_2 \tag{1-77}$$

式中，c_1、c_2 为边界条件所确定的积分常数。下面分两种情况讨论。

1. 固定平行平板间隙流动(压差流动)

上下两平板均固定不动，液体因间隙两端的压差作用而在间隙中流动，称为压差流动。边界条件为：当 $y=0$ 时，$u=0$；当 $y=h$ 时，$u=0$。将此边界条件代入式(1-77)，可得

$$c_1 = -\frac{h\,\mathrm{d}p}{2\mu\,\mathrm{d}x}, \quad c_2 = 0 \tag{1-78}$$

所以

$$u = -\frac{1}{2\mu}(h-y)y\frac{\mathrm{d}p}{\mathrm{d}x} \tag{1-79}$$

于是有

$$q = \int_A u\,\mathrm{d}A = \int_0^h -\frac{1}{2\mu}(h-y)y\frac{\mathrm{d}p}{\mathrm{d}x}b\,\mathrm{d}y = -\frac{bh^3}{12\mu}\frac{\mathrm{d}p}{\mathrm{d}x} \tag{1-80}$$

因为

$$\frac{\mathrm{d}p}{\mathrm{d}x} = \frac{p_2 - p_1}{l} = -\frac{p_1 - p_2}{l} = -\frac{\Delta p}{l} \tag{1-81}$$

代入流速及流量公式得

$$u = \frac{\Delta p}{2\mu l}(h-y)y \tag{1-82}$$

$$q = \frac{bh^3}{12\mu l}\Delta p \tag{1-83}$$

从式(1-82)和式(1-83)可以看出，在间隙中的速度分布规律呈抛物线状，通过间隙的流量与间隙的三次方成正比，因此必须严格控制间隙量，以减少泄漏。

2. 两平行平板有相对运动时的间隙流动

(1) 两平行平板有相对运动速度 v，但无压差时的流动，这种流动称为纯剪切流动。其边界条件为：当 $y=0$ 时，$u=0$；当 $y=h$ 时，$u=v$，且 $\mathrm{d}p/\mathrm{d}x=0$。将其代入式(1-77)，得 $c_1 = v/h$，$c_2 = 0$，所以有

$$u = \frac{v}{h}y \tag{1-84}$$

由式(1-84)可知，流速沿 y 方向呈线性分布。其流量为

$$q = \int_A u\,\mathrm{d}A = \int_0^h \frac{v}{h}y\,\mathrm{d}y = \frac{bh}{2}v \tag{1-85}$$

(2) 两平行平板既有相对运动，两端又存在压差时的流动。这是一种普遍情况，其流速和流量是以上两种情况的线性叠加，即

$$u = \frac{\Delta p}{2\mu l}(h-y)y \pm \frac{v}{h}y \tag{1-86}$$

$$q = \frac{bh^3}{12\mu l}\Delta p \pm \frac{bh}{2}v \tag{1-87}$$

式(1-86)和式(1-87)中的正负号是这样确定的：当长平板相对于短平板的运动方向

和压差流动方向一致时，取"＋"号；反之，取"－"号。此外，如果将泄漏所造成的功率损失写成

$$p_1 = \Delta p q = \Delta p \left(\frac{bh^3}{12\mu l} \Delta p + \frac{bh}{2} v \right) \tag{1-88}$$

则由式(1-88)可得出结论：缝隙 h 越小，泄漏功率损失也越小。但是 h 的减小会使液压元件中的摩擦功率损失增大，因而缝隙 h 有一个使这两种功率损失之和达到最小的最佳值，其取值并不是越小越好。

1.6.2　圆柱环形缝隙流动

液压元件中，液压缸缸体与活塞之间的间隙、阀体与滑阀阀芯之间的间隙中的流动均属于圆柱环形缝隙流动。

1. 同心环形间隙在压差作用下的流动

图 1-21(a)所示为同心环形间隙的液流，当 h/r 远小于 1 时(相当于液压元件内配合间隙的情况)，可以将环形缝隙间的流动近似地看作是平行平板缝隙间的流动，只要将 $b = \pi d$ 代入式(1-83)，就可得到这种情况下的流动，即

$$q = \frac{\pi d h^3}{12\mu l} \Delta p \tag{1-89}$$

式中，d——圆柱塞径；

　　　l——孔长；

　　　μ——绝对液体黏度。

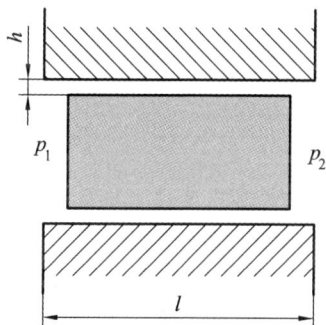

(a) 同心圆环间隙间的液流　　　　　　　　(b) 偏心环形间隙间的液流

图 1-21　同心环形间隙间的液流

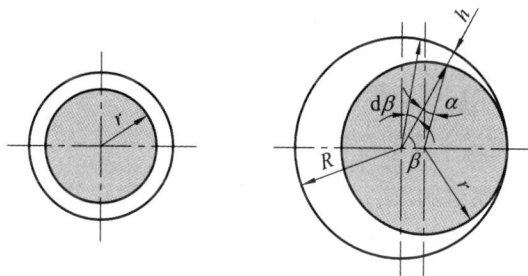

2. 偏心环形间隙在压差作用下的流动

实际上形成间隙的两个圆柱表面不可能完全同心，而常带有一定的偏心量。如图 1-21(b)所示，内、外圆柱表面的半径分别为 r 和 R，偏心量为 e，设在任意角度 β 处取 $\mathrm{d}\beta$ 所对应的内外圆柱表面所形成的间隙，其间隙大小为 h，由于 $\mathrm{d}\beta$ 取得很小，因此可视作两条平行平板间的间隙，通过该间隙的流量为

$$\mathrm{d}q = \frac{bh^3}{12\mu l} \Delta p = \frac{\Delta p}{12\mu l} h^3 R \,\mathrm{d}\beta \tag{1-90}$$

由图 1-21(b)可知

$$h = R - e\cos\beta - r\cos\alpha \tag{1-91}$$

又因 α 很小，所以式(1-91)可写成

$$h = R - r - e\cos\beta = h_0 - e\cos\beta = h_0(1 - \varepsilon\cos\beta) \tag{1-92}$$

式中，h_0——在同心时的间隙量，$h_0 = R - r$；

ε——相对偏心量，$\varepsilon = e/h_0$。

所以

$$\mathrm{d}q = \frac{\Delta p}{12\mu l}h^3(1-\varepsilon\cos\beta)^3 R\,\mathrm{d}\beta \tag{1-93}$$

对式(1-93)积分即可得到液体在压差作用下流过偏心环形间隙的流量：

$$q = \int \mathrm{d}q = \int_0^{2\pi} \frac{\Delta p}{12\mu l}Rh_0^3(1-\varepsilon\cos\beta)^3\,\mathrm{d}\beta = \frac{\pi d h_0^3}{12\mu l}\Delta p(1+1.5\varepsilon^2) \tag{1-94}$$

当 $\varepsilon = 0$ 时，式(1-94)为同心时压差作用下的流量公式；当处于完全偏心时，$\varepsilon = 1$，可知完全偏心时的流量为同心时的 2.5 倍。

3. 环形间隙内外圆柱表面有相对运动且又存在压差的流动

由式(1-89)和式(1-94)可得

$$q = \frac{\pi d h_0^3}{12\mu l}\Delta p(1+1.5\varepsilon^2) \pm \frac{\pi d h_0}{2}v \tag{1-95}$$

式中，等号右侧第一项为压差流动的流量；第二项为纯剪切流动的泄漏，当长圆柱表面相对短圆柱表面的运动方向与压差流动方向一致时，取"+"号；反之，取"-"号。

1.6.3 液压卡紧现象

在工程建设机械的液压系统中，通常将因为毛刺和污染物进入液压元件滑动配合间隙而造成的卡阀现象称为机械卡紧。

1. 液压卡紧的危害

液体流过阀芯与阀体的缝隙时，作用在阀芯上的径向力使阀芯卡住，称为液压卡紧。液压卡紧是机械卡紧的一种。液压元件产生液压卡紧时，会导致下列危害：

(1) 轻度的液压卡紧，使液压元件(如阀芯、叶片、柱塞、活塞等)内的相对运动摩擦阻力增大，造成动作迟缓，甚至动作错乱的现象。

(2) 严重的液压卡紧，使液压元件内的相对移动件完全卡住，不能运动，造成不能动作(如换向阀不能换向，柱塞泵柱塞不能实现吸油和压油等)的现象，使手柄的操作力增大。

2. 产生液压卡紧的原因

(1) 阀芯外径、阀体(套)孔形位公差大，有锥度，且大端朝着高压区，或阀芯、阀孔失圆，装配时二者又不同心，存在偏心距，这样压力油通过上缝隙与下缝隙产生的压力降曲线就会不重合，产生一向上的径向不平衡力(合力)，使阀芯更加向上偏移。上移后，上缝隙更小，下缝隙更大，向上的径向不平衡力随之增大，最后将阀芯顶死在阀体孔上。

(2) 因加工和装配误差，阀芯在阀孔内倾斜成一定角度，压力油经上下缝隙后，上缝隙不断增大，下缝隙不断减小，其压力降曲线也不同，压力差值产生偏心力和一个使阀芯与阀体孔的轴线互不平衡的力矩，使阀芯在孔内更倾斜，最后使阀芯卡死在阀孔内。

（3）阀芯上面因碰伤有局部凸起或毛刺，产生一个使凸起部分压向阀套的力矩，将阀芯卡死在阀孔内。

（4）为减少径向不平衡力，往往在阀芯上加工若干条环形均压槽。加工时环形槽与阀芯外圆若不同心，经热处理后再加工，会导致环形均压槽深浅不一，产生径向不平衡力而卡死阀芯。

（5）污物颗粒进入阀芯与阀孔配合间隙，使阀芯在阀孔内偏心放置，产生径向不平衡力导致液压卡紧。

（6）阀芯与阀孔配合间隙大，阀芯与阀孔台肩尖边与沉角槽的锐边毛刺倾倒的程度不一样，引起阀芯与阀孔轴线不同心，产生液压卡紧。

（7）阀芯与阀体孔配合间隙过小，污垢颗粒楔入间隙，装配扭斜别劲，温度变化引起变形、困油等也是卡阀现象产生的原因。

3．减少液压卡紧的方法和措施

（1）提高阀芯和阀体孔的加工精度，提高其形状精度和位置精度。

（2）在阀芯表面开几条位置恰当的均压槽，且均压槽与阀芯外圆保证同心。

（3）采用锥形台肩，台肩小端朝着高压区，利于阀芯在阀孔内径向对中。

（4）有条件者使阀芯或阀体孔作轴向或圆周方向的高频小振幅振动。

（5）仔细清除阀芯凸肩及阀孔沉割槽尖边上的毛刺，防止磕碰而弄伤阀芯外圆和阀体内孔。

（6）提高油液的清洁度。

（7）保证合理装配间隙，防止变形，控制油温。

1.7 液压冲击和气穴现象

液压冲击和气穴现象会严重影响液压系统的可靠性和使用功能，为此需了解液压冲击和气穴现象产生的原因及其预防措施。

1.7.1 液压冲击

在液压系统中，由于某种原因，液体压力在一瞬间突然升高，产生很高的压力峰值，这种现象称为液压冲击。液压冲击产生的压力峰值往往比正常工作压力高很多，且常伴有很大的噪声和振动，它的压力峰值有时会大到正常工作压力的几倍至几十倍，严重时会损坏液压元件、密封装置和管件等，有时还会引起某些液压元件的误动作，因此必须采取措施减少或防止液压冲击。

液压冲击的类型有以下几种：

（1）液流通道迅速关闭或液流方向突然改变使液流速度的大小或方向突然变化时，由液流的惯性力引起的液压冲击。

（2）运动部件制动时产生的液压冲击。运动部件质量越大，制动前速度越高，制动时产生的冲击压力也越大。

可以采取以下措施来减少液压冲击：

（1）使完全冲击改变为不完全冲击，可用减慢阀门关闭速度或设计缓冲装置来达到；

（2）限制管中油液的流速；

（3）用橡胶软管或在冲击源处设置蓄能器，以吸收液压冲击的能量；

（4）在出现液压冲击的地方安装限制压力的安全阀，如挖掘机臂架控制阀的控制油口、回转液压马达油路上一般会并联溢流阀，防止超压。

1.7.2 气穴现象

通常液压油中都溶解有一定的空气，常温时在一个大气压下溶解量约为 6%～12%（体积）。液体中能溶解的空气量与绝对压力成正比。溶解在液体中的气体对液体的体积弹性模量没有影响，但游离状态的气泡对液体的体积弹性模量有显著影响。在大气压下溶解于油液中的空气，当压力低于大气压时，就呈过饱和状态。当压力降低到某一值时，过饱和的空气将从油液中分离出来形成气泡，这一压力值称为空气分离压。若压力继续降低到相应温度的油液饱和蒸汽压时，油液将沸腾汽化产生大量气泡。这两种现象都称为气穴。由于饱和蒸汽压比空气分离压低得多，在液压技术中常把绝对压力是否低于空气分离压作为产生气穴的标准。液压系统中产生气穴后，气泡随油液流至高压区，在高压作用下迅速破裂，于是产生局部液压冲击，压力和温度均急剧上升，出现强烈的噪声和振动。当附着在金属表面上的气泡破裂时，所产生的局部高温和高压会使金属剥落、表面粗糙、元件的工作寿命降低，这一现象称为气蚀。

液压泵吸油管直径过小、安装高度过高、密封不严使空气进入管道和吸入口滤油器堵塞等都会使泵吸油腔产生气穴。液压泵产生气穴后，不仅使输油量减少，还会导致流量和压力脉动以及振动和噪声，使液压泵不能正常工作。

在液压系统中，当压力油流过节流口、喷嘴或管道中狭窄缝隙时，由于流速急剧增加，根据伯努利方程可知，该处压力将降得很低，这时也可能产生气穴。

为了防止气穴现象，可采取下列措施：

（1）系统中应减小流经节流小孔、缝隙的压力降，一般希望小孔前后的压力比小于3.5。

（2）使用、安装泵时应注意以下几点：尽量降低吸油高度，吸油管路应有足够的管径并避免吸油管内有急弯和局部狭窄处，接头应有良好的密封，滤油器应及时清洗或更换滤芯等，必要时可采取低压辅助泵向吸油口供油。

（3）正确选择液压系统各管段的管径，对流速要加以限制。

（4）整个系统的管道应尽可能做到平直，避免急弯和局部窄缝。

习　题

1.1　什么是动力黏度、运动黏度和相对黏度？

1.2　简要回答温度和压力对液压油黏度有何影响，以及液压油应如何选择。

1.3　液压系统的压力有哪两种表示方法？常用的压力单位有哪些？它们之间有怎样的转换关系？

1.4　泵吸油口的真空度为 0.3atm，求其绝对压力和相对压力，并用 atm 表示出来。

1.5　如图 1-22 所示，泵的流量 $q=150$ L/min，吸油管直径 $d=60$ mm，油的动力黏度 $\mu=43\times10^{-3}$ Pa·s，油液密度 $\rho=900$ kg/m^3，弯头处局部阻力系数 $\xi=0.2$，过滤器的压力降 $\Delta p=0.02$ MPa，空气分离压 $p_d=0.04$ MPa。求泵的最大安装高度 H。

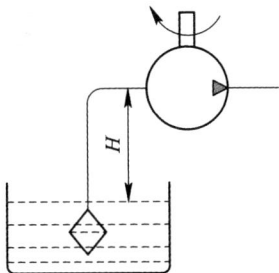

图 1-22　习题 1.5 图

1.6　如图 1-23 所示，油在喷管中的流动速度 $v_1=10$ m/s，喷管直径 $d_1=5$ mm，油的密度 $\rho=900$ kg/m^3，在喷管前端设一挡板，求下面两种位置关系时的液流对挡板壁面的作用力 F。

(1) 如图 1-23(a)所示，挡板壁面与射流垂直时。

(2) 如图 1-23(b)所示，挡板壁面与射流成 60°时。

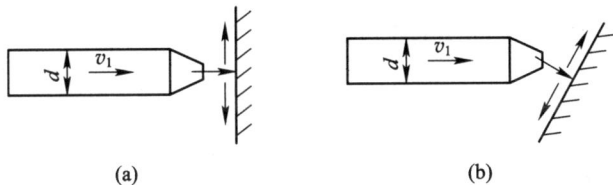

(a)　　　　　　　　　(b)

图 1-23　习题 1.6 图

1.7　如图 1-24 所示，活塞直径 $D=50$ mm，活塞长 $l=40$ mm，活塞与缸体的同心环状缝隙 $\delta=0.05$ mm，油液黏度 $\mu=45\times10^{-3}$ Pa·s，液压缸两腔压差 $\Delta p=10$ MPa，缸体固定，活塞以 $v=10$ cm/s 的速度向右运动，求液压缸的内泄漏量。

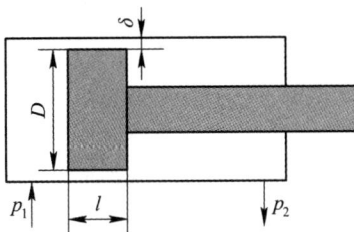

图 1-24　习题 1.7 图

第 2 章

液 压 泵

2.1 液压泵概述

液压泵是一种将输入的机械能转换为液体压力能的能量转换装置。在液压传动系统中，液压泵用作动力转换元件，为液压系统提供具有一定压力的流体介质。

2.1.1 液压泵的工作原理

液压系统中使用的泵多为容积式液压泵，图 2-1 所示为往复式液压泵（单柱塞液压泵），是最基础的容积式泵。

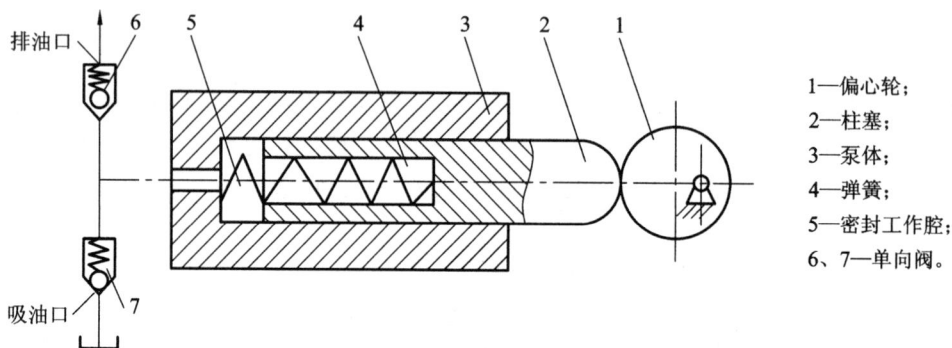

1—偏心轮；
2—柱塞；
3—泵体；
4—弹簧；
5—密封工作腔；
6、7—单向阀。

图 2-1 往复式液压泵的工作原理

当原动机带动偏心轮 1 旋转时，柱塞 2 在偏心轮 1 和压缩弹簧 4 的共同作用下在泵体 3 内左右移动。当柱塞 2 右移时，密封工作腔 5 的容积增大造成压力降低，油箱中的油液在大气压的作用下，经过吸油管和单向阀 7 进入密封工作腔 5 完成吸油；当柱塞 2 左移时，密封工作腔 5 的容积变小，工作腔 5 中的油液受到挤压，经过单向阀 6 流入系统中，完成压油。

由往复式液压泵的工作原理可以归纳出构成液压泵的基本条件是：

（1）有密封工作腔，且工作腔的容积周期性地交替变化，容积由小变大时吸油，由大变小时排油。

（2）吸油口和排油口严格分开。如图 2-1 所示，吸油时，单向阀 7 开启，单向阀 6 关闭；排油时，单向阀 7 关闭，单向阀 6 开启。

（3）液压泵能够借助大气压自行吸油从而正常工作。因此，为保证液压泵正常吸油，油箱必须与大气相通或采用密闭充压油箱。

▰▰ 2.1.2 ▰▰ 液压泵的主要性能参数

液压泵的主要性能参数包括压力、排量和流量以及功率和效率。

1. 压力

（1）工作压力 p：液压泵工作中实际的出油口输出压力。液压系统中泵的工作压力取决于负载，如果管道直接接回油箱且不考虑管道阻力和油液黏性，则无法建立起压力，工作压力为 0。

（2）额定压力 p_0：液压泵按试验标准规定的参数连续运转的最高压力。液压泵的实际工作压力应小于或等于额定压力。

（3）最高允许压力 p_m：超过额定压力允许短暂运行的最高压力。

2. 排量和流量

（1）排量 V_p：在没有泄漏的情况下，泵轴转一圈排出的油液体积。排量的大小仅与液压泵的几何尺寸有关，泵的规格大小常以排量（mL/r）来表示。排量可以调节的液压泵称为变量泵，排量不可调节的液压泵称为定量泵。

（2）流量 q：液压泵的流量可以分为理论流量、瞬时理论流量、实际流量和额定流量。

① 理论流量 q_{pt} 是指在没有泄漏的情况下，单位时间内根据液压泵的几何尺寸计算得到的其所排出的油液体积。一般而言，理论流量是平均理论流量，其大小与转速和排量有关，即

$$q_{pt} = V_p n_p \qquad\qquad (2-1)$$

式中，V_p——泵的排量（m^3/r）；

$\qquad n_p$——泵的转速（r/s）。

② 瞬时理论流量 q_{sh} 是指液压泵在任意瞬间时理论输出的流量。

③ 实际流量 q_p 是指液压泵在单位时间内实际排出的油液体积。它等于液压泵的理论流量 q_{pt} 减去泄漏量 Δq_p，即

$$q_p = q_{pt} - \Delta q_p \qquad\qquad (2-2)$$

由于液压泵的工作压力影响着泵的内泄漏和油液压缩量，故液压泵的实际流量随着工作压力的升高而降低。

④ 额定流量 q_{ps} 是指在额定压力和额定转速下，液压泵单位时间内实际排出的油液体积。

3. 功率和效率

液压泵的输入功率是驱动液压泵轴的机械功率，输出功率为液压泵实际输出的液压功率。液压泵由原动机驱动，输入量是转矩和角速度，输出量是液体的压力和流量。如果不考

虑转换过程中的能量损失，则输出功率等于输入功率，也就是理论功率 P_t 为

$$P_t = pq_{pt} = pVn = T_t\omega = 2\pi n T_{pt} \qquad (2-3)$$

式中，p——液压泵出口压力，忽略进口压力；

q_{pt}——液压泵理论流量；

V——液压泵排量；

n——液压泵转速；

T_{pt}——液压泵的理论转矩；

ω——液压泵的角速度。

工作中，液压泵在能量转换过程中是有能量损失的，输出功率小于理论功率。液压泵在实际工作中输出功率 P_{po} 为

$$P_{po} = pq_p \qquad (2-4)$$

式中，q_p 为液压泵的实际流量。

1）定量泵效率

（1）容积效率。容积损失实质上是液压泵本身结构造成的损失。液压泵的内泄漏、气穴现象以及油液在高压下的压缩都会造成流量的损失，其中，内泄漏是造成流量损失的主要原因。

工作液体在低压腔进入齿间，随着齿轮逐步向高压腔旋转，齿间中的液体压力逐步升高，其体积逐步受到压缩，一部分工作液体就在这个压缩过程中消耗掉了。液体的压缩量 ΔV 与齿间容积 V_j 和高低压腔的压差 Δp 成正比，与液体的体积弹性模量 E 成反比。低压时，油液的压缩量可忽略不计；但在高压下，压缩造成的流量损失是不可忽视的。

容积效率 η_{pv} 为

$$\eta_{pv} = \frac{q_p}{q_{pt}} = 1 - \frac{\Delta q_p}{q_{pt}} \qquad (2-5)$$

当泄漏间隙为 h，压差为 Δp，液压油的黏度为 μ 时，

$$\Delta q \propto h^3 \frac{\Delta p}{\mu} \qquad (2-6)$$

设液压泵的 $h \propto V^{\frac{1}{3}}$（一般 $h \propto V^a$，$a < 1/3$），则 Δq 为

$$\Delta q = C_s V \frac{\Delta p}{\mu n} \qquad (2-7)$$

式中，C_s 为层流泄漏系数。

由上述各式有

$$\eta_{pv} = 1 - C_s \frac{\Delta p}{\mu n} \qquad (2-8)$$

（2）机械效率。机械损失是指液压泵内部具有相对运动的构件之间的摩擦及介质黏性而造成转矩上的损失。对液压泵来说，驱动液压泵的转矩总是大于其理论转矩。设转矩损失为 ΔT，实际输入的转矩 T 总是比理论转矩 T_{pt} 大 ΔT。

根据式 (2-3) 液压泵理论转矩 T_{pt} 为

$$T_{pt} = \frac{pV}{2\pi} \qquad (2-9)$$

实际转矩 T_p 为

$$T_p = T_{pt} + \Delta T_p \qquad (2-10)$$

机械效率 η_{pm} 为

$$\eta_{pm} = \frac{T_{pt}}{T_p} = \frac{1}{1 + \dfrac{\Delta T_p}{T_{pt}}} \qquad (2-11)$$

液压泵内部滑动部分的黏性摩擦力与 μn 成正比,同时滚动轴承和各运动副等的固体摩擦力也与压力成正比,所以 ΔT 可表示为

$$\Delta T = \frac{V}{2\pi}(C_v \mu n + C_f \Delta p) \qquad (2-12)$$

式中,C_v——层流摩擦系数;

C_f——机械摩擦系数。

由上述各式有

$$\eta_{pm} = \frac{1}{1 + C_f + C_v \dfrac{\mu n}{\Delta p}} \qquad (2-13)$$

(3) 总效率。总效率 η_p 为液压泵输出的液压功率与输入的机械功率的比值,即

$$\eta_p = \frac{P_{po}}{P_{pi}} = \frac{p q_p}{2\pi n T_{pi}} = \eta_{pv} \eta_{pm} \qquad (2-14)$$

由式 (2-8)、式 (2-13) 和式 (2-14) 可求出使 η_p 最大的 $\dfrac{\Delta p}{\mu n}$ 为

$$\left(\frac{\Delta p}{\mu n}\right)_{max} = \frac{1}{C_S\left(1 + \sqrt{1 + \dfrac{1 + C_f}{C_S C_v}}\right)} \qquad (2-15)$$

由于 $C_S C_v < 1$,因此式 (2-15) 可表示为

$$\left(\frac{\Delta p}{\mu n}\right)_{max} = \sqrt{\frac{C_v}{C_S(1 + C_f)}} \qquad (2-16)$$

在液压泵中,滑动部分的间隙小时,C_S 小,C_v 大。由式 (2-16) 可知,间隙越小,η_p 最高时,$\dfrac{\Delta p}{\mu n}$ 越大。或者说,$\dfrac{\Delta p}{\mu n}$ 越大,则必须把间隙设计得越小。

由式 (2-14) 和式 (2-16) 求得总效率最大值 η_{pmax} 为

$$\eta_{pmax} = \frac{1}{1 + C_f + 2\sqrt{C_S C_v(1 + C_f)}} \qquad (2-17)$$

各损失系数 C_S、C_v、C_f 的值因泵的种类、结构不同而异。表 2-1 列出了各种泵的 C_S、C_v、C_f 实际值。

表 2 - 1　各种泵的 C_s、C_v、C_f 值

泵的种类	C_s	C_v	C_f
齿轮泵（固定侧板式）	$(3.2\sim6.4)\times10^{-9}$	$(1.25\sim6.3)\times10^5$	$0.01\sim0.12$
齿轮泵（浮动侧板式）	$(3.2\sim6.4)\times10^{-9}$	$(1.9\sim3.8)\times10^5$	$0.03\sim0.06$
叶片泵	$(4.8\sim6.9)\times10^{-9}$	$(2.5\sim10)\times10^5$	$0.02\sim0.30$
轴向柱塞泵	$(0.8\sim3.2)\times10^{-9}$	$(1.25\sim12.5)\times10^5$	0.01
径向柱塞泵	—	$(1.25\sim5)\times10^5$	$0.01\sim0.08$

2）轴向柱塞变量泵效率分析

随着排量 V 的减小，液压泵容积效率和机械效率一般都降低很快，其乘积总效率也显著降低。关于这方面的理论分析虽然很多，但由于泵的效率问题很复杂，结构问题和流体力学的问题交织在一起，影响因素很多，因此至今还没有一个圆满的效率表达式，一般是用试验方法对具体的泵在不同使用条件下实测取得的。同样，前述的定量泵效率理论表达式，只适用于估算和分析在各种使用条件下效率的变化趋势及其影响因素，准确的效率值必须通过试验取得。尽管如此，这些理论分析式同样有着重要意义。可以通过对效率影响因素的分析，寻找最佳的使用条件，并将这种分析结果用于泵的参数匹配和使用过程的控制中。下面简单地说明变量泵效率的理论表达式，用以考察排量 V 值的变化对效率的影响。经过众多学者研究，变量泵的容积效率和机械效率为

$$\eta_{pv} = 1 - C_s\left(\frac{60\Delta p}{\mu n}\right)\left(\frac{1}{\beta}\right) \tag{2-18}$$

$$\eta_{pm} = \frac{1}{1 + C_v\left(\dfrac{\mu n}{60\Delta p}\right)\left(\dfrac{1}{\beta}\right) + C_f\left(\dfrac{1}{\beta}\right) + \left(\dfrac{2\pi T_C}{\Delta p V_{max}}\right)\left(\dfrac{1}{\beta}\right)} \tag{2-19}$$

式中，β——排量比；

　　T_C——与进出口压差和转速无关的一定转矩损失；

　　V_{max}——液压泵的全排量。

上述表达式中，容积损失主要为从运动副间隙里泄漏的流量，由 C_s 项表示。机械损失由三部分构成：一部分为油液黏性产生的摩擦损失，与 n 和 μ 成正比，由 C_v 项表示；一部分为与高低压移动界面前后的压差 Δp 成正比的摩擦损失，由 C_f 表示；一部分为与工作压力和转速无关的定量的转矩损失，由 T_C 表示。

表达式中把间隙内油液的流动看成为层流，并将其假设为牛顿流体，忽略了运转中间隙的变化以及油液压缩性的影响，但实际情况要复杂得多。

液压泵的总效率等于液压泵的容积效率与机械效率的乘积。一台性能良好的液压泵应总效率最高，而不仅仅是容积效率最高。

▰▰▰ 2.1.3 ▰▰▰ 液压泵的性能曲线

液压泵的性能曲线是在特定的介质、转速和温度下通过试验得到的，这对于评价和使用液压泵是至关重要的。如图 2-2 所示，液压泵的容积效率 η_{pv} 随着液压泵的工作压力 p

的升高而降低。当工作压力 p 为零时，容积效率 η_{pv} 为 100%，没有泄漏，实际流量等于理论流量。由于工作压力 p 为零时，泵的理论输出功率为零，因此机械效率 η_{pm} 为零，随着工作压力 p 的升高，机械效率上升很快，而后变缓。液压泵的总效率 η_p 随着液压泵的工作压力 p 升高先升高再降低，接近额定压力时，总效率 η_p 达到最高。

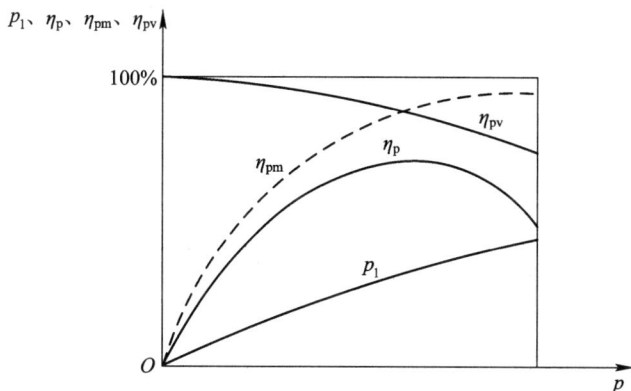

图 2-2　液压泵的性能曲线

对于某些转速在一定范围内的液压泵或者变量泵，为了揭示液压泵整个范围的性能特性，一般用如图 2-3 所示的通用特性曲线表示其性能。曲线的横坐标为液压泵的工作压力 p，纵坐标为泵的流量 q、转速 n 或排量 V_p，图中绘制有液压泵的等效率曲线与等功率曲线。

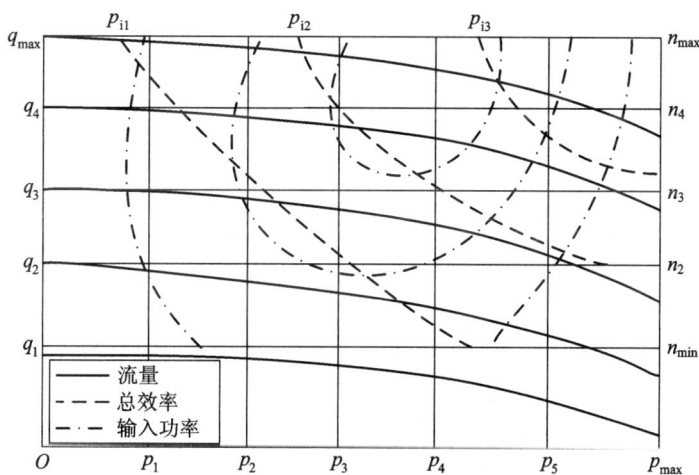

图 2-3　液压泵的通用性能曲线

2.1.4　液压泵的分类

液压泵按结构形式可分为齿轮泵、叶片泵、柱塞泵和螺杆泵等。齿轮泵分为外啮合齿轮泵和内啮合齿轮泵，叶片泵分为双作用叶片泵和单作用叶片泵。柱塞泵分为径向柱塞泵和轴向柱塞。液压泵按排量能否改变可分为定量泵和变量泵，变量泵的结构形式多为单作用叶片泵和柱塞泵。液压泵按流动方向又可分为单向泵和双向泵。

部分液压泵的图形符号如图 2-4 所示。

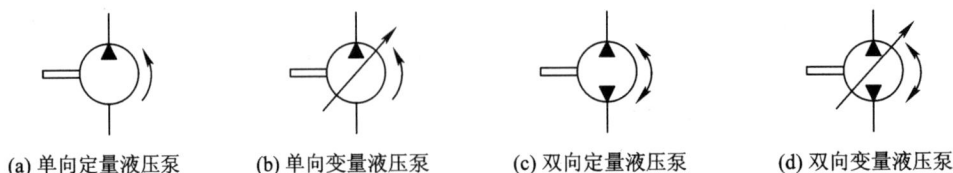

(a) 单向定量液压泵　　　(b) 单向变量液压泵　　　(c) 双向定量液压泵　　　(d) 双向变量液压泵

图 2-4　部分液压泵的图形符号

2.2　齿　轮　泵

齿轮泵是液压传动系统中常用的液压泵,主要组成部分是一对相互啮合的齿轮,它是利用齿轮啮合原理进行工作的。根据啮合形式,齿轮泵可分为外啮合齿轮泵和内啮合齿轮泵。外啮合齿轮泵一般采用一对齿数相同的渐开线直齿齿轮,内啮合齿轮可采用渐开线齿轮和摆线齿轮。由于齿轮泵中的啮合齿轮是轴对称的旋转体,因此允许转速较高。齿轮泵的最高转速一般可达 3000 r/min,在个别情况下(如飞机用齿轮泵)最高转速可达 8000 r/min。低压齿轮泵的工作压力为 2.5 MPa,中高压齿轮泵的工作压力为 16~20 MPa,某些高压齿轮泵的工作压力可达到 32 MPa。

2.2.1　外啮合齿轮泵

本节介绍外啮合齿轮泵的工作原理、排量和流量脉动、泄漏、困油现象、径向不平衡力、提高外啮合齿轮泵压力的措施及其优缺点。

1. 工作原理

图 2-5 所示是外啮合齿轮泵的工作原理。在泵的壳体内,有一对参数相同的外啮合齿轮,齿轮两侧由端盖盖住(图中未标出),泵的壳体、端盖和齿轮的各个齿间槽形成了多个密封的工作腔。当齿轮按图示方向旋转时,右侧吸油腔由于相互啮合的轮齿逐渐退出啮合,

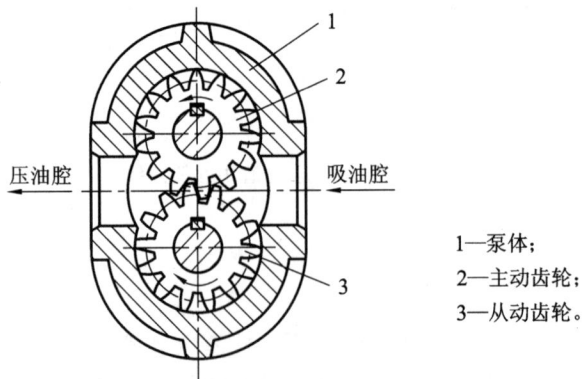

1—泵体;
2—主动齿轮;
3—从动齿轮。

图 2-5　外啮合齿轮泵的工作原理

密封工作腔容积变大，形成部分真空，油箱的油液被吸入到吸油腔，将齿间槽充满，并随着齿轮的旋转带到左侧压油腔。在左侧压油腔，由于轮齿逐渐进入啮合，密封工作腔容积变小，油液被挤压出去，输送到压力管路中去。吸油腔和压油腔是由相互啮合的轮齿、泵体和端盖分隔开的，起到配油作用，因此外啮合齿轮泵没有单独的配油机构。

图 2-6 所示是我国自行研制的 CB-B 型外啮合齿轮泵的结构。CB-B 型外啮合齿轮泵为低压泵，工作压力为 2.5 MPa，主要由齿轮、泵体、端盖组成。为了防止压力油从泵体和端盖间泄漏，并减小螺钉的拉力，在泵体的两个端面各铣出了油封卸荷槽 b，经泵体端面泄漏的油液由卸荷槽流回吸油腔。在泵前后端盖上开有困油卸荷槽 e，以消除泵工作时产生的困油现象。在端盖和从动轴上的卸荷孔道 a、c、d，可将泄漏到轴承端部的油引到泵的吸油腔，使传动轴处的密封圈处于低压，因而不必设置单独的外泄油口。由于外啮合齿轮泵的吸油腔不能承受高压，因此不能逆转工作。

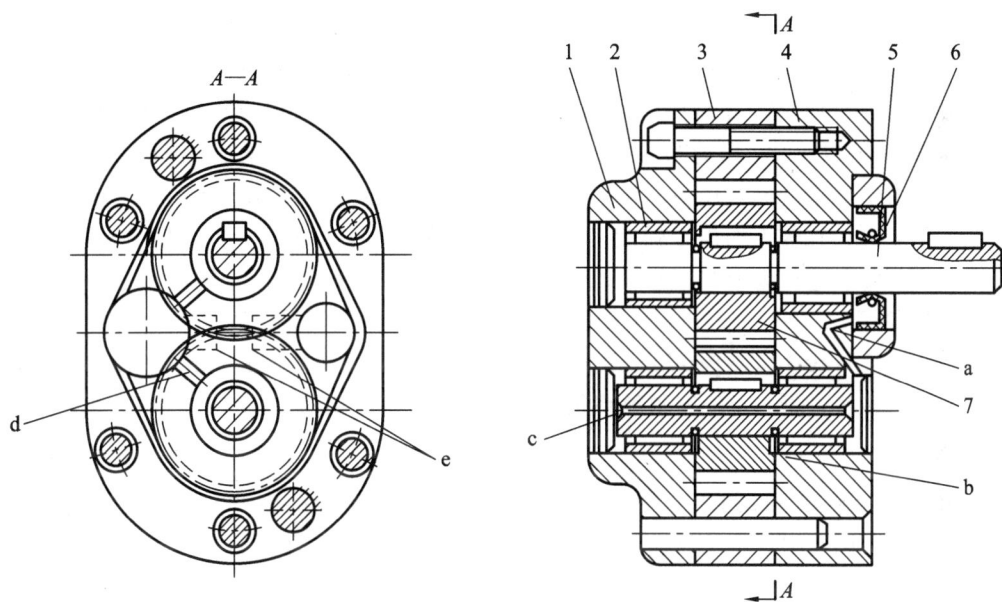

1—后端盖；2—滚针轴承；3—泵体；4—前端盖；5—传动轴；6—防尘圈；7—齿轮；
a、c、d—卸荷孔道；b—油封卸荷槽；e—困油卸荷槽。

图 2-6 CB-B 型外啮合齿轮泵的结构图

2. 排量和流量脉动

外啮合齿轮泵排量的精确计算应依据啮合原理来进行。近似计算时，可认为泵的排量等于它的两个齿轮的不包括径向间隙容积的齿间槽容积之和。设齿间槽的工作容积与轮齿的有效体积相等，则齿轮泵的排量等于一个齿轮的所有齿间工作容积和轮齿有效体积的总和，即等于齿轮齿顶圆与基圆之间环形圆柱的体积。当齿轮模数为 m，齿数为 z，工作齿高为 $h(h=2m)$，分度圆直径为 $D(D=zm)$，齿宽为 B 时，该外啮合齿轮泵的排量为

$$V_p = \pi D h B = 2\pi z m^2 B \tag{2-20}$$

实际上，齿间的容积比轮齿的有效体积稍大些，所以通常为

$$V_p = C 2\pi z m^2 B \tag{2-21}$$

式中，C——修正系数，$z=13\sim20$ 时，C 取 1.06；$z=6\sim12$ 时，C 取 1.115。

齿轮在实际啮合过程中，啮合点位置是不断变化的，齿轮泵每一瞬时的容积变化率是不均匀的，故齿轮泵的瞬时流量是脉动的。设 q_{max}、q_{min} 表示最大、最小瞬时流量，q 表示平均流量，则流量脉动率 δ 为

$$\delta = \frac{q_{max} - q_{min}}{q} \tag{2-22}$$

表 2-2 给出了不同齿数时齿轮泵的流量脉动率。

表 2-2 不同齿数时齿轮泵的流量脉动率

齿轮齿数	6	8	10	12	14	16	20
$\delta/\%$	34.7	26.3	21.2	17.8	15.2	13.4	10.7

外啮合齿轮泵的齿数越多，其流量脉动率越小。考虑到液压系统传动的均匀性、平稳性及噪声等都与泵的流量脉动有关，因此可通过增加齿数来减小齿轮泵的流量脉动。一般齿轮泵的流量脉动率较大，故性能要求较高的液压系统不宜采用齿轮泵。

从式(2-20)可以看出齿轮泵结构参数与性能的关系，外啮合型齿轮泵的输出流量与齿轮模数 m 的平方成正比，因此当泵的体积一定时，增大模数，流量增加，但齿数减少，流量脉动增大。用于机床上的低压齿轮泵，要求流量均匀，因此齿数多取 $z=13\sim20$；而中高压齿轮泵，要求进行有较大的齿根强度，因此高压齿轮泵的齿数较少。为了防止因根切而削弱齿根强度，要求进行齿形修正，取 $z=6\sim14$。另外，流量和齿宽 B、转速 n 成正比。一般对于高压齿轮泵，$B=(3\sim6)m$；对于低压齿轮泵，$B=(6\sim20)m$。转速 n 的选取应与原动机的转速一致，一般为 750 r/min、1000 r/min、1500 r/min、2000 r/min。转速过高，会造成吸油不足；转速过低，会使容积效率很低，泵也不能正常工作。

3. 泄漏

外啮合齿轮泵高压腔的压力油从三个间隙泄漏：一是齿轮端面与端盖端面之间的轴向间隙；二是齿顶圆与泵体内表面之间的径向间隙；三是齿轮啮合处的间隙。其中对泄漏影响最大的是轴向间隙，约占总泄漏量的 $70\%\sim80\%$，故外啮合齿轮泵的齿轮端面与端盖端面之间的轴向间隙应进行合理的控制。

4. 困油现象

为了保证齿轮泵能平稳工作，齿轮啮合的重合度必须大于 1，即总有两对齿轮同时啮合，这时就有一部分油液困在两对轮齿所形成的封闭容腔中。如图 2-7 所示，从(a)到(b)的过程中，封闭容积由大变小；随后从(b)到(c)的过程中，封闭容积由小变大。当容积变小时，油液受到挤压，压力升高，齿轮泵轴承受周期性压力冲击，同时高压油从缝隙中挤出，造成功率损失，使油液发热；当容积变大时，又因无油液补充而形成局部真空和气穴，出现气蚀现象，引起振动和噪声。这种因封闭容积大小发生变化导致压力冲击和产生气蚀的现象称为困油现象。

消除困油现象的常用办法是：在齿轮泵的前后端盖开困油卸荷槽，如图 2-7 中虚线所示，使封闭容积减小时，通过左边的卸荷槽与压油腔相通；封闭容积增大时，通过右边的卸荷槽与吸油腔相通，两卸荷槽的距离必须确保在任何时候都不使吸、排油相通。两卸荷槽之间的距离为

$$a = \pi m (\cos\alpha)^2 = t_0 \cos\alpha \tag{2-23}$$

式中，α——齿轮压力角；

t_0——标准齿轮的基节。

困油现象在其他液压泵中同样存在，是一个共性问题。

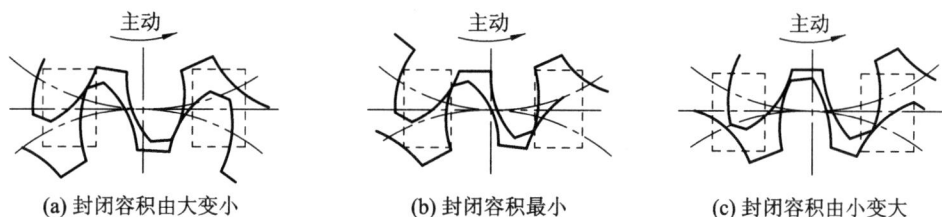

(a) 封闭容积由大变小　　　　(b) 封闭容积最小　　　　(c) 封闭容积由小变大

图 2-7　困油现象和困油卸荷槽

5. 径向不平衡力

从齿轮泵的压油腔经过泵体内表面和齿顶圆间的径向间隙向吸油腔泄漏的油液，其压力随着径向位置的不同而不同。可以认为从压油腔到吸油腔的压力是逐级下降的。其合力相当于给齿轮轴一个径向作用力，称为径向不平衡力。工作压力越高，径向不平衡力越大，这不但加速了轴承的磨损，降低了轴承的寿命，而且使轴弯曲，齿顶和壳体内表面产生摩擦等。通常可以通过在泵体上开压力平衡槽和缩小压油腔来减小径向不平衡力。如图 2-8 所示，径向不平衡力大小为

$$F = K\Delta p B D_e \tag{2-24}$$

式中，K——系数，主动齿轮的 K 取 0.75，从动齿轮的 K 取 0.85；

Δp——泵进出口压差；

D_e——齿顶圆直径。

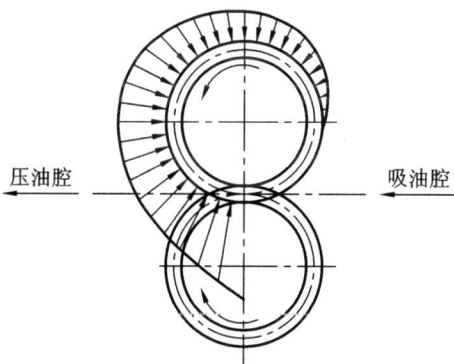

压油腔　　　　吸油腔

图 2-8　液压径向不平衡力

6. 提高外啮合齿轮泵压力的措施

要提高齿轮泵的工作压力，首先要解决的问题是轴向泄漏。轴向泄漏是由齿轮端面与端盖端面之间的轴向间隙造成的。解决这个问题的关键是在齿轮泵长期工作时，控制齿轮端面和端盖端面之间保持一个合适的间隙。在高、中压齿轮泵中，一般采用轴向间隙自动补偿的办法。其原理是把与齿轮端面相接触的部件制作成轴向可移动的，并将压油腔的压

力油经专门的通道引入到该可动部件背面具有一定形状的油腔中,使该部件始终受到一个与工作压力成比例的轴向力压向齿轮端面,从而保证泵的轴向间隙能与工作压力自动适应且长期稳定。该可动部件一般采用浮动轴套、浮动侧板或弹性侧板。如图 2-9 所示带浮动轴套的中高压齿轮泵,浮动轴套 1 和 2 是浮动安装的,轴套左侧的空腔均与泵的压油腔相通。当泵工作时,浮动轴套 1 和 2 受左侧油压作用向右移动,将齿轮两侧面压紧,从而自动补偿了端面的间隙。

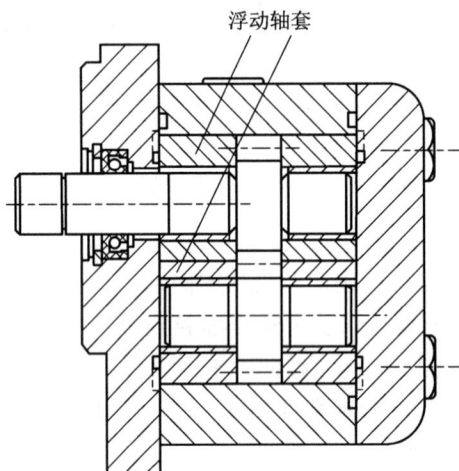

图 2-9 带浮动轴套的齿轮泵

外啮合齿轮泵结构上还有双联泵和多联泵可供选择。利用彼此错开半个齿的两个并联齿轮安装在同一个轴上,这样泵的最小瞬时流量和另一个泵的最大瞬时流量叠加,可以使泵的总瞬时流量比较均匀。这种泵的流量不均匀系数只有相同齿数单个泵的 1/4,故泵及系统的噪声低。

7. 优缺点

外啮合齿轮泵的优点是结构简单,尺寸小,制造方便,价格低廉,工作可靠,自吸性能好,对油液污染不敏感。它的缺点是流量脉动大,噪声高,排量不能调节。

2.2.2 内啮合齿轮泵

内啮合齿轮泵分为渐开线齿轮泵和摆线齿轮泵(又称转子泵)。

1. 渐开线齿轮泵

渐开线齿轮泵的工作原理如图 2-10(a)所示,它是由小齿轮、内齿圈和月牙形板组成的,月牙板在内齿圈和小齿轮之间,将吸、排油腔隔开。当传动轴带动小齿轮按图示方向绕其中心 O_1 旋转时,内齿圈被驱动,绕其中心 O_2 旋转。左半部齿轮脱开啮合,齿间容积逐渐增大,从端盖上的吸油窗口吸油,右半部齿轮进入啮合。齿间容积逐渐减小,将油液从压油窗口排出。

采用齿顶高系数 $f=1$、啮合角 $\alpha=20°$ 的标准渐开线齿轮泵的排量 V 近似为

$$V = \pi B m^2 \left(4z_1 - \frac{z_1}{z_2} - 0.75\right) \times 10^{-3} \qquad (2-25)$$

式中,z_1、z_2 为小齿轮和内齿圈的齿数。

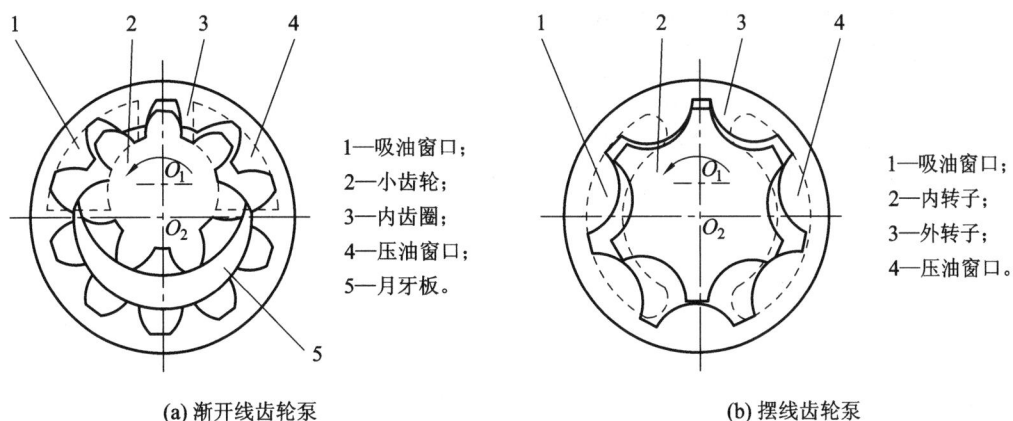

1—吸油窗口；
2—小齿轮；
3—内齿圈；
4—压油窗口；
5—月牙板。

(a) 渐开线齿轮泵

1—吸油窗口；
2—内转子；
3—外转子；
4—压油窗口。

(b) 摆线齿轮泵

图 2-10　内啮合齿轮泵

渐开线齿轮泵的优点包括：① 工作平稳、流量脉动率小、结构紧凑、重量轻、噪声低、效率高；② 可以采用特殊齿形将困油现象减少；③ 渐开线啮合泵的吸油流速低，吸入性能好；④ 由于两个齿轮同向旋转，相对滑动速度小，磨损小，使用寿命长，油液在离心力作用下易充满齿间槽，故允许高速旋转，容积效率高。它的缺点是齿形复杂，需要专门的高精度加工设备。

2. 摆线齿轮泵

摆线齿轮泵是以摆线成形，外转子比内转子多一个齿的内啮合齿轮泵。它的内转子和外转子在工作时各绕相互平行的两条轴线旋转。在工作时，所有内转子的齿都进入啮合，相邻两个齿的啮合线与泵体和前后端盖形成密封容腔。

摆线齿轮泵的排量 V 为

$$V = 2\pi Be D_2 (z_2 - 0.125) \times 10^{-3} \qquad (2-26)$$

式中，e——偏心距；

D_2——内转子齿顶圆直径；

z_2——内转子齿数。

摆线齿轮泵的工作原理如图 2-10(b)所示，摆线齿轮泵的内转子和外转子存在偏心，内转子为主动齿轮，带动外转子绕外转子轴心作同向旋转。左侧密封容积不断增加，通过端盖上的吸油窗口吸油；右侧密封容积不断减小从压油窗口压油。内转子每转一周，由内转子齿顶和外转子齿谷所构成的每个密封容积，完成吸、压油各一次。摆线齿轮泵的优点是结构紧凑、体积小、零件数少、转速高、运动平稳，噪声低等；缺点是啮合处间隙泄漏大，容积效率低，转子的制造工艺复杂等。摆线转子泵可正反转，故可作为马达使用。

2.3　叶　片　泵

叶片泵具有流量均匀、运转平稳、噪声低、体积小、重量轻，易实现变量等优点。在机床、工程机械、船舶、压铸及冶金设备中得到广泛应用。中低压叶片泵的工作压力一般为

8 MPa，高压叶片泵的工作压力可达 25～32 MPa。叶片泵的缺点是对油液的污染比齿轮泵敏感；泵的转速不宜太大，也不宜太小，一般在 600～2500 r/min 范围内使用；叶片泵的结构也比齿轮泵复杂；吸油特性也没有齿轮泵好。

叶片泵主要分为双作用（转子旋转一周完成吸、排油各两次）和单作用（转子旋转一周完成吸、排油各一次）两种形式。双作用叶片泵一般为定量泵，单作用叶片泵多为变量泵。

2.3.1 ▓ 双作用叶片泵

1. 双作用叶片泵的工作原理

图 2-11 所示为双作用叶片泵的结构图，主要零件包括传动轴 9、转子 13、定子 5、左配流盘 2、右配流盘 6、叶片 4 和前壳体 3、后壳体 7 等。转子上开有叶片槽且由轴驱动，叶片可在叶片槽内径向自由滑动。

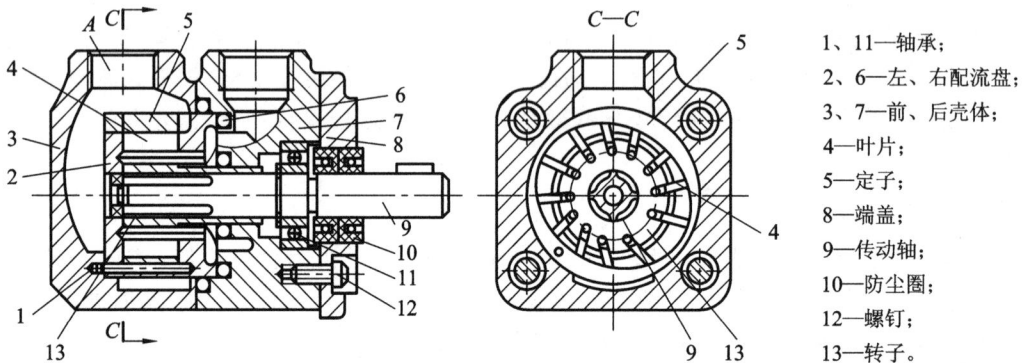

1、11—轴承；
2、6—左、右配流盘；
3、7—前、后壳体；
4—叶片；
5—定子；
8—端盖；
9—传动轴；
10—防尘圈；
11—螺钉；
13—转子。

图 2-11 双作用叶片泵的结构图

图 2-12 所示的是双作用叶片泵的工作原理。它由定子、转子、叶片和配流盘（其上有吸油窗口和排油窗口）等组成。转子和定子中心重合，定子内表面是由两段半径为 R 的大圆弧，两段半径为 r 的小圆弧以及四段连接大小圆弧的过渡曲线组成。叶片可以在转子的叶片槽内滑动，转子、叶片、定子和前后两个配油盘间形成若干个密封容积。当转子旋转时，叶片受离心力作用紧贴定子内表面，起密封作用，将吸油腔与压油腔隔开。当叶片从定子内表面的小圆弧区向大圆弧移动时，叶片伸出，两个封油叶片之间的密封容积增大，通过配流盘上的吸油窗口吸油；当由大圆弧段移向小圆弧区时，叶片被定子内表面逐渐压进槽内，密封容积减小，通过配流盘上的压油窗口排油。转子每旋转一周，密封容积完成两次吸、排油过程，所以称之为双作用叶片泵。泵转子体中的叶片槽底部通压油腔，因此在建立排油压力后，处在吸油区的叶片对定子内表面的压紧力为其离心力和叶片底部液压力之和。在压力还未建立起来的启动时刻，此压紧力仅由离心力产生。如果离心力不够大，叶片顶部就不能与定子内表面贴紧，以形成高、低压腔之间的可靠密封，从而使泵因吸、压油腔沟通而不能正常工作。为此，叶片泵最低转速不能太低。

双作用叶片泵的两个吸油窗口和两个压油窗口是径向对称的，作用在转子上的液压力径向平衡，所以又称为平衡式叶片泵。

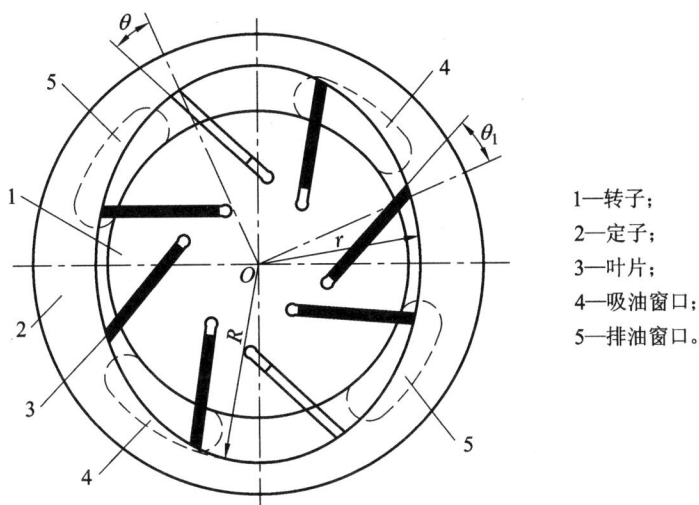

1—转子；
2—定子；
3—叶片；
4—吸油窗口；
5—排油窗口。

图 2 - 12　双作用叶片泵的工作原理

2. 双作用叶片泵的排量计算

双作用叶片泵的转子每旋转一周，每个密封容积完成两次吸、压油过程，所以当定子的大圆弧半径为 R，小圆弧半径为 r，定子宽度为 B，叶片数为 z，叶片厚度为 b，叶片倾角为 θ 时，其排量为

$$V_{\mathrm{p}} = 2\pi(R^2 - r^2)B - 2\frac{R-r}{\cos\theta}bzB = 2B\left[\pi(R^2 - r^2) - \frac{R-r}{\cos\theta}\right]bz \qquad (2-27)$$

双作用叶片泵因受叶片厚度的影响，且长半径圆弧和短半径圆弧也不可能完全同心，以及叶片底部槽与压油腔相通，所以泵的输出流量会出现微小的脉动，但其流量脉动率比其他形式的泵小得多，且在叶片数为 4 的整数倍时最小。故双作用叶片泵的叶片数一般为12 片或 16 片。

3. 双作用叶片泵的配流盘

双作用叶片泵的配流盘如图 2 - 13 所示，配流盘两个吸油窗口和两个压油窗口之间为封油区。为保证吸、压油腔之间的密封，应使封油区对应的中心角 α 稍大于或等于两个叶片之间的夹角 $\beta = 2\pi/z$。当相邻两个叶片间密封油液从吸油区过渡到封油区（长半径圆弧区）时，其压力基本与吸油压力相同。但当转子再继续旋转一个微小角度时，该密封腔突然与压油腔相通，其中的油液压力突然升高，油液的体积突然收缩，压油腔中的油倒流进该密封腔，使液压泵的瞬时流量突然减小，引起液压泵的流量脉动、压力脉动和噪声。为此，在配流盘的压油窗口，叶片从封油区

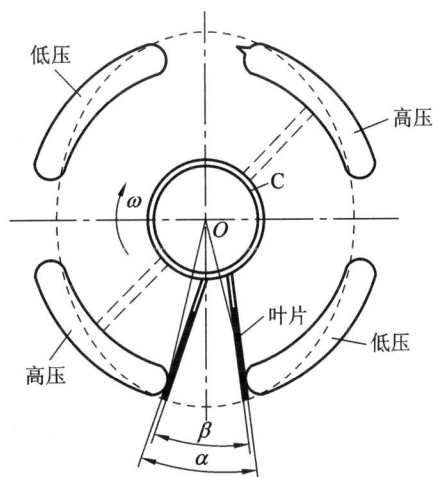

图 2 - 13　双作用叶片泵的配流盘

进入压油区的一端，开有一个截面形状为三角形的三角槽，使两个叶片之间的封闭油液在未进入压油区之前，就通过该三角槽与压力油相连，通过三角槽的阻尼作用，使压力逐渐上升，从而减缓了流量和压力脉动，并降低了噪声。环形槽 C 与压油腔相通并与转子叶片槽底部相通，使叶片的底部作用有压力油。

4. 定子曲线

双作用叶片泵的定子曲线是由四段圆弧和四段过渡曲线组成的。该过渡曲线应使叶片不发生脱空，减小冲击、噪声和磨损，使泵的排量均匀。为了避免发生困油现象，圆弧区段所对应的中心角应大于等于封油区对应的中心角。过渡曲线应保证叶片紧贴在定子内表面上，保证叶片在转子槽中径向运动时速度和加速度的变化均匀，使叶片对定子内表面的冲击尽可能小。过渡曲线主要有修正的阿基米德螺线、正弦加速曲线、等加速等减速曲线和高次曲线等。如果采用阿基米德螺线，则叶片泵的流量理论上没有脉动，但是叶片在大、小圆弧和过渡曲线的连接点处会产生很大的径向加速度，对定子产生冲击，造成连接点处严重磨损，并产生噪声。连接点处用小圆弧进行修正，可以改善这种情况。目前这种过渡曲线已很少使用。现在较广泛应用的过渡曲线是等加速等减速曲线，如图 2-14 所示。由图 2-14 可知：当 $0 < \theta < \frac{\alpha}{2}$ 时，叶片的径向加速度为等加速；当 $\frac{\alpha}{2} < \theta < \alpha$ 时，叶片的径向加速度为等减速。由于叶片的速度变化均匀，因此不会对定子内面产生很大的冲击。但是在 $\theta = 0$、$\theta = \frac{\alpha}{2}$ 和 $\theta = \alpha$ 处，叶片的径向加速度仍有突变，还会产生一些冲击。所以，国外有些叶片泵上采用了三次以上的高次曲线作为过渡曲线。

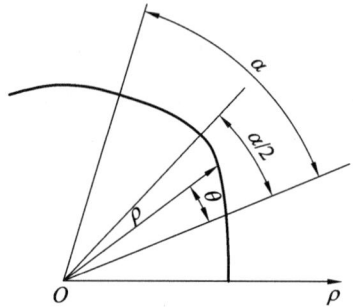

图 2-14　双作用叶片泵的定子过渡曲线

5. 提高双作用叶片泵压力的措施

一般双作用叶片泵为了保证叶片和定子内表面紧密接触，叶片底部都与压力油腔相通。但当叶片处在吸油腔时，叶片底部作用着压油腔的压力，顶部作用着吸油腔的压力，这一压差使叶片以很大的力压向定子内表面，加速了定子内表面的磨损，影响泵的寿命和额定压力的提高。所以对高压叶片泵常采用以下措施来改善叶片受力状况：图 2-15(a)所示为子母叶片结构，母叶片 3 和子叶片 4 之间的油室 f 始终经槽 e、d、a 和压力油相通，而母叶片的底腔 g 则经转子 1 上的孔 b 和所在油腔相通。这样，叶片处在吸油腔时，母叶片只在压油室 f 的高压油作用下压向定子内表面，使作用力不至于太高。

图 2-15(b)所示为阶梯叶片结构。阶梯叶片和阶梯叶片槽之间的油室 d 始终和压力油相通，而叶片的底部油室 c 和所在工作腔相通，这样，叶片处在吸油腔时，叶片只有在 d 室的高压油作用下压向定子内表面，从而减小了叶片对定子内表面的作用力。

图 2-15(c)所示为双叶片结构。在一个叶片槽内装有两个可以互相滑动的叶片，每个叶片的内侧均制成倒角。这样，在两叶片相叠的内侧就形成了沟槽，使叶片顶部和底部始终作用着相等的压力油腔油压 p_2。合理设计叶片的承压面积，既可保证叶片与定子紧密接触，又避免了接触应力过大。此结构的不足之处是削弱了叶片强度，加剧了叶片在槽中的

磨损，因此，仅适用于较大规格的泵。

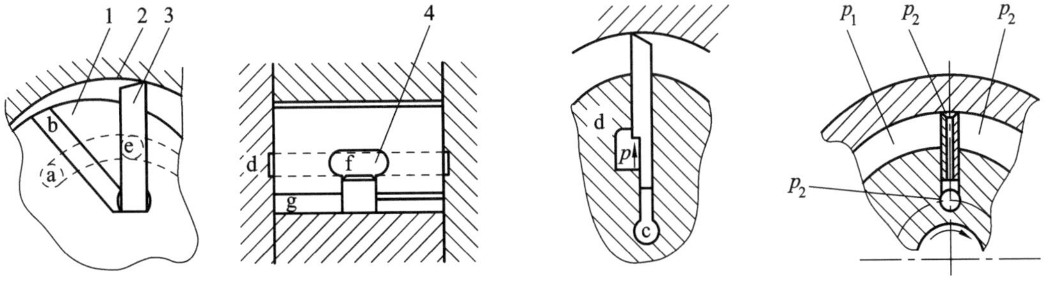

(a) 子母叶片　　　　(b) 阶梯叶片　　　　(c) 双叶片

1—转子；2—定子；3—母叶片；4—子叶片。

图 2-15　几种改善叶片受力状况的结构

2.3.2　单作用叶片泵

单作用叶片泵结构复杂，轮廓尺寸大，相对运动的机件多，泄漏较大，噪声较大；其轴上承受不平衡的径向液压力，导致轴及轴承磨损加剧，因此额定压力不高，容积效率和机械效率都没有双作用叶片泵高。但是，单作用叶片泵的定子轴线相对转子轴线有可改变的偏心距，可以作为变量泵使用。

1. 单作用叶片泵工作原理

图 2-16 所示为单作用叶片泵的工作原理。单作用叶片泵由转子、定子、叶片、配油盘和端盖等主要零件组成。定子的内表面是圆柱形孔。转子和定子之间存在偏心。叶片在转子的槽内可灵活滑动，在转子转动时的离心力或通入叶片根部压力油的作用下，叶片顶部紧贴在定子内表面上，于是两相邻叶片、配油盘、定子和转子间便形成了一个个密封的工作腔。当转子按图示方向旋转时，泵右侧的叶片向外伸出，密封工作腔容积逐渐增大，产生真空，于是通过吸油口和配油盘上窗口将油吸入。而在泵的左侧，叶片往里缩进，密封腔的容积逐渐减小，密封腔中的油液经配油盘另一窗口和压油口被压出而输入系统中。这种泵在转子旋转一转的过程中，吸油、压油各一次，故称单作用泵；转子上受有单方向的液压不平衡作用力，故又称非平衡式泵，其轴承负载较大。

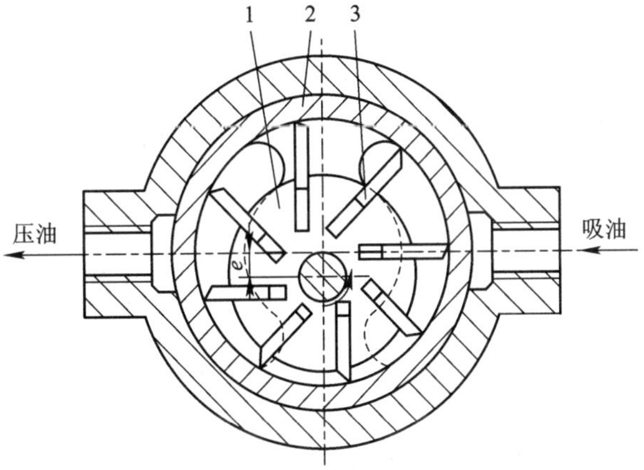

1—转子；2—定子；3—叶片。

图 2-16　单作用叶片泵的工作原理

单作用叶片泵与双作用叶片泵的区别主要表现在以下几个方面：

（1）定子具有圆柱形内表面，不存在定子与转子同心的圆弧，因而会产生困油现象，通过配油盘排油窗口边缘开三角形卸荷槽的方法来消除困油现象。

（2）定子和转子有偏心距，通过改变偏心距可以改变泵的排量，因此单作用叶片泵为变量泵。偏心反向时，吸油、压油方向也相反。

（3）转子每旋转一周，泵仅完成一次吸、排油。

（4）在吸油区，叶片底部通低压油，在压油区，叶片底部通压力油，因此叶片的顶部和底部液压力始终平衡，叶片只能靠离心力紧贴定子表面。

（5）为了使叶片容易甩出叶片槽，叶片的倾斜方向常做成与转动方向相反的后倾。

（6）转子上的径向液压力不平衡，轴承负荷较大，使泵工作压力的提高受到限制。

2. 单作用叶片泵的排量计算

单作用叶片泵的排量近似为

$$V_p = 2be\pi D \tag{2-28}$$

式中，b——转子宽度；

　　　e——转子与定子间的偏心距；

　　　D——定子内圆直径。

单作用叶片泵工作时，叶片在槽中伸出和缩进，叶片槽底部也有吸油和压油过程。由于压油区和吸油区叶片的底部分别和压油腔及吸油腔相通，因此叶片槽底部的吸油和压油恰好补偿了叶片厚度及倾角所占据体积而引起的排量和流量的减小，因此，在流量的计算中可不考虑叶片厚度和倾角的影响。

单作用叶片泵的流量也是有脉动的，泵内叶片数越多，流量脉动率越小。此外，奇数片的泵的脉动率比偶数叶片的泵的脉动率小，所以单作用叶片泵的叶片数总取奇数，一般为13片或15片。

3. 变量叶片泵

1）限压式变量叶片泵的分类

目前，应用得最广泛的是限压式（也称为压力反馈或压力补偿式）变量泵。这种泵在工作压力达到设定值时，便自动减小排量。限压式变量泵根据压力反馈形式的不同，分为内反馈式变量叶片泵和外反馈式限压变量叶片泵。内反馈式变量叶片泵是利用泵出口压力控制偏心量来自动实现变量的。该泵的配流盘的吸、排油窗口的布置如图 2-17 所示。其配流盘的吸、压油窗口相对定子与转子的中心连线是不对称的，存在偏角 θ，因此泵在工作时，压油区的压力油作用于定子的力 F 也有一个偏角 θ，这样 F 的水平分力为 $F_x = F\sin\theta$。当水平分力超过调压弹簧调定的限定压力时，定子移动，定子与转子的偏心量减少，使泵的输出流量减小。这种泵依靠压力油直接作用在定子上与弹簧力的平衡来控制排量。

图 2-18 为 YBY 型外反馈式变量叶片泵的结构图。外反馈式变量泵配流盘上的吸油窗口和压油窗口沿定子与转子的中心线对称布置，因而作用在定子环上的液压力不产生调节力，必须依靠外界力来使定子环移动达到调节流量的目的。图 2-19 所示为外反馈式变量叶片泵的原理，其转子 1 中心固定，定子 2 可以左右移动，泵出口压力油 p 经泵内通道引

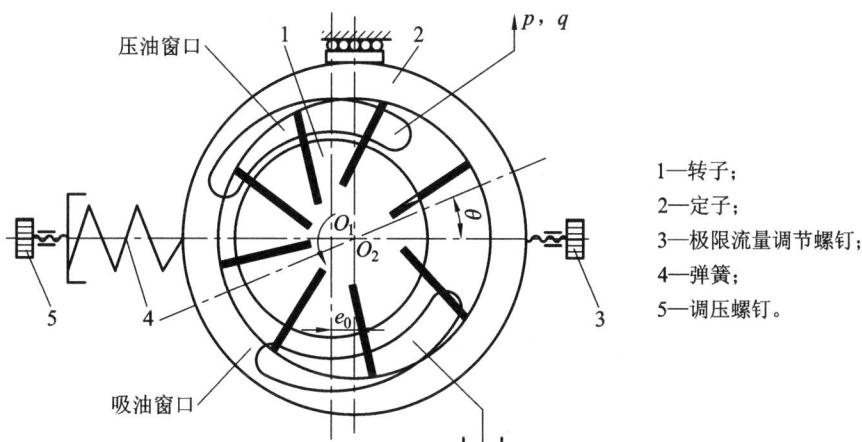

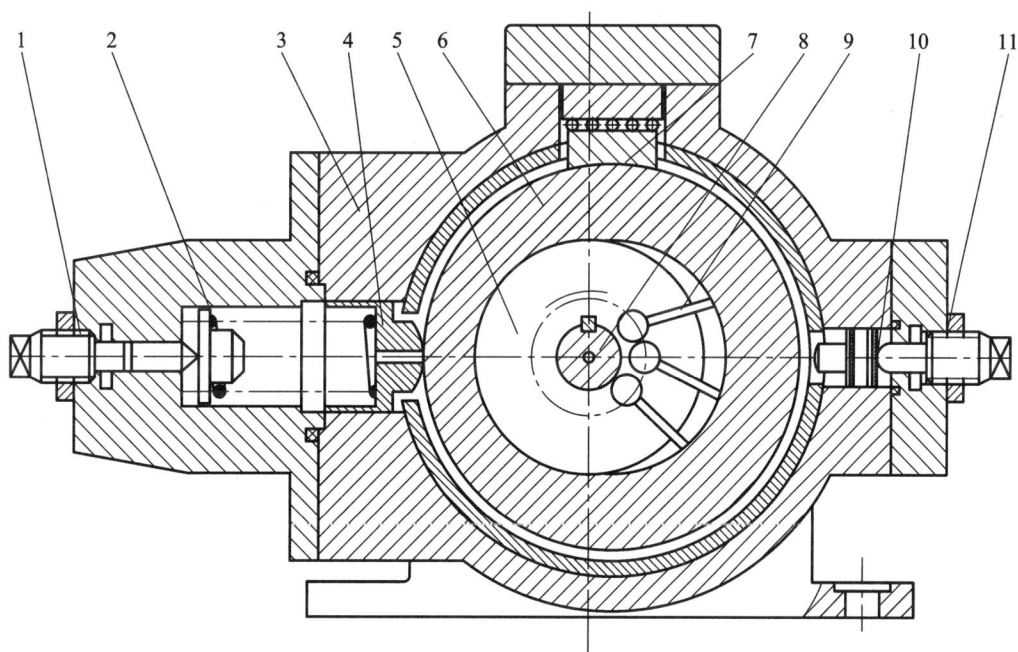

图 2-17 内反馈式变量叶片泵的原理

入到变量活塞 4 上。在泵未运转时,定子在弹簧 5 的作用下被压紧在变量活塞的左端面,变量活塞 4 靠在螺钉 3 上。这时,定子与转子有一个初始偏心量 e_0,调节螺钉 3 的位置,可以改变偏心量 e_0 的大小。泵工作时,当泵出口压力 p 较低时,作用在变量活塞 4 上的液压力 pA 小于弹簧作用力 $k_S x_0$(k_S 为弹簧刚度;当泵的偏心量为 e_0 时,弹簧 5 的预压缩量为 x_0)。随着外负载的增加,泵出口压力 p 增大,当压力 p 达到限定压力 p_B 时,有 $p_B A = k_S x_0$。

1—预紧力调节螺钉;2—限压弹簧;3—泵体;4—弹簧座;5—转子;6—定子;7—滑块;8—传动轴;
9—叶片;10—反馈柱塞;11—最大流量调节螺钉。

图 2-18 YBY 型外反馈式变量叶片泵的结构图

通过调节调压螺钉 6,可改变弹簧的预压缩量 x_0,即可改变限定压力 p_B 的大小。当泵出口压力 p 进一步提高,使得 $pA > k_S x_0$。此时,若不考虑定子移动的摩擦力,液压力克服

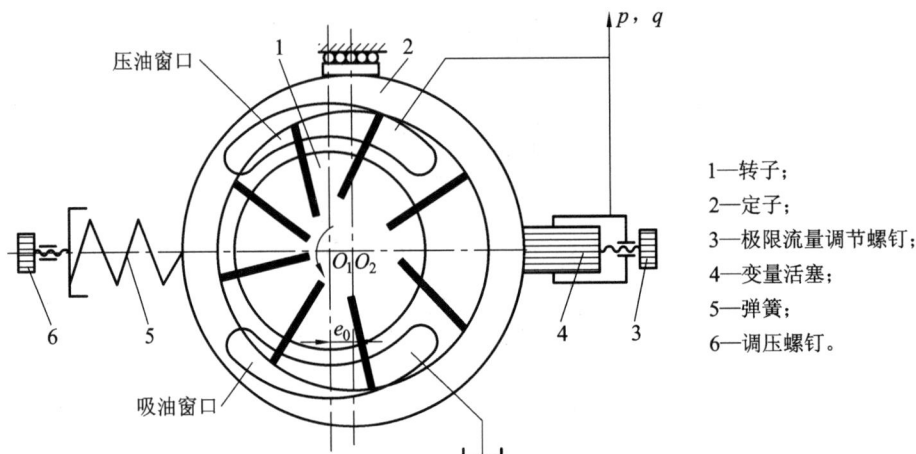

图 2-19 外反馈式变量叶片泵的工作原理

弹簧力推动图 2-19 中的定子左移，泵的偏心量减少，排量随之减少。设弹簧增加的压缩量为 x，则偏心距 $e = e_0 - x$，此时定子受力平衡方程为 $pA = k_S(x_0 + x)$，将 $p_B A = k_S x_0$ 代入得

$$e = e_0 - \frac{A(p - p_B)}{k_S} \qquad (2-29)$$

式(2-29)表示了泵的偏心量随工作压力变化的关系。泵的工作压力越高，偏心量越小，泵的输出流量越小。当 $p = k_S(e_0 + x_0)/A$ 时，泵的排量为零。实际上，由于泵的泄漏存在，当偏心量尚未达到零时，输出流量实际已经为零。

限压式变量叶片泵与定量叶片泵相比，结构复杂，做相对运动的机件多，泄漏较大，轴上受有不平衡的径向液压力，噪声较大，容积效率和机械效率都没有定量叶片泵高。但是，它能按负载压力自动调节流量，在功率使用上较为合理，可减少油液发热。因此把它用在机床液压系统中要求执行元件有快速、慢速和保压阶段的场合，有利于节能和简化液压系统。

2) 限压式变量叶片泵的特性曲线

限压式变量叶片泵的流量随着泵输出压力的增大而减小，如图 2-20 所示。当工作压力 p 小于预先调定的限定压力 p_B 时，液压作用力不能克服弹簧的预紧力，定子的偏心距保持最大不变，泵的理论输出流量 q_A 不变；但由于供油压力 p 增大时，泵的泄漏流量 q_1 随之增加，因此泵的实际输出流量 q 略有减小，如图 2-20 中的 AB 段所示。流量调节螺钉 3 可调节最大偏心量的大小，从而改变泵的最大输出流量 q_A，使泵的 q-p 特性曲线在 AB 段上下平移；当泵的出口压力 p 超过预先调定的压力 p_B 时，液压作用力大于弹簧的预紧力，弹簧受压缩定子向偏心量减小的左方向移动，如图 2-20 所示，使泵的输出流量 q 减小，出口压力越高，弹簧压缩量越大，偏心量越小，输出流量越小，其变化规律如图 2-20 特性曲线中 BC 段所示。调节调压弹簧 6 可改变限定压力 p_B 的大小，这时特性曲线在 BC 段左右平移。当改变调压弹簧的刚度时，可以改变 BC 段的斜率，弹簧越"软"（k_S 值越小），BC 段越陡，p_C 值越小；反之，弹簧越"硬"（k_S 值越大），BC 段越平坦，p_C 值越大。当定子和转子之间的偏心量为零时，系统压力达到最大值 p_C，即截止压力。

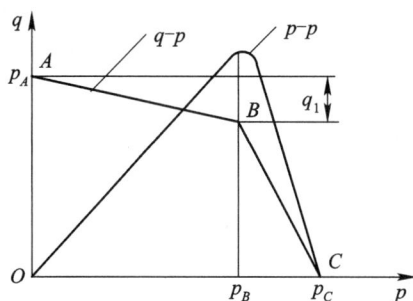

图 2-20 限压式变量叶片泵的特性曲线

2.4 柱 塞 泵

柱塞泵的主要工作构件是柱塞和缸体。当柱塞在缸体柱塞孔中进行往复运动时,由柱塞与柱塞孔组成的密闭工作容腔的容积变化来实现吸、排油的过程。由于柱塞和缸体内孔都是圆柱表面,容易得到高精度的配合,密封性能好,在高压下工作仍能保持较高的容积效率和总效率。因此,现在柱塞泵的形式众多,性能各异,应用非常广泛。

根据柱塞在缸体中的不同排列形式,柱塞泵可分为径向柱塞泵和轴向柱塞泵两大类。径向柱塞泵中,柱塞的轴线与缸体的轴线垂直,其轴向尺寸短,径向尺寸大,结构复杂,体积较大,在许多场合已被轴向柱塞泵取代。轴向柱塞泵因其柱塞的轴线与缸体轴线平行(或基本平行)而得名。轴向柱塞泵按其结构特点可分为斜盘式和斜轴式两大类。

本节介绍径向柱塞泵、斜盘式轴向柱塞泵斜轴式轴向柱塞泵和轴向柱塞泵变量机构。

2.4.1 径向柱塞泵

径向柱塞泵的工作原理如图 2-21 所示。由定子 4、转子(缸体)2、配油轴 5、衬套 3 和柱塞 1 等主要零件组成。缸体 2 上径向均匀排列着柱塞孔,柱塞 1 安装在缸体中,可在柱塞

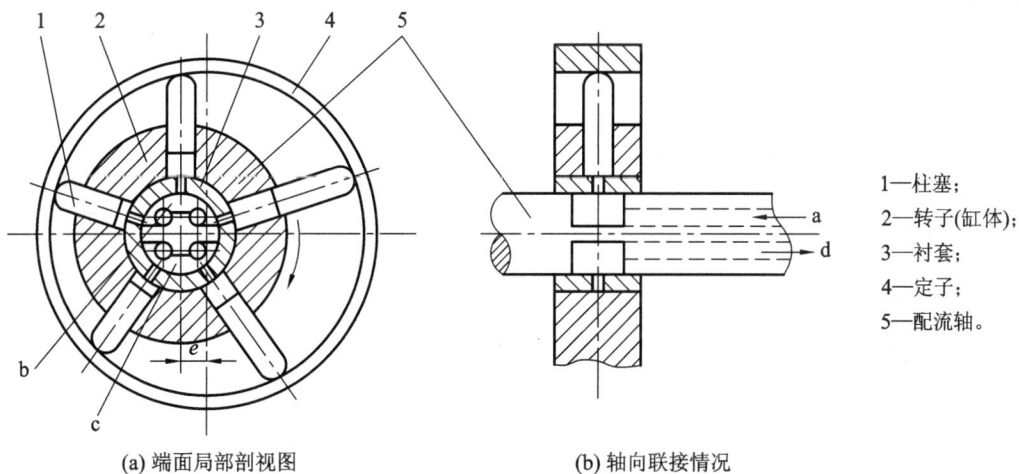

1—柱塞;
2—转子(缸体);
3—衬套;
4—定子;
5—配流轴。

(a) 端面局部剖视图   (b) 轴向联接情况

图 2-21 径向柱塞泵的工作原理

孔中往复运动。由原动机带动缸体连同柱塞一起旋转,所以缸体一般称为转子。衬套 3 紧配在转子 2 孔内,随转子一起旋转,而配油轴则不动。当转子顺时针方向转动时,柱塞 1 靠离心力或在低压油液的作用下,从转子 2 的柱塞孔中伸出压紧在定子 4 的内表面上。由于定子和转子间有偏心距 e,当柱塞转到上半周时,逐渐向外伸出,柱塞孔内的工作容积逐渐增大,形成局部真空,将油液经配油轴 5 上的 a 腔吸入;当柱塞转到下半周时,柱塞逐渐向里推入,柱塞孔内的工作容积减小,将油从配油轴 5 上的 b 腔排出。转子每旋转一转,每个柱塞在转子的柱塞孔内吸油、排油各一次。通过变量机构改变定子和转子间的偏心距 e,就可改变泵的排量。径向柱塞变量泵一般都是将定子沿水平方向移动来调节偏心距 e 的。当转子和定子间的偏心距为 e 时,转子旋转一整转,柱塞在缸孔内的行程为 $2e$。

径向柱塞泵径向尺寸大,结构较复杂,自吸能力差。配流轴受径向不平衡力的作用,易磨损,同时配流轴与衬套之间磨损后的间隙不能自动补偿,泄漏较大,从而限制了径向柱塞泵的转速和压力的提高。但它的容积效率和机械效率都比较高。改变定子和转子偏心量 e 的大小,可以改变泵的排量;改变偏心的方向,泵的吸、压油的方向也会发生改变,因此径向柱塞泵可以实现双向变量。

2.4.2 斜盘式轴向柱塞泵

1. 斜盘式轴向柱塞泵的工作原理

斜盘式轴向柱塞泵又称直轴式轴向柱塞泵,该液压泵的柱塞中心线平行于缸体的轴线。如图 2-22 所示,缸体上均匀分布着几个轴向排列的柱塞孔,柱塞可在孔内沿轴向滑动,斜盘的中心线与缸体中心线斜交成一个 γ 角,以产生往复运动。斜盘和配油盘固定不动。柱塞可在低压油或弹簧作用下压紧在斜盘上。在配油盘上有两个腰形窗口,它们之间用过渡区隔开,不能连通。过渡区宽度等于或稍大于缸体底部窗口宽度,以防止吸油区和压油区连通。

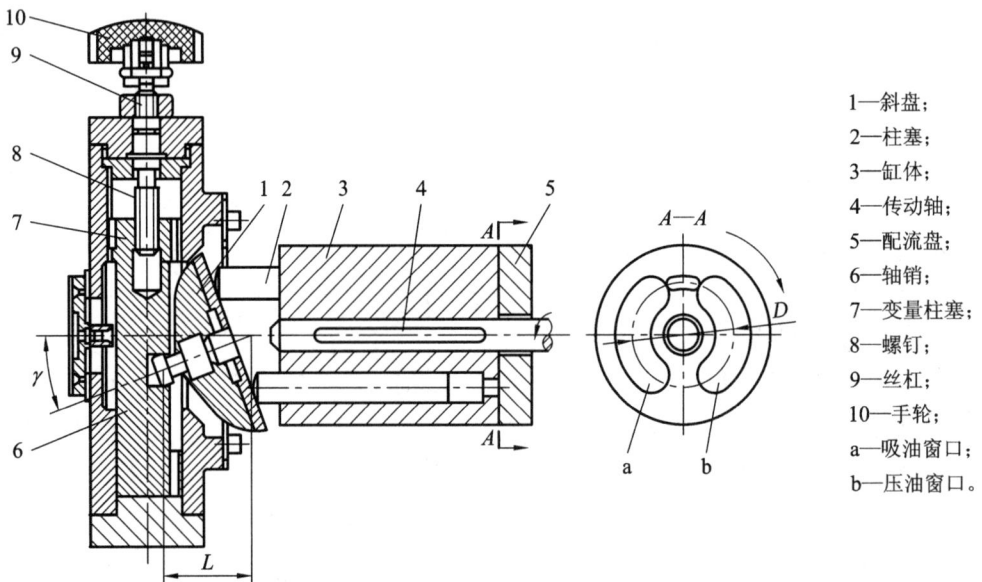

1—斜盘;
2—柱塞;
3—缸体;
4—传动轴;
5—配流盘;
6—轴销;
7—变量柱塞;
8—螺钉;
9—丝杠;
10—手轮;
a—吸油窗口;
b—压油窗口。

图 2-22 斜盘式轴向柱塞泵的结构图

当传动轴以图示方向带动缸体转动时,位于左半圆的柱塞在低压油的作用下逐渐向外伸出,使缸体孔内密闭工作腔容积不断增大,产生局部真空,将油液从配油盘配油窗口 a 吸入,位于右半圆的柱塞被斜盘推着逐渐向里缩入,使密闭工作腔容积不断减小,将油液经配油盘配油窗口 b 压出。缸体旋转一周,每个柱塞往复运动一次,完成一次吸油和压油动作,随着轴的旋转,每个柱塞不断往复运动进行吸、排油,多个柱塞作用形成连续的流量输出。

若柱塞直径为 d,缸体柱塞孔分布圆直径为 D,柱塞数为 z,斜盘倾角为 γ,则斜盘式轴向柱塞泵的排量为

$$V = \frac{\pi d^2}{4} Dz \tan\gamma \qquad (2-30)$$

显然,改变斜盘的倾角 γ 可以改变泵的排量。斜盘式轴向柱塞泵的变量方式可以有多种,图 2-22 所示为手动变量泵。当旋转手轮 10 带动丝杠 9 旋转时,因导向平键的作用,变量柱塞 7 将上下移动并通过轴销 6 使斜盘绕其回转中心摆动,改变倾角大小。图示位置斜盘倾角 $\gamma = \gamma_{\max}$,轴销距水平轴线的位移 $s = s_{\max}$。若轴销距斜盘回转中心的力臂为 L,则可得 $\tan\gamma_{\max} = \dfrac{s_{\max}}{L}$,又由于轴销随同变量活塞一起移动,因此轴销的位移即变量活塞的位移 s,于是有 $\tan\gamma = \dfrac{s}{L}$,代入式(2-22),则有

$$V = \frac{\pi d^2}{4} Dz \frac{s}{L} \qquad (2-31)$$

所以改变斜盘倾角 γ 就可以改变液压泵的柱塞行程,达到改变液压泵排量的目的。而改变斜盘的倾角 γ 方向,就可以改变轴向柱塞泵的吸油和压油的方向,即斜盘式轴向柱塞泵为双向变量泵。

2. 斜盘式轴向柱塞泵的结构特点

(1)在构成吸压油腔密闭容积的三对运动摩擦副中,柱塞与缸体柱塞孔之间的圆柱环形间隙加工精度易于保证;缸体与配流盘、滑靴与斜盘之间的平面缝隙采用静压平衡,间隙磨损后可以补偿,因此轴向柱塞泵的容积效率较高,额定压力可达 40 MPa。

(2)为防止柱塞底部的密闭容积在吸、压油腔转换时因压力突变而引起压力冲击,一般在配流盘吸、压油窗口的前端开设减振槽(孔),或将配流盘顺缸体旋转方向偏转一定角度放置。

(3)泵内压油腔的高压油经三对运动副的间隙泄漏到缸体与泵体之间的空间后,再经泵体上方的泄漏油口直接引回油箱。这不仅可以保证泵体内的油液为零压,还可以随时将热油带走,保证泵体内的油液不致过热。

(4)斜盘式轴向柱塞泵和 2.4.1 介绍过的径向柱塞泵以及 2.4.3 将介绍的斜轴式轴向柱塞泵的瞬时理论流量随缸体的转动而周期性变化,其脉动率与泵的转速和柱塞数有关。由理论推导,柱塞数为奇数时的脉动小于偶数,因此柱塞泵的柱塞取奇数,一般为 5、7 或 9。

3. 通轴型轴向柱塞泵

另一种形式的斜盘式轴向柱塞泵如图 2-23 所示。这种通轴型轴向柱塞泵具有以下特点。

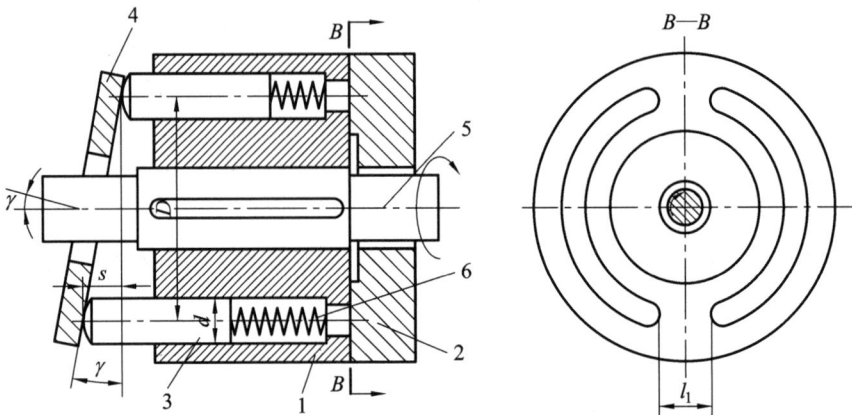

1—缸体；2—配流轴；3—柱塞；4—斜盘；5—传动轴；6—弹簧。

图 2-23　通轴型轴向柱塞泵的结构图

（1）斜盘靠近原动机一端，由于传动轴穿过斜盘，因此称为通轴泵。传动轴直接由前后端盖上的滚动轴承支承，减小了轴承尺寸，改变了传动轴的受力状态，提高了泵的转速。

（2）传动轴伸出，同时可驱动串联于泵后盖上的其他泵。当柱塞泵用于闭式回路时，可串联内啮合齿轮泵作为辅助泵用，从而简化系统和管路。

（3）变量机构的控制活塞与传动轴平行，且作用于斜盘的外缘，可以缩小泵的径向尺寸和减小实现变量所需的操纵力。

（4）传动轴既承受转矩又承受来自斜盘传递的径向力，所以传动轴比较粗。

（5）通轴型轴向柱塞泵的结构对加速度变化引起的振动具有相当好的刚性。

通轴型轴向柱塞泵的柱塞是靠斜盘作用的力来实现其往复运动的，因此柱塞会承受斜盘作用于其上的与轴线方向垂直的力，使柱塞受到弯矩，同时也使柱塞孔受到侧压力的作用。为了减少该附加弯矩，斜盘式轴向柱塞泵的斜盘倾角一般不大于 $20°$。

鉴于轴向柱塞泵的柱塞在柱塞孔中运动时瞬时运动速度不是恒定的，因此轴向柱塞泵的输出流量必定存在脉动。其脉动率为

$$\delta = \frac{\pi}{2z} \tan \frac{\pi}{4z} \tag{2-32}$$

当柱塞数为奇数且柱塞数量多时，泵的脉动量较小，故一般常用的柱塞泵的柱塞个数为 7 或 9。

2.4.3　斜轴式轴向柱塞泵

为了使轴向柱塞泵的柱塞周期性地进行往复运动，以实现泵的吸、排油功能，也可采用如图 2-24 所示的传动轴与缸体轴线倾斜一个角度的方式，这种泵被称为斜轴式轴向柱塞泵。图 2-24 中的泵的主轴 1 由三个轴承组成的轴承组 2 支承，连杆和柱塞经滚压而连接在一起组成连杆柱塞 3，连杆大球头由回程盘压在主轴的球窝里，缸体与配流盘之间采用球面配流。采用这种结构，即使缸体相对旋转线有些倾斜，仍能保持缸体与配流盘之间的紧密配合；并且由套在中心轴上的碟形弹簧 9 将缸体压在配流盘上，因而具有较高的容积效率。中心轴支承在主轴中心球窝和配流盘中心孔之间，它能保证缸体很好地绕着中

心轴旋转。当动力装置通过传动轴、连杆带动缸体旋转时，柱塞在缸体柱塞孔中既随缸体一起旋转，又沿缸体轴线进行往复运动，从而通过配流盘完成吸、压油过程。

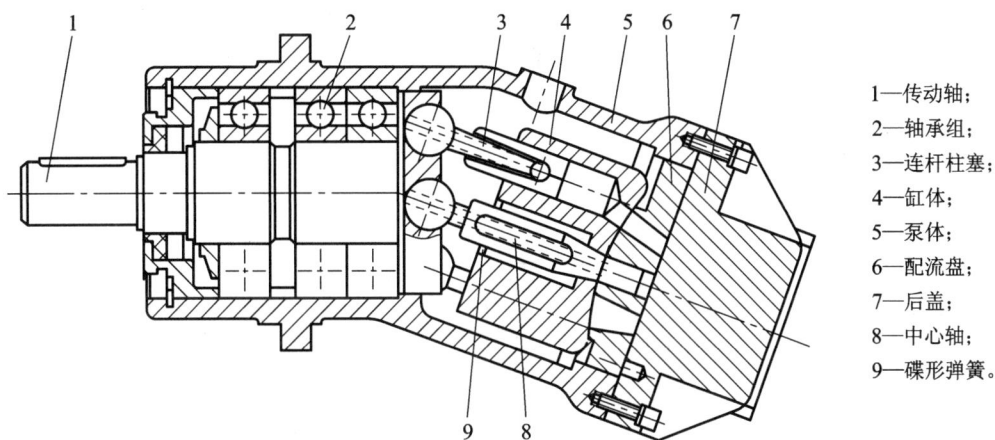

图 2-24　斜轴式轴向柱塞泵的结构图

1—传动轴；
2—轴承组；
3—连杆柱塞；
4—缸体；
5—泵体；
6—配流盘；
7—后盖；
8—中心轴；
9—碟形弹簧。

斜轴式轴向柱塞泵结构简单，目前这种泵应用比较广泛。只要轴向柱塞泵设计得当，可以使连杆的轴线与柱塞孔轴线之间的夹角设计得很小，从而减小柱塞上的径向力，这对于改善柱塞和柱塞孔间的磨损以及减小缸体的倾覆力矩都大有益处。斜轴式轴向柱塞泵发展较早，构造成熟。与斜盘式轴向柱塞泵相比，斜轴式轴向柱塞泵特点如下：

（1）斜轴式轴向柱塞泵中的柱塞是由连杆带动运动的，所受径向力很小，因此允许传动轴与缸体轴线之间的夹角 γ 达到 25°，个别甚至达到 40°，因而泵的排量较大。而斜盘式轴向柱塞泵的斜盘倾角受径向力的限制，一般不超过 20°。

（2）缸体受到的倾覆力矩很小，缸体端面与配流盘贴合均匀，泄漏损失小，容积效率高；摩擦损失小，机械效率高。

（3）斜轴泵的总效率略高于斜盘泵。但斜轴泵的体积大，流量的调节靠摆动缸体使缸体轴线与传动轴线的夹角发生变化来实现，运动部件的惯性大，动态响应慢。

（4）由于斜轴泵的传动轴要承受相当大的轴向力和径向力，因此需要采用承载能力大的推力轴承。轴承寿命低是斜轴泵的薄弱环节。

（5）结构坚固，抗冲击性能好。

斜轴式轴向柱塞泵结构紧凑，径向尺寸小，质量小，转动惯量小，易于实现变量，压力可以很高（可达 32 MPa 以上），但它对油液的污染较为敏感。

2.4.4　轴向柱塞泵变量机构

轴向柱塞泵上可以安装各种各样的变量控制机构来变更斜盘或斜轴相对缸体轴线的夹角，以达到调节流量的目的。这种装置就是轴向柱塞泵变量机构，按控制方式分有手动控制、液压控制、电气控制等多种；按控制目的分有恒压控制、恒流量控制、恒功率控制等多种。

1. 手动控制变量机构

手动控制变量轴向柱塞泵的变量机构如图 2-25 所示。该变量机构是由调节手轮 1、螺杆2、变量活塞4等组成。转动调节手轮1使螺杆2旋转并带动变量活塞4进行向上或向下运动。在导向键的作用下，变量活塞4只能轴向移动，不能转动。通过变量活塞上的轴销6使斜盘绕变量机构壳体上圆弧导轨面的中心（即钢球中心）旋转，使斜盘倾角改变，达到变量的目的。当流量达到要求时，可用锁紧螺母锁紧。这种变量机构结构简单，由于要克服各种阻力，只能在停机或工作压力较低的工况下才能实现变量，实现远程控制的难度大。

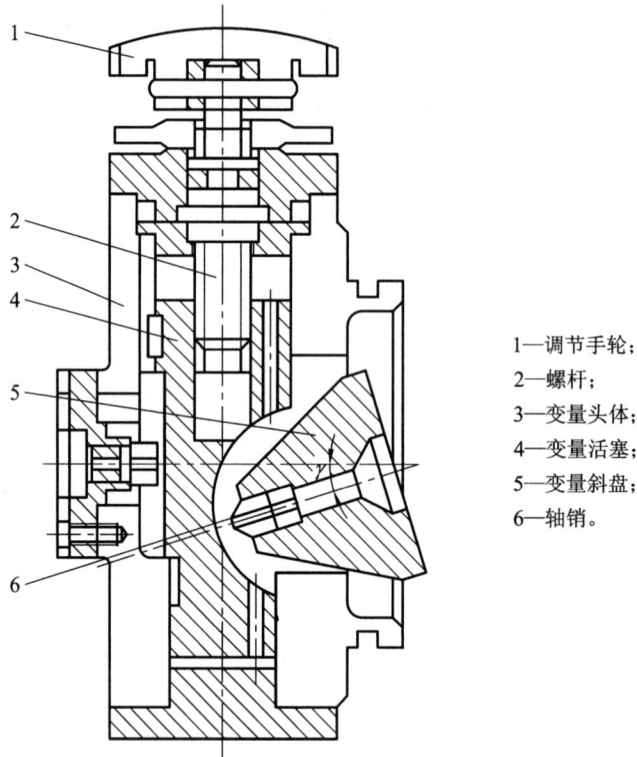

1—调节手轮；
2—螺杆；
3—变量头体；
4—变量活塞；
5—变量斜盘；
6—轴销。

图 2-25　轴向柱塞泵的手动变量装置

2. 伺服变量机构

为了实现柱塞泵的流量的自动化连续调节，可通过如图 2-26 所示的伺服变量机构来实现。泵输出的压力油经单向阀 6 进入变量活塞 4 的下端 d 腔。当与伺服阀芯 1 相连接的拉杆 8 不动时，变量活塞 4 的上腔 g 处于封闭状态，变量活塞 4 不动，斜盘 3 在某一相应的位置上。当推动拉杆 8 使阀芯 1 向下移动时，阀芯的上阀口打开，d 腔的压力油经通道 e 进入上腔 g。由于变量活塞上端的有效面积大于下端的有效面积，向下的液压力大于向上的液压力，因此变量活塞也随之向下移动，直到将通道 e 的油口封闭为止。变量活塞的移动量等于拉杆的位移量。当变量活塞 4 向下移动时，斜盘倾角增大，泵的排量增加，拉杆的位移量对应一定的斜盘倾角；当拉杆 8 带动伺服阀芯 1 向上运动时，阀芯的下阀口打开，上腔 g 的油液通过卸压通道 f 回油，在液压力作用下，变量活塞向上移动，直到阀芯将卸压通道关闭为止。它的移动量也等于拉杆的移动量。这时，斜盘的倾角减小，泵的排量减小。伺服变量机构加在拉杆上的力很小，控制灵敏。

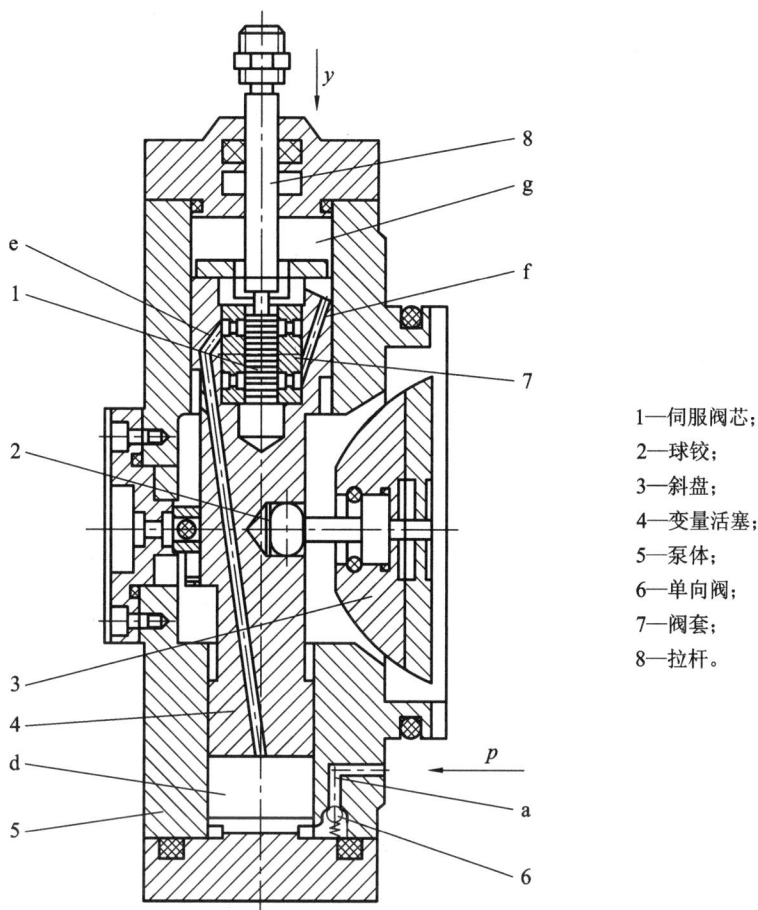

图 2-26　柱塞泵用伺服变量装置

1—伺服阀芯；
2—球铰；
3—斜盘；
4—变量活塞；
5—泵体；
6—单向阀；
7—阀套；
8—拉杆。

2.5　现代变量液压泵

不同的液压系统对泵的要求是不同的，有的系统要求泵根据系统负载的变化自动调节排量，有的系统要求限制泵的输出扭矩以适应发动机的扭矩特性等。

为了满足液压系统对油源提出的多种要求，泵的变量机构可以控制其输出量（压力、流量、功率等）的变化规律，使输出量完全适应系统运行的需要，如恒功率控制变量泵、恒流量控制变量泵、恒压控制变量泵以及负载敏感变量泵。

1. 恒功率控制变量液压泵

恒功率控制变量泵是针对电机和发动机的扭矩输出特性开发的（变功率控制可用于对原动机恒扭矩输出误差的补偿），主要目的是充分利用原动机的能力，避免增大零部件规格；同时，恒功率控制促使原动机经常工作在高效区，也实现了节能。所谓恒功率指的是在原动机转速保持不变的前提下，泵输出的液压功率基本恒定。当负载增大，系统压力增大时，若泵保持排量不变，则根据式（2-9）泵所需驱动扭矩会增大，此时易造成原动机工作失常，如熄火、电机电流超过额定电流等。为此，由式(2-9)可知恒功率控制的实质是恒扭矩控制，根据出口压力进行泵排量的自动调节，使泵的输入扭矩在误差允许范围内保持稳定。如图2-27(a)所示为恒功率控制变量泵工作原理。

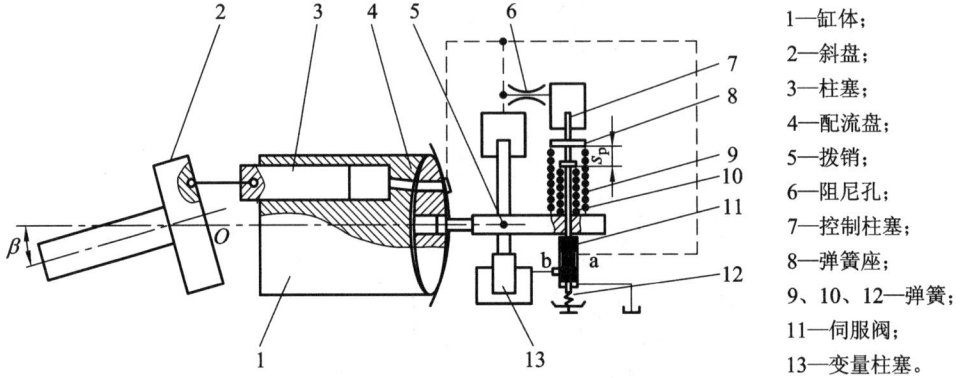

1—缸体；
2—斜盘；
3—柱塞；
4—配流盘；
5—拨销；
6—阻尼孔；
7—控制柱塞；
8—弹簧座；
9、10、12—弹簧；
11—伺服阀；
13—变量柱塞。

(a) 工作原理

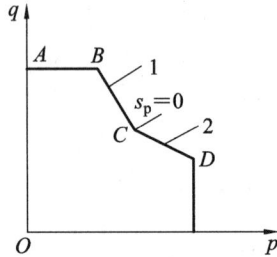

(b) 特性曲线

图2-27　恒功率控制变量泵

1) 变量过程

变量柱塞13的上腔油室常通泵的压油腔，同时经固定阻尼孔6进入控制柱塞7的油腔。变量弹簧9和10为双弹簧，其中内弹簧10的安装高度与弹簧座之间相距 s_p，弹簧12位于伺服阀11的下端。当作用在控制柱塞7的液压力大于弹簧9和弹簧12的预压缩力之和时，控制柱塞7推动伺服阀11的阀芯向下移动，接通油口a与b，压力油进入变量柱塞13下腔。因变量柱塞13下腔作用面积大于上腔作用面积，导致变量柱塞13向上运动，通过拨销5带动配流盘4和缸体1一起绕O点摆动，减小缸体摆角。

2) 伺服恒功率变量过程

在上述缸体摆角减小的同时，由于变量柱塞13向上运动通过拨销5反馈压缩弹簧9并使控制柱塞7和伺服阀11的阀芯上移复位，关闭油口a和b。此时，作用在控制活塞上的液压力与弹簧力平衡，变量柱塞稳定在一定位置，缸体具有一定的摆角，泵输出一定的流量。当变量柱塞上移的行程等于 s_p 时，内弹簧10参与工作，即作用在控制柱塞上的液压力与弹簧9、10、12的合力相平衡，变量柱塞上移行程等于 s_p，为变量特性曲线上的拐点。

3) 特性曲线

恒功率控制变量泵的特性曲线如图2-27(b)所示，图中直线1的斜率由外弹簧9的刚度决定，直线 2 的斜率由内、外弹簧 9 与 10 并联时的等效刚度决定，弹簧 12 的预压缩量则用来使曲线 BCD 在水平方向平移。由曲线可以看到，随着泵的出口压力升高，控制活塞上所受液压力将进一步增大，在液压泵转速不变的前提下，伺服恒功率变量过程中，泵输出的流量随压力增大而减小。因为泵的出口压力 p 与输出流量 q 的乘积近似为常数，因此称这种变量方式为恒功率变量泵。

恒功率控制变量泵是常用的一种变量方式，在负载压力较小时能输出较大的流量，可以使工作机械得到较高的运行速度。当负载压力较大时，它能自动减少输出流量，使工作机械获得较小的运行速度。

恒功率控制广泛应用于各种工程机械和工业机械，大多数移动设备有必要采用恒功率控制功能。恒功率控制常用于多泵系统中合理分配发动机的功率和单泵系统的限制泵输出扭矩，以保护发动机不熄火。

2. 恒流量控制变量泵

原动机转速改变和负载压力升高会影响泵的泄漏，泵的流量不能保持恒定。以泵的实际输出流量作为控制目标的变量泵称为恒流量控制变量泵。恒流量控制原理如图 2-28 所示，利用节流口的两端压力差作为流量的检测参数，通过节流孔两端压力之差与阀芯的弹簧力相平衡来驱动阀芯，使变量活塞移动来相应改变泵的流量。这种结构多用于高压柱塞泵，流量稳定性较好。

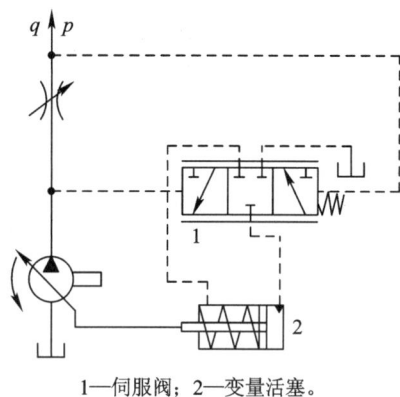

1—伺服阀；2—变量活塞。

图 2-28　恒流量控制原理图

3. 恒压控制变量泵

恒压控制变量泵是具有压力反馈的变量泵，当输出压力有变化时，通过控制滑阀来改变变量活塞的位置，从而改变变量泵的排量（即泵驱动轴转速保持恒定不变时，泵的输出流量相应得到变化），达到维持输出压力不变的要求。由于在恒压泵工作过程中，系统无溢流损失，因此可用于功率较大的系统中，作恒压能源。恒压变量在工作时能使系统压力始终保持不变且自动调节流量。它在输出流量为零时仍可保持压力不变。如图 2-29 所示，若系统压力低于调定压力，则按定量泵工作提供最大流量；若系统压力达到调定压力，则按变量泵工作，流量随负载而变，其出口压力与流量无关；若系统压力大于调定压力，则泵的流量迅速下降，且能在系统各处泄漏的情况下维持压力为调定值，故称之为恒压控制变量泵。

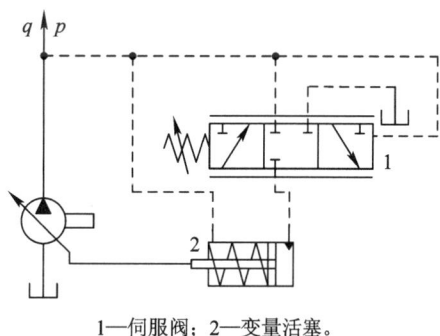

1—伺服阀；2—变量活塞。

图 2-29　恒压控制变量泵原理图

4. 负载敏感变量泵

负载敏感控制是通过液压系统主阀反馈回来的负载压力来调节泵的排量，液压泵输出流量和输出压力按照负载的要求进行调整，减小了系统功率的浪费，达到很好的节能效果。

　　负载敏感变量泵因其输出压力取决于负载而得名，其原理如图 2-30 所示。液压泵的出口压力油 p_1（工作压力）经控制元件 V_2 后进入执行元件，V_2 的出口压力 p_2 由执行元件的负载决定，因压力油 p_1 和 p_2 被分别引到三通阀 V_1 的阀芯两端，当 V_1 的阀芯受力平衡时，V_2 前后压差为 $p_1-p_2=F_t/A$（A 为 V_1 阀芯端面的有效作用面积；F_t 为阀芯右端弹簧力）。若 F_t 不变，则 p_1-p_2 为定值（$0.2\sim0.3$ MPa）。即对应 V_2 一定的开口面积，泵输出一定的流量。定子具有一定的偏心，且定子的移动量大小及方向取决于左变量活塞缸与右变量活塞缸的压差。定子的移动会改变定子的偏心量，从而改变泵输出流量及压力，以适应执行元件的流量及压力变化。

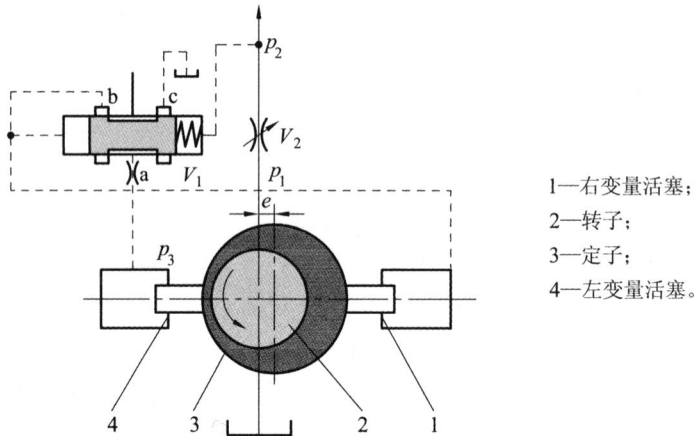

1—右变量活塞；
2—转子；
3—定子；
4—左变量活塞。

图 2-30　负载敏感变量径向柱塞泵原理图

　　调节控制元件 V_2，若减小其开口面积，则在泵输出流量 q 不变时，V_2 前后压差 $\Delta p=p_1-p_2$ 将增大，三通滑阀 V_1 的阀芯受力平衡被破坏，阀芯右移，开启阀口 a 和 c，左变量活塞缸的压力油与油箱连通，压力 p_3 下降，定子受力平衡被破坏，定子向左移动，偏心量 e 减小，泵输出的流量 q 减小，控制元件 V_2 前后压差减小，当压差恢复到原来值时，三通滑阀 V_1 阀芯的受力重新平衡，阀芯回到中位，阀口 a 和 c 被切断，左变量活塞缸封闭，稳定在新的位置，泵输出与控制元件 V_2 开口面积相适应的流量，以满足执行元件的流量需求。若增大控制元件 V_2 的开口面积，类似地，定子偏心量将增大，泵输出的流量增加。

2.6　液压泵的选用及安装

1. 液压泵的选用

　　选择液压泵的原则是先根据主机工况、功率大小和系统对工作性能的要求确定液压泵的类型，然后按系统所要求的压力、流量大小确定液压泵的规格型号。表 2-3 中列出了液压系统中常用液压泵的性能比较及其应用场合。一般来说，由于各类液压泵各自突出的特点，其结构、功用和运转方式各不相同，因此应根据不同的使用场合选择合适的液压泵。在机床液压系统中，往往选用双作用叶片泵和限压式变量叶片泵；而在筑路机械、港口机械以及小型工程机械中，往往选择抗污染能力较强的齿轮泵；在负载大、功率大的场合，往往选择柱塞泵。

表 2-3 液压泵的性能比较及其应用场合

特 性	类 型								
	齿轮泵			叶片泵		柱塞泵			螺杆式
	内啮合		外啮合	双作用	单作用	轴向		径向	
	渐开线	摆线				斜轴式	斜盘式		
压力范围	低压	低压	低压	中压	中压	高压	高压	高压	低压
排量调节	不能	不能	不能	不能	能	能	能	能	不能
输出流量脉动	小	小	很大	很小	一般	一般	一般	一般	最小
自吸特性	好	好	好	较差	较差	差	差	差	好
对油的污染敏感性	不敏感	不敏感	不敏感	较敏感	较敏感	很敏感	很敏感	很敏感	不敏感
噪声	小	小	大	小	较大	大	大	大	最小
价格	较低	低	最低	较低	一般	高	高	高	高
功率质量比	一般	一般	一般	一般	小	一般	小	小	小
效率	较高	较高	低	较高	较高	高	高	高	较高
应用场合	机床、农业机械、工程机械，飞机，船舶，一般润滑的机械			机床，工程机械、液压机、起重机、飞机		工程机械、运输机械、锻压机械、农业机械、飞机			精密机床，食品、化工，石油、纺织机械

选择液压泵时，主要考虑在满足系统使用要求的前提下，其价格、质量、维护、外观等方面的需求。一般情况下，在功率较小的条件下，可选用齿轮泵和双作用式叶片泵等，齿轮泵常用于污染较大的地方；若有平稳性和精度上的要求，可选用螺杆式泵和双作用式叶片泵；在负载较大且速度变化较大的条件(如组合机床等)下，可选择限压式变量泵；若在功率、负载较大的条件(如工程机械、运输锻压机械)下，可选用柱塞泵。在选择液压泵的型式的结构时，还应考虑系统对液压泵的其他要求，例如重量、使用寿命及可靠性、液压泵的安装方式、泵与原动机的连接方式及泵的轴伸型式(如平健、花键等)、能否承受一定的径向载荷，油口的连接型式等。

1) 液压泵的类型确定

液压泵类型的选用可从以下几个方面考虑。

(1) 根据系统运行工况选择。如果系统为单执行元件且速度恒定，则选择定量泵。如果系统有快速和慢速运行工况，可考虑选择双联泵或多联泵。齿轮泵和叶片泵可以做成几个泵并联在一起，并使用同一驱动轴的双联或三联泵，也可以串联成多级泵。当液压系统一个工作周期内流量变化很大时，可以选用多联泵。多联泵通常有一个吸油口，多个出油口，各出油口的压力油可分别向系统的不同执行元件供油，也可合起来供给某一执行元件。既要求变速运行又要求保压时，则应考虑选择变量泵，以节约能源。

(2) 根据系统工作压力和流量选择。对于高压大流量系统，可考虑选择柱塞泵；对于中低压系统，可考虑选择齿轮泵或叶片泵。

（3）根据工作环境选择。对于野外作业和环境较差的系统，可选择齿轮泵或柱塞泵；对于室内或固定设备使用或环境好的系统可考虑选择叶片泵、齿轮泵或柱塞泵。

2）液压泵的规格型号确定

液压泵的类型确定后，根据系统所要求的压力、流量大小确定其规格型号。

在确定液压泵与原动机的轴间连接和安装方式时，首先要考虑液压泵轴的径向和轴向负载的消除或防止问题。为此，液压泵输入轴和原动机输出轴需严格满足同轴度要求，一般小于 0.1 mm。液压泵输入轴与原动机输出轴有直接驱动和间接驱动两种连接方式。

（1）直接驱动型连接。直接驱动型连接可采用联轴器或花键实现。由于液压泵的传动轴在结构上一般不能承受额外的径向和轴向载荷，因此液压泵最好由原动机经联轴器直接驱动，并且使泵轴与驱动轴之间严格对中，满足轴线的同轴度误差要求。液压泵的安装固定，可采用支架或法兰方式。尤其是法兰钟罩式连接，通过钟罩上对应满足同轴度和平面度要求的安装孔和安装面，保证原动机和液压泵轴线的同轴度安装要求，大大缩短安装调试时间。

挠性联轴器是为了避免安装时因同轴度带来的不良影响而设置的，一般可选用机械设计手册中的标准结构。选择联轴器时，首先根据工作条件和使用要求选择合适的联轴器类型；再根据转矩、轴径和转速选择联轴器的型号，必要时要对联轴器中的薄弱环节进行校核计算。此外，发动机与液压泵之间用飞轮联轴器。

对于传动轴为花键轴的液压泵，原动机与液压泵之间还可采用特殊的轴端带花键连接孔的原动机，将泵的花键轴直接插入原动机轴端即可，这样既可保证两轴的同轴度，又可省去联轴器，使轴向结构相当紧凑。此外，多个串联驱动的液压泵采用通轴驱动，前泵和后泵也采用此种方式。

（2）间接驱动型连接。如果液压泵不能经联轴器由原动机直接驱动，而需要通过齿轮传动、链传动或带传动间接驱动时，液压泵的传动轴所受的径向载荷不得超过泵制造厂的规定值，否则带动泵传动轴的齿轮、链轮或带轮应架在另外设置的轴承上，如图 2-31 所示。此种连接方式也应满足规定的同轴度要求。

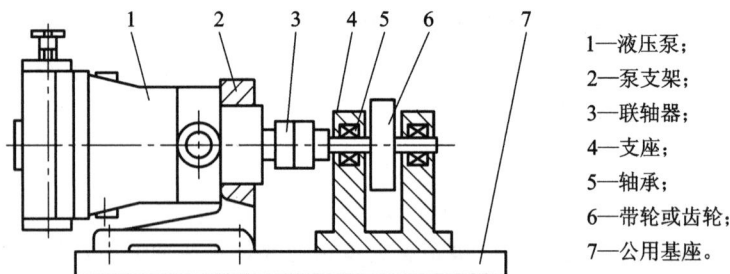

1—液压泵；
2—泵支架；
3—联轴器；
4—支座；
5—轴承；
6—带轮或齿轮；
7—公用基座。

图 2-31 液压泵与原动机之间采用齿轮或带轮连接

无论是直接驱动型连接还是间接驱动型连接，其外露的旋转轴和联轴器均需设置保护装置以保证安全。此外，对于多泵系统，还有专用分动箱将一个动力源的动力进行分配去驱动多个液压泵，如沥青摊铺机、路面冷铣刨机等设备的液压系统。

2. 液压泵的安装要求

（1）安装时首先要注意传动轴旋转方向，按要求向泵内灌满油液。

（2）液压泵可以安装在油箱内或油箱外，可以水平安装或垂直安装。液压泵安装时应尽可能使其处于油箱液面之下，对于小流量泵，可以装在油箱上自吸；对于较大流量的泵，由于原动机功率较大，建议不要安装在油箱上，而采用倒灌自吸。

（3）液压泵可以采用支架或法兰安装，泵和原动机应采用公用基座。支架、法兰和基础都应有足够的刚性，以免泵运转时产生振动。

（4）在工作环境振动不大且原动机工作平稳（如电动机）时，液压泵与原动机之间一般应采用弹性联轴器连接，联轴器的型式及安装要求应符合泵制造厂的规定。

（5）若原动机振动较大（如内燃机），则液压泵与原动机之间建议采用带轮或齿轮进行连接，应加一对支座来安装带轮或齿轮，该支座与泵轴的同轴度误差应不大于 $\Phi = 0.05$ mm；泵的安装支架与原动机的公共基座要有足够的刚度，以保证运转时始终同轴。

（6）不得用敲击方式安装联轴器，以免损伤液压泵或马达的转子；外露的旋转轴、联轴器必须设置防护罩。

（7）液压泵与原动机之间或液压马达与工作机构连接完毕，应采用千分表等仪表测量检查其安装精度（同轴度和垂直度）。

习　题

2.1　容积式液压泵的工作原理是什么？其工作压力取决于什么？工作压力与铭牌上的额定压力和最大工作压力有什么关系？

2.2　齿轮泵为什么会产生困油现象，其危害是什么？应当怎样消除？

2.3　外反馈限压式变量叶片泵的拐点压力如何调节？若为其更换更大刚度的弹簧，其特性曲线将如何变化？

2.4　某液压泵的额定压力为 200 bar（1 bar $= 10^5$ Pa），液压泵转速为 1450 r/min，排量为 100 cm³/r，已知该泵容积效率为 0.95，总效率为 0.9，试求：

（1）该泵输出的液压功率。

（2）驱动该泵的电机功率。

2.5　某系统执行元件需要的流量为 150 L/min，系统压力为 10 MPa，原动机为内燃机，转速为 2100 r/min，泵的容积效率为 0.96，机械效率为 0.94，试求：

（1）泵的排量。

（2）驱动泵的扭矩。

2.6　泵和原动机的连接方式有哪些，各有什么特点？

第3章

液 压 马 达

3.1　液压马达概述

液压马达作为执行元件，以旋转运动的方式把输入的液压能转换成机械能，使主机的工作部件克服负载及阻力而工作。其输入是具有一定压力和流量的液体，其输出为所需的转矩和转速。

3.1.1　液压马达的工作原理

液压泵和液压马达是可逆工作的。从原理上讲，液压泵和液压马达都是靠封闭工作腔的容积变化而工作的，液压泵可以作为液压马达使用，液压马达也可以作为液压泵使用。向任何一种液压泵输入一定流量的压力油，都会使其泵轴转动而输出转矩和转速，从而成为液压马达。液压泵和液压马达两者的差异有以下几点：

（1）液压泵在结构上应保证能够自吸；液压马达在输入压力油条件下工作，不必具备自吸能力。由于液压马达的回油压力比大气压力高，因此其泄漏油管不能与回油口相连而应该独立。

（2）液压马达应保证在很宽的转速范围内正常工作，而且最低稳定转速要低，所以应采用滚动轴承或静压轴承。若采用动压轴承，当液压马达转速很低时，不易形成润滑油膜；而液压泵转速高且一般变化很小。

（3）液压泵常是单方向旋转的，不要求结构对称（但也有双向的液压泵，如交流伺服电动机直接驱动的双向定量泵）；液压马达则需要正反转，在内部结构上应具有对称性。

（4）液压马达启动响应快，转矩大；而液压泵由于电动机等原因启动过程较长。当液压马达要求急速制动或反转时，会产生较高的液压冲击，应设置必要的安全阀和缓冲阀。

3.1.2　液压马达的主要性能参数

液压马达的主要性能参数包括压力、排量、流量、功率、效率、输出转矩和启动转矩以及转速。

1. 压力

外界提供给液压马达液体的压力对液压马达至关重要。液压马达的额定压力是指在规定的转速范围内连续运转，并能保证设计寿命的最高输入压力，而液压马达的背压则是保证液压马达稳定运转的最小输出压力。输入压力与输出压力(背压)的差值叫压差。

2. 排量

液压马达的排量 V_m 是指其密封容腔几何尺寸变化计算而得到的流入液体的体积，单位为 mL/r(cm³/r)。马达的规格大小以排量来表示。

3. 流量

液压马达的实际流量 q_m 是指液压马达进口处的流量，理论流量 q_{mt} 是指空载压力下液压马达的输入流量。

4. 功率

液压马达的输入功率是指液压马达入口处的液压功率，而输出功率是指液压马达输出轴上输出的机械功率。

液压马达的输入功率 P_{mi} 为

$$P_{mi} = \Delta p_m q_m \qquad (3-1)$$

输出功率 P_{mo} 为

$$P_{mo} = 2\pi n_m T_m \qquad (3-2)$$

式(3-1)和式(3-2)中，Δp_m——液压马达进出口压差；

q_m——液压马达实际流量；

$n_m(r/s)$——液压马达输出转速；

T_m——液压马达实际输出转矩。

5. 效率

按照第 2 章对液压泵类似的分析方法，可求出液压马达的容积效率 η_{mv}、机械效率 η_{mm} 及总效率 η_m 分别为

$$\eta_{mv} = \frac{1}{1 + C_s \dfrac{\Delta p}{\mu n}} \qquad (3-3)$$

$$\eta_{mm} = 1 - C_f - C_v \frac{\mu n}{\Delta p} \qquad (3-4)$$

$$\eta_m = \frac{1 - C_f - C_v \dfrac{\mu n}{\Delta p}}{1 + C_s \dfrac{\Delta p}{\mu n}} \qquad (3-5)$$

当 $\dfrac{\Delta p}{\mu n} = \left(\dfrac{\Delta p}{\mu n}\right)_{max}$ 时，$\eta_m = \eta_{max}$。

$$\left(\frac{\Delta p}{\mu n}\right)_{max} = \frac{1}{C_s} \frac{1}{\sqrt{\dfrac{1 - C_f}{C_s C_v} - 1}} \approx \sqrt{\frac{C_v}{C_s(1 - C_f)}} \qquad (3-6)$$

$$\eta_{\max} \approx 1 - C_f - 2\sqrt{C_s C_v (1 - C_f)} \qquad (3-7)$$

6. 输出转矩和启动转矩

液压马达输入的液压功率乘以液压马达的总效率等于液压马达输出的机械功率,即

$$\Delta p_m q_m \eta_m = 2\pi n_m T_m \qquad (3-8)$$

考虑到 $q_m = \dfrac{q_{mt}}{\eta_{vm}}$,$q_{mt} = V_m n_m$,$\eta_m = \eta_{mv} \eta_{mm}$,故液压马达的实际输出转矩 T_m 为

$$T_m = \frac{\Delta p_m V_m \eta_{mm}}{2\pi} \qquad (3-9)$$

液压马达的启动转矩 T_{ms} 是在额定压力下,由静止状态启动时输出轴上的转矩。液压马达的启动转矩比同一压差下运转中的转矩小,这给液压马达带载启动造成了困难,因此启动性能对液压马达非常重要。在液压马达内部,各相对运动部件之间在静止状态下的摩擦力比在运动时的摩擦力大得多,造成了液压马达机械效率下降,这是造成液压马达启动转矩降低的原因。另外,受到转矩不均匀性的影响,当输出轴处于不同相位角时,其启动转矩也稍有不同。如果启动时处于转矩脉动的最小值,则其启动转矩也小。

液压马达的启动性能主要由启动机械效率 η_{ms} 表示,它等于液压马达启动转矩 T_{ms} 与同一压差时的理论转矩 T_{mt} 之比,即

$$\eta_{ms} = \frac{T_{ms}}{T_{mt}} \qquad (3-10)$$

多作用内曲线马达的启动性能最好,轴向柱塞液压马达和曲轴连杆液压马达的启动性能居中,叶片液压马达的启动性能较差,而齿轮液压马达的启动性能最差。

7. 转速

液压马达转速 n_m 为

$$n_m = \frac{q_m \eta_{mv}}{V_m} \qquad (3-11)$$

对于具有脉动特征的液压马达,如果输入流量恒定,则转速会发生脉动;如果压差恒定,则转矩会发生相应的脉动。由于液压马达的负载惯量并非无穷大,因此转矩的脉动会使液压马达的转速也发生某些变化,其变化情况与负载惯量的大小有关。液压马达的调速范围用最高使用转速 $n_{\max}$ 和最低稳定转速 $n_{\min}$ 之比表示,即

$$i = \frac{n_{\max}}{n_{\min}} \qquad (3-12)$$

转速提高后,液压马达内部各运动副的磨损加剧,使用寿命降低。另外,转速提高,液压马达需要输入的流量增大,因此各过流部分的流速相应增大,压力损失也随之增加,从而使机械效率降低。对某些液压马达,转速的提高还受到背压的限制。因此,液压马达的最高使用转速主要受使用寿命和机械效率的限制。例如,转速提高时,曲轴连杆式液压马达的回油腔的背压必须显著增大才能保证连杆不会撞击曲轴表面。随着转速的提高,回油腔所需的背压也应随之提高,但过分提高背压会使液压马达的效率明显下降。

对于不同结构形式的液压马达,其最高使用转速大致如下:① 齿轮马达为 1500～3000 r/min;② 叶片马达为 1500～2000 r/min;③ 轴向柱塞马达 1000～2000 r/min;④ 曲

轴连杆马达为 $400\sim500$ r/min；⑤ 多作用内曲线马达 $200\sim300$ r/min 以下。动、静摩擦系数大小存在着明显的差异，造成液压马达低速转动时摩擦力大小不稳定。低速时，进入液压马达的流量较小，泄漏所占的比重增大，泄漏量的不稳定会造成转速的波动。另外，液压马达理论转矩的不均匀性以及低速时马达转动部分及所带的负载表现出来的惯性较小等因素，都使液压马达在低速时会出现爬行现象。

　　液压马达在额定负载下，不出现爬行现象的最低允许转速被称为液压马达的最低稳定转速。在实际工作中，一般都期望最低稳定转速越低越好。对于不同结构形式的液压马达，其最低稳定转速如下：① 多作用内曲线马达为 $0.1\sim1$ r/min；② 曲轴连杆马达为 $1\sim3$ r/min；③ 轴向柱塞马达一般为 $30\sim50$ r/min，有的可达 $2\sim5$ r/min，个别可达 $0.5\sim1.5$ r/min；④ 高速叶片马达约为 $50\sim100$ r/min；⑤ 低速大转矩叶片马达约为 5 r/min；⑥ 齿轮马达的低速性能最差，一般为 $200\sim300$ r/min，个别可达 $50\sim150$ r/min。

　　例题 3.1　某系统的负载扭矩为 1000 N·m，转速为 300 r/min，该负载由液压马达驱动，系统压力为 12 MPa，回油腔的背压为 0.6 MPa，马达的机械效率为 0.94，容积效率为 0.96。求：

（1）马达排量。

（2）需要给马达提供的流量。

　　解　（1）马达排量为

$$T_{tm} = \frac{T_m}{\eta_{mm}} = \frac{1000}{0.94} = 1063.8 \text{ Nm}$$

$$V_m = \frac{2\pi T_{mt}}{\Delta p_m} = \frac{2\pi \times 1063.8}{12 - 0.6} = 586.3 \text{ mL/r}$$

（2）需要给马达提供的流量为

$$q_m = \frac{n_m V_m}{\eta_{mv}} = \frac{300 \times 586.3}{0.96 \times 1000} = 183.2 \text{ L/min}$$

3.1.3　液压马达的性能曲线

　　液压马达的性能曲线如图 3-1 所示，液压马达的容积效率 η_{mv} 随着液压马达的工作压力 p 的升高而降低。随着工作压力 p 的升高，机械效率上升很快。液压马达的总效率 η_m 随着液压马达的工作压力 p 升高而升高，接近额定压力时总效率 η_m 达到最高，而后降低。初始时实际流量和理论流量相等。由于存在泄漏，因此液压马达的实际流量比理论流量要大。

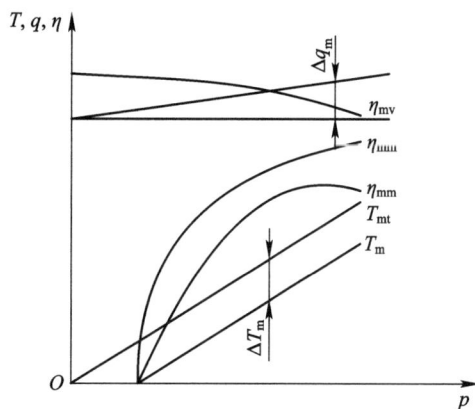

图 3-1　液压马达的性能曲线

▰▰ 3.1.4 ▰▰ 液压马达的分类

液压马达按其结构类型可以分为齿轮马达、叶片马达、柱塞马达等。

按液压马达的额定转速，液压马达分为高速和低速两大类。额定转速高于 500 r/min 的属于高速液压马达，额定转速低于 500 r/min 的属于低速液压马达。高速液压马达的基本形式有齿轮式、叶片式和轴向柱塞式等。它们的主要特点是转速较高，转动惯量小，便于启动和制动，调速和换向灵敏度高。通常，高速液压马达输出转矩不大，所以又称为高速小转矩液压马达。低速液压马达的基本形式是径向柱塞式，此外，也有轴向柱塞式、叶片式和齿轮式等结构形式。低速液压马达的主要特点是排量大，体积大，转速低，因此可直接与工作机构连接，不需要减速装置，从而使传动机构大为简化。通常，低速液压马达输出转矩较大，所以又称为低速大转矩液压马达。

按排量能否改变，液压马达又可分为定量马达和变量马达。

液压马达的图形符号如图 3-2 所示。

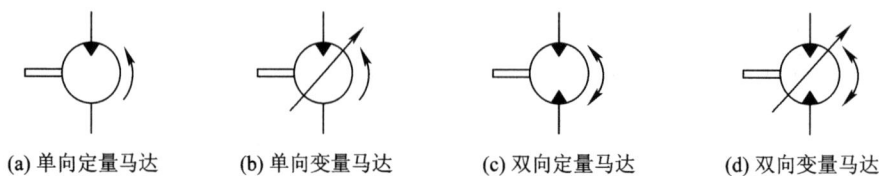

(a) 单向定量马达   (b) 单向变量马达   (c) 双向定量马达   (d) 双向变量马达

图 3-2　液压马达图形符号

常用的液压马达分类及特性如表 3-1 所示。

表 3-1　常用的液压马达分类及特性

分　类		特　点
高速液压马达	齿轮马达	具有体积小，重量轻，结构简单，工艺性好，对油液的污染不敏感，耐冲击和惯性小等优点；缺点是扭矩脉动较大，效率较低，启动扭矩较小(仅为额定扭矩的 60%～70%)和低速稳定性差等
	叶片马达	与其他类型液压马达相比，具有结构紧凑，轮廓尺寸较小，噪声低，寿命长等优点，其惯性比柱塞马达小，但抗污染能力比齿轮马达差，且转速不能太高；叶片马达由于泄漏较大，因此负载变化或低速时不稳定
	径向柱塞马达	体积及重量大，适合大转矩的场合
	轴向柱塞马达　斜轴式	结构简单，重量轻，流量更大，适用于较高压力的场合
	斜盘式	结构简单，重量轻，适用于较高压力的场合

分　　类			特　　点
低速液压马达	径向柱塞马达	连杆式	结构简单，工作可靠，品种规格多，价格低；缺点是体积和重量较大，扭矩脉动较大
		无连杆式	结构简单，尺寸小
		摆缸式	运动特性良好
		滚柱式	运动平稳，摩擦磨损小
	轴向柱塞马达	双斜盘式	受力均匀，输出转矩波动小
		轴向球塞式	结构简单，输出转矩的波动小，易实现大排量低转速
	叶片马达		结构简单、紧凑，输出转矩的均匀性好，但抗振动冲击性能不够好
	摆线马达		尺寸小，径向受力平衡，扭矩波动小，可在很低的速度下运转

3.2　齿　轮　马　达

　　齿轮马达具有结构简单，体积小，价格低，使用可靠性好等优点，缺点是低速稳定性差，输出转矩和转速脉动性大，径向力不平衡，噪声大等。本节以外啮合渐开线齿轮马达和内啮合摆线齿轮马达为例，介绍齿轮马达的工作原理和结构。

1. 外啮合渐开线齿轮马达的工作原理

　　如图 3-3 所示的外啮合渐开线齿轮马达的工作原理中，Ⅰ 为转矩输出齿轮，Ⅱ 为空转

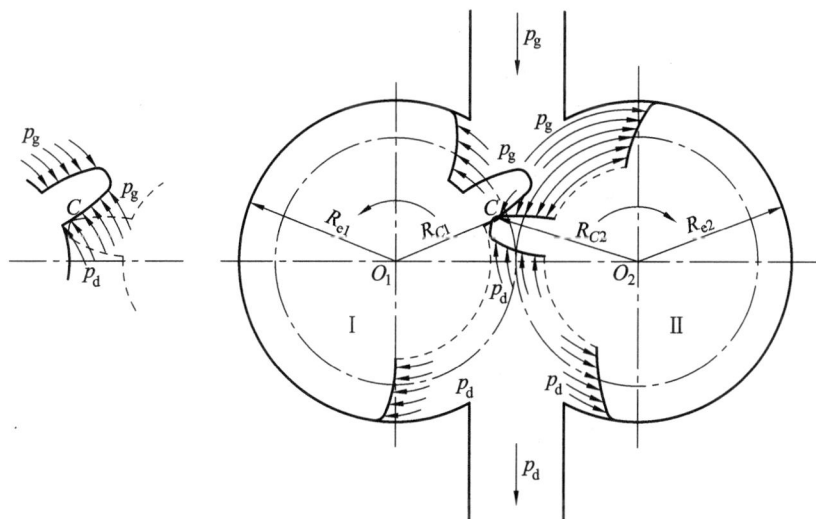

图 3-3　外啮合齿轮马达的工作原理

齿轮，啮合点 C 至两个齿轮中心的距离分别为 R_{C1} 和 R_{C2}。当高压油(压力为 p_g)输入齿轮马达高压腔时，处于高压腔内的所有齿轮都受到压力油的作用，由于 $R_{C1}<R_{e1}$，$R_{C2}<R_{e2}$，因此互相啮合的两个齿面只有一部分处于高压腔。这样就使两个齿轮处于高压腔的两个齿面所受到的切向液压力对各齿轮轴的力矩是不平衡的。两个齿轮各自受到的不平衡的切向液压力，分别形成了力矩 T_1'、T_2'；同理，处于低压腔的各齿面所受到的低压液压力也是不平衡的，对两个齿轮轴分别形成了反方向的力矩 T_1'' 和 T_2''。此时，齿轮Ⅰ上的不平衡力矩 $T_1=T_1'-T_1''$，齿轮Ⅱ上的不平衡力矩为 $T_2=T_2'-T_2''$。所以在齿轮马达输出轴上产生了总转矩 $T=T_1+T_2\dfrac{R_1}{R_2}$，从而克服了负载力矩，按图 3-3 中箭头所示方向旋转。随着齿轮的旋转，油液被带到低压腔排出。

2. 外啮合渐开线齿轮马达的结构

图 3-4 所示是端面间隙可自动补偿的外啮合齿轮马达。在轴套 9、10 的外端对称地布置着 4 个密封圈 1、2、3、4。中心密封圈 1 紧紧地包围着两个轴套孔，形成一个中间收缩的 8 字形区域 A_1。因为区域 A_1 通过两个轴承与泄油孔 14 相通，所以区域 A_1 内的压力与泄油腔的压力相等。侧面密封圈 2 和 3 对称地布置在中心密封圈 1 的两侧(密封圈 2 和 3 各有一段长度直接与密封圈 1 接触)，分别形成菱形区域 A_2 和 A_3。A_2 经通道 5 与进油腔 6 相通，A_3 经通道 8 与回油腔 7 相通。外围密封圈 4 也布置成菱形，包围着密封圈 1、2 和 3(密封圈 4 上有两段长度分别与密封圈 2 和 3 直接接触)。由于密封圈 2 和 3 的两侧分别与密封圈 1 和 4 直接接触，因此在密封圈 4 的包围圈内，又形成了两个区域 A_4 和 A_5。由于渗漏和串油，A_4 和 A_5 内的压力很接近高压腔压力。所有密封圈都嵌在前盖(后盖)的凹槽中。各密封圈之间互相接近的部分采用直接接触的办法，可简化工艺，降低成本。

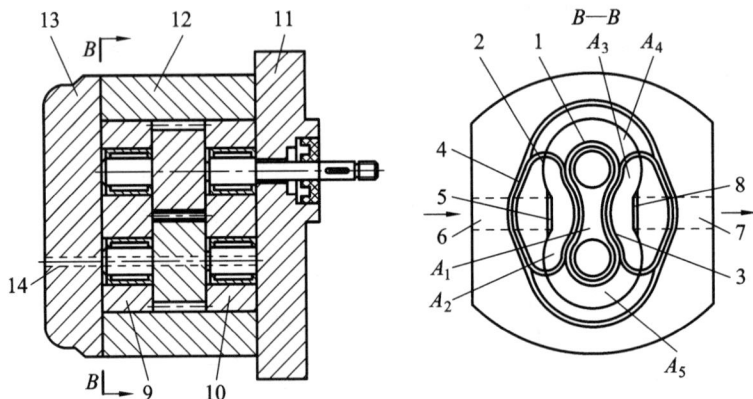

1—中心密封圈；2、3—侧面密封圈；4—外围密封圈；5、8—通道；6—进油腔；7—回油腔；9、10—轴套；
11—前泵盖；12—壳体；13—后泵盖；14—泄油孔；A_1、A_2、A_3、A_4、A_5—被隔开的密封区域。

图 3-4　端面间隙可自动补偿的外啮合渐开线齿轮马达

当外啮合齿轮马达正转时，A_1 内的压力等于泄漏腔压力，A_2 内的压力等于高压腔压力，A_3 内的压力等于低压腔压力；A_4 和 A_5 内的压力是相等的，它们稍低于(很接近)高压腔压力。当外啮合渐开线齿轮马达反转时，由于高低压腔交换位置，A_2 内的压力等于低压腔压力，A_3 内的压力等于高压腔压力，A_1 内的压力仍然等于泄漏腔压力；A_4 和 A_5 内的压力仍然稍低于（很接近）高压腔压力。所以，轴套对齿轮总的压紧力和正转时相同。这种齿轮马达与齿轮泵相比，具有以下特点：

（1）在结构上具有对称性（轴套端面与各密封圈围成的密封区域对称，高低腔的卸载槽对称，进出油口直径相等），使齿轮马达反转时性能不受影响；而齿轮泵一般是单方向旋转的。

（2）具有单独的泄漏油孔 14 将泄漏油引入油箱，而不像齿轮泵可将泄漏油引入低压腔。

（3）该齿轮马达的齿数取得比齿轮泵的齿数多，以减小转矩的脉动。轴向间隙补偿装置的压紧系数取得比泵小，以减小启动时摩擦力的影响。在启动的瞬间，A_4 和 A_5 还未来得及建立起压力，所以，此时轴套对齿轮的贴紧力很微弱，摩擦力矩很小，从而获得了较大的启动转矩。而当启动后转入正常运行时，A_4 和 A_5 的油压已经建立起来，使轴套对齿轮的压紧力增大，从而保证了正常工作时有较高的容积效率。

（4）由于齿轮马达的速度范围很宽，若采用动压轴承，在低速时就不能可靠地形成润滑油膜，因此齿轮马达必须采用滚动轴承（或静压轴承）；而齿轮泵转速高，并且转速变化很小，就没有这一限制。

3. 内啮合摆线齿轮马达

行星转子型内啮合摆线齿轮马达如图 3-5 所示。带有 Z_1 个齿的摆线转子（外齿小齿轮）14，与具有 Z_2 个圆弧齿形的定子（内齿环）13 相啮合，形成 Z_2 个密封容积。配流轴（输出轴）7 上的横槽 A、B 与进出油口相通，在配流轴表面有相间均布的两组纵向油槽共 $2Z_2$ 条，一组（Z_1 条）与 A 相通，另一组（Z_1 条）与 B 相通，如图 3-6 所示。在齿轮马达的壳体 6 中有 Z_2 个孔 C，这些孔经过辅助配流板 10 相应的 Z_2 个孔 D 分别与定子的齿底相通（即分别与 Z_2 个密封容积相通）。配流轴上的纵向油槽起着配流作用，使上述 Z_2 个密封容积中将近半数与压力油相通，而其余与低压回油相通。

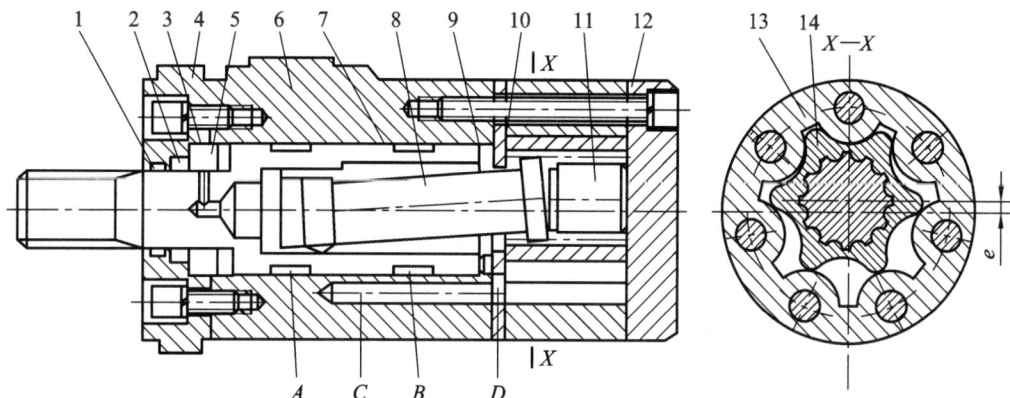

1、2、3—密封；4—前盖；5—止推环；6—壳体；7—配流轴（输出轴）；8—花键联轴节；9—止推轴承；10—辅助配流板；11—限制块；12—后盖；13—定子；14—摆线转子；A、B—横槽；C、D—孔。

图 3-5 行星转子型内啮合摆线齿轮马达

图 3-6 配流轴形状

3.3 叶片马达

常用叶片马达为双作用式。叶片马达的工作原理如图 3-7 所示。当高压油 p 从进油口同时进入工作区段的叶片 4 和 8 之间的容积时,叶片 4 和 8 的两侧均受压力油 p 作用不产生转矩,而叶片 1 和 5、3 和 7 的一侧受高压油的作用,另一侧受低压油的作用。由于叶片 1 和 5 伸出面积大于叶片 3 和 7 的伸出面积,因此产生使转子顺时针方向转动的转矩。由图可知,当改变进油方向时,即高压油 p 进入叶片 2 和 6 之间容积时,叶片带动转子逆时针方向转动。

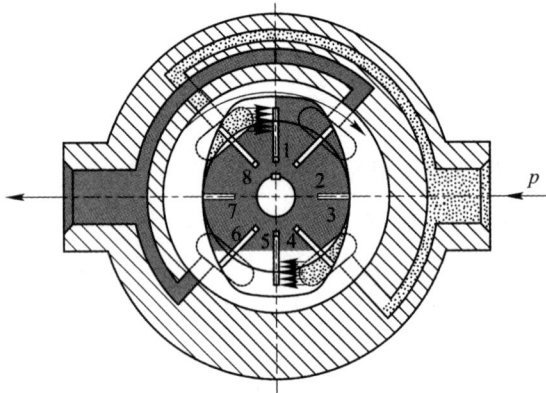

1~8—叶片。

图 3-7 叶片马达的工作原理

为了适应马达正反转要求,叶片马达的叶片为径向放置,叶片倾角为 0°。为了使叶片底部始终通入高压油,在高、低油腔通入叶片底部的通路上装有梭阀。为了保证叶片液压马达在压力油通入后,高、低压腔不致串通并能正常启动,在叶片底部安装了燕式预紧弹簧。叶片液压马达体积小,转动惯量小,反应灵敏,能适应较高频率的换向。但泄漏较大,低速时不够稳定,输出转矩小。

与双作用叶片泵相比,叶片马达的结构特点如下:

(1)叶片马达的叶片由压缩式的弹簧将其推向定子,保证在叶片马达启动时叶片顶部与定子的内表面紧密接触,以获得良好的密封;而叶片泵则是靠叶片与转子一起高速旋转产生的离心力使叶片紧贴定子表面,起到封油作用的。

(2)考虑到叶片马达在实际工作中常需要进行正反转运动,因此叶片在转子中沿径向布置，且叶片顶端有对称倒角。

（3）叶片马达的叶片底部通有高压油，将叶片压向定子表面，以获得可靠的密封。为了保证变换进出油口（反转）时叶片底腔常通高压，采用了梭阀（见图 5 - 49(c)）。

3.4　柱　塞　马　达

常见的柱塞马达分为轴向柱塞马达和径向柱塞马达两大类。

1. 轴向柱塞马达

轴向柱塞马达的工作原理如图 3 - 8 所示，配油盘 4 和斜盘 1 固定不动，传动轴与缸体 2 相连接并一起旋转。当压力油经配油盘 4 的窗口进入缸体 2 的柱塞孔时，柱塞 3 在压力油作用下外伸紧贴斜盘 1，斜盘 1 对柱塞 3 产生一个法向反力 F，此力可分解为轴向分力 F_x 和垂直分力 F_y。F_x 与柱塞上的液压力相平衡，而 F_y 则使柱塞对缸体中心产生一个转矩，带动传动轴逆时针方向旋转。轴向柱塞马达产生的瞬时总转矩是脉动的。

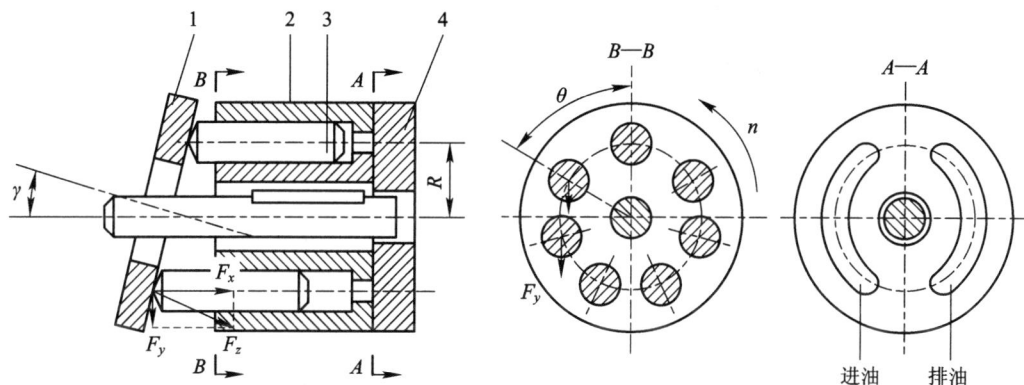

1—斜盘；2—缸体；3—柱塞；4—配油盘。

图 3 - 8　轴向柱塞马达的工作原理

可得任意一个工作柱塞对传动轴产生的转矩为

$$T = F_y R \sin\theta = \Delta p_m \pi \frac{d^2}{4} \tan\gamma \cdot R \sin\theta \tag{3-13}$$

式中，Δp_m——马达进出油口压力差；

　　　θ——柱塞瞬时方位角；

　　　R——柱塞分布圆半径；

　　　d——柱塞直径；

　　　γ——斜盘倾角。

液压马达产生的转矩应是处于高压腔柱塞产生转矩的总和，即

$$T = \sum \Delta p_m \pi \frac{d^2}{4} \tan\gamma \cdot R \sin\theta \tag{3-14}$$

当图 3 - 8 中的 θ 角不断变化时，每个柱塞产生的转矩也会随之变化。由于马达的输出转矩等于处在进油腔半周内各柱塞瞬时转矩之和，因此就造成斜盘式轴向柱塞马达的输出

转矩在旋转一周的过程中产生脉动。

当进、出油口互换时，液压马达将反向转动。当改变液压马达斜盘倾角时，其排量将随之改变，由此可以调节输出转速和转矩。

轴向柱塞马达与同类型轴向柱塞泵通常可以互逆使用。例如，SCY14—1 轴向柱塞泵，其结构基本对称，按使用说明，将配流盘适当旋转安装后则可作为液压马达使用。由于柱塞副构成的工作容积的密封性好，因此适用于较高油压力的场合。

轴向柱塞式液压马达具有单位功率质量小、工作压力高、效率高和容易实现变量等优点；其缺点是结构比较复杂、对油液污染敏感、过滤精度要求较高、价格较贵。按其结构特点，轴向柱塞式液压马达又可分为斜盘式和斜轴式两类。

2. 径向柱塞马达

径向柱塞马达是低速马达的基本形式，包括单作用连杆式、静压平衡式和多作用内曲线式等。低速马达的主要特点是排量大，体积大，低速稳定性好（一般可在 10 r/min 以下平稳运转，有的可在 0.5 r/min 以下低速运转），因此可以直接与工作机构连接，不需要减速装置，从而使得机器的传动机构得以简化。通常，低速马达的输出转矩较大，故常被称为低速大转矩马达。本节重点介绍单作用连杆式径向柱塞马达和多作用内曲线径向柱塞马达。

1）单作用连杆式径向柱塞马达

单作用连杆式径向柱塞马达是通过位于中心的曲轴（往往是偏心轴）被奇数个沿径向布置的柱塞驱动，实现输入的液体压力能转换为旋转的输出机械能。图 3－9 所示为单作用连杆式液压马达的工作原理，单作用连杆式液压马达由壳体 1、连杆 3、活塞组件、曲轴 4 及配油轴 6 组成。壳体 1 内沿圆周呈放射状均匀布置了五个缸体，形成星形壳体。缸体内装有活塞 2，活塞 2 与连杆 3 通过球铰连接，连杆大端做成鞍形圆柱瓦面紧贴在曲轴 4 的偏心圆上，其圆心为 O_1，它与曲轴旋转中心 O 的偏心距 $OO_1 = e$，液压马达的配油轴 6 与曲轴 4 通过十字键连接在一起，随曲轴一起转动，马达的压力油经过配油轴通道，由配油轴分配到对应的活塞液压缸，在图中，液压缸的①、②、③腔通压力油，活塞受到压力油的作用；其余腔则与排油窗口接通。根据曲柄连杆机构运动原理，作用在柱塞上的切向分力 F_t 对曲轴旋转中心形成转矩 T，使曲轴逆时针方向旋转。由于三个柱塞位置不同，所产生的转矩

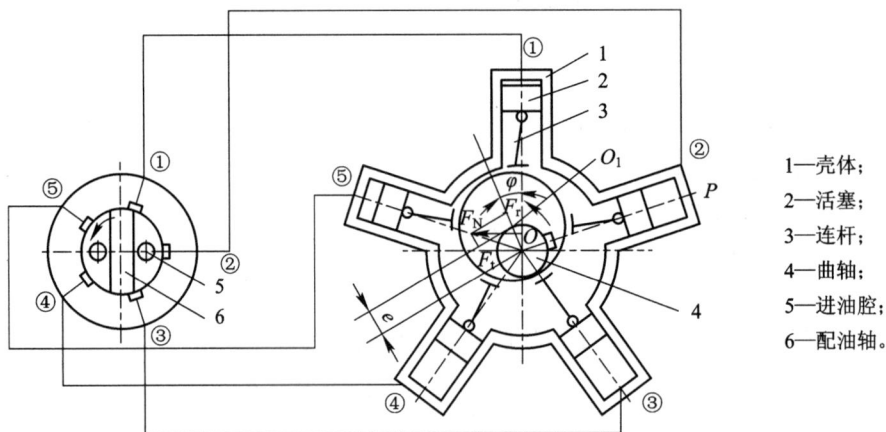

图 3－9 单作用连杆式液压马达的工作原理

大小也不同，曲轴输出的总转矩等于高压腔相通的柱塞所产生的转矩之和。曲轴旋转时带动配油轴同步旋转，因此配流状态不断发生变化，从而保证曲轴连续旋转。每个缸的活塞腔每进油和排油一次，曲轴就旋转一圈，故称其为单作用式连杆径向柱塞马达。采取措施使偏心距可以调节，就能实现马达排量的改变。如果进、排油口对换，液压马达就反向旋转。

单作用连杆式径向柱塞马达的排量为

$$V = \frac{\pi d^2 ez}{2} \tag{3-15}$$

式中，d——柱塞直径；

e——曲轴偏心距；

z——柱塞数。

该马达的主要摩擦副大多采用静压平衡结构，因而其效率高，低速稳定性有很大改善，最低稳定转速可达 3 r/min 以下。这种单作用式径向柱塞马达结构简单，工作可靠，品种规格多，价格低。但其径向尺寸大，体积和重量较大。

该马达的配流轴的一侧为高压腔，另一侧为低压腔，这导致配流轴的轴承受很大的不平衡径向力，造成滑动表面的磨损和泄漏量增加，致使马达的效率下降，故常采取开设对称平衡油槽的方法实现液压径向力的平衡。由于径向柱塞缸的个数有限，往往会造成其输出转矩脉动较大。

2）多作用内曲线径向柱塞马达

利用具有特殊内曲线的凸轮环定子，使每个柱塞在马达轴每转一周中往复运动多次的径向柱塞马达，称为多作用内曲线径向柱塞液压马达（简称内曲线马达）。多作用内曲线径向柱塞马达的典型结构如图 3-10 所示。它由定子 1、转子（缸体）2、柱塞 3 和配油轴 6 等组成。定子 1 的内表面由多段形状相同且均布的曲面组成，曲面的段数（本例为 6 段）就是马达的作用次数。每一曲面的凹部顶点处分为对称的两半，一半为进油区段（即工作区段），另一半为回油区段。转子 2 沿径向均布若干个柱塞孔（本例为 8 个）。柱塞头部与横梁 4 接

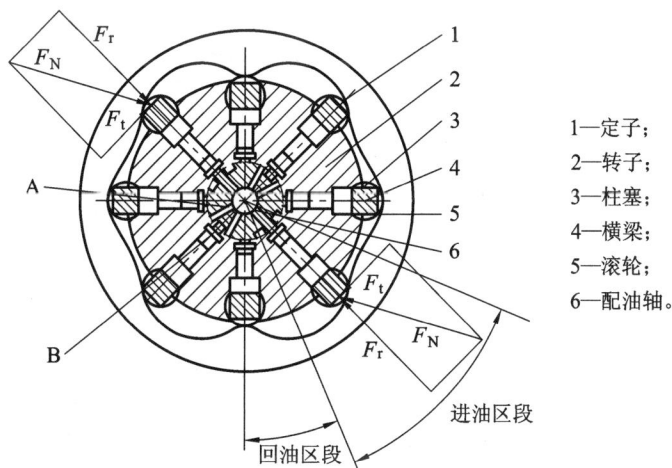

1—定子；
2—转子；
3—柱塞；
4—横梁；
5—滚轮；
6—配油轴。

图 3-10 多作用内曲线径向柱塞马达

触，横梁可在缸体的径向槽内滑动。安装在横梁两端轴颈上的滚轮 5 可沿定子内表面滚动。转子 2 的内孔和配油轴 6 外圆滑动配合，缸体中每个柱塞孔底部有一配油孔与配油轴 6 的配油窗口相同。配油轴固定不动，其圆周上有两组配油窗口，每组配油窗口的数目等于定子曲面的段数，一组配油窗口 A 与配油轴中心的进油孔相通，另一组配油口 B 与回油孔道相通，两组配油窗口的位置分别和定子内表面的进、回油区段位置严格对应。

当压力油输入马达后，通过配油轴上的进油窗口分配到处于进油区段的各柱塞底部油腔，液压油使柱塞顶出，滚轮顶紧在定子内表面。定子表面给滚轮一个法向反力 F_N，这个法向反力 F_N 可分解为两个方向的分力，其中径向分力 F_r 与作用在柱塞后端的液压力相平衡，切向分力 F_t 通过横梁对转子产生转矩。同时，处于回油区段的柱塞受压缩进，低压油通过回油窗口排出。转子每转一周，每个柱塞往复移动六次。由于曲面数目和柱塞数不等，因此任一瞬时总有一部分柱塞处于进油区段，使缸体转动。总之，若有 x 个导轨曲面，则缸体旋转一周，每个柱塞往复运动 x 次，马达作用次数就为 x。当马达的进、回油口互换时，马达将反转。内曲线马达多为定量马达。多作用内曲线径向柱塞马达的排量为

$$V=\frac{\pi d^2}{4}sxyz \qquad (3-16)$$

式中，d——柱塞直径；

$\quad s$——柱塞行程；

$\quad x$——作用次数；

$\quad y$——柱塞排数；

$\quad z$——每排柱塞数。

多作用内曲线径向柱塞马达具有尺寸较小、转矩脉动小、径向力平衡、起动转矩大、启动效率高、能在低速下稳定运转等优点，这种马达的转速范围为 $0\sim100$ r/min，适用于负载转矩大、转速低、运转平稳性要求高的场合，故普遍应用于工程、建筑、起重运输、煤矿、船舶、农业等的机械领域。

3.5 减速液压马达

减速液压马达通常由液压马达、控制阀块和减速器组成，减速液压马达可将高转速、小扭矩变换成低转速、大扭矩，实现大质量工作装置的稳定回转驱动，广泛应用于起重机械、挖掘机械、旋挖钻机等设备上。按功能分类，减速液压马达主要有卷扬马达、行走马达和回转马达三种。液压马达通常选择轴向柱塞马达或摆线马达。减速器有摆线针轮减速器和行星齿轮减速器，通常采用行星齿轮减速器。

1. 卷扬马达

卷扬马达由摆线马达、行星齿轮减速器、制动器等组成。采用螺纹连接钢结构机架，配置梭阀，平衡阀等安全控制系统。其工作原理如图 3-11 所示，主卷扬马达通过减速器驱动卷扬，其中，平衡阀的作用是控制主卷扬的提升或者下降速度，溢流阀则限制主卷扬马达

的压力,防止超载;制动器是常闭式制动器,当主卷扬需要动作时,压力油通过减压阀减压后再输至制动器,便于将主卷扬制动解除,浮动电磁阀的作用是当扳动浮动操纵手柄时,该阀将主卷扬马达的进、出油管接通,使主卷扬马达处于浮动状态。BVD 制动阀的作用是控制主卷扬提升或下降速度。浮动电磁阀的作用是当主卷扬马达处于浮动状态时,使制动器通入压力油,以便将制动解除。

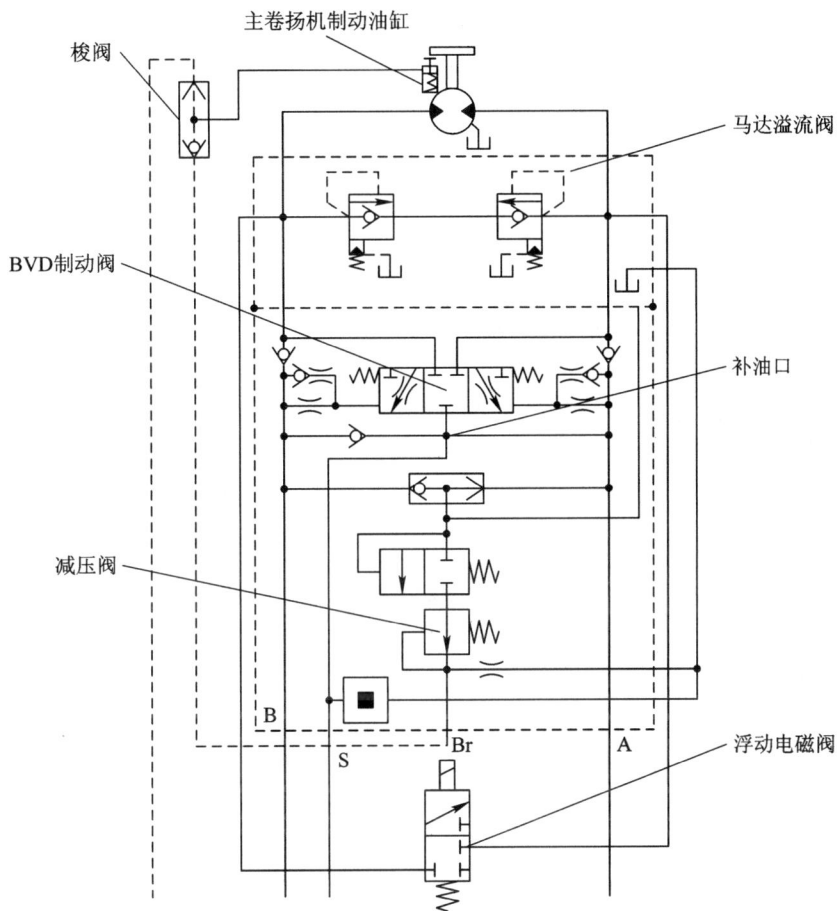

图 3-11 卷扬马达工作原理

卷扬马达中的行星齿轮减速器的减速比根据提升吨位不同而设计不同,一般情况下,吨位越大,减速比越大。卷扬马达内部有制动器,一般是湿式摩擦片,靠弹簧力来制动,属于断油制动。卷扬马达结构紧凑、占用空间小,适用于船舶、码头和汽车等各种起重和牵引设备中。

2. 行走马达

行走马达普遍采用高速马达加行星减速机或摆线针轮减速机,而液压马达部分的回路的控制有其特点。行走马达的组成及原理如图 3-12 所示,其中,1 是平衡阀,实际是一个换向阀,由于能够在油压的作用下自我调节,因此也叫平衡阀;2 是单向阀,防止液压油倒流;3 是溢流阀,起限压缓冲功能;4 是梭阀,无论马达正反转,通过其都可为双速控制阀提供控制油；5是制动控制阀；6是双速控制阀；7是制动器；8是马达；9是减速机；10是双速控制油缸。

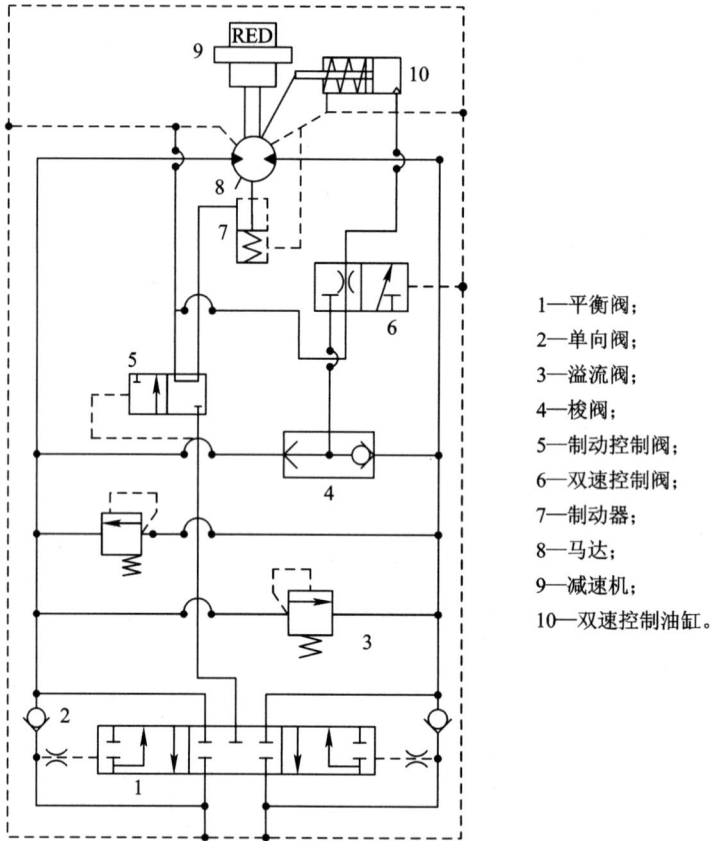

1—平衡阀；
2—单向阀；
3—溢流阀；
4—梭阀；
5—制动控制阀；
6—双速控制阀；
7—制动器；
8—马达；
9—减速机；
10—双速控制油缸。

图3-12 行走马达原理

3. 回转马达

回转马达由柱塞马达、行星齿轮减速器、制动器等组成。液压马达输出高速旋转运动，经减速后转换为低速旋转运动，并放大输出转矩，从而带动大质量结构进行低速回转运动，主要组成见图3-13。A、B为工作油口，S为吸油口。以A口进油、B口回油为例，运转前，制动解除阀4通电，控制油进入制动缸5有杆腔，克服弹簧力，解除回转减速机的制动。A口进油时，右边的溢流阀3起正常回转过程中的安全保护作用；停止运动时，制动解除阀4断电，B油口突然关闭，由于回转惯性，此时左边的溢流阀起安全保护作用，同时由右边的单向阀2起补油作用，同时，防反转阀1回到中位，可使B口相通油道的压力迅速降低，防止马达反转，起到马达平稳回转的作用。回转驱动马达6内有3对运动摩擦副，即柱塞与缸体柱塞孔、缸体与配油盘、滑靴与斜盘。回转马达内的压力油经过这3对运动摩擦副的间隙泄漏到缸体与马达壳体之间的空间后，再经马达壳体上的泄油口直接流回液压油箱，即图3-13中的D_r泄油口。这不但可以保证马达体内的油液压力为零，而且可随时将热量带走，使回转马达内的热油降温。

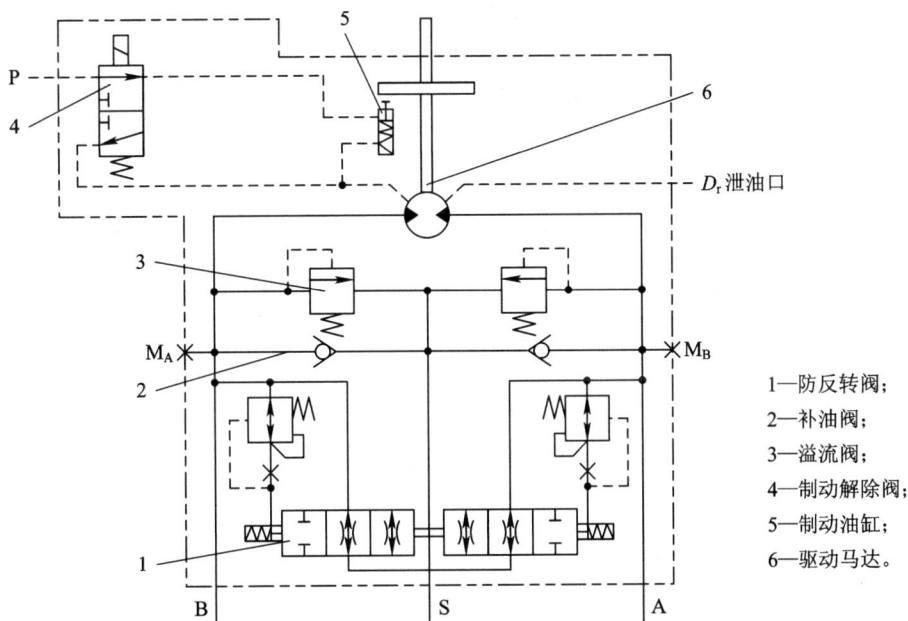

图 3 - 13　回转马达原理图

1—防反转阀；
2—补油阀；
3—溢流阀；
4—制动解除阀；
5—制动油缸；
6—驱动马达。

3.6　液压马达的选用

选定液压马达时要考虑的因素有工作压力、转速范围、运行扭矩、总效率、容积效率、滑转特性、寿命等性能参数，以及在机械设备上的安装条件、外观等。液压马达的种类很多，特性各不相同，应针对具体用途选择合适的液压马达。表 3-2 中列出了典型液压马达的性能比较。低速场合可以用低速马达，也可以用带减速装置的高速马达，二者在结构布置、占用空间、成本、效率等方面各有优点，必须仔细斟酌。确定了所用液压马达的种类之后，可根据所需要的转速和扭矩从产品系列中选出满足需要的若干种规格，然后利用各种规格的特性曲线查出或算出相应的压降、流量和总效率。接着，通过综合技术经济评价来确定马达的类型及规格。

表 3 - 2　液压马达的性能比较

性能因素	高速马达			低速马达
	齿轮	叶片	柱塞	径向柱塞式
额定压力/MPa	21	17.5	35	35
排量/(mL/r)	4～300	25～300	10～1000	125～38000
转速/(r/min)	300～5000	400～3000	10～5000	1～500
总效率/%	75～90	75～90	85～95	80～92
堵转效率/%	50～85	70～80	80～90	75～85
堵转泄漏	大	大	小	小
污染敏感度	大	小	小	小
变量能力	不能	困难	可以	可以

液压马达类型很多，正确合理地选用马达对保证整机的性能和可靠性具有重要意义。选择液压马达时主要考虑以下五方面。

（1）效率。对于大功率传动装置，首先要考虑其传动效率。高效率的元件既节能，又可以减小系统温升。此外，高效率的元件摩擦损失小，其寿命也较长。

（2）启动转矩和低速稳定性。对于大多数设备，启动时的负载最大，因为此时除克服负载外，还要克服传动装置惯性和静摩擦力。因此选用马达时，可按照所需的启动转矩来初步选定型号和规格。同时，低速稳定性也是一个重要指标，有时还需考虑其低速稳定性。

（3）寿命。主机对传动部件的寿命一般都有要求。对于使用工作压力较低、工作寿命要求不长或每天工作时间较少的设备，可以选用外形尺寸较小、重量较轻和体积较小的规格型号。这样在保证寿命的基础上，马达体积小、质量轻且成本低；反之，可选择规格较大的马达。

（4）转速范围。大部分设备需要调节转速马达转速范围，即其最低稳定转速至最高转速之间的范围。如果马达在很低的转速下（例如 1 r/min，甚至更低）能平稳运转，而高速时也能高效可靠地工作，那么这种马达的适用范围大。

（5）噪声。随着环境意识的提高，对为主机配套的马达的噪声要求也日益增强了。同一类型的马达，其噪声除马达本身的运转噪声外，还与马达安装机架的刚度、使用时的工作压力和工作转速等有关，安装刚性好、压力低和转速小，马达的噪声就小；反之，则噪声就大。为了全面地比较各种类型的马达，选用时可根据生产厂商提供的产品样本，其中一般有较详细的效率、启动转矩、低速性能、噪声和寿命等性能参数。

在考虑了以上所提的五个因素以后，应根据各种类型马达的产品样本来确定马达的类型和规格。具体选型计算过程可参考本书第 9 章液压系统设计的相关内容。

习　题

3.1　说明高速小扭矩液压马达与低速大扭矩液压马达的主要区别及应用场合。

3.2　已知液压泵输出压力为 $p_p = 10$ MPa，机械效率 $\eta_{pm} = 0.94$，容积效率 $\eta_{pV} = 0.92$，排量 $V_p = 28$ mL/r，液压马达的机械效率为 $\eta_{mm} = 0.92$，容积效率为 $\eta_{mv} = 0.85$，排量 $V_m = 10$ mL/r。若液压泵转速为 $n_p = 1450$ r/min，试求：

（1）液压泵的输出功率。

（2）驱动液压泵所需的功率。

（3）液压马达的输出转矩。

（4）液压马达的转速。

（5）液压马达的输出功率。

3.3　某液压马达所直接驱动的负载扭矩为 3000 N·m，负载转速为 150 r/min，液压系统压力为 15 MPa，回油背压为 0.5 MPa，忽略其他压力损失，液压马达机械效率 η_{mm} 为 0.92，容积效率 η_{mv} 为 0.95，试求：

（1）所需马达的排量。

（2）马达所需的流量。

第4章

液 压 缸

液压缸和前述的液压马达同属于液压系统的执行元件，它们都是将液体的液压能转换为机械能的能量转换装置，不同的是液压缸输出是往复式运动。液压缸结构简单、工作可靠，除单独使用外，还可以与其他机构组合起来，实现一些特殊的功能。因此，液压缸可广泛应用于各种机械设备中。

4.1 液压缸的工作原理及分类

液压缸属于执行元件，可将输入的液压能转换成机械能，实现往复运动（直线往复运动或摆动运动）。

4.1.1 液压缸的工作原理

下面以双作用单活塞液压缸为例来介绍液压缸的工作原理。如图 4-1 所示，当压力为 p、流量为 q 的油液由油口 A 进入液压缸左腔（无杆腔），活塞及活塞杆在油液压力作用下以速度 v_1 向右伸出，产生的推力为 F_1，活塞杆承受压应力，液压缸右腔（有杆腔）的油液从油口 B 排出；反之，当压力为 p、流量为 q 的油液由油口 B 进入液压缸右腔（有杆腔），活塞及活塞杆在油液压力作用下以速度 v_2 向左缩入，产生的拉力为 F_2，活塞杆承受拉应力，液压缸左腔（无杆腔）的油液从油口 A 排出。液压缸输入的是压力 p 和流量 q，压力用来克服负载，流量用来形成一定的运动速度。输入液压缸的是油液压力和流量形成的液压能。活塞作用于负载的力 F 和运动速度 v 就是液压缸输出的机械功率。压力 p、流量 q 和力 F、速度 v 是通过液压缸活塞直径 D 和活塞杆直径 d 联系起来的。

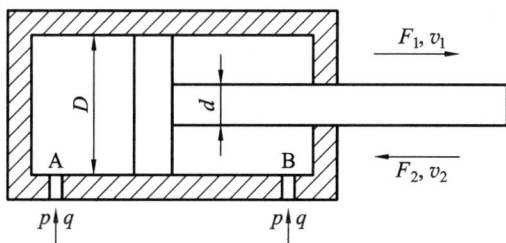

图 4-1 双作用单活塞液压缸的工作原理

▰ **4.1.2** ▰ **液压缸的分类及特性**

由于各种机械用途不同，执行的运动形式也各不相同，因此液压缸的种类比较多，一般根据供油方式、结构形式、用途和所使用的压力来分类。

按供油方式不同，液压缸可分为单作用液压缸和双作用液压缸。单作用液压缸只在液压缸一腔由系统供油，实现一个方向上的运动，另一个方向上的运动靠外力实现；双作用液压缸可实现两个方向上的运动，液压缸两腔均可由系统供油。

按结构形式，液压缸可分为活塞式液压缸、柱塞式液压缸、伸缩套筒式液压缸和摆动式液压缸等。

按用途，液压缸可分为串联缸、增压缸、增速缸、步进缸等。此类液压缸一般由两个以上缸筒或构件组合而成。

按所使用的压力，液压缸又可分为低压液压缸、中压液压缸、高压液压缸和超高压液压缸。对于机床类机械设备，一般采用中、低压液压缸，其额定压力为 $2.5\sim6.3$ MPa；对于建筑机械、工程机械和飞机等机械设备，多数采用中、高压液压缸，其额定压力为 $10\sim20$ MPa；对于油压机一类机械，大多数采用高压液压缸，其额定压力为 $25\sim31.5$ MPa。

表 4-1 为机械设备中常用液压缸的分类、结构简图及工作特征。

表 4-1 液压缸的分类、结构简图及工作特征

类型			符 号	速度 $v/(\text{m/s})$ 转速 $n/(\text{r/min})$	牵引力 F/N 转矩 $M/(\text{N}\cdot\text{m})$	工作特点
活塞缸	单杆	单作用	(a)	$v_1=\dfrac{q}{A_1}$	$F_1=pA_1$	单向液压驱动，回程靠自重、弹簧力或其他外力
		双作用	(b)	$v_1=\dfrac{q}{A_1}$, $v_2=\dfrac{q}{A_2}$	$F_1=pA_1-p_0A_2$ $F_2=pA_2-p_0A_1$	双向液压驱动，$v_1<v_2$, $F_1>F_2$
		差动	(c)	$v_3=\dfrac{q}{A_3}$	$F_3=pA_3$	可加快活塞杆输出时的运动速度，但推力相应减小
	双杆		(d)	$v_1=\dfrac{q}{A_1}$, $v_2=\dfrac{q}{A_2}$	$F_1=pA_1$ $F_2=pA_2$	可实现等速往复运动

类型		符　号	速度 v/(m/s) 转速 n/(r/min)	牵引力 F/N 转矩 M/(N·m)	工作特点
柱塞缸		(e)	$v_1 = \dfrac{q}{A_1}$	$F_1 = pA_1$	柱塞粗，受力较好，单向液压驱动
伸缩套筒缸	单作用	(f)	$v_1 = \dfrac{q}{A_1}$, $v_2 = \dfrac{q}{A_2}$	$F_1 = pA_1$ $F_2 = pA_2$	用液压由大到小逐节推出，靠自重由小到大逐节缩回
	双作用	(g)	$v_1 = \dfrac{q}{A_1}$, $v_2 = \dfrac{q}{A_2}$, $v_3 = \dfrac{q}{A_3}$, $v_4 = \dfrac{q}{A_4}$	$F_1 = pA_1 - p_0 A_4$ $F_2 = pA_2 - p_0 A_3$ $F_3 = pA_3 - p_0 A_2$ $F_4 = pA_4 - p_0 A_1$	双向液压驱动，伸缩顺序同上
摆动缸	单叶片	(h)	$n_1 = \dfrac{q}{\pi b(R^2 - r^2)}$	$M_1 = \dfrac{b(R^2 - r^2)p}{2}$	往复回转摆动，最大摆角为 300°
	双叶片		$n_2 = \dfrac{1}{2} n_1$	$M_2 = 2M_1$	往复回转摆动，最大摆角为 150°

注：p 为进油压力，p_0 为回油压力，b 为叶片宽度，R 为叶片顶部回转半径，r 为叶片底部回转半径。

现结合表 4-1 将各类液压缸的主要用途介绍如下。

1. 活塞式液压缸

活塞式液压缸有单杆和双杆两种。

单杆单作用液压缸(见表 4-1 中的(a))为单向液压驱动，回程需借助自重、弹簧或其他外力来实现。这种缸连接管少，结构简单。建设机械常用其作为液压制动器和离合器的执行元件。

单杆双作用液压缸(见表 4-1 中的(b))是机械设备中应用最广泛的一种液压缸，它是双向液压驱动，因此两个方向都可获得较大的牵引力。由于两腔有效作用面积不等，无杆腔进油时牵引力大而速度慢，有杆腔进油时牵引力小而速度快，这一特点与一般机械的作业要求是相符的，即工作行程要求力大而速度慢，而回程则要求力小而速度快。

如果将活塞缸的无杆腔和有杆腔连通(见表 4-1 中的(c))，称为油缸的差动连接，其特点是：两腔同时接通压力油，两腔的作用面积差产生推力，活塞朝有杆腔一边移动，这时有杆腔排出的油液也流入无杆腔，加速活塞的移动。

双杆双作用活塞缸(见表 4 - 1 中的(d))的特点为：其往返行程的速度和推力均相等，故可用于需要往返速度相同的工况。

2. 柱塞式液压缸

一般单作用液压缸大多是柱塞式的(见表 4 - 1 中的(e))，它的结构特点是柱塞较粗，受力较好，而且柱塞在缸体内，不接触缸壁，二者非配合面，因此对缸体内壁的表面光洁度无特殊要求。柱塞缸结构简单，制造容易，成本低廉。由于柱塞缸是单作用的，需借助工作机构的重力作用回位。

3. 伸缩套筒式液压缸

伸缩套筒式液压缸又称多级液压缸，它由两级或多级活塞缸套装而成，前一级缸的活塞是后一级缸的缸筒，其特点是活塞杆的伸出行程长度比缸体的长度大，占用空间较小，结构紧凑。它有单作用柱塞式(见表 4 - 1 中的(f))和双作用活塞式(见表 4 - 1 中的(g))两种结构。由于各级套筒的有效面积不等，因此当压力油进入套筒缸的下腔时，各级套筒缸按直径大小，先大后小依次回缩。这种缸常用于起重机伸缩臂的伸缩运动、翻斗汽车的车厢倾翻、拖拉机翻斗挂车和清洁车自卸系统的举升以及液压电梯等装置。

4. 摆动式液压缸

摆动式液压缸(见表 4 - 1 中的(h))也称回转液压缸或摆动马达，它把液体的压力能转换为摆动运动的机械能，输出转矩和角速度。摆动式液压缸按结构可分为单叶片(见图 4 - 2(a))和双叶片(见图 4 - 2(b))两种结构。单叶片摆动式液压缸的最大摆幅可达 $300°$，转速较高但输出扭矩相对较小。双叶片摆动式液压缸的最大摆幅不超过 $150°$，转速相对较慢但输出扭矩较大。

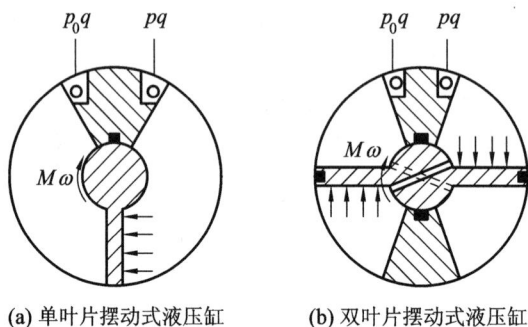

(a) 单叶片摆动式液压缸   (b) 双叶片摆动式液压缸

图 4 - 2   摆动式液压缸示意图

摆动式液压缸经常用于辅助运动，例如送料和转位装置、液压机械手以及间隙进给机构。

4.2   液压缸的工作结构

液压缸的种类如 4.1 节所述，各种类型液压缸的细部结构千差万别，不能一一列举。本节对机械设备中常用的几种液压缸的具体结构及运动受力情况进行分析。

▰▰▰　4.2.1　▰▰▰　单杆活塞式液压缸

图 4-3 所示为一种单杆双作用活塞式液压缸，它是由缸底 2、缸筒 11、缸盖 15 以及活塞 8 和活塞杆 12 等主要零件组成的。缸筒一端与缸底焊接，另一端则与缸盖采用螺纹连接，以便拆装检修，两端设有油口 A 和 B，利用卡键 5、卡键帽 4 和挡圈 3 使活塞与活塞杆构成卡键连接，结构紧凑便于装卸。缸筒内壁表面粗糙度 Ra 为 0.4 μm。为了避免与活塞直接发生摩擦造成拉缸事故，活塞上套有支承环 9，它通常是由聚四氟乙烯或尼龙等耐磨材料制成的，但不起密封作用。缸内两腔之间的密封是靠活塞内孔的"O"形密封圈 10，以及外缘两个背靠安装的小 Y 形密封圈 6 和挡圈 7 来保证的。当工作压力升高时，Y 形密封圈的唇边就会张开贴紧活塞和缸壁表面，压力越高贴得越紧，从而防止内漏。活塞杆表面同样具有较小的表面粗糙度（Ra 为 0.4 μm），为了确保活塞杆的移动不偏离中轴线，以免损伤缸壁和密封件，并改善活塞杆与缸盖孔的摩擦，特在缸盖一端设置导向套 13，它是用青铜或铸铁等耐磨材料制成的，导向套外缘有 O 形密封圈 14，内孔则有防止油液外漏的密封圈 16 和挡圈 17。考虑到活塞杆外露部分会黏附尘土，故缸盖孔口处设有防尘圈 19。在缸底和活塞杆顶端的耳环 21 上，有供安装用或与工作机构连接用的销轴孔，销轴孔必须保证液压缸为中心受压。销轴孔由油嘴 1 供给润滑油。此外，为了减轻活塞在行程终了对缸底或缸盖的撞击，活塞两端设有缝隙节流缓冲装置，当活塞快速运行临近缸底时（如图示位置），活塞杆端部的缓冲柱塞将回油口堵住，迫使剩油只能从柱塞周围的缝隙挤出，于是速度迅速减慢实现缓冲，回程也以同样原理获得缓冲。

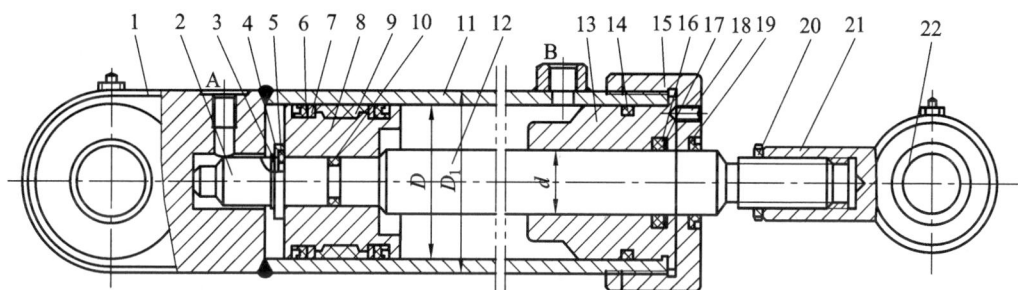

1—油嘴；2—缸底；3—挡圈；4—卡键帽；5—卡键；6—Y 形密封圈；7—挡圈；8—活塞；9—支承环；
10—O 形密封圈；11—缸筒；12—活塞杆；13—导向套；14—O 形密封圈；15—缸盖；16—密封圈；
17—挡圈；18—紧定螺钉；19—防尘圈；20—锁紧螺母；21—耳环；22—关节轴承。

图 4-3　单杆双作用活塞式液压缸

单杆双作用活塞式液压缸受力如图 4-4 所示。图 4-4(a) 为无杆腔进油，有杆腔出油；图 4-4(b) 为有杆腔进油，无杆腔出油。因为单杆双作用活塞式液压缸一端有活塞杆，另一端无活塞杆，所以单杆双作用活塞式液压缸左右两腔的有效面积 A_1、A_2 不相等。当左右两腔分别输入相同的压力 p 和流量 q 时，液压缸在左、右两个方向上输出的推力、拉力 F_1、F_2 和速度 v_1、v_2 均不相等。此外，如图 4-5 所示，还有一种差动式连接法，将单杆双作用活塞式液压缸的两腔连接起来，此时能输出的力和速度分别为 F_3 和速度 v_3。以下对这三种情况下的推力和速度的计算进行介绍。

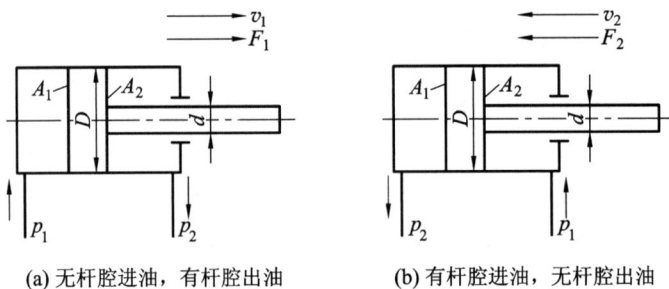

(a) 无杆腔进油，有杆腔出油   (b) 有杆腔进油，无杆腔出油

图 4 - 4　单杆双作用活塞式液压缸受力图

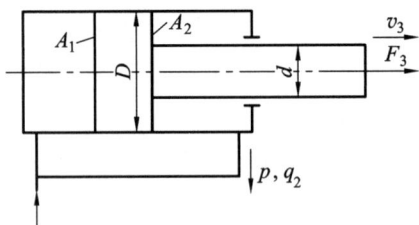

图 4 - 5　单杆双作用活塞式液压缸差动式连接受力图

1. 压力油进入无杆腔

如图 4 - 4(a)所示，若流量为 q 的压力油进入无杆腔，油压力为 p_1，推动活塞向右移动，速度为 v_1；回油从液压缸有杆腔流出，油压力为 p_2。则推力 F_1 为

$$F_1 = (p_1 A_1 - p_2 A_2) \eta_m \times 10^6 = \frac{p}{4} [D^2(p_1 - p_2) + p_2 d^2] \eta_m \times 10^6 (\text{N}) \quad (4 - 1)$$

活塞向右移动速度 v_1 为

$$v_1 = \frac{q \eta_v}{60 A_q} \times 10^{-3} = \frac{q \eta_v}{15 \pi D^2} \times 10^{-3} \quad (\text{m/s}) \quad (4 - 2)$$

式中，A_1、A_2 分别为无杆腔、有杆腔的有效工作面积，单位为 m^2。

2. 压力油进入有杆腔

如图 4 - 4(b)所示，若流量为 q 的压力油进入有杆腔，油压力为 p_1，推动活塞向左移动，速度为 v_2；回油从液压缸无杆腔流出，油压力为 p_2。则液压缸产生的推力 F_2 为

$$F_2 = (p_1 A_2 - p_2 A_1) \eta_m \times 10^6 = \frac{\pi}{4} [D^2(p_1 - p_2) - p_1 d^2] \eta_m \times 10^6 \quad (\text{N}) \quad (4 - 3)$$

液压缸的速度 v_2 为

$$v_2 = \frac{q \eta_v}{60 A_2} \times 10^{-3} = \frac{q \eta_v}{15 \pi (D^2 - d^2)} \times 10^{-3} \quad (\text{m/s}) \quad (4 - 4)$$

其往返运动的速度比为

$$\varphi = \frac{v_2}{v_1} = \frac{D^2}{D^2 - d^2} \quad (4 - 5)$$

式中，A_1、A_2——液压缸左右两腔的有效面积(m^2)；

　　　D、d——液压缸活塞、活塞杆直径(m^2)；

　　　p_1——液压缸进油腔的压力(MPa)；

　　　p_2——液压缸回油腔的压力，回油腔直接接油箱时可计为 0(MPa)；

q——液压缸输入的流量(L/min);

η_m、η_v——液压缸的机械效率和容积效率。

3. 差动式连接

如图 4-5 所示,若流量为 q 的压力油进入有杆腔,油压力为 p,推动活塞向右移动,速度为 v_3;回油从液压缸有杆腔流出,忽略压力损失,油压力也为 p。则液压缸产生的推力 F_3 为

$$F_3 = p(A_1 - A_2)\eta_m = p \cdot \frac{\pi}{4}d^2\eta_m \times 10^6 \tag{4-6}$$

液压缸的速度 v_3 为

$$v_3 = \frac{q\eta_v}{60 \times (A_1 - A_2)} = \frac{q\eta_v}{15\pi d^2} \times 10^{-3} \tag{4-7}$$

4.2.2　柱塞式液压缸

活塞式液压缸的内表面因为有活塞及密封件的频繁往复运动,要求其内孔形状和尺寸精度很高,并且表面光滑。这种要求对于大型的或超长行程的液压缸有时不易实现,在这种情况下可以采用柱塞式液压缸。柱塞式液压缸是一种单作用液压缸,必须借助外力或自重(垂直安装时)作用返回。在大行程设备中,为了得到双向伸缩运动,柱塞式液压缸常成对使用。

图 4-6 所示为单作用柱塞式液压缸,它主要由缸体 1、柱塞 2、导向套 3、V 形密封圈 4、压盖 5 等零件组成,结构比较简单。柱塞是用无缝钢管制成的,表面镀铬以增强耐磨和防锈性能,粗糙度 Ra 为 $0.4\ \mu m$。柱塞插在缸体内并不与缸壁接触,而是靠镶嵌在缸体内的导向套来保证其沿中轴线移动。由于是单作用的,只需在缸口处设置一道 V 形密封圈。缸体也是由无缝钢管制成的。缸体内壁无粗糙度要求,对无缝钢管可不必加工。唯一的通油口设在缸体右端,柱塞伸出时,由此输入压力油将柱塞推出,回程时又由此排油。

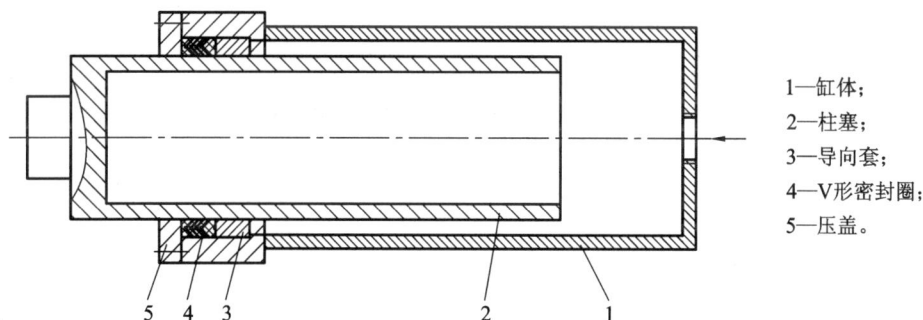

1—缸体;
2—柱塞;
3—导向套;
4—V 形密封圈;
5—压盖。

图 4-6　单作用柱塞式液压缸示意图

柱塞式液压缸的输出力 F 和运动速度 v 的计算公式如下:

$$F = \frac{\pi}{4}d^2 p\eta_m \times 10^6 (\text{N}) \tag{4-8}$$

$$v = \frac{4q}{\pi d^2} \tag{4-9}$$

式中,d 为液压缸柱塞直径;其他符号的意义同前。

4.2.3　伸缩式套筒液压缸

图 4-7 所示为一种双作用伸缩式套筒液压缸,它是由导向套 1、导向套 2、活塞杆 3、

套筒 4、缸筒 5、活塞 1 和活塞 2 组成，以及密封圈、防尘圈、挡圈等组成的。活塞杆需伸出时，B 口通高压油，活塞 2、活塞 1 带着活塞杆依此伸出，此时有杆腔 1、有杆腔 2 的低压油通过 A_1 口、A_2 口、A 口流出。需缩回时，A 口进高压油，流经活塞杆内部的通道，经 A_2 口进入有杆腔 2，推动活塞杆缩回；当 A_2 与 A_1 口接通后，进入有杆腔 1，推动套筒缩回，同时，低压油从无杆腔经 B 口流出。

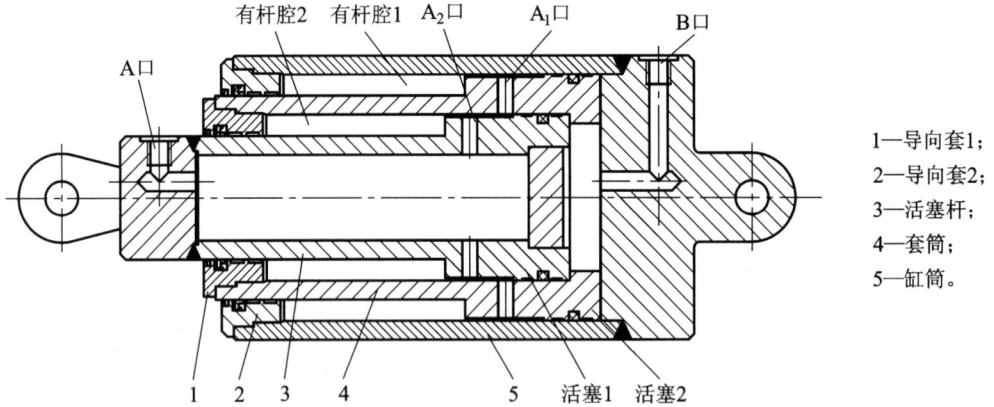

图 4-7 双作用伸缩式套筒液压缸

1—导向套1；
2—导向套2；
3—活塞杆；
4—套筒；
5—缸筒。

伸缩式套筒液压缸输出的力 F 和速度 v 可计算为

$$F_i = p_1 \frac{\pi}{4} D_i^2 \eta_{mi} \times 10^6 \, (\text{N}) \qquad (4-10)$$

$$v_i = \frac{4q\eta_{vi}}{\pi D_i^2} \times 10^{-3} \, (\text{m/s}) \qquad (4-11)$$

式中，i 指第 i 级活塞缸；其他符号意义同前。

例题 4.1 如图 4-8 所示的串联液压缸，其左液压缸和右液压缸的有效工作面积分别为 $A_1 = 100 \text{ cm}^2$，$A_2 = 80 \text{ cm}^2$，两液压缸的外载荷分别为 $F_1 = 30 \text{ kN}$，$F_2 = 20 \text{ kN}$，输入流量 $q_1 = 15 \text{ L/min}$。试求：

(1) 液压缸的工作压力；

(2) 液压缸的运动速度。

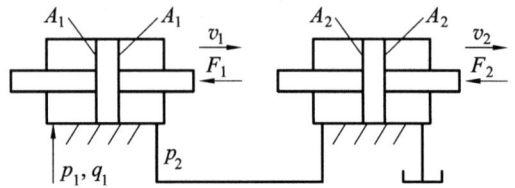

图 4-8 例题 4.1 图

解 (1) 右液压缸的平衡方程为 $p_2 A_2 = F_2$，则

$$p_2 = \frac{F_2}{A_2} = \frac{20 \times 10^3}{80 \times 10^{-4}} \text{Pa} = 2.5 \times 10^6 \text{ Pa} = 2.5 \text{ MPa}$$

左液压缸的平衡方程为 $p_1 A_1 = p_2 A_1 + F_1$，则

$$p_1 = p_2 + \frac{F_1}{A_1} = 2.5 \times 10^6 + \frac{30 \times 10^3}{100 \times 10^{-4}} \text{Pa} = 5.5 \times 10^6 \text{ Pa} = 5.5 \text{ MPa}$$

(2) 活塞的运动速度分别为

$$v_1 = \frac{q_1}{A_1} = \frac{15 \times 10^{-3}}{100 \times 10^{-4}} \text{ m/min} = 1.5 \text{ m/min}$$

$$v_2 = \frac{q_2}{A_2} = \frac{v_1 A_1}{A_2} = 1.5 \times \frac{100}{80} = 1.875 \text{ m/min}$$

4.2.4　螺旋式摆动液压缸

螺旋式摆动液压缸基于传统的内部螺旋机构，把活塞的直线运动转化为活塞杆的旋转运动。与叶片摆动液压缸相比，螺旋式摆动液压缸具有输出扭矩大、摆动角度大、结构紧凑、安装灵活等特点，因此适合高扭矩有限摆动运动的场合，比如高空作业车工作框的摆动、工程车辆履带转向等。图 4-9 为双螺旋式摆动液压缸的结构，主要由缸体 1、螺旋套 2、活塞 3、螺旋棒 4 组成。螺旋套 2 和螺旋棒 4 的螺旋线方向相反，螺旋套 2 与缸体 1 固定，当活塞 3 沿螺旋套 2 旋转并做直线运动时，活塞内部的螺旋副使螺旋棒 4 转动，反之亦然。一般来说，两处螺旋导程相等，螺旋棒的螺旋升角大于螺旋套的螺旋升角。如果两处螺旋升角相等，螺旋棒的导程小于螺旋套的导程，当活塞旋转 1 周时，螺旋棒转动范围大于 1 周。

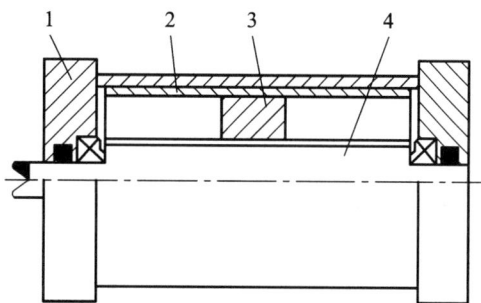

1—缸体；2—螺旋套；3—活塞；4—螺旋棒。

图 4-9　双螺旋式摆动液压缸

4.2.5　齿条式活塞液压缸

齿条式活塞液压缸由两个活塞和一套齿条齿轮传动装置组成，如图 4-10 所示。压力油进入液压缸后，推动具有齿条的活塞做直线运动，齿条带动齿轮旋转，用来实现工作部件的往复摆动。这种液压缸常用在机床的回转工作台、液压机械手等机械设备上。

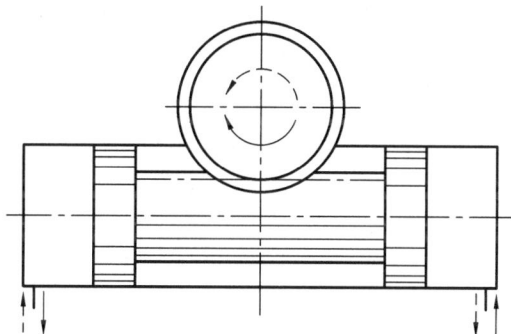

图 4-10　齿条式活塞液压缸

4.3　新型液压缸

随着材料、控制技术、传感检测等技术的发展，近年出现了一些新型液压缸。常见的新型液压缸包括碳纤维液压缸、数字液压缸和集成位移传感器的液压缸。

4.3.1　碳纤维液压缸

与普通的金属制造的液压缸相比，碳纤维液压缸具有重量轻、结构强、抗腐蚀和高疲劳性能等优点，尤其是在轻量化方面具有突出优势。这种液压缸的缸筒大多采用碳纤维复合材料,筒内壁则增加了一个耐磨光滑的内衬;由于活塞需安装密封圈,因此其较难实现碳纤维化,活塞缸则可以用碳纤维复合材料制造。此外,涉及连接的部分,采用整体制造或采用金属结构。碳纤维液压缸整体制造工艺复杂、成本高,因此限制了其应用。然而,由于具有重量轻、使用能耗低等突出优点,随着制造技术的发展,其在航空航天、机器人、军事等领域具有广阔的应用前景。

4.3.2 数字液压缸

数字液压缸是将数字伺服阀、传感装置、反馈调节装置等集成在液压缸上,接通液压油源,所有的功能通过控制器发出的数字脉冲信号来完成控制的液压缸。

内驱内部间接反馈式数字液压缸构成见图4-11,其工作原理为:步进电动机1带动阀芯4转动,并传递给外螺纹5,由于缸外转轴7右端的内螺纹固定,在外螺纹5转动的带动下使阀芯4轴向移动,使阀口打开,液压油可通过阀进入缸内,推动空心活塞杆15移动,丝杠螺母14同步移动,滚珠丝杠13则发生与步进电机反向的旋转,带动缸内转盘11旋转,并通过磁铁10带动缸外转盘8同步旋转,缸外转轴7也跟着反转,外螺纹5反向移动,阀口关闭,实现一个步进运动。

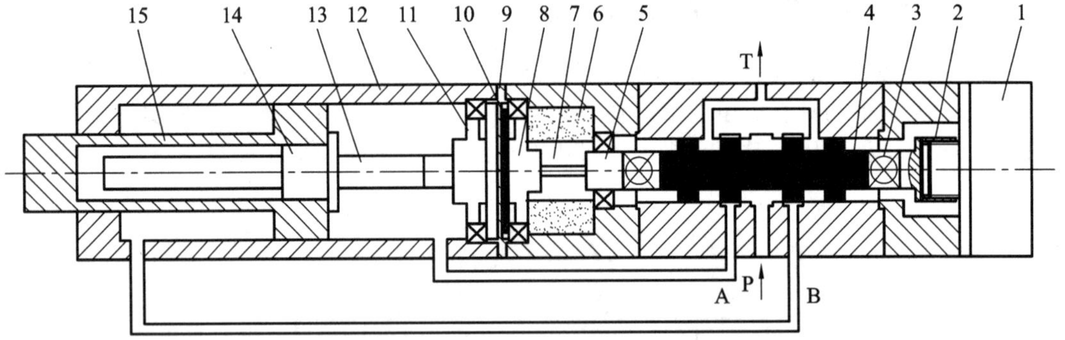

1—步进电动机;2—花键;3—万向联轴器;4—阀芯;5—外螺纹;6—编码器;7—缸外转轴;8—缸外转盘;
9—后缸盖;10—磁铁;11—缸内转盘;12—缸筒;13—滚珠丝杠;14—丝杠螺母;15—空心活塞杆。

图 4-11 数字液压缸

4.3.3 集成位移传感器的液压缸

具有位移传感功能的液压缸在液压传动系统精确控制方面有着重要的作用。目前,集成位移传感器的液压缸主要分为集成磁致伸缩位移传感器、电阻式位移传感器、类磁栅式位移传感器、超声波位移传感器的液压缸及外置有拉绳式位移传感器、激光位移传感器的液压缸等。集成磁致伸缩位移传感器液压缸的结构如图4-12所示,其原理为:控制电路对波导杆外管8施加电流,当电流沿波导管传播时,伴随产生一个围绕波导管的环形磁场,与此同时,一个非接触的位置磁铁7在活塞带动下沿着波导管自由滑动,并且产生一个平行于波导管的磁场。根据磁致伸缩效应,在两磁场相遇处会产生机械扭转波,该波以固定速度分别向波导管两端传播,只要测量出传播时间即可知道位置磁铁7的位置,也就是活塞杆的位置,从而实现位移的检测。

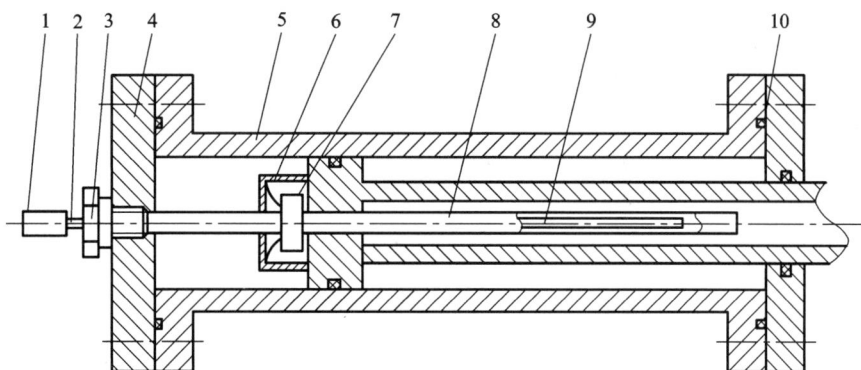

1—传感器电子头；2、9—传感器波导管；3—密封螺母；4—端盖；5—缸体；
6—位置磁铁保护套；7—位置磁铁；8—波导杆外管；10—密封圈。

图 4-12　集成磁致伸缩位移传感器的液压缸

4.4　液压缸的设计

液压缸设计的原始资料是负载值、运动速度和行程值及液压缸的结构形式和安装要求等。因此，设计液压缸时，必须对整个系统的工况进行分析，确定最大负载力，选定工作压力，根据负载力和速度决定液压缸的主要结构尺寸，再按照负载情况、运动要求、最大行程以及工作压力等使用要求确定结构类型、安装空间尺寸、安装形式等，最后再进行结构设计，确定缸筒壁厚，校核活塞杆强度和稳定性。

目前，液压缸的供货品种、规格比较齐全，用户可以在市场上购得。厂家也可以根据用户的要求设计、制造，用户一般只需提出液压缸的结构参数及安装形式即可。

由于单活塞杆液压缸在液压传动系统中应用比较广泛，因而它的有关参数计算和结构设计具有一定的典型性，本节主要对单活塞杆液压缸的设计进行介绍。

4.4.1　液压缸主要参数的设计计算

液压缸设计过程中，需要计算的主要参数包括液压缸工作压力、液压缸内径、液压缸行程、液压缸长度、活塞杆长度及液压缸缸体壁厚。

1. 液压缸工作压力

液压缸能克服的最大负载和有效作用面积间的关系表示为

$$F = pA \times 10^6 \tag{4-12}$$

式中，F——液压缸的最大负载力，包括工作负载、摩擦力、惯性力等(N)；

p——液压缸的工作压力(MPa)；

A——液压缸(活塞)的有效作用面积(m^2)。

式(4-12)说明：给定液压缸的最大负载后，液压缸的工作压力越高，活塞的有效工作面积就越小，液压缸的结构就越紧凑。但若系统压力高，对液压元件的性能及密封要求也相应提高。在确定工作压力和活塞直径时，应根据工况要求、工作条件以及液压元件供货等因素综合考虑。

不同用途的液压机械，工作条件不同，其工作压力范围也不同。机床液压传动系统使用的压力一般为 2～8 MPa，组合机床液压缸工作范围为 3～4.5 MPa，液压机常用压力为 21～32 MPa，工程机械选用 16～40 MPa 较为合适。

2. 液压缸内径

液压缸的内径一般根据最大工作负载来确定。

液压缸的有效工作面积为

$$A = \frac{F}{p} = \frac{\pi}{4}D^2$$

无活塞杆腔的液压缸内径为

$$D = \sqrt{\frac{4F}{\pi p}} \qquad (4-13)$$

有活塞杆腔的液压缸内径为

$$D = \sqrt{\frac{4F}{rp} + d^2} \qquad (4-14)$$

活塞杆的直径 d 由受力情况决定，受拉力时 d 取 $(0.3～0.5)D$，受压力时 d 取 $(0.5～0.7)D$。

计算出液压缸内径 D 和活塞杆直径 d 后，先进行数值圆整，然后按照国家标准中规定的液压缸内径系列和活塞杆直径系列，选出合适的数值。液压缸内径系列和活塞杆直径系列如下。

液压缸内径 D(mm)系列如下：

• 8 • 10 • 12 • 16 • 20 • 25 • 32 • 40 • 50 • 63 • 80 • 100 • 125 • 160 • 200 • 250 • 320 • 400 • 500

活塞杆直径 d(mm)系列如下：

• 4 • 5 • 6 • 8 • 10 • 12 • 14 • 16 • 18 • 20 • 22 • 25 • 28 • 32 • 36 • 40 • 45 • 50 • 56 • 63 • 70 • 80 • 90 • 100 • 110 • 125 • 140 • 160 • 180 • 200 • 220 • 250 • 280 • 320 • 360 • 400

对动力较小的液压设备，除上述计算方法外，也可按液压缸的往返速度比确定液压缸内径 D 和活塞杆直径 d。液压缸的往返速度比 φ 过大会使无杆腔产生过大的背压，往返速度比 φ 过小则活塞杆太细，稳定性不好。推荐液压缸的往返速比 φ 如表 4-2 所示。

表 4-2 液压缸的往返速度比推荐值

工作压力 p/MPa	≤10	1.25～20	>20
往返速度比 φ	1.33	1.46, 2	2

活塞运动速度的最大值受活塞杆密封圈以及行程末端缓冲装置所承受的动能限制，一般不大于 1 m/s；最低值以无爬行现象为前提，通常大于 0.2 m/s。

3. 液压缸行程

在进行选型设计时，应根据负载情况确定具体行程。液压缸的活塞行程系列(mm)如下：

• 25 • 50 • 80 • 100 • 125 • 160 • 200 • 250 • 320 • 400 • 500

4. 液压缸长度

液压缸缸筒的长度由最大工作行程及结构上的需要确定。当活塞杆全部外伸时，从活塞支承面中点到导向套滑动面中点的距离称为最小导向长度 H，如图 4-13 所示。若导向

长度 H 太小，当活塞杆全部伸出时，液压缸的稳定性将变差；反之，又势必会增加液压缸的长度。因此，对一般液压缸必须有一个合适的导向长度。根据经验，当液压缸的最大行程为 L，液压缸内径为 D 时，最小导向长度为

$$H \geqslant \frac{L}{20} + \frac{D}{2} \qquad (4-15)$$

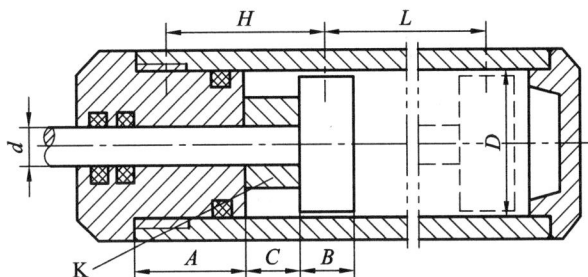

图 4-13 最小导向长度

一般情况下，当 $D<80$ mm 时，导向套滑动面长度 $A=(0.6\sim1.0)D$；当 $D>80$ mm 时，可取 $A=(0.6\sim1.0)d$。活塞宽度 $B=(0.6\sim1.0)D$。若导向长度 H 不够，可在活塞杆上增加一个导向隔套 K 来增加 H 值。隔套的宽度 $C=H-\frac{1}{2}(A+B)$。

从制造角度考虑，一般液压缸缸筒的长度不大于其内径的 20 倍。

5. 活塞杆长度

活塞杆直径确定后，还要根据液压缸的长度确定活塞杆长度。对于工作行程受压的活塞杆，当活塞杆长度与活塞杆直径之比大于 10 时，必须根据材料力学的有关公式对活塞杆进行稳定性校核。

6. 液压缸缸体壁厚

液压缸缸体壁厚可根据结构设计确定。当液压缸工作压力较高和缸内径较大时，必须根据材料力学的有关公式进行强度校核。

4.4.2 液压缸的强度计算与校核

液压缸的强度计算与校核包括液压缸缸体壁厚、活塞杆的稳定性和螺栓强度的计算与校核。

1. 液压缸缸体壁厚的强度计算与校核

在中、低压液压系统中，液压缸缸筒的壁厚常由结构工艺上的要求决定，强度问题是次要的，一般都无需校核。在高压系统中，若 $\delta \leqslant D/10$，可按薄壁公式校核缸筒最薄处的壁厚，即

$$\delta \geqslant \frac{pD}{2[\sigma]} \qquad (4-16)$$

式中，δ——缸筒壁厚(m)；

D——缸筒内径(m)；

p——缸筒试验压力(MPa)，当液压缸的额定压力 $p_n \leqslant 16$ MPa 时，$p=1.5p_n$；当额定压力 $p_n>16$ MPa 时，$p=1.25p_n$；

$[\sigma]$——缸筒材料许用应力(MPa)。$[\sigma]=\sigma_b/n$，σ_b 为材料抗拉强度，n 为安全系数，一般取 $n=5$。

当壁厚 $\delta > \dfrac{D}{10}$ 时，按材料力学中厚壁筒公式进行校验，即

$$\delta \geqslant \frac{D}{2}\left[\sqrt{\frac{[\sigma]+0.4p}{[\sigma]-1.3p}}-1\right] \qquad (4-17)$$

得出的壁厚一般还要根据无缝钢管标准或有关标准作适当的修正。

2. 活塞杆的稳定性计算与校核

1) 强度计算

活塞杆强度为

$$d \geqslant \sqrt{\frac{4F}{\pi[\sigma]}} \qquad (4-18)$$

式中，d——活塞杆直径(m)；

F——液压缸负载(N)；

$[\sigma]$——活塞杆材料许用压力(N/m²)，$[\sigma]=\sigma_b/n$，σ_b 为材料抗拉强度，n 为安全系数，一般取 $n \geqslant 1.4$。

2) 稳定性校核

活塞杆受轴向压力作用时，有可能产生弯曲，当此轴向力达到临界值 F_k 时，会出现压杆不稳定现象。临界值 F_k 的大小与活塞杆材料、活塞杆长度、直径以及液压缸的安装方式等因素有关。只有当活塞杆的计算长度 $l \geqslant 10d$ 时，才进行活塞杆的纵向稳定性计算。其计算可按材料力学中的有关公式进行计算。

使液压缸活塞杆保持稳定的条件为

$$F \leqslant \frac{F_k}{n_k} \qquad (4-19a)$$

式中，F——液压缸承受的轴向压力；

F_k——活塞杆不产生弯曲变形的临界力；

n_k——稳定性安全系数，一般取 $n_k=2\sim4$。

缸筒端有两种固定方式：端部固定和中部固定。F_k 可根据长细比 l/r_k 的范围按下述有关公式计算：

(1) 当活塞杆长细比 $l/r_k > \psi_1\sqrt{\psi_2}$ 时，

$$F_k = \frac{\psi_2\pi^2 EJ}{l^2} \qquad (4-19b)$$

(2) 当活塞杆长细比 $l/r_k \leqslant \psi_1\sqrt{\psi_2}$，且 $\psi_1\sqrt{\psi_2}=20\sim120$ 时，

$$F_k = \frac{f_A}{1+\dfrac{a}{\psi_2}\left(\dfrac{l}{r_k}\right)^2} \qquad (4-19c)$$

式中，l——安装长度，其值与安装方式有关，其值可查阅表 4-3；

r_k——活塞杆横断面的最小回转半径，$r_k=\sqrt{J/A}$；

ψ_1——柔性系数，对钢取 $\psi_1=85$；

ψ_2——末端系数，由液压缸支承方式决定，其值可查阅表 4-3；

E——活塞材料的弹性模量，对钢取 $E = 2.06 \times 10^{11}$ N/m^2；

J——活塞杆横截面惯性矩；

A——活塞杆断面面积（mm^2）；

f——由材料强度决定的一个实验数值，对钢取 $f \approx 4.9 \times 10^8$ N/m^2；

α——系数，对钢取 $\alpha = 1/5000$。

表 4-3　液压缸的支承方式和末端系数 ψ_2 的值

支 承 方 式	支 承 说 明	末 端 系 数 ψ_2
	一端自由，一端固定	0.25
	两端铰接	1
	一端铰接，一端固定	2
	两端固定	4

（3）当活塞杆长细比 $l/r_k \leqslant 20$ 时，活塞杆具有足够的稳定性，不必校核。

3. 螺栓强度的校核

液压缸缸筒与端盖的连接方法很多，其中以螺栓（钉）连接应用最广。当缸筒与缸盖采用法兰连接时，要校核连接螺栓的强度。可按拉应力 σ 和剪切应力 τ 的合成应力 σ_Σ 来校核，即

$$\sigma = \frac{4KF}{\pi d_{S1}^2 Z} \tag{4-20}$$

$$\tau = \frac{KK_1 F d_{S0}}{0.2 d_{S1}^3 Z} \approx 0.47\sigma \tag{4-21}$$

$$\sigma_\Sigma = \sqrt{\sigma^2 + 3\tau^2} \approx 1.3\sigma \tag{4-22}$$

$$\sigma_\Sigma \leqslant \frac{\sigma_S}{n_S} \tag{4-23}$$

式中，F——液压缸负载（N）；

K——螺纹拧紧系数，$K = 1.12 \sim 1.5$；

K_1——螺纹内摩擦系数，一般取 $K_1 = 0.12$；

d_{S0}——螺纹直径（mm）；

d_{S1}——螺纹内径，对于标准紧固螺纹，取 $d_{S1} = d_{S0} - 1.224t$，t 为螺纹螺距；

Z——螺栓个数；

σ_S——材料屈服极限，对于 45 号钢，取 $\sigma_S = 3 \times 10^8$ N/m^2；

n_S——安全系数，一般取 $n_S = 1.2 \sim 2.5$。

习　题

4.1　按结构形式不同，液压缸有哪些类型？它们的特点分别是什么？

4.2　如何计算单杆双作用液压缸的作用力及活塞杆的运动速度？

4.3　如图 4-14 所示三种结构形式的液压缸，它们的有关直径分别为 D、d，若进入液压缸的流量为 q，压力为 p，试分析各液压缸所能产生的推力大小、运动速度、运动方向及活塞杆的受力状况（受拉还是受压）。

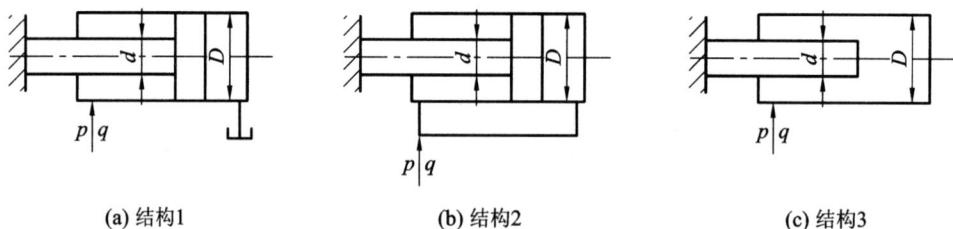

(a) 结构1　　　　　　(b) 结构2　　　　　　(c) 结构3

图 4-14　习题 4.3 图

4.4　如图 4-15 所示差动连接液压缸，输入流量 $q = 25$ L/min，压力 $p = 5$ MPa，如果 $d = 5$ cm，$D = 8$ cm，试求活塞移动的速度及输出的最大推力（忽略液压缸泄漏及摩擦损失）。

4.5　如图 4-16 所示为一单叶片摆动液压缸，供油压力 $p_1 = 10$ MPa，流量 $q = 25$ L/min，回油压力 $p_2 = 0.5$ MPa，若输出角速度 $\omega = 0.7$ rad/s，$R = 100$ mm，$r = 40$ mm，忽略容积损失和机械损失，求叶片宽度和输出扭矩。

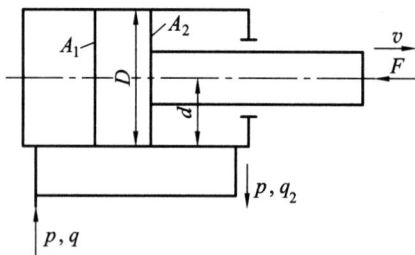

图 4-15　习题 4.4 图　　　　　　图 4-16　习题 4.5 图

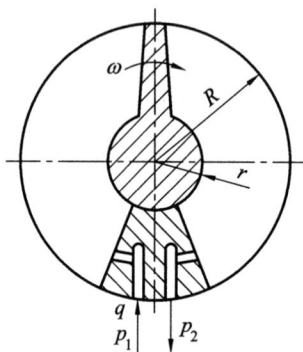

4.6　设计一单杆活塞式液压缸，要求快进时为差动连接，快进和快退（有杆控进油）时的速度均为 6 m/min。工进时（无杆腔进油，非差动连接）可驱动的负载为 25 000 N，回油背压力为 0.25 MPa，采用额定压力为 6.3 MPa，额定流量为 25 L/min 的液压泵。试求：

(1) 缸筒内径和活塞杆直径；

(2) 缸筒壁厚（缸筒材料选用无缝钢管）。

第5章

液压控制阀

液压控制阀是液压系统中用来控制液流的压力、流量及方向的控制元件,使执行元件按照负载的要求进行工作。本章主要介绍液压控制阀的分类、结构、工作原理及其应用。

5.1 液压控制阀概述

液压控制阀属于控制元件,其种类繁多,主要性能参数包括公称通径、额定压力等。

5.1.1 液压控制阀的分类

液压控制阀的应用数量大、结构类型多,可按照功能、操作方式及安装方式不同等特征进行分类。

1. 按照在系统中的功能分类

(1)压力控制阀。压力控制阀是用来控制和调节液压系统中液体压力的阀类,如溢流阀、减压阀、顺序阀、平衡阀、压力继电器等。

(2)方向控制阀。方向控制阀是用来控制液压系统中液流方向的阀类,如单向阀、换向阀等。

(3)流量控制阀。流量控制阀是通过改变阀口开度来调节通过它的流量,实现对系统某负载流量控制的阀类,如节流阀、调速阀、分流集流阀、电液比例节流阀、电液比例流量阀等。

除以上所列单一功能的通用阀,还有一些专用阀和具有两个以上功能的复合阀,前者如多路阀,后者如单向调速阀、单向顺序阀等。

2. 按照阀的操作方式分类

(1)手动控制阀。手动控制阀是用手柄及手轮、踏板、杠杆等进行控制的阀类。

(2)机械控制阀。机械控制阀是用挡块及碰块、弹簧等进行控制的阀类。

(3)液压控制阀。液压控制阀是利用液体压力所产生的力进行控制的阀类。

(4)电动控制阀。电动控制阀是用普通电磁铁、比例电磁铁、力马达、力矩马达、步进电机等进行控制的阀类。

(5)电液控制阀。电液控制阀是采用电动控制(普通电磁铁)和液压控制的组合方式进行控制的阀类。

3. 按照阀的安装方式分类

（1）管式安装阀。此类阀采用标准螺纹管接头与管路进行连接安装。管式安装连接方式简单、重量轻，适合于移动式设备和流量较小的液压元件的连接，应用较广。它的缺点是元件分散布置，可能的漏油环节多，装拆维修不方便。

（2）板式安装阀。此类阀采用法兰进行安装，通过螺钉将阀安装在底板（或阀块）上。阀的安装底板上相应的油孔和阀体上的油孔对应。由于元件集中布置，安装、维修、操作、调节都比较方便。

（3）叠加式安装阀。此类阀可与其他相关阀叠加在一起进行安装，阀上油口与叠加的其他阀油口有对应关系，除功能油口外，一般有上下连通的油口为其他叠加在一起的阀提供油道。

（4）插装式安装阀。此类阀体积较小，安装在底板（或阀块）上的插装孔中，底板（或阀块）上有相应油道与阀油口进行相通。

其中，后面三种阀的安装方式可实现集成式连接。集成式连接是由标准元件或以标准参数制造的元件按典型动作要求组成基本回路，然后将基本回路集成在一起组成液压系统的一种连接形式。集成式连接的液压阀控制组件一般包括集成块（阀块）、板式阀、叠加阀、插装阀等。此外，对于具有复杂机构的移动式设备，可采用管式安装的多路换向阀，其集成了溢流阀、单向阀、多个换向阀等，减少了管路连接。

此外，还有其他的分类方法，比如按照阀芯的结构形式、阀的控制方式分类等，这里不再一一介绍。

5.1.2 液压控制阀的性能参数

液压控制阀的性能参数包括公称通径、额定压力等。

（1）公称通径。公称通径代表阀的通流能力的大小，对应阀的额定流量。阀工作时的实际流量应小于或等于它的额定流量，最大不得大于额定流量的 1.1 倍。

（2）额定压力。液压控制阀长期工作允许的最高压力为额定压力。压力控制阀的额定压力有时还与阀的调压范围有关，换向阀的额定压力可能还受其功率极限的限制。

（3）其他性能参数。其他性能参数包括阀的压力损失（压降）、电磁铁电压等，可查产品样本。

5.1.3 对液压控制阀的基本要求

各种液压控制阀，由于不是对外做功元件，而是用来实现执行元件（机构）所提出的力（力矩）、速度、方向（转向）要求的，因此对液压控制阀的共同要求是：

（1）动作灵敏，使用可靠，工作平稳，冲击震动小。

（2）密封性好，泄漏少。

（3）油液流过时压力损失小。

（4）结构简单、紧凑、体积小，安装、调整、维护、保养方便，成本低廉，通用性好，寿命长。

在液压元件中，液压控制阀无论在品种上，还是在数量上都占有相当大的比重，因此阀类元件性能在很大程度上影响液压系统的优劣性和可靠性。本章介绍各种阀的结构、工作原理、性能参数、图形符号及其应用。

5.2 压力控制阀

液压系统中如液压缸、液压马达等执行机构输出力或扭矩的大小与系统中油液压力的高低有直接关系。控制和调节液压系统中的液体压力的阀统称为压力控制阀。压力控制阀按功能可分为溢流阀(包括远程调压阀)、减压阀、顺序阀、平衡阀、压力继电器等。它们的共同特点是利用油液作用在阀芯上的力和弹簧力相平衡的原理进行工作。

5.2.1 溢流阀

在液压系统中,溢流阀通过阀口的溢流对系统进行安全保护和维持定压。溢流阀用于在对系统进行安全保护时,限制系统的最高压力(又称为安全阀)。溢流阀用于维持定压时,它常用于节流调速系统中,和流量控制阀配合使用,分流进入系统的流量并保持系统的压力基本恒定,也限制了系统最高压力,起到安全保护的作用。因此,为了使系统压力不超过允许的安全压力,所有液压系统都至少要有一个溢流阀。

对溢流阀的主要要求是调压范围大、调压偏差小、压力振摆小、动作灵敏、过流能力大、噪声小。

1. 溢流阀的结构及工作原理

根据结构不同,溢流阀可分为直动式和先导式两种。

1) 直动式溢流阀

直动式溢流阀的结构主要有滑阀型、锥阀型、球阀型等。其中锥阀型和滑阀型溢流阀应用最广泛,这里主要介绍滑阀型直动式溢流阀的结构和工作原理。图 5-1(a) 为滑阀型直动式溢流阀的结构原理图,图 5-1(b) 为一般溢流阀的图形符号或直动式溢流阀的职能符号。

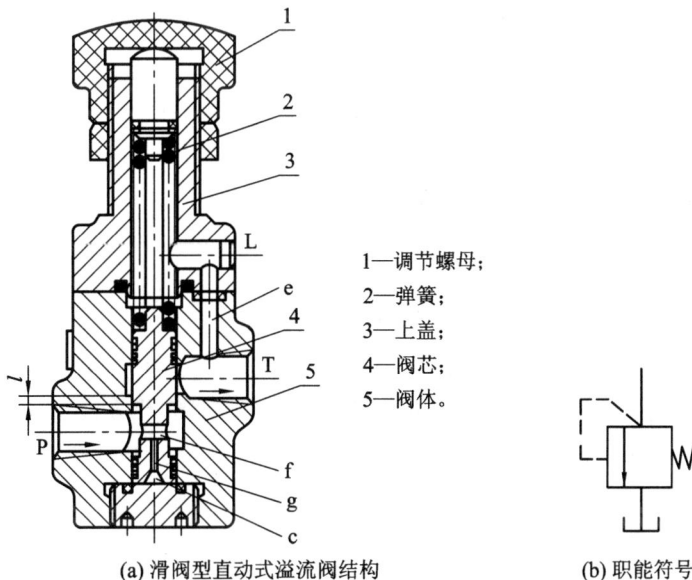

1—调节螺母;
2—弹簧;
3—上盖;
4—阀芯;
5—阀体。

(a) 滑阀型直动式溢流阀结构　　　　(b) 职能符号

图 5-1 直动式溢流阀

直动式溢流阀主要由调节螺母1、弹簧2、上盖3、阀芯4和阀体5等零件组成。P为进油口，T为回油口，被控压力油由P口进入溢流阀，经径向孔f、阻尼孔g进入油腔c后作用在阀芯下部的底面上，产生一个向上的液压作用力F（$F=pA$，p为溢流阀的进口压力，A为滑阀底部面积）。当进口压力较低，液压作用力F小于滑阀上端弹簧的预紧力F_t时，阀芯在弹簧力作用下处于最下端位置。由于滑阀与阀体之间有一段封油长度l，将P口和T口隔断，阀处于关闭状态，溢流阀不溢流（这时系统压力取决于负载）。当系统所带负载变大时，溢流阀进油压力p增大，液压作用力F也随之不断升高。当液压作用力F大于（或等于）弹簧预紧力F_t、滑阀自重F_g以及滑阀与阀体之间的摩擦力F_f的和时，滑阀向上移动，溢流阀阀口开启，于是液压油由P口经T口排回油箱。使滑阀开启的压力称为溢流阀的开启压力，如果记为p_k，则有

$$p_k A = F_t + F_g + F_f$$

即

$$p_k = \frac{F_t + F_g + F_f}{A} \tag{5-1}$$

式中，p_k——溢流阀的开启压力(Pa)；

A——滑阀端面面积，$A = \frac{\pi d^2}{4}$ (m²)；

d——滑阀直径(m)；

F_t——弹簧预紧力，$F_t = K(x_0 + l)$ (N)；

K——弹簧刚度(N/m)；

x_0——弹簧预压缩量(m)；

l——阀与阀体之间的封油长度(m)；

F_g——滑阀自重(N)；

F_f——滑阀与阀体之间的摩擦力，方向与滑阀运动方向相反(N)。

如果视F_g和F_f为常量，则对应一定的F_t值有一个相应的p_k，通过调整调节螺母来改变弹簧的预压缩量x_0，从而得到不同的开启压力p_k，因此滑阀上端弹簧被称为调压弹簧。为了防止调压弹簧腔形成封闭油室而影响滑阀的动作，在上盖3和阀体5上设有通道e，使阀的弹簧腔与回油口T沟通，此处液流叫内泄。阀芯上的阻尼孔g对阀芯的运动形成阻尼，从而可以避免阀芯产生振动，提高阀的工作平稳性。

直动式溢流阀利用液体作用在阀芯上的力直接与弹簧力相平衡的原理来控制溢流压力，直动式溢流阀由此得名。随着工作压力的提高，作用在阀芯上的液压作用力也提高，因此与之平衡的作用在阀芯上的弹簧力也要提高，就需要刚度更大的弹簧，这使装配困难，使用不便，并且当溢流量变化时，溢流压力的波动也将加大。所以这种型式的溢流阀一般只用于低压小流量场合，目前已较少应用，但其工作原理具有代表性，容易理解。

图5-2为目前常用的DBD型直动式锥阀型和球阀型溢流阀的结构。这两种阀节流口密封性能好，不需重叠量，可直接用于高压大流量场合。其中，图5-2(a)所示为最高压力40 MPa、流量可达330 L/min的锥阀型直动式溢流阀；图5-2(b)所示为最高压力63 MPa、流量可达120 L/min的球阀型直动式溢流阀。图中，P为进油口，T为回油口。

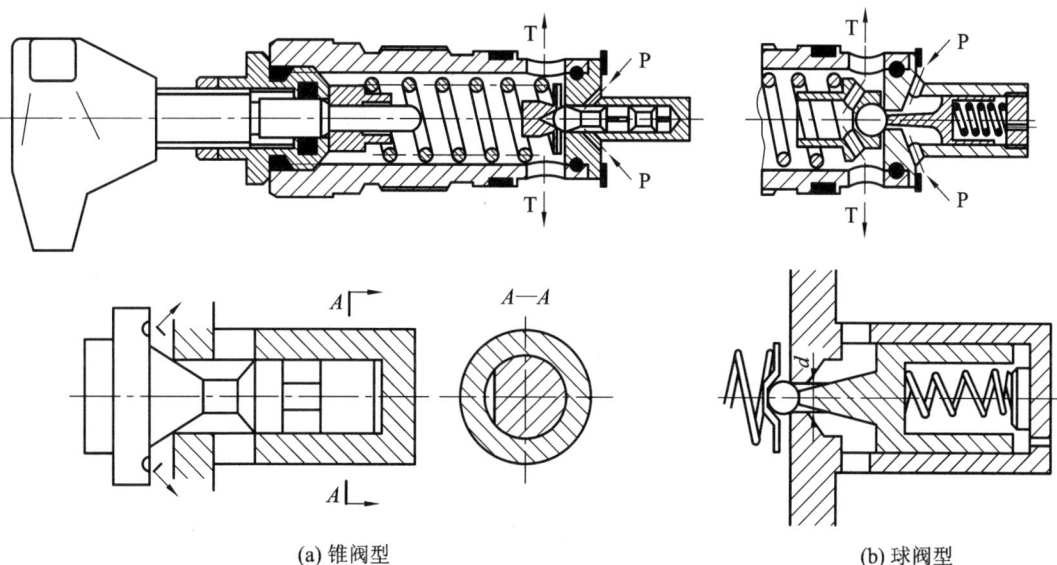

(a) 锥阀型

(b) 球阀型

图 5-2 DBD 型高压大流量直动式溢流阀

2）先导式溢流阀

先导式溢流阀由主阀和先导阀两部分组成，先导阀部分就是一种直动式溢流阀（多为锥阀式结构）。如果按主阀部分的阀芯配合形式来分类，先导式溢流阀分为以下三类。

（1）三节同心结构。三节同心结构中，先导式溢流符的职能符号如图 5-3(a)所示，如图 5-3(b)所示的 YF 型溢流阀采用的结构为管式连接。

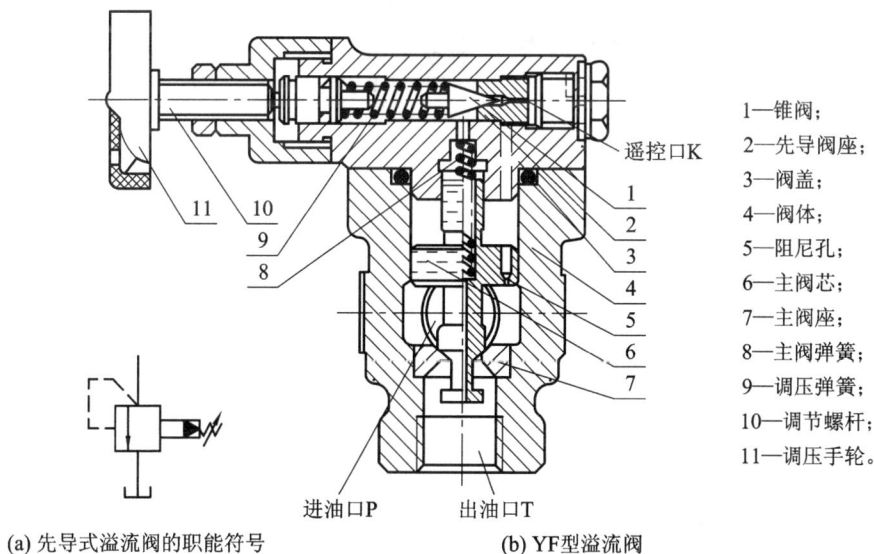

遥控口K

1—锥阀；
2—先导阀座；
3—阀盖；
4—阀体；
5—阻尼孔；
6—主阀芯；
7—主阀座；
8—主阀弹簧；
9—调压弹簧；
10—调节螺杆；
11—调压手轮。

进油口P 出油口T

(a) 先导式溢流阀的职能符号

(b) YF型溢流阀

图 5-3 YF 型三节同心先导式溢流阀

（2）二节同心结构。二节同心结构如图 5-4 所示，这类结构形式又称为单向阀式结构（一种常用的板式溢流阀）。

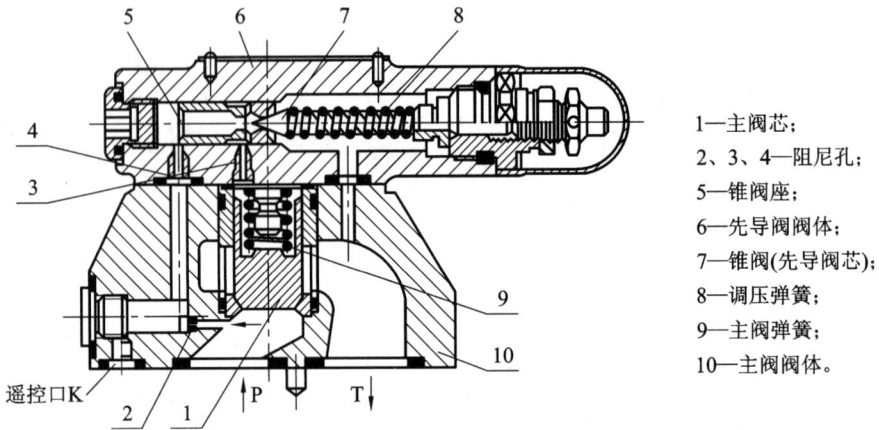

1—主阀芯;

2、3、4—阻尼孔;

5—锥阀座;

6—先导阀阀体;

7—锥阀(先导阀芯);

8—调压弹簧;

9—主阀弹簧;

10—主阀阀体。

图 5-4 二节同心先导式溢流阀

（3）一节同心结构。一节同心结构如图 5-5 所示，由于滑阀的泄漏等问题，这种阀主要用于中、低压场合。

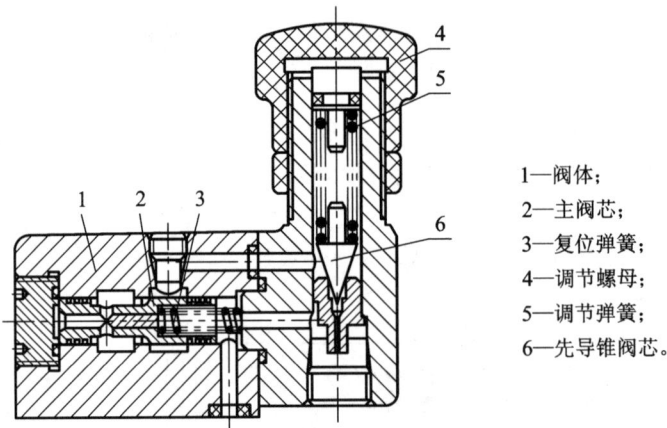

1—阀体;

2—主阀芯;

3—复位弹簧;

4—调节螺母;

5—调节弹簧;

6—先导锥阀芯。

图 5-5 一节同心先导式溢流阀

下面以 YF 型溢流阀为例介绍先导式溢流阀的工作原理。YF 型先导式溢流阀由于主阀芯 6 与阀盖 3、阀体 4 和主阀座 7 三处有同心配合要求，故属于三节同心式结构。压力油由进油口 P 进入后作用于主阀芯 6 活塞下腔，并经主阀芯上的阻尼孔 5 进入主阀芯上腔，然后由阀盖 3 上的通道 a 并经锥阀座 2 上的小孔作用于锥阀 1 上。当作用在锥阀 1 上的液压作用力 F（$F = p_x A_x$，p_x 为作用于锥阀上的液压油压力，A_x 为锥阀芯的有效承压面积）小于锥阀调压弹簧 9 的预紧力 F_{xt} 时，锥阀在弹簧力的作用下处于关闭状态。此时阻尼孔 5 中没有油液流动，主阀芯 6 上下两腔压力相等，主阀芯在弹簧 8 的作用下处于最下端，进、回油口被主阀芯切断，溢流阀不溢流。在 P 口压力上升时，作用在锥阀上的压力 p_x 也随之升高，液压作用力 F 增大，当 F 大于锥阀弹簧的预紧力 F_{xt} 时，锥阀打开，压力油经阻尼孔 5、通道 a、锥阀阀口、主阀阀芯中间孔流至出油口 T 后回油箱。由于油液流过阻尼孔 5 时要产生压力降，主阀芯上腔压力 p_1 小于下腔压力 p（即进油口压力）。当通过锥阀的流量达到一定值时，主阀芯上、下腔压力差所形成的液压作用力 $pA - p_1 A_1$（A 为主阀芯下腔的有效面积，A_1 为主阀芯上腔的有效面积）大于主阀芯弹簧 8 的预紧力 F_t、主阀芯与阀体的摩擦力 F_f 和主阀芯及其弹簧的总重力 F_g 等力的总和时，主阀芯向上移动，使进油口 P 和出油口 T 相通，压力油从出油口 T 溢回油箱。当作用在主阀芯上的所有力处于某一平衡状态时，溢流口保持一定的开度，溢流压力也保持某一定值。调节先导阀调压弹簧 9 的预紧力即可调节溢流压力（即系统压力）。改变弹簧 9 的刚度，则可改变调压范围。

先导式溢流阀有一个与主阀上腔相通的遥控口 K，这使它比直动型溢流阀具有更多的功能。若将遥控口 K 直接接回油箱，则先导阀前腔和主阀芯上腔的压力近似为零。于是先导阀阀口关闭，主阀芯下腔只需要很低的压力即可克服主阀弹簧 8（也称为复位弹簧）的预紧力开启阀口，使主阀进油口 P 压力（液压系统的压力）降至零附近，即系统卸荷。若将遥控口 K 接远程调压阀（相当于一种独立的压力先导阀），则可通过远程调压阀调节主阀进口压力（注意：由于远程调压阀与先导阀并联，因此远程调压阀的调定压力只有低于先导阀的调定压力时，远程调压阀才起作用）。

2. 溢流阀的性能

溢流阀的性能包括静态特性和动态特性两部分。静态特性包括压力-流量特性、启闭特性、调压范围、卸荷压力、最大流量和最小稳定流量等；动态特性包括动态超调量、卸荷时间及压力回升时间等。下面分别予以介绍。

1）压力-流量特性

溢流阀起溢流定压作用时，阀口处于开启状态。当溢流量变化时，阀口开度将相应地变化，其溢流压力也有所改变，这就是溢流阀的压力-流量特性。下面以先导型溢流阀（YF型）为例对溢流阀的压力-流量特性进行讨论，影响溢流阀的特性的因素很多，这里仅讨论与阀的水力性能有关的部分，即不计阀芯自重、摩擦力、瞬态液动力（指因阀口变化引起流速发生变化导致液体动量变化对阀芯形成的力）、阻尼力等的影响。YF 型溢流阀受力分析如图 5-6 所示。

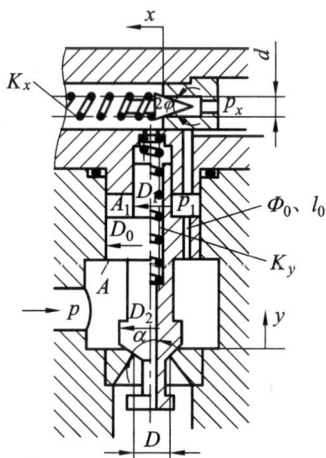

图 5-6　YF 型溢流阀受力分析图

（1）主阀芯的受力平衡方程（作用在主阀阀芯上的力有弹簧力、液压力和液动力）为

$$pA - p_1A_1 - K_y(y_0 + y) - F_{yS} = 0 \tag{5-2}$$

式中，p——主阀芯下腔压力（阀控压力），主阀回油口压力为零（Pa）；

A——主阀芯下腔有效面积（m^2）；

p_1——主阀芯上腔压力（Pa）；

A_1——主阀芯上腔有效面积，一般取 $A_1=(1.04\sim1.1)\times A$，（$m^2$）；

y_0——主阀弹簧预压缩量（m）；

y——主阀阀口开度（m）；

K_y——主阀的弹簧刚度（N/m）；

F_{yS}——作用在主阀芯上的稳态液动力，其表达式为 $F_{yS}=C_{d1}\pi D y p \sin2\alpha$，其中，$C_{d1}$ 为主阀阀口流量系数，D 为主阀出流口直径，α 为主阀芯半锥角。

对下流式锥阀，若其下端无尾蝶，稳态液动力起负弹簧作用，对稳定性不利；若其下端为尾蝶形，则可使出流方向与轴线垂直，甚至造成回流，从而对稳态液动力起到补偿作用。

（2）通过主阀口流量的方程为

$$Q=C_{d1}\pi D y \sin\alpha\sqrt{\frac{2p}{\rho}} \tag{5-3}$$

式中，Q——流经主阀阀口的流量（m^3/s）；

ρ——油液密度（Kg/m^3）。

（3）通过主阀芯阻尼孔的流量方程为

$$Q_1=Q_x=\frac{\pi\varPhi_0^4}{128\mu l_0}(p-p_1) \tag{5-4}$$

式中，Q_1——流经主阀芯阻尼孔 $\varPhi_0$ 的流量（m^3/s）；

Q_x——流经先导阀的流量（m^3/s）；

$\varPhi_0$——主阀芯阻尼孔直径（m），$\varPhi_0=0.0008\sim0.0012$；

l_0——主阀芯阻尼孔长度（m），$l_0=(7\sim19)\varPhi_0$；

μ——油液动力黏度（Pa·s）。

（4）先导阀芯的受力平衡方程（作用在先导阀阀芯上力有弹簧力、液压作用力和液动力）为

$$p_x A_x=K_x(x_o+x)+F_{xS} \tag{5-5}$$

式中，p_x——先导阀腔压力（这里认为 $p_x=p_1$，先导阀回油口压力为零）（Pa）；

A_x——先导阀芯的有效面积，$A_x=\dfrac{\pi d^2}{4}$（m^2）；

d——先导阀阀座孔直径（m）；

K_x——先导阀弹簧刚度（N/m）；

x_0——先导阀弹簧预压缩量（m）；

x——先导阀芯的开口量（m）；

F_{xS}——作用在导阀芯上的稳态液动力，对上流式锥阀，其表达式为

$$F_{xS}=C_{d2}\pi d x p_1 \sin2\varPhi$$

C_{d2}——先导阀阀口的流量系数，$C_{d2}=0.75$；

$\varPhi$——先导阀芯的半锥角（°），一般情况下，$\varPhi=12°$ 或 $20°$

（5）通过先导阀芯阻尼孔的流量方程为

$$Q_x = C_{d2} \pi dx \sin\Phi \sqrt{\frac{2p_1}{\rho}} \tag{5-6}$$

从理论上讲，在阀的几何尺寸、油液的密度和黏度、阀口流量系数已知的情况下，联立式（5-2）~式（5-6）可得先导式溢流阀的压力-流量特性，即主阀进口压力 p 与 Q 之间的函数关系（阀口开度 x、y 和先导阀流量 Q_x 为中间变量），但因方程为高次方程，直接求解比较困难，因此一般将其在某一状况点附近线性化处理为一阶方程后求解。因为只是定性分析先导式溢流阀的压力-流量特性，所以仍以原方程为基础进行讨论。

由式（5-5）可求解先导阀的开启压力为

$$p_{1k} = \frac{K_x x_0}{A_x} = \frac{4K_x x_0}{\pi d^2} \tag{5-7}$$

随着先导阀口开启，流经先导阀口的流量 Q_x（即流经主阀芯阻尼孔的流量）增大，使主阀芯上、下腔压差（$p - p_1$）增大，当作用在主阀芯上、下两端的液压作用力足以克服主阀复位弹簧力时，主阀开启，其开启压力为

$$p_k = \frac{p_1 A_1 + K_y y_0}{A} \quad (p_k > p_{1k}) \tag{5-8}$$

主阀口开启后，随着流经阀口的流量 Q 增大，阀口开度 y 增大。当流量为公称流量时，主阀阀口开度为 y_S，此时先导阀进口压力为 p_{1S}，开口长度为 x_S，主阀进口压力为 p_S（额定压力）。由式（5-5）和式（5-2）可得

$$p_{1S} = \frac{K_x(x_0 + x_S)}{A_x - C_{d1} \pi dx_S \sin 2\Phi} \tag{5-9}$$

$$p_S = \frac{p_{1S} A_1}{A - C_{d1} \pi dy_S \sin 2\alpha} + \frac{K_y(y_0 + y_S)}{A - C_{d1} \pi Dy_S \sin 2\alpha} \tag{5-10}$$

比较 p_{1k}、p_{1S}、p_k 和 p_S 可知：先导式溢流阀的调定压力和开启压力之差为（$p_S - p_{1k}$）。为了使溢流阀具有较好的启闭特性，减少 x_S 对启闭特性的影响，根据经验一般取 $x_S = 0.01x_0$，$Q_{xS} = 0.01Q_S$，则作用在先导阀阀芯上的液动力和附加弹簧力可以忽略不计，另外取 $x_0 \gg x_S$、$A \gg C_{d1} \pi Dy_S \sin 2\alpha$，可减小作用在主阀芯上的附加弹簧力和液动力的影响，减小主阀部分的调压偏差（$p_S - p_{1k}$），因此，先导式溢流阀的启闭特性较好。

为了更好地理解直动式和先导式溢流阀压力-流量特性的区别，在图 5-7 中分别画出了调定压力相同的直动式溢流阀和先导式溢流阀的压力-流量特性曲线，以便比较。图中 p_{Zk} 是直动式溢流阀的开启压力，当阀入口压力小于 p_{Zk} 时，阀处于关闭状态，其过流量为零。当阀入口压力大于 p_{Zk} 时，直动式溢流阀打开溢流，处于工作状态（溢流阀同时定压）。图中 p_{1k} 是先导式溢流阀先导阀的开启压力，曲线上的拐点 m 所对应的压力是其主阀的开启压力 p_k。当压力小于 p_{1k} 时，先导阀关闭，阀的过流量为零。当压

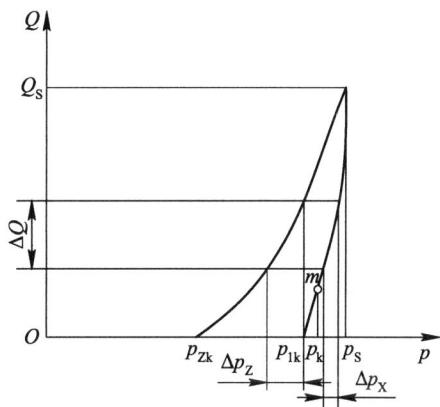

图 5-7　溢流阀压力-流量特性曲线

力大于 p_{1k}（小于 p_k）时，先导阀打开，此时通过阀的流量只是先导阀的泄漏量，故流量很小。曲线上 $p_{1k}m$ 段为先导阀工作段。当阀入口压力大于 p_k 时，主阀打开溢流，先导式溢流阀便进入工作状态。在工作状态下，无论是直动式还是先导式溢流阀，其溢流量都随入口压力增大而增加。当压力增加到 p_S 时，阀芯上升到最高位置，阀口开到最大，通过的流量也最大，为其额定流量 Q_S，这时的入口压力叫作溢流阀的调定压力。从图中还可看出在通过单位流量 ΔQ 时，直动式溢流阀对应的压力变化 Δp_Z 大于先导式溢流阀压力变化 Δp_X，所以，直动式溢流阀的压力波动大于先导式溢流阀，先导式溢流阀的定压精度较高。

2）启闭特性

启闭特性是指溢流阀从开启到闭合的过程中，通过溢流阀的流量与其控制压力之间的关系。它是衡量溢流阀性能好坏的一个重要指标，一般用溢流阀开始溢流时的开启压力 p_k 以及停止溢流时的闭合压力 p_b 与额定流量下的调定压力 p_S 的比值 $n_k = p_k/p_S$、$n_b = p_b/p_S$ 的百分比来衡量。比值越大，开启和闭合压力比越接近，溢流阀的启闭性越好。在实际测试时，先把溢流阀调到全流量时的额定压力，在开启过程中，当溢流量加大到额定流量的 1%

时，系统的压力称为阀的开启压力；在闭合过程中，当溢流量减小到额定流量的 1% 时，系统的压力称为阀的闭合压力。一般，先导式溢流阀的 $n_k = 0.9 \sim 0.95$。

由于溢流阀的阀芯在工作过程中受到摩擦力的作用，阀口开大和关小时的摩擦力方向刚好相反，致使溢流阀的开启压力和闭合压力不等，开启压力大于闭合压力，且开启过程和闭合过程的压力-流量特性曲线不重合，如图 5-8 所示。图中虚线为无摩擦力时的理想曲线。

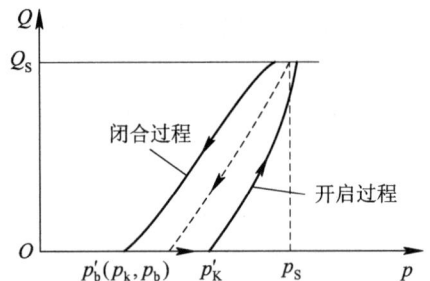

图 5-8 溢流阀启闭特性

3）调压范围

调压范围是指溢流阀最小调节稳定压力到最大调节稳定压力之间的范围。根据溢流阀的使用压力不同，一般可以通过更换弹簧实现调压范围调整，在进行溢流阀选型时可参照相关产品样本。

4）卸荷压力

当溢流阀作卸荷阀用时，额定流量下的压力损失称为卸荷压力。它反映了卸荷状态下系统的功率损失以及功率损失而转换成的油液发热量。显然，卸荷压力越小越好。

5）最大流量和最小稳定流量

最大流量和最小稳定流量决定了溢流阀的流量调节范围，流量调节范围越大的溢流阀应用范围越广。溢流阀的最大流量是它的公称流量，又称为额定流量，在此流量下溢流阀工作时应无噪声。溢流阀的最小稳定流量取决于它的压力平稳性要求，一般规定为额定流量的 15%。

6）动态超调量

当溢流阀从零压力突然变为额定压力、额定流量时，液压系统将出现压力冲击，定义最高瞬时压力峰值与额定压力的差值为动态超调量，记为 Δp，如图 5 - 9 所示。一般希望动态超调量小，否则会发生元件损坏或管路损坏等事故。

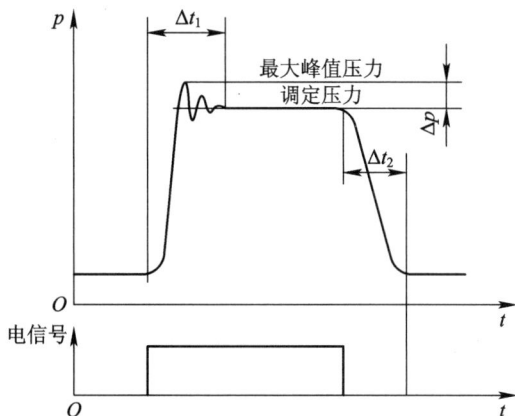

图 5 - 9　溢流阀动态特性曲线

7）卸荷时间及压力回升时间

卸荷时间是指卸荷信号发出后，溢流阀从额定压力降至卸荷压力所需要的时间 Δt_2。压力回升时间是指卸荷信号停止发出后，溢流阀从卸荷压力回升至额定压力所需要的时间 Δt_1。这两个指标反映了溢流阀在系统工作中从一个稳定状态到另一个稳定状态所需的过渡时间。过渡时间越短，溢流阀的动态性能越好。

3. 溢流阀的应用

在液压系统中，溢流阀的主要用途有：

（1）作溢流阀。将溢流阀旁接在液压泵出口，主要用于节流调速系统，溢流阀溢流时，可维持阀进口压力即系统压力恒定，同时限制系统最高压力。

（2）作安全阀。将溢流阀旁接在液压泵出口，只有在系统超载时，溢流阀才打开，限制系统压力进一步升高，而平时溢流阀是关闭的。此时溢流阀的调定压力比系统压力大 $10\%\sim20\%$。此外，也可将溢流阀旁接在执行元件进油口，限制执行元件的最高压力，起到安全保护的作用。

（3）作远程调压阀。溢流阀（一般为直动式）通过管路连接先导式溢流阀遥控口，实现远程调压。

（4）作卸荷阀。通过电磁换向阀控制，使先导式溢流阀遥控口与油箱连通，实现卸荷。在实际液压系统中，可直接选用电磁换向阀和溢流阀组成的电磁溢流阀实现该功能，详见图 7 - 16。

5.2.2　减压阀

在一个液压系统中，往往有一个泵需要向多个执行元件供油，而各执行元件所需的工作压力不尽相同。若某个执行元件所需的工作压力较液压泵的供油压力低，可在该分支油路中串联一减压阀，所需压力大小可用减压阀来调节。

减压阀是一种利用液流流过缝隙产生压降的原理，使出口压力低于进口压力的压力控制阀。按调节要求不同，减压阀可分为定值减压阀、定差减压阀、定比减压阀三种。其中，定值减压阀应用最广，因此又简称为减压阀。它使液压系统中某一支路的压力低于系统压力且保持不变。定差减压阀是使阀的进口压力与出口压力的差值近似不变的减压阀。定比减压阀是使阀的出口压力与进口压力的比值近似不变的减压阀。本节重点介绍定值减压阀。

对定值减压阀的要求是出口压力维持恒定，不受进口压力变化和通过流量大小的影响。

1. 定值减压阀结构及工作原理

减压阀也分为直动式和先导式两种。先导式减压阀性能较好，最为常用。先导式减压阀结构形式很多，但工作原理相同。图 5-10(a)所示为 DR 型先导式减压阀结构原理，图 5-10(b)为减压阀的图形符号，图 5-10(c)为先导式减压阀的图形符号。

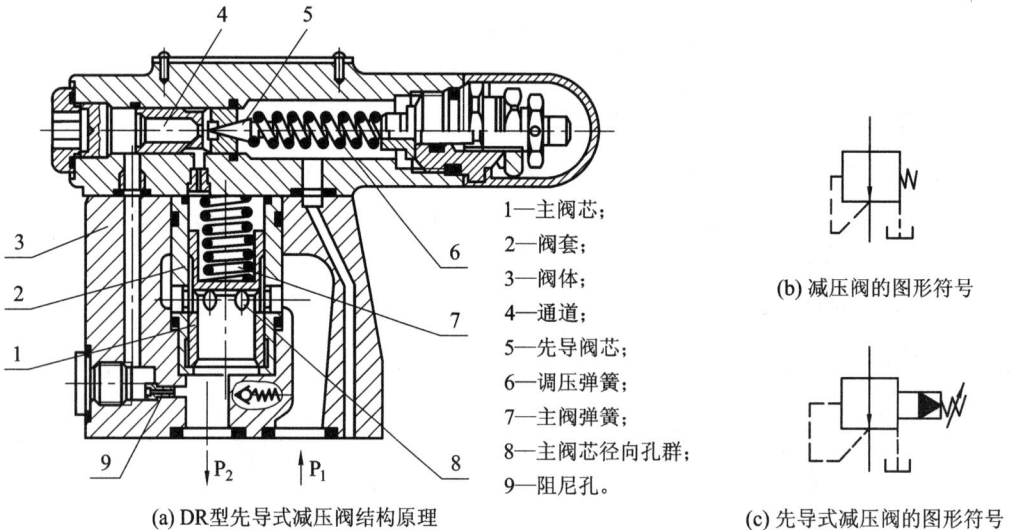

1—主阀芯；
2—阀套；
3—阀体；
4—通道；
5—先导阀芯；
6—调压弹簧；
7—主阀弹簧；
8—主阀芯径向孔群；
9—阻尼孔。

(a) DR 型先导式减压阀结构原理

(b) 减压阀的图形符号

(c) 先导式减压阀的图形符号

图 5-10　DR 型减压阀

压力为 p_1 的高压油(一次压力油)由进油口 P_1 进入，经阀套 2 和主阀芯 1 周围的径向孔群 8 所形成的减压口后从出油口 P_2 流出。因为油液流过减压口的缝隙时会有压力损失，所以出油口压力 p_2(二次压力油)低于进油口压力 p_1。出口压力油 p_2 分为两路：一路送往执行元件(占流量的绝大部分)，另一路经阻尼孔 9 和通道 4 到达主阀芯 1 上端，并作用在先导阀芯 5 上。当负载较小，出口压力低于调压弹簧 6 的调定压力值时，先导阀 5 关闭，通过阻尼孔 9 的油不流动，主阀芯 1 上、下两腔压力均等于出口压力 p_2，主阀芯 1 在主阀弹簧 7(软弹簧)作用下处于最下端位置，主阀芯径向孔群 8 与阀套 2 之间构成的减压口全开，不起减压作用；当出口压力 p_2 上升至超过调压弹簧 6 所调定的压力时，先导阀芯 5 被打开，油液经先导阀和泄油通道 L 流回油箱。由于液流流经阻尼孔 9 时产生压力降，主阀芯上腔压力 p_3 小于下腔的压力 p_2。当压力差(p_2-p_3)所产生的作用力大于主阀芯弹簧的预紧力时，主阀芯 1 上升，径向孔群 8 被阀套 2 部分遮蔽使减压口缝隙减小，减压作用增强，

p_2下降；当压力差(p_2-p_3)所产生的作用力与主阀芯上的弹簧力相等时，主阀芯处于平衡状态。此时减压口保持一定的开度，出口压力p_2稳定在调压弹簧 6 所调定的压力值上。先导阀和主阀芯上受力平衡方程式为

$$p_3 A_x = K_x(x_0 + x) \qquad (5-11)$$

$$p_2 A - p_3 A = K_y(y_0 + y) \qquad (5-12)$$

式中，p_3——主阀芯上腔压力，即先导阀入口压力（Pa）；

p_2——减压阀出口压力（Pa）；

A、A_x——主阀和先导阀的有效作用面积(m^2)；

K_y、K_x——主阀和先导阀弹簧刚度（N/m）；

y_0、x_0——主阀和先导阀弹簧预压缩量（m）；

y、x——主阀和先导阀的开口量（m）。

联立式(5-11)和式(5-12)得

$$p_2 = \frac{K_x(x_0 + x)}{A_x} + \frac{K_y(y_0 + y)}{A} \qquad (5-13)$$

由于$x \ll x_0$，$y \ll y_0$，且主阀弹簧刚度K_y很小，故p_2基本保持恒定，调节调压弹簧 6 的预压缩量x_0即可调节减压阀的出口压力p_2。

减压阀利用出口压力p_2作为控制信号，自动地控制减压口的开度，以保持出口压力基本恒定。如果由于负载（进油路负载）变化引起进油口压力p_1升高，在主阀芯还未作出反应的瞬时，出油口压力p_2也会有瞬时的升高，使主阀芯受力不平衡而向上移动，减压口变小，压力损失增大，p_2变小，在新的位置上取得平衡，从而使出口压力p_2基本保持不变。同理，如果出口压力由于某种原因发生变化时，减压阀阀芯也会作出相应的反应，最后使出口压力p_2稳定在调定值上。

图 5-11 为 JF 型先导式减压阀结构原理图。其工作原理与图 5-10 所示减压阀相同。

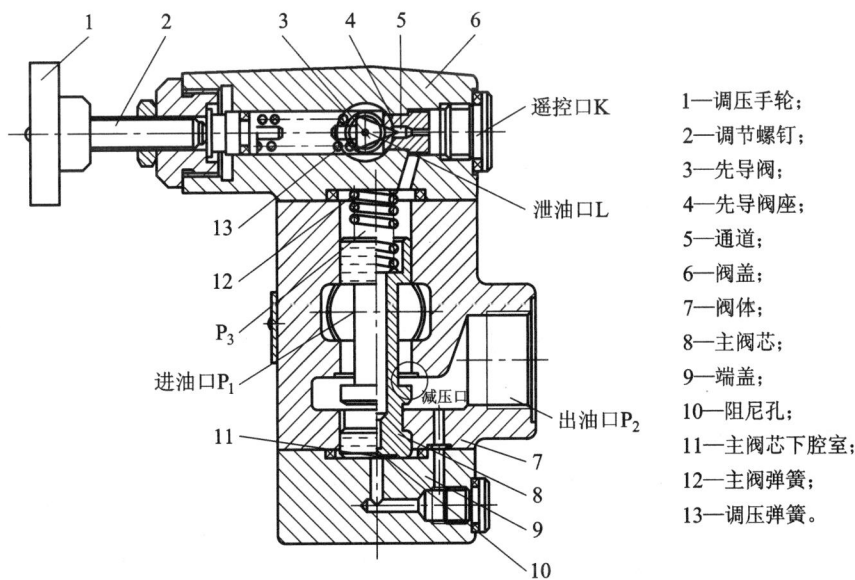

图 5-11 JF 先导式减压阀

1—调压手轮；
2—调节螺钉；
3—先导阀；
4—先导阀座；
5—通道；
6—阀盖；
7—阀体；
8—主阀芯；
9—端盖；
10—阻尼孔；
11—主阀芯下腔室；
12—主阀弹簧；
13—调压弹簧。

先导式减压阀和先导式溢流阀有以下几点不同之处：

（1）减压阀保持出油口处压力基本不变，而溢流阀保持进油口处压力基本不变。

（2）在不工作时，减压阀进、出油口相通，而溢流阀进、出油口不通。

（3）为保证减压阀出油口处压力恒定，为其调定值，它的先导阀弹簧腔需通过泄油口单独外接油箱，即外部泄油；而溢流阀的出油口是通油箱的，所以它的先导阀弹簧腔和泄油腔可通过阀体上的通道和出油口接通，不必单独外接油箱，即内部泄油。

2．定值减压阀的性能

1）进、出口压力（p_1-p_2）特性

图 5-12（a）为通过减压阀的流量不变时，二次压力 p_2 随一次压力 p_1 变化的特性曲线，曲线由两段组成。拐点 m 所对应的二次压力 p_{20} 为减压阀的调定压力。曲线的 Om 段是减压阀的启动阶段，此时出口压力还未达到减压阀调定压力，因此减压阀主阀芯尚未抬起，减压阀阀口开度最大，不起减压作用。因此一次压力和二次压力相等。角 θ 是 45°（严格地说，θ 角也略小于 45°）。曲线 mn 段是减压阀的工作段。此时减压阀主阀芯已抬起，阀口已关小。随着 p_1 的增加，p_2 略有下降。实验表明：引起曲线下降的主要因素是稳态液动力。并且在流量相同而压力 p_2 不同的条件下，压差（p_1-p_2）越大，曲线段越接近水平。p_2 随 p_1 变化越小，减压阀的定压精度越高。因此在实际工作中，为得到良好的定压性能，提高定压精度，减压阀的压降不能太小。

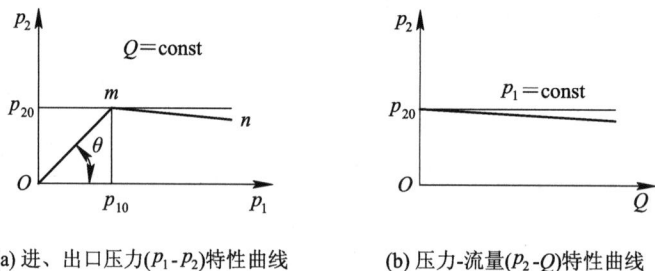

(a) 进、出口压力(p_1-p_2)特性曲线 (b) 压力-流量(p_2-Q)特性曲线

图 5-12 减压阀的工作特性

2）出口压力-流量（p_2-Q）特性

图 5-12（b）是一次压力不变而二次压力随流量变化的特性曲线。由图可知，随着流量的增加（或减少），p_2 略有下降（或上升）。曲线的下降亦是稳态液动力所致。实验表明：当压差（p_1-p_2）较大时，曲线较平直，即阀的稳定性好。从图中还可以看出，当减压阀的负载流量为零时，它仍然可以处于工作状态，保持出口压力为常值。这是因为此时仍有少量油液从先导阀口泄回油箱。

3．减压阀的应用

定值减压阀主要用在系统的夹紧、电液换向阀的控制压力油、润滑等回路中。必须指出，应用减压阀必有压力损失，这将增加功耗，并使油液发热。当分支油路压力比主油路压力低很多，且流量又很大时，常采用高、低压泵分别供油，而不宜采用减压阀。

定差减压阀和定比减压阀主要用来和其他阀组成组合阀，如定差减压阀和节流阀串联组成调速阀。图 5-13 和图 5-14 分别为定差减压阀和定比减压阀的结构原理图。

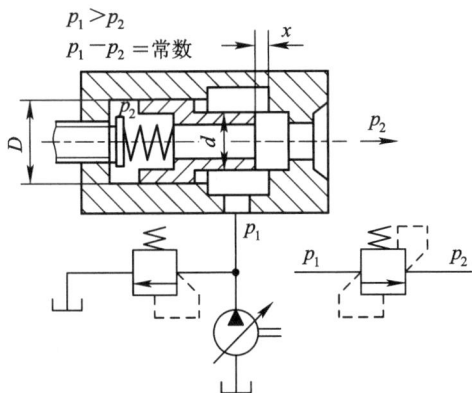

图 5 - 13　定差减压阀　　　　　　　　　　图 5 - 14　定比减压阀

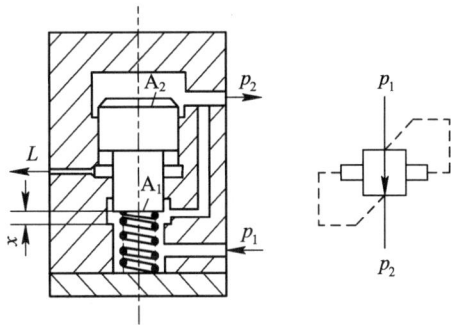

5.2.3 ▓ 顺序阀

顺序阀是一种当控制压力达到或超过调定值时就开启阀口使液流通过的阀。它的主要作用是控制液压系统中执行元件动作的先后顺序，以实现对系统的自动控制。

1. 顺序阀的结构及工作原理

顺序阀按结构不同分为直动式和先导式两种。图 5 - 15(a)所示为直动式顺序阀的结构原理图，图 5 - 15(b)为顺序阀的一般图形符号，图 5 - 15(c)为外部压力控制顺序阀的图形符号。

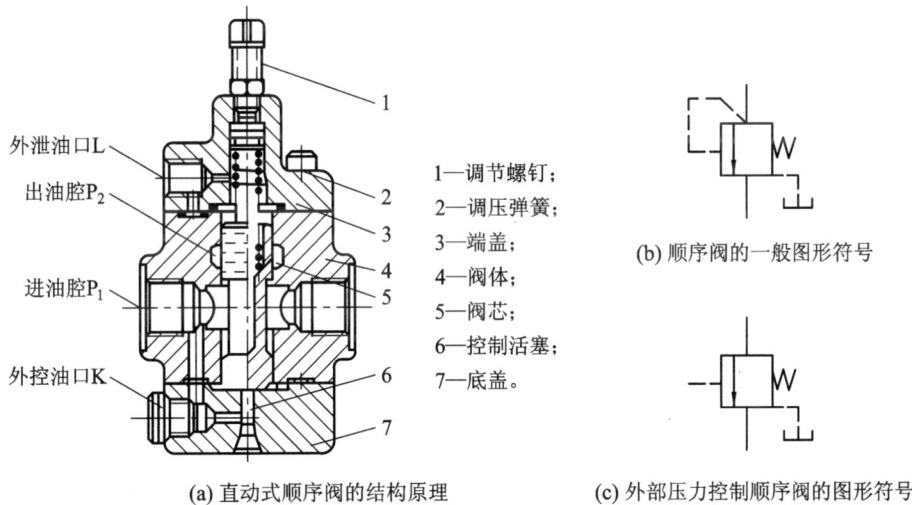

1—调节螺钉；
2—调压弹簧；
3—端盖；
4—阀体；
5—阀芯；
6—控制活塞；
7—底盖。

(a) 直动式顺序阀的结构原理　　　(b) 顺序阀的一般图形符号

(c) 外部压力控制顺序阀的图形符号

图 5 - 15　直动式顺序阀

从图中能够看出，顺序阀的结构和工作原理与溢流阀相似，其主要差别在于溢流阀的出油口接油箱，因而其泄油口可和出油口相通，即采用内部泄油方式；而顺序阀的出油口与系统的执行元件相连，因此它的泄油口要单独接回油箱，即采用外部泄油方式。顺序阀为减小调压弹簧刚度设有控制活塞，而溢流阀无控制活塞。直动式顺序阀的阀芯上有阻尼孔，减小或者消除阀芯的振动，提高阀工作的稳定性。此外，溢流阀的进口压力是限定的，而顺序阀的最高进口压力由负载工况决定，开启后可随出口负载增加而进一步升高(前提是最高压力要在系统的工作压力范围之内)。

通过改装可以使图 5-15 所示的顺序阀实现其他的功能。比如将底盖 7 转 90°，打开 K 口(K 口接压力油源)即可形成外控顺序阀。在上述外控顺序阀的基础上，再将端盖 3 转 180°，使外泄改为内泄(L 口堵住)，可作为泄荷阀使用，出油腔接油箱。

图 5-16 所示为 DZ 先导式顺序阀，主阀为单向阀式，先导阀为滑阀式。这种阀按控制和回油方式不同分为内部控制内部泄油、内部控制外部泄油、外部控制内部泄油、外部控制外部泄油四种形式。图示为内部控制外部泄油方式。下面以此为例来说明顺序阀的工作原理。

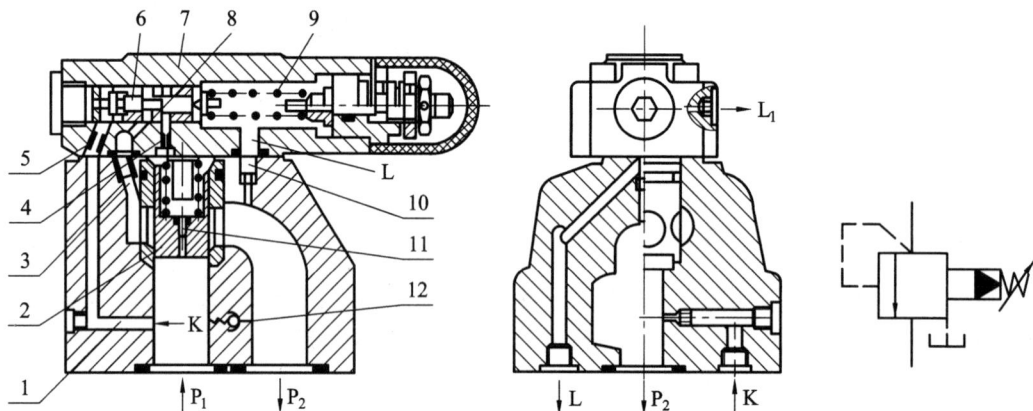

1—通道；2—主阀芯；3、10—通道；4、5、11—阻尼孔；6—先导控制活塞；
7—先导阀；8—控制台肩；9—调压弹簧；12—单向阀。

图 5-16   DZ 先导式顺序阀

压力油从进油口 P_1 进入顺序阀后分成两路，一路由通道 1 经阻尼孔 5 作用在先导阀 7 的控制活塞 6 左端，另一路经阻尼孔 11 进入主阀芯 2 的上腔。当顺序阀进油口压力低于先导滑阀调压弹簧的预调压力时，先导滑阀在弹簧力的作用下使控制台肩 8 控制的环形通道封闭，阻尼孔 11 没有油液流过，主阀芯 2 上、下腔压力相等，主阀芯 2 在弹簧力的作用下压在阀座上，将进、出油口 P_1、P_2 切断。当阀的进油口压力大于先导滑阀调压弹簧预调压力时，先导滑阀在左端液压力的作用下向右移动，使控制台肩 8 控制的环形通道打开。于是主阀芯 2 上腔的油液经阻尼孔 4、控制台肩 8 和通道 3 流往出油口 P_2。由于阻尼孔 11 所产生的压降使主阀芯开启，将 P_1、P_2 口接通，出油口的压力油使与其相连的执行元件动作。调节调压弹簧 9 的预压缩量即能调节打开顺序阀所需的压力。由于主阀芯上腔液压油压力与先导滑阀所调压力无关，仅仅通过弹簧刚度很弱的主阀上部弹簧与主阀芯上、下腔的油压差来保持主阀芯的受力平衡，因此它的出口压力近似等于进口压力，压力损失小。但是 P_1 口、P_2 口都是压力油口，故调压弹簧腔的泄漏油必须通过 L 口或 L_1 在无背压的情况下排回油箱。

2. 顺序阀的性能

顺序阀的主要性能和溢流阀类似。此外，顺序阀为使执行元件准确地实现顺序动作，要求阀的调压偏差小，在压力-流量特性中，通过额定流量时的调定压力与启闭压力尽可能接近，因而调压弹簧的刚度小一些好。另外，顺序阀关闭时，在进口压力作用下各密封部位的内部泄漏应尽可能小，否则可能引起误动作。

3. 顺序阀的应用

（1）控制多个执行元件按预定的顺序动作。

（2）作背压阀用，使执行元件能稳定地运行。

（3）与单向阀组成平衡阀，以防止垂直运动部件因自重而自行下滑。

5.2.4　平衡阀

平衡阀是液压举升机械中应用较多的阀类，主要用于负值负载工况（运动方向和负载方向一致的工况，在设计时需特别注意此种工况），用来防止执行机构在其自重作用下高速下行，在负载不运动时能锁定位置，同时起到安全保护的作用。图 5-17 所示是液压举升机械中常用的一种平衡阀。重物下降时，液流的流动方向为 B 口到 A 口，K 为控制油口。当没有输入控制油时，重物形成的压力油作用在锥阀 3 上，重物被锁定。当通过 K 口输入控制油时，推动控制活塞 8 右移，先顶开锥阀 3 内部的先导锥阀 4。由于 4 的右移，切断了弹簧腔与 B 口高压腔的通路，弹簧腔很快卸压。此时，B 口还未与 A 口沟通。当控制活塞 8 右移至其右端面与锥阀 3 端面接触时，其左端环形处的右端面正好与活塞组件 9 接触形成一个组件。下一步，8 与 9 组件在控制油作用下压缩控制弹簧 2 而右移，打开锥阀 3。B 口至 A 口的通路依靠阀套上的几排小孔改变其实际过流面积，起到了很好的平衡阻尼作用。控制活塞 8 左端内部还配置了一个阻尼件。除此之外，平衡阀还有双向平衡阀、不同先导比平衡阀等类型，可以满足不同的性能要求。

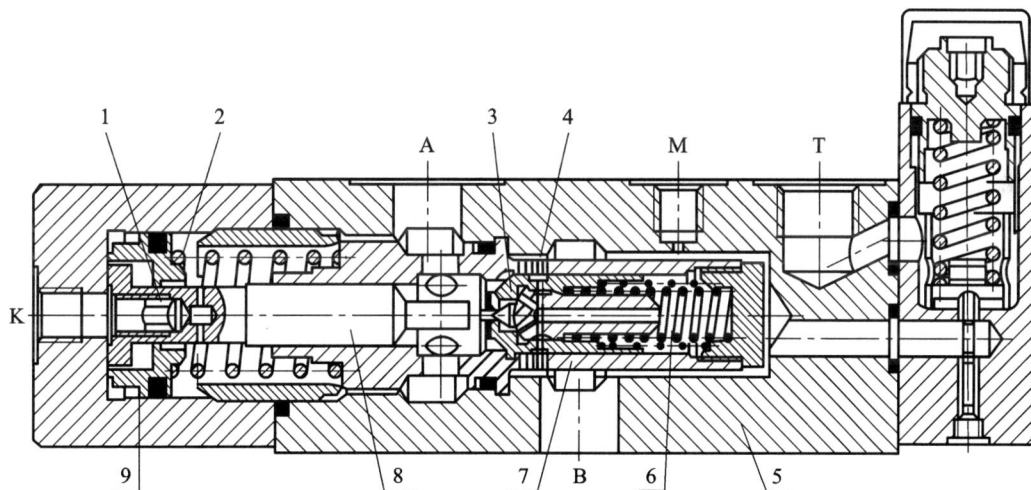

1—阻尼组件；2—控制弹簧；3—锥阀；4—先导锥阀；5—阀体；6—弹簧组件；
7—阀套；8—控制活塞；9—活塞组件。

图 5-17　力士乐公司 FD 平衡阀

5.3　方向控制阀

方向控制阀是控制液压系统中液流方向的阀类，其工作原理是利用阀芯和阀体之间相对位置的改变来实现通道的接通或断开，以适应执行机构的需求。方向阀按用途可分为单向阀和换向阀两大类。

5.3.1 单向阀

液压系统中常用的单向阀有普通单向阀和液控单向阀两种。

1. 普通单向阀

普通单向阀(简称单向阀)是在液压系统中只允许液流沿一个方向流动，而不能反向流动的阀，又称止回阀或逆止阀。它的作用类似电路中的二极管。它的主要性能要求是：液流正向通过时压力损失小，反向截止时密封性好，动作灵敏。

1) 单向阀的结构及工作原理

单向阀按其进口液流和出口液流方向分类，有直通和直角两种，其安装方式包括管式和板式，以下分别介绍。

图 5-18 所示为锥阀式直通单向阀，其安装方式为管式。它主要由阀体 1、阀芯 2、弹簧 3 组成。其工作原理是：当压力油由 P_1 口进入时，克服弹簧力使阀芯 2 右移，阀口打开，油液经阀芯上的径向孔 a、轴向孔 b 从出油口 P_2 流出。当压力油反向流进时，液压作用力和弹簧力将阀芯压紧在阀座上，油液不能通过。单向阀采用阀座式结构，这有利于保证良好的反向密封性能。单向阀开启压力一般为 0.035~0.05 MPa，所以单向阀中的弹簧 3 很软(刚度小)。但当单向阀作背压阀使用时，其弹簧刚度要稍大些，其开启压力一般为 0.2~0.6 MPa。在装配没有弹簧的单向阀时，必须垂直安置，阀芯通过自身的重量停止在阀座上。

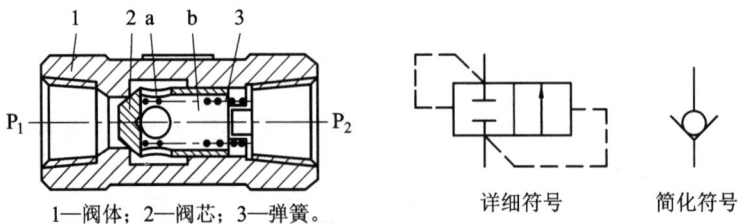

1—阀体；2—阀芯；3—弹簧。

图 5-18 锥阀式直通单向阀

图 5-19 所示为钢球式直通单向阀，其安装方式为管式。其工作原理与锥阀式类似。

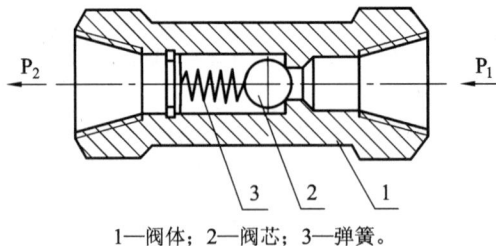

1—阀体；2—阀芯；3—弹簧。

图 5-19 钢球式直通单向阀

图 5-20 所示为直角单向阀，采用板式安装。它由密封圈 1、上盖 2、弹簧 3、阀芯 4、阀座 5、阀体 6 等组成。其工作原理是：当压力油从 P_1 进入时，克服弹簧力使阀芯 4 上移，阀口打开，油液从阀体内部铸造通道流向 P_2 出口处，而不像锥阀式直通单向阀(须经过阀芯上的四个径向孔 a 流出)，这样可以进一步减小压力损失。

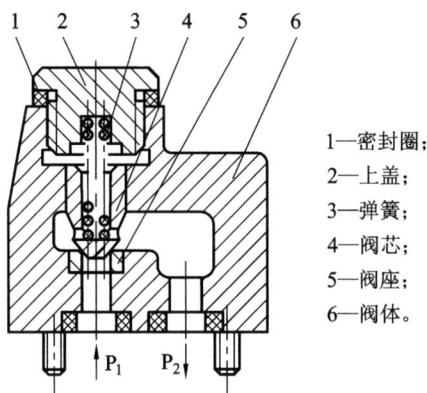

1—密封圈;
2—上盖;
3—弹簧;
4—阀芯;
5—阀座;
6—阀体。

图 5 - 20　直角单向阀

2）单向阀的应用

安装在泵的出口的单向阀可以防止系统冲击对泵的影响，另外，泵不工作时可防止系统油液经泵倒流回油箱。单向阀还以可用来分隔油路防止干扰，比如双泵高低速转换回路。单向阀和其他阀组合可以组成复合阀，比如单向节流阀、单向顺序阀等。

2. 液控单向阀

液控单向阀是一类比较特殊的单向阀，它除具有一般单向阀的功能外，还可以根据需要实现液流的逆向流动。它有普通型和带卸荷阀芯型两种，每种又按其控制活塞泄油腔的连接方式不同分为内泄式和外泄式。

1）液控单向阀的结构及工作原理

（1）普通型外泄式液控单向阀。图 5 - 21 所示为普通型外泄式液控单向阀。它由弹簧1、阀芯 2、推杆 3、控制活塞 4 等零件组成。当油液从 P_1 流向 P_2（即正向流动）时，普通型外泄式液控单向阀与一般单向阀作用一样；当油液从 P_2 口反向流入时，由于阀芯锥面紧压阀座使油流不能通过，此时可从阀下部的控制油口 K 处引入控制压力油，压力油推动控制活塞 4 上移，推杆 3 顶开阀芯 2，阀口打开，P_2 口和 P_1 口接通，油液反向通过。这就是液控单向阀的工作原理。

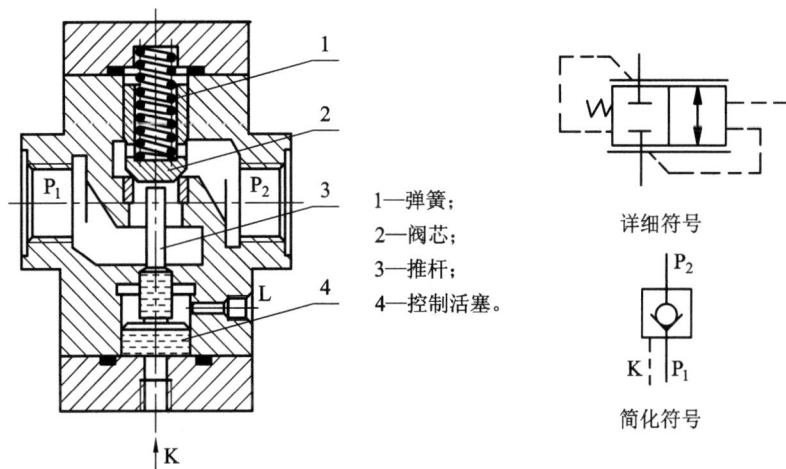

1—弹簧;
2—阀芯;
3—推杆;
4—控制活塞。

详细符号

简化符号

图 5 - 21　普通型外泄式液控单向阀

（2）普通型内泄式液控单向阀。如果没有外泄口 L，进油腔 P_1 直接和控制活塞的上腔相通，这种单向阀是普通型内泄式液控单向阀。普通型内泄式液控单向阀结构较为简单，反向开启时，K 腔的压力必须大于 P_1 腔的压力，故控制压力较高，仅适用于 P_1 腔压力较低的场合。

（3）带卸荷阀芯型内泄式液控单向阀。在高压系统中，由于液控单向阀反向开启前，P_2 口压力很高，因此它的反向开启控制压力也很高，且当控制活塞推开单向阀阀芯时，高压封闭回路内油液的压力突然释放，会产生很大的冲击，为了避免这种现象且减小控制压力，可采用如图 5-22 所示的带卸荷阀芯型内泄式液控单向阀。控制压力油通过油口 K 作用在控制活塞 6 上推动控制活塞上移，推杆 5 先将卸荷阀芯 1 顶开，P_2 和 P_1 腔之间通过卸荷阀芯上铣出的缺口相通，使 P_2 腔压力降低到一定的程度，然后再顶开锥阀 4，实现 P_2 到 P_1 的反向通流。

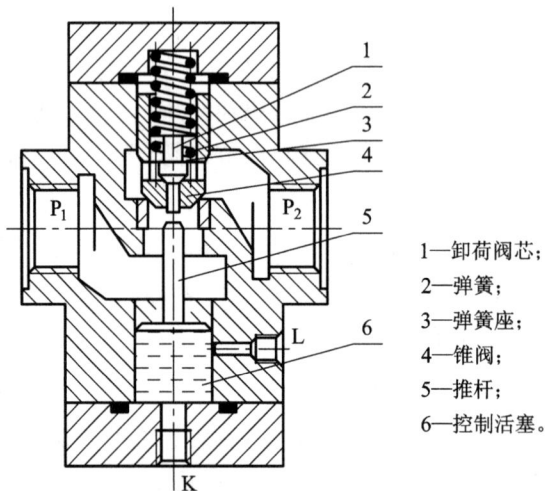

1—卸荷阀芯；
2—弹簧；
3—弹簧座；
4—锥阀；
5—推杆；
6—控制活塞。

图 5-22　带卸荷阀芯型内泄式液控单向阀

（4）双液控单向阀。图 5-23 所示为一种双液控单向阀，又名液压锁。它是由两个液控单向阀共用一个阀体 1 和控制活塞 2 组成。当压力油从 P_1 腔进入时，依靠油压自动将左边的阀芯顶开，使 P_1 和 P_2 腔相通；同时控制活塞 2 在油压的作用下右移，顶开右边的阀芯，使 P_3 和 P_4 腔相通，将原来封闭在 P_4 腔通路上的油液，通过 P_3 腔排出。这就是说，当一个腔正向进油时，另一个腔就反向出油。反之亦然。当 P_1 和 P_2 腔都不通压力油时，P_2 和 P_4 腔被两个单向阀封闭。这时执行元件被双液控单向阀双向锁住。

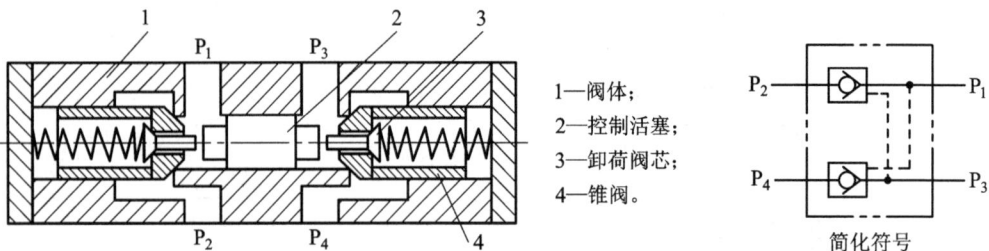

1—阀体；
2—控制活塞；
3—卸荷阀芯；
4—锥阀。

简化符号

图 5-23　双液控单向阀

2) 液控单向阀的应用

液控单向阀常用于对执行元件(液压缸或液压马达)进行保压、锁紧,也用于防止立式液压缸停止时在自重作用下下滑等,如起重机支腿油缸上连接双液控单向阀。

5.3.2 换向阀

换向阀是借助改变阀芯的位置来实现与阀体相连的几个油路之间的接通或断开的阀类。

对换向阀的主要性能要求是油路导通时,压力损失小;油路断开时,泄漏量小;换向平稳、可靠、快速、操纵力小等。

1. 换向阀的分类

换向阀的种类繁多,按其结构可分为滑阀式、转阀式和锥阀式;按其阀芯的操作方式可分为手动、机动、电磁、液动和电液等;按阀芯的工作位数可分为二位、三位等;按阀控制通路数的不同可分为二通、三通、四通、五通等。滑阀式换向阀是目前应用比较广泛的换向阀,下面以此为例说明换向阀的工作原理。

2. 换向阀的结构及工作原理

图 5-24 所示为换向阀换向原理图。在阀体上有一个圆柱形孔,孔里面有若干个环形槽,称为沉割槽,每一个沉割槽都与相应的油口相通。阀芯上同样也有若干个环形槽,阀芯环形槽之间的凸肩称为台肩。台肩将沉割槽遮盖(即封油)时,此槽所通油路被切断。带沉割槽的阀体是固定的,而带台肩的阀芯可沿轴向移动。当阀芯处于图 5-24(a)位置时,压力油从 P 口经 B 口流向液压缸右腔,活塞左移,液压缸左腔回油从 A 口经 T 口流回油箱;当阀芯右移,处于图(b)位置时,P 口和 A 口接通,B 口和 T 口接通,活塞右移。

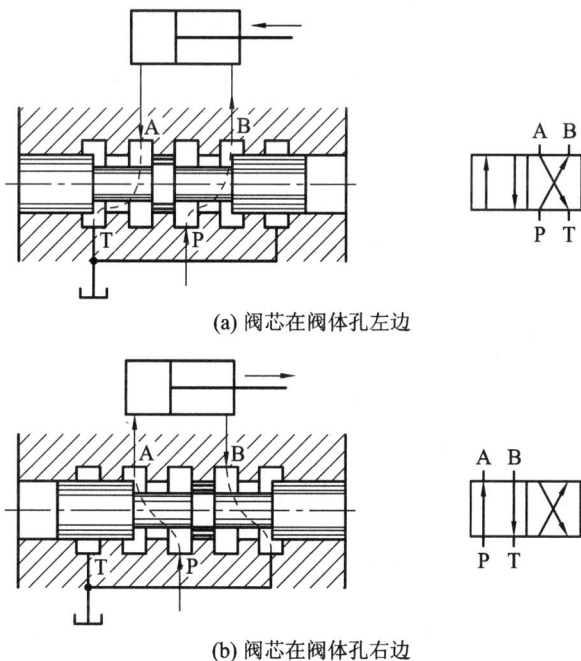

(a) 阀芯在阀体孔左边

(b) 阀芯在阀体孔右边

图 5-24 换向阀换向原理

换向阀的功能主要由它控制的通路数和工作位置数决定。图 5-24 所示的换向阀是二位四通换向阀。"位"是指阀芯在阀体内停留的工作位置数目，阀芯的每一个工作位置都对应一种换向阀的油口通断关系；"通"是指与阀体连接的主油路通道数目，不包括控制油路数目。图 5-24 中有 P、A、B、T 四个通路。

对换向阀图形符号含义说明如下：

（1）实线方框表示阀的工作位置（虚线方框表示阀的过渡位置），有几个方框表示有几"位"。

（2）方框内的箭头表示在这一位置上油路处于接通状态，但箭头方向并不一定代表油流的实际方向，仅表示油口之间的通断关系。

（3）方框内的符号"┰"或"┴"表示此通路被阀芯封闭，即该通路不通。

（4）一个方框的上边和下边与外部连接的接口（油口）数是几个，就表示几"通"。

（5）一般，阀与系统供油路连接的进油口用 P 表示，阀与系统回油路连接的回油口用 T 或 O 表示，而阀与执行元件连接的工作油口则用 A、B 表示。有时在图形符号上还表示出泄漏油口，用 L 表示。

换向阀图形符号用方框个数表示"位"，体现各油口的通、断关系。在液压系统中，换向阀的图通常为阀芯位于中位时的情况（即常态位）。

3. 换向阀的机能

换向阀的机能是指当阀芯没有被操作而处于原始位置时，它的各个油口的连通关系。不同的滑阀机能对应不同的功能。采用不同滑阀机能的换向阀，会影响阀在常态位时执行元件的工作状态：如停止/运动、前进/后退、快速/慢速、卸荷/保压等。例如，弹簧复位式的二位二通阀的滑阀机能有常闭式（O 型）和常开式（H 型）两种（详见本节电磁换向阀部分）。在这里着重介绍三位四通换向阀的滑阀机能。三位四通换向阀的滑阀机能有很多种，常见的有表 5-1 中所列的 7 种，表 5-1 以三位四通换向阀控制一个双作用液压缸为例，说明这 7 种滑阀机能的特点，用户具体选型时可根据需求查阅产品样本进行选择。值得注意的是，对于滑阀的机能代号，元件生产厂商的订货型号中有相关规定，在进行选型时应以厂商提供的产品样本为准。

表 5-1 三位四通换向阀中位滑阀机能

机能代号	结构原理图	中位图形符号	机能特点和作用
O			各油口全部封闭，缸两腔体封闭，系统不卸荷。液压缸充满油，从静止到启动平稳；制动时运动惯性引起液压冲击较大；换向位置精度高
H			各油口全部连通，系统卸荷，缸成浮动状态。液压缸两腔接油箱，从静止到启动有冲击；制动时油口互通，故制动较 O 型平稳；但换向位置变动大

续表

机能代号	结构原理图	中位图形符号	机能特点和作用
P		A B / P T	压力油 P 与缸两腔连通,可形成差动回路,回油口封闭。从静止到启动较平稳;制动时缸两腔均通压力油,故制动平稳;换向位置变动比 H 型的小,应用广泛
Y		A B / P T	油泵不卸荷,缸两腔通回油,缸成浮动状态。由于缸两腔接油箱,从静止到启动有冲击,制动性能介于 O 型与 H 型之间
K		A B / P T	油泵卸荷,液压缸一腔封闭,一腔接回油。两个方向换向时性能不同
M		A B / P T	油泵卸荷,缸两腔封闭。从静止到启动较平稳;制动性能与 O 型相同可用于油泵卸荷液压缸锁紧的液压回路中
X		A B / P T	各油口半开启接通,P 口保持一定的压力;换向性能介于 O 型和 H 型之间

对于没有中间位置的二位阀,如果在阀芯换位过程中对中间过渡状态(过渡机能)有一定要求,可以在二位阀的图形符号上把过渡机能表示出来。在过渡机能的位置上,其上下边框用虚线。如图 5 - 25(a)是具有 X 型过渡机能的二位四通换向阀的图形符号,图 5 - 25(b)则是具有 HMH 型过渡机能的二位四通换向阀图形符号。

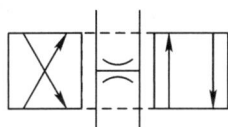

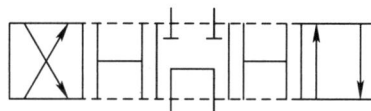

(a) 具有X型过渡机能的二位四通换向阀图形符号　　　　(b) 具有HMH型过渡机能的二位四通换向阀图形符号

图 5 - 25　带过渡机能的二位四通换向阀图形符号

4. 液压卡紧现象

滑阀式换向阀中,由于阀芯和阀体孔的中心线不可能完全重合,且具有一定的几何形状误差,进入滑阀间隙中的压力油将对阀芯产生不平衡的径向力,该力在一定条件下使阀芯紧贴在孔壁上,产生相当大的摩擦力(卡紧力)使操纵滑阀运动发生困难,严重时甚至被卡住,这种现象称为液压卡紧现象。

为了减小径向不平衡液压力,一般在阀芯台肩上开有宽 0.3～0.5 mm、深 0.5～1 mm、间距 1～5 mm 的环形槽,称为均压槽。开有均压槽的部位,四周都有相等或接近相等的压力,可显著减小液压卡紧力。

液压卡紧现象不仅在换向阀中存在,在其他液压阀及柱塞副中也普遍存在。为了减小液压卡紧力,必须对滑阀的几何精度以及配合间隙等予以严格的控制,一般在阀芯上都开有均压槽。

5. 操作方式

1)手动换向阀

手动换向阀是依靠手动杠杆驱动阀芯运动而实现对油路控制的。图 5-26(a)是弹簧自动复位式三位四通手动换向阀。推动手柄向右,阀芯向左移动至左位,此时 P 口与 A 口相通,B 口经阀芯轴向孔与 T 口相通;推动手柄向左,阀芯处于右位,液流换向。松开手柄时,阀芯靠弹簧力恢复至中位(原始位置),这时油口 P、A、B、T 全部封闭(图示位置),故阀为 O 型机能。该阀适应于动作频繁、工作持续时间短的场合,操纵比较安全,常用于对控制没有自动化要求的机械中。

图 5-26(b)是钢球定位式三位四通手动换向阀。阀芯的 3 个工作位置依靠钢球定位。当阀芯移动到位后,定位钢球就卡在相应的定位槽中,这时即使松开手柄,阀仍保持在所需的工作位置上。它应用于需要保持工作状态时间较长的场合。

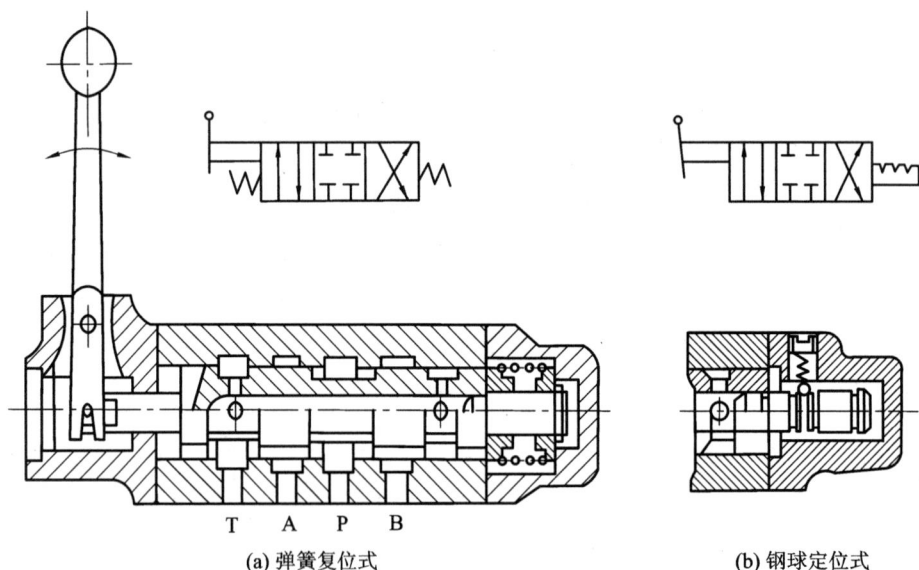

(a) 弹簧复位式   (b) 钢球定位式

图 5-26 三位四通手动换向阀

2)机动换向阀

机动换向阀又称行程换向阀。它利用行程挡块或凸轮推动阀芯实现换向。机动阀动作可靠,改变挡块斜面角度便可改变换向时阀芯的移动速度,因而可以调节换向过程的快慢。

图 5-27 是二位三通机动换向阀。在常态位,P 口与 A 口相通;当行程挡块 5 压下机动阀滚轮 4 时,P 口与 B 口相通。图中阀芯 2 上的轴向孔(虚线所示)是上腔油液泄漏通道。

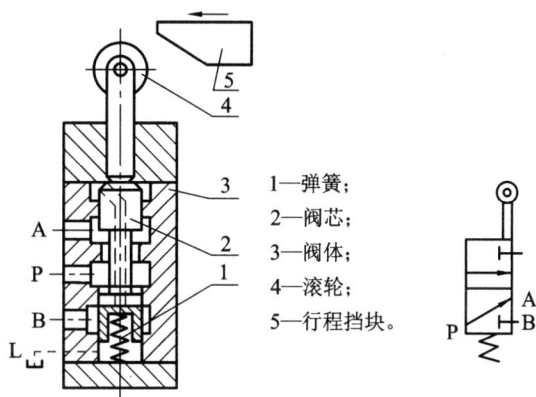

1—弹簧;
2—阀芯;
3—阀体;
4—滚轮;
5—行程挡块。

图 5-27　二位三通机动换向阀

3) 电磁换向阀

电磁换向阀是借助电磁铁吸力推动阀芯动作以实现液流通、断或改变流向的阀类。电磁换向阀操纵方便,布置灵活,易于实现动作转换的自动化,因此应用最为广泛。电磁换向阀种类规格很多,如按电磁铁所用电源不同可分为交流电磁铁式和直流电磁铁式;按电磁铁是否浸在油里又分为湿式和干式等。每种电磁阀又有不同的工作位置数和通路数以及各种流量规格。以下举几例说明。

(1) 二位二通电磁阀。图 5-28 是二位二通弹簧复位式电磁换向阀。它由阀体 5、阀芯6、弹簧 4、推杆 1 等组成。在常态位时,P 口与 A 口相通,故此阀为常开型。通电时,阀芯6 在电磁铁推力的作用下向右移动,将阀芯推向右边,从而将 A 口封住,切断油液从 P 口到 A 口的通路。由于使用的是干式电磁铁,通过阀芯与阀体配合间隙泄漏到弹簧腔的压力油必须通过泄漏口引回油箱。

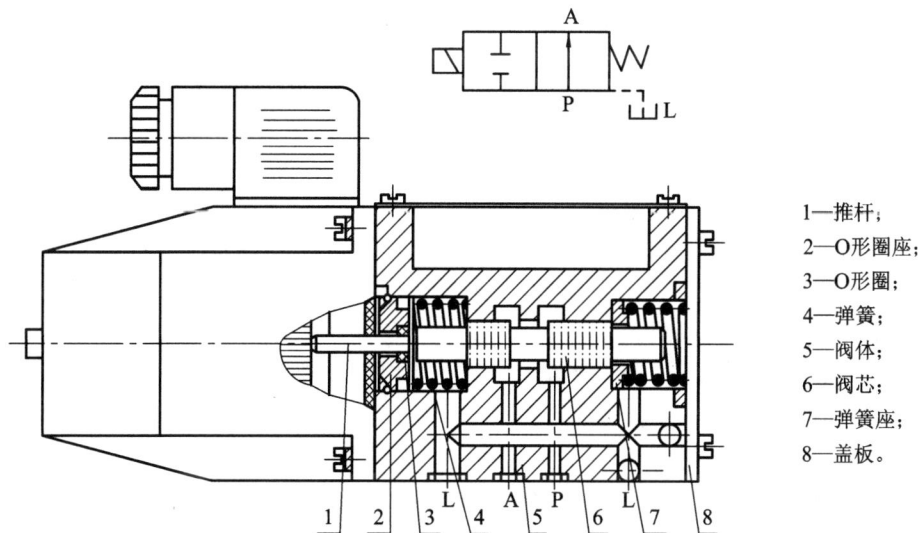

1—推杆;
2—O 形圈座;
3—O 形圈;
4—弹簧;
5—阀体;
6—阀芯;
7—弹簧座;
8—盖板。

图 5-28　二位二通电磁阀

（2）三位四通电磁阀。三位四通电磁阀是应用最为广泛的换向阀，它的结构、型式众多，特别是中位机能多种多样，不同的中位机能对应不同的应用场合。

图 5-29 是三槽式三位四通弹簧对中型电磁阀结构图。阀两端有两根对中弹簧 4 和两个定位套 3 使阀芯 2 在常态位时处于中位，此时 P、A、B、T 口都不通，故滑阀机能为 O 型。当右端电磁铁通电吸合时，衔铁 9 通过推杆 6 将阀芯推至左端，P 口与 A 口通，B 口与 T 口通；左端电磁铁通电吸合时，阀芯被推至右端，P 口与 B 口通，A 口与 T 口通。

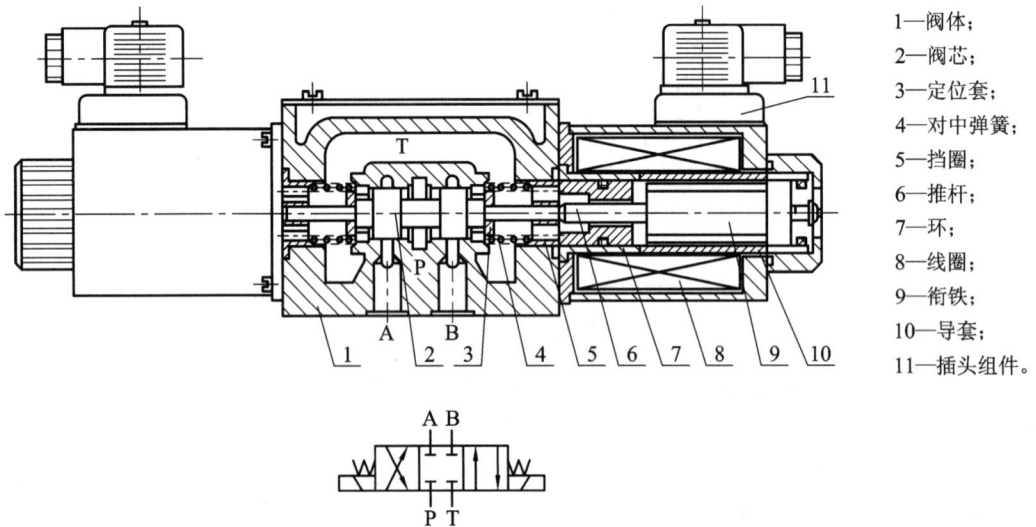

1—阀体；
2—阀芯；
3—定位套；
4—对中弹簧；
5—挡圈；
6—推杆；
7—环；
8—线圈；
9—衔铁；
10—导套；
11—插头组件。

图 5-29　三槽式三位四通弹簧对中型电磁阀

（3）交流和直流电磁铁电磁阀。图 5-28 是采用交流的电磁铁电磁阀，交流电磁铁一般使用 220 V 交流电。交流电磁阀的优点是电源简单方便，启动力大。其缺点是启动电流大，在阀芯被卡住时电磁铁线圈易烧坏。交流电磁铁动作快，换向冲击大，换向频率不能太高（60 次/min 以下，性能好的可达 120 次/min）。图 5-29 是采用直流的电磁铁的电磁阀，直流电磁铁一般使用 24 V 或 12 V 直流电，选型和使用时需注意相关电气特性。直流电磁铁具有恒电流特性，若某种原因不能正常吸合时，电磁铁线圈不会烧毁，工作可靠性好、寿命长、换向冲击小，换向频率可达 250～300 次/min。一般采用低电压，使用时较为安全。

另有一种本整型电磁铁。其电磁铁是直流的，通入的交流电经整流后再供给电磁铁，使用较方便。

（4）干式和湿式电磁铁电磁阀。干式电磁铁电磁阀不允许油液进入电磁铁内部，因此推动阀芯的推杆处要有可靠的密封。密封处摩擦阻力较大，增加了电磁铁的负担，也易产生泄漏。图 5-29 中为湿式电磁铁电磁阀，其中有用非导磁材料制成的导套 10，回油口 T 的油液可进入导套内。在线圈磁场作用下，衔铁 9 在导套 10 内移动。推杆处无密封圈，减少了阀芯运动阻力，并且不易产生外泄漏。另外套内的油液对衔铁的运动具有阻尼和润滑作用，可以减缓衔铁的撞击，使阀动作平稳，噪声小，并使运动副之间的磨损减少，延长电磁铁的工作寿命。干式电磁铁（交流）电磁阀一般只能工作 50 万～60 万次，而湿式电磁铁电磁阀可工作 1000 万次以上。因此，湿式电磁铁电磁阀性能较好，但价格稍贵。

4）液动换向阀

液动换向阀利用控制油路的压力油来推动阀芯实现换向，它适用于流量较大的阀。图 5-30 是三位四通液动换向阀的结构原理图。液动换向阀阀芯结构与电磁换向阀一样，不同中位机能也可以通过改变阀芯结构来实现，图中所示为 O 型机能。与电磁换向阀不同的是，阀芯驱动力不来自电磁铁，而来自两个控制油口 K′ 和 K″。当两个控制口都没有控制油进入时，阀芯在两端弹簧的作用下保持在中位，4 个油口 P、T、A、B 互不相通。当控制油从 K′ 进入时，阀芯在压力油的驱动下向右移动，使 P 口与 B 口相通，T 口与 A 口相通。当控制油从 K″ 进入时，阀芯在压力油的驱动下向左移动，使 P 口与 A 口相通，T 口与 B 口相通。在液动换向阀的控制油路上，往往装有可调节的单向节流阀（称阻尼器），以便分别调节换向阀芯两个方向的运动速度，改善阀的换向性能。阻尼器可以和液动阀连成一体，也可有独立的阀体。

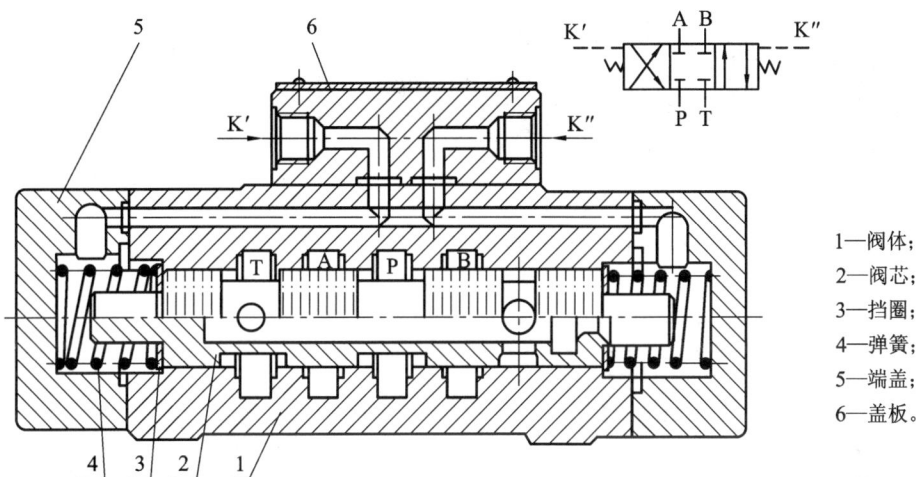

图 5-30　三位四通液动换向阀

1—阀体；
2—阀芯；
3—挡圈；
4—弹簧；
5—端盖；
6—盖板。

5）电液换向阀

当通过阀的流量很大时，为使压力损失不至过大，就必须增大阀的直径，这样会使阀芯运动需要克服的阻力增加。如果仍靠电磁铁来直接推动是不经济的，这时可采用电液换向阀。用来推动液动换向阀阀芯的控制流量不必很大，故可采用小规格的电磁换向阀作为先导控制阀，并与液动换向阀组合安装在一起，实现以小流量的电磁换向阀来控制大流量液动换向阀，这就是电液换向阀。其中电磁换向阀是先导阀，液动换向阀是主阀。电液换向阀结构见图 5-31(a)。主阀两端带有阻尼器（又称换向时间调节器，见 $H—H$ 剖面），以调节液动阀主阀芯的移动速度。除此之外，还有一种形式的阻尼器，采用叠加式单向节流阀，可叠放在先导阀与主阀之间。图 5-31(b) 为电液换向阀的详细图形符号，图 5-31(c) 为简化图形符号。由图 5-31(b) 可见，当先导电磁阀的 1DT 和 2DT 都断电时，电磁阀处于中位，控制压力油进油口 P′ 关闭，主阀芯在对中弹簧作用下处于中位，主油路进油口 P 也关闭。当 1DT 通电，电磁阀处于左位，控制压力油经 P′→A′→主阀芯左端油腔，回油从主阀芯右端油腔→B′→T′→油箱。于是主阀芯切换到左位，主油路 P 与 B 通，A 与 T 通。当 2DT 通电，1DT 断电时，则有 P 与 A 通，B 与 T 通。

先导阀的控制压力油可以和主油路来自同一油源，此时 P′ 与 P 相连，称内控式；也可以另用独立油源，称外控式。另外，从主阀芯两端油腔排出的控制油液经电磁先导阀直接排回油箱称为外排式；如果排出的控制油和主回油合在一起排回油箱（即 T′ 与 T 连通），称内排式。根据进入控制压力油和排出控制油的不同方式，可以有四种不同的组合。图 5-31 属于外控外排式。对于内控式或内排式电液换向阀，在其简化图形符号(图 5-31(c))中，通常可不画出其控制油路。

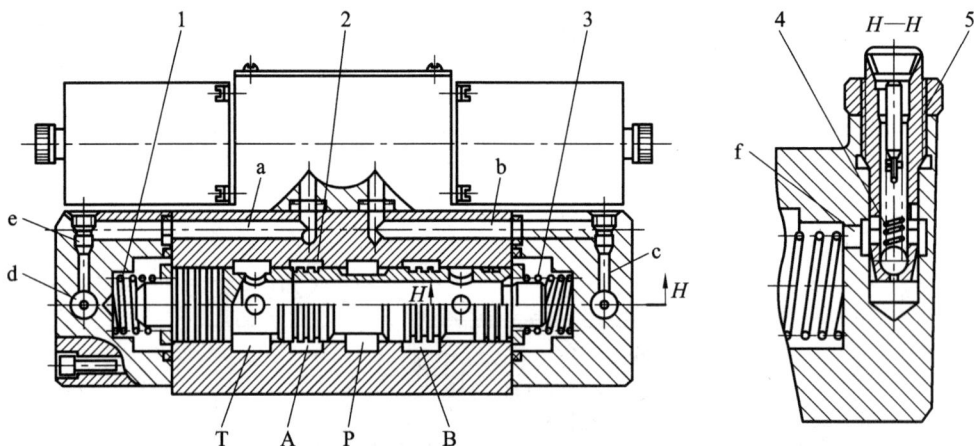

1、3—对中弹簧；2—阀芯；4—单向阀；5—节流阀。

(a) 电液换向阀结构

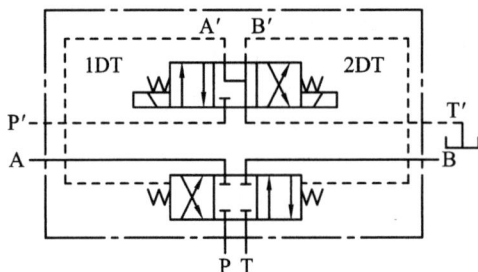

(b) 电液换向阀的详细图形符号

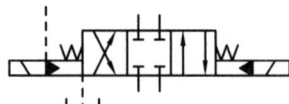

(c) 电液换向阀的简化图形符号

图 5-31　电液换向阀

6. 换向阀的性能

换向阀的主要性能，以电磁阀的项目为最多，主要包括工作可靠性、压力损失、内泄漏量等。

(1) 工作可靠性。工作可靠性是指电磁铁通电后能否可靠地换向，断电后能否可靠地复位。工作可靠性主要取决于设计和制造，和使用也有关系。液动力和液压卡紧力的大小对工作可靠性影响很大，而这两个力与通过阀的流量和压力有关。所以电磁阀只有在一定的流量和压力范围内才能正常工作。这个工作范围的极限称为换向界限，如图 5-32 所示。

(2) 压力损失。由于电磁阀的开口很小，因此液流流过阀口时产生的压力损失较大。图 5-33 所示为某电磁阀的压力损失曲线，具体压力损失曲线可在相关阀的样本上查阅。一般，铸造流道中的压力损失比机加工流道中的损失小。

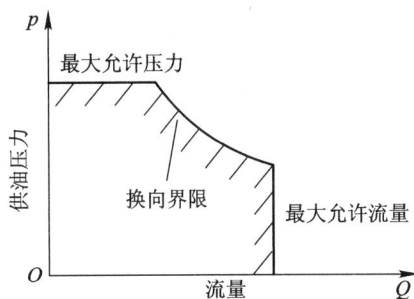

图 5-32　电磁阀的换向界限　　　　图 5-33　电磁阀的压力损失曲线

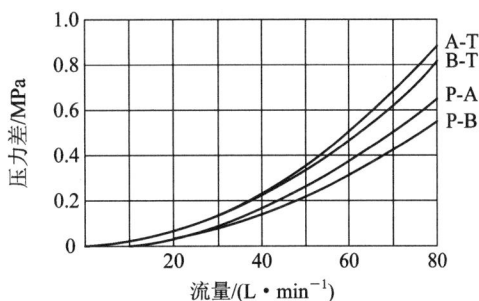

（3）内泄漏量。在不同的工作位置，在规定的工作压力下，从高压腔漏到低压腔的泄漏量为内泄漏量。过大的内泄漏量不但会降低系统的效率，引起过热，而且还会影响到执行元件的正常工作。

（4）换向和复位时间。换向时间是指从电磁铁通电到阀芯换向终止的时间，复位时间是指从电磁铁断电到阀芯恢复到初始位置的时间。减小换向和复位时间可提高机构的工作效率，但会引起液压冲击。一般来说，交流电磁阀的换向时间约为 0.03～0.05 s，换向冲击较大；而直流电磁阀的换向时间约为 0.1～0.3 s，换向冲击小。通常复位时间比换向时间稍长。

（5）换向频率。换向频率是在单位时间内阀所允许的换向次数。目前单电磁铁的电磁阀的换向频率一般为 60 次/min。

（6）使用寿命。使用寿命是指电磁阀一直使用，直到它的某一零件损坏，不能进行正常地换向或复位动作或直到电磁阀的主要性能指标超过规定指标时经历的换向次数。电磁阀的使用寿命主要由电磁铁决定。湿式电磁铁电磁阀的寿命比干式电磁铁电磁阀的长，直流电磁铁电磁阀的寿命比交流电磁铁电磁阀的长。

5.3.3　多路换向阀

多路换向阀是由两个以上的换向阀为主体的组合阀。根据不同的工作要求，多路换向阀中还可以组合溢流阀、单向阀和补油阀。和其他类型的阀相比，它具有结构紧凑、压力损失小、移动滑阀阻力小、寿命长、制造简单等优点。多路换向阀主要用于起重运输机械、建设机械及其他行走机械，进行多个执行元件(液压缸和液压马达)的集中控制。对于高压力、大流量系统，可选用液动多路换向阀，并利用先导控制阀对液动多路换向阀进行控制，如挖掘机用多路换向阀。除此之外，为了提高液压系统的效率，提高液压系统的传动性能，现在大型工程机械的液压传动系统采用了带有负载敏感功能的多路阀。本书主要介绍手动多路换向阀。

1. 多路换向阀的分类

多路换向阀主要按阀体的结构形式和滑阀的连通方式进行分类。

1）按阀体的结构形式分类

按阀体结构形式分类，多路换向阀可分为分片式和整体式两类。

（1）分片式多路换向阀。这类多路换向阀由多片换向阀、进油联、尾联等经高强度长螺栓连接而成，可由用户根据需要任意组合，既有利于新产品的设计和制造，又利于标准化、系列化和通用化。分片式多路换向阀的阀体可以是铸造阀体或机加工阀体。铸造阀体因为铸造工艺的原因，质量不易保证，但与机加工阀体相比，它的过流压力损失小（通流能力大）、加工量小、外形尺寸紧凑。

分片式换向阀的优点是阀体分片铸造工艺较整体结构铸造工艺简单，清砂容易，产品质量比较容易保证。如果一片阀体加工不合格，其他各片阀体照样可以使用，用坏了的单元也容易更换和维修。分片式换向阀的缺点是阀体加工面多，外形尺寸大，重量大，外漏机会多，组装时往往因为螺栓拧得不适当使阀体变形，阀芯容易卡住。

（2）整体式多路换向阀。整体式多路换向阀具有固定数目的滑阀和机能，多用在具体型式的机械上（如装载机和推土机）；一般滑阀数较少，生产批量较大。

2）按滑阀的连通方式分类

按滑阀的连通方式分类，多路换向阀分为并联油路多路换向阀、串联油路多路换向阀和串并联油路多路换向阀。

（1）并联油路多路换向阀。这种阀的结构原理如图 5-34 所示。它的回路特点是总进油口同时与各换向阀的进油口相通，而总回油口也同时与各换向阀的回油口相通。采用这种油路连通方式的多路换向阀同时操作多个执行元件工作时，压力油总是先进入压力较低的执行元件，因此只有各执行元件进油腔的压力相等时，它们才能同时动作。并联油路多路换向阀一般压力损失较小。

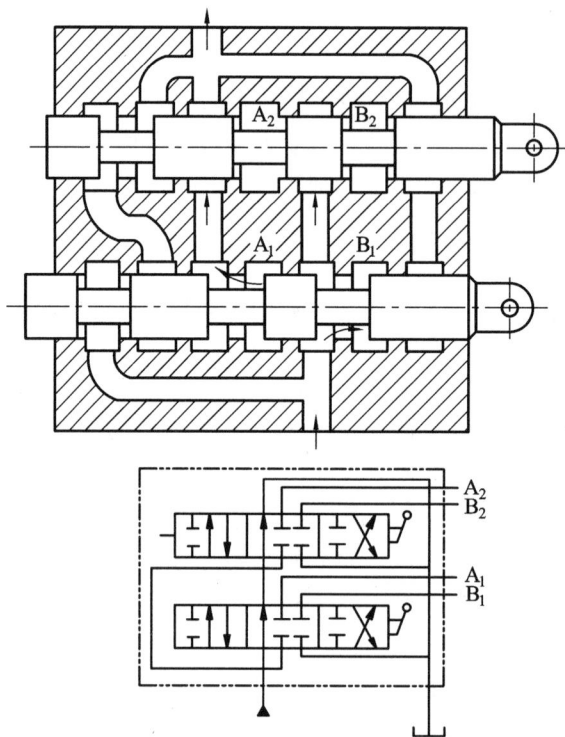

图 5-34 并联油路多路换向阀

（2）串联油路多路换向阀。这种阀的结构原理如图 5-35 所示。它的回路特点是每一个换向阀的进油口都与前一个换向阀的中位回油口相通，即前一个换向阀回油口都和后一个换向阀的中位进油口相通。采用这种串联多路换向阀，可使串联油路内数个执行元件同时动作，条件是液压泵所能提供的油压要大于所有正在工作的执行元件两腔压差之和。因此串联油路多路换向阀的压力损失一般较大，不适合于高压回路。这种类型的阀在液压系统中使用较少。

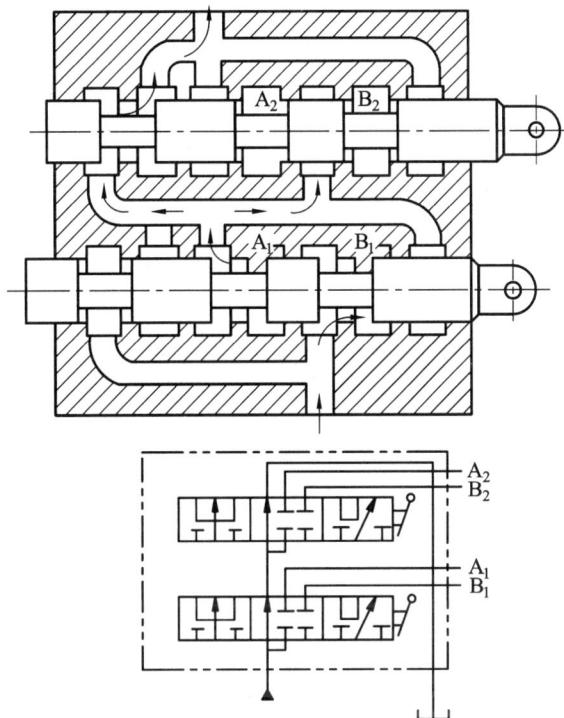

图 5-35　串联油路多路换向阀

（3）串并联油路多路阀。这种阀的结构原理如图 5-36 所示，它的回路特点是每一个换向阀的进油口都与前一个换向阀的中位回油口相通，而各个换向阀的回油口则同时直接与总回油口连接，即各个换向阀的进油口串联，回油口并联。当某一个换向阀换向处于工作位置时，其后面各个换向阀的进油通道即被切断。因此，一个多路换向阀中只能有一个换向阀工作，各个换向阀之间具有互锁功能，可以防止误动作。这种阀在有些公司的产品样本中，也称为串联式多路阀。

除上述三种基本型式外，当多路换向阀的联数较多时，还常常采用上述几种油路连接型式的组合，称为复合油路连接。

2. 多路换向阀的机能

为了适应各类主机的不同使用特点，多路换向阀有不同机能，常用图形符号见图 5-37。

3. 多路换向阀的结构

图 5-38 所示的 ZFS-L20C 型多路换向阀为手动操纵、螺纹连接形式，带有安全阀和单向阀组。除图 5-38(a)所示弹簧自动复位式外，还有图 5-38(c)所示的三位弹跳定位式。

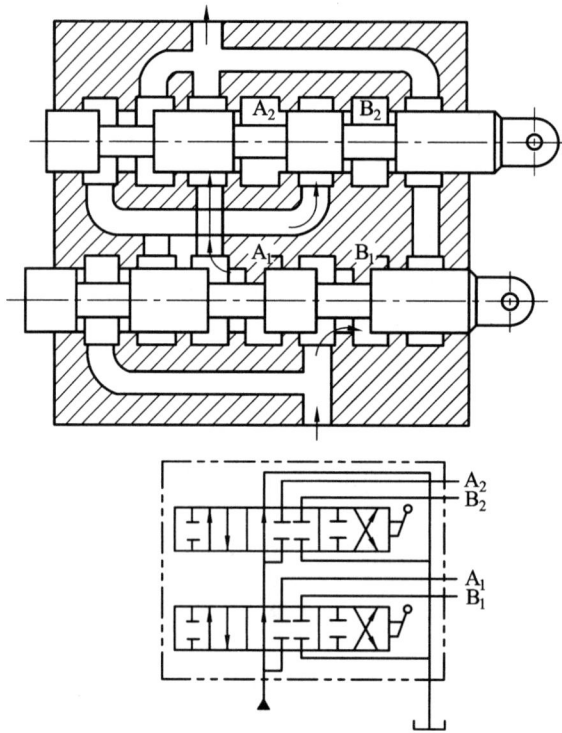

图 5-36 串并联油路多路换向阀

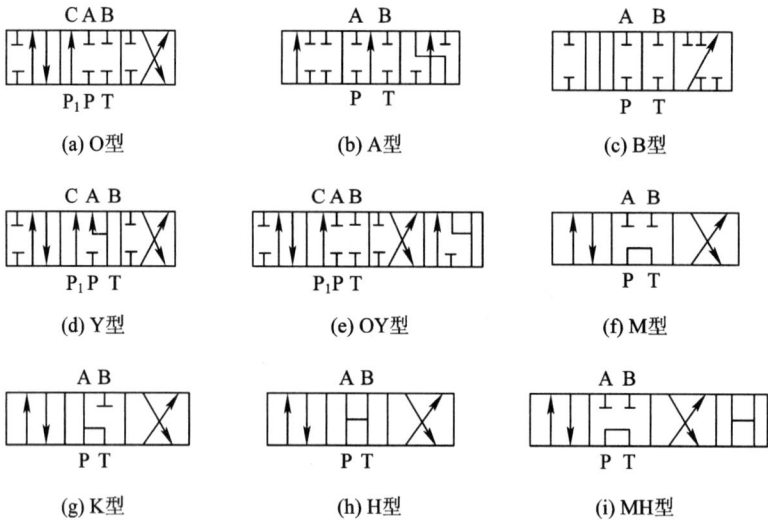

(a) O型   (b) A型   (c) B型

(d) Y型   (e) OY型   (f) M型

(g) K型   (h) H型   (i) MH型

图 5-37 多路换向阀的机能

图 5-38(b)所示为弹簧复位式多路换向阀的图形符号。这种多路换向阀由两联三位六通滑阀组成，阀体为铸件。油路采用并联油路，即两联滑阀有共同的进油口 P 和回油口 O，用以连接液压缸或液压马达的工作油口分别为 A、B、C、D。当用手扳动操纵手柄时，因为滑阀的位移，可以分别变换通过两个执行元件的油路，从而改变运动方向。并联在进油路上的安全溢流阀为平衡活塞式，它的启闭特性较好。溢流阀的出口接回油，当系统超载时，溢流阀开启，油液经溢流阀直接回油箱。单向阀为锥阀型，除如图所示在进油路装一个单向阀

外，有的结构还在每一联滑阀的阀体或阀芯上装一个单向阀。

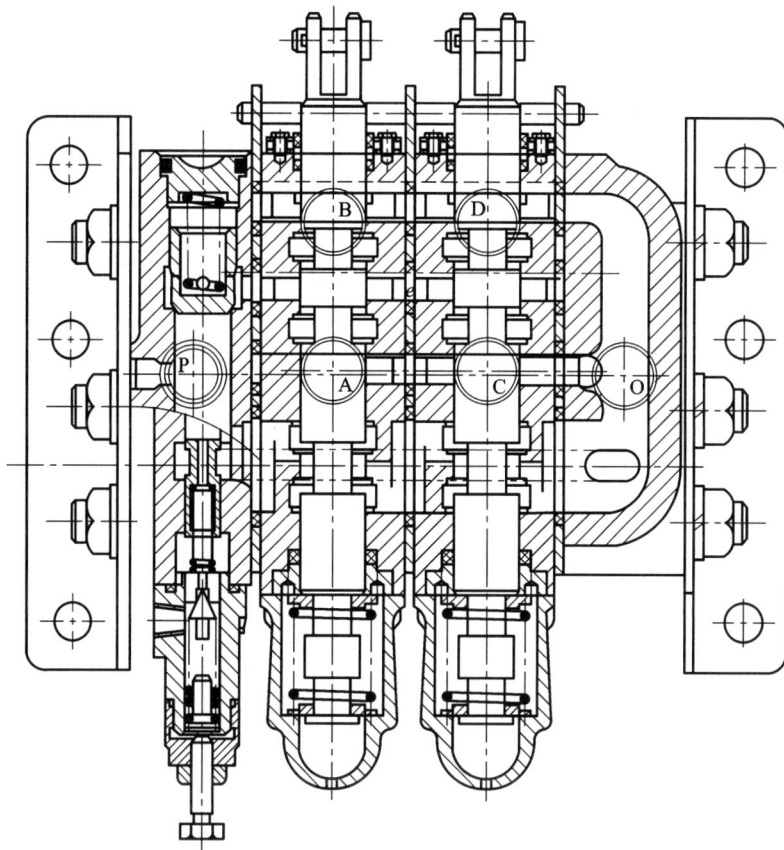

(a) 弹簧自动复位式多路换向阀

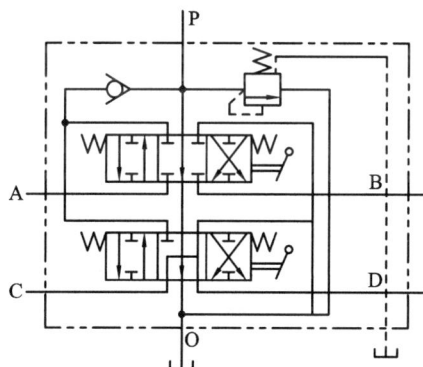

(b) 弹簧复位式多路换向阀的图形符号

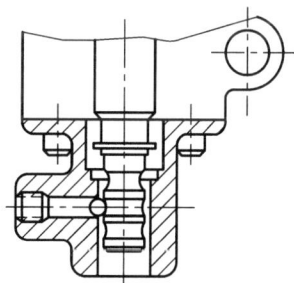

(c) 三位弹跳定位式

图 5 - 38　ZFS-L20C 型多路换向阀

4. 多路换向阀的性能

多路换向阀的性能指标包括通过额定流量时的压力损失、内部泄漏量、换向过程中的压力冲击、微调性能以及安全溢流阀的静态特性等。

5. 带有负载敏感功能的多路换向阀

对于有多个执行元件的液压系统，各执行元件的负载不同，需要的压力和流量不同。另外，可能还有复合动作、速度稳定性、节能控制的要求，采用普通的多路换向阀已不能满足。需要采用带有负载敏感(Load Sensing)功能的多路阀才能满足上述的要求。

负载敏感是一个系统概念，其目的是通过感应检测出负载压力，向液压系统(包括液压阀和液压泵)进行反馈，实现节能控制、流量控制(不受负载变化影响)、压力限制、恒力矩控制、力矩限制、恒功率控制、功率限制、转速限制等控制。要实现上述目的，需通过负载敏感阀、负载敏感泵以及相应的控制元件。负载敏感系统所采用的控制方式包括液压控制、电液控制。目前，带有负载敏感功能的液压元件已被广泛应用于工程机械等大型机械的液压系统中，如力士乐公司的M4负载敏感多路阀、哈威公司的PSL(适用于开式定量泵回路)、PSV多路换向阀等。此类阀通过将换向阀、比例减压阀、压力补偿阀、溢流阀等集成到一起，实现压力保护、方向控制、流量控制等功能。

5.4 流量控制阀

流量控制阀(以下简称流量阀)是在一定的压差下，依靠改变节流口液阻的大小来控制通过节流口的流量，从而调节执行元件(液压缸或液压马达)运动速度的阀类。流量阀包括节流阀、调速阀、溢流节流阀和分流集流阀等。

液压系统中使用的流量控制阀应满足如下要求：

(1) 能保证稳定的最小流量。

(2) 温度和压力变化对流量变化的影响小。

(3) 有足够的调节范围。

(4) 调节方便。

(5) 泄漏量小。

5.4.1 节流阀

节流阀是流量阀中最简单、最基本的一种，常与溢流阀并联，用来调节执行元件的工作速度。

1. 节流阀的结构和工作原理

根据液压流体力学可知，液流流经薄壁小孔、细长孔或狭长缝时会遇到阻力，通流面积和长度不同，对液流的阻力也不同。如果它们两端的压力差一定，则改变它们的通流面积或长度，可以调节流经它们的流量。又因为它们在液压系统中作用与电路中的电阻相似，又被称为液阻。

节流阀是通过改变阀口通流面积来改变阻力的可变液阻。本节介绍周向转动式节流阀、单向节流阀及其他节流阀。

1) 周向转动式节流阀

图5-39所示为周向转动式节流阀。它主要由调节手轮1、阀芯2、阀套3、阀体4等组

成。其工作原理是油液从进油口 P_1 经由阀芯 2 上的螺旋曲线开口与阀套 3 上的窗口匹配而形成的某种形状的棱边形节流口后流向出口 P_2，转动调节手轮 1 时，螺旋曲线相对于阀套窗口升高或降低，即可调节节流口的通流面积，从而实现对流经该阀流量的控制。

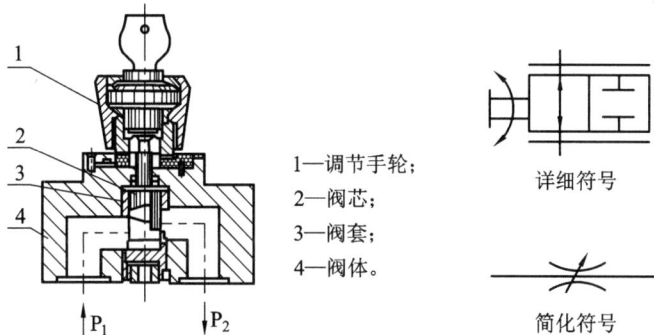

1—调节手轮；
2—阀芯；
3—阀套；
4—阀体。

详细符号

简化符号

图 5-39　周向转动式节流阀

2）单向节流阀

图 5-40 所示为单向节流阀。它主要由调节螺母 2、顶杆 3、阀体 4、阀芯 5 以及弹簧 7 等组成，油口为 1 和 6。压力油由 P_1 口进入，经阀芯上的三角槽节流口后，从 P_2 口流出，这时起节流阀作用。旋转调节螺母 2 即可改变阀芯 5 的轴向位置，从而使通流面积产生相应的变化。当压力油从 P_2 口进入时，作用在阀芯 5 上的液压力大于弹簧 7 的弹簧力，阀芯下移处于最下端位置，油液直接从油口 P_1 流出，这时起单向阀作用。

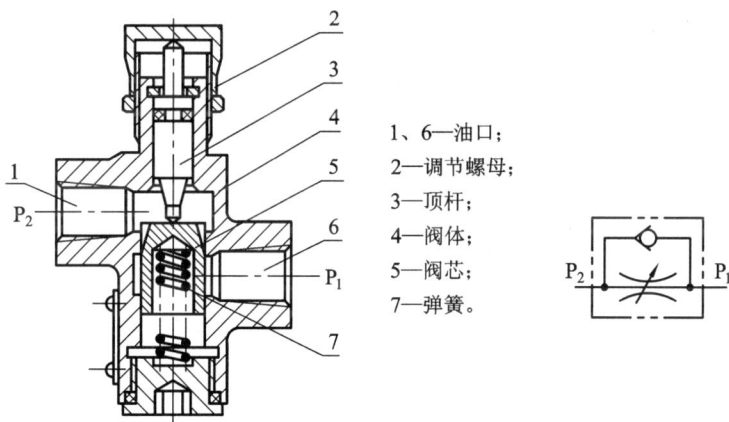

1、6—油口；
2—调节螺母；
3—顶杆；
4—阀体；
5—阀芯；
7—弹簧。

图 5-40　单向节流阀

3）其他节流阀

除图 5-39 和图 5-40 所示的两种形式外，还有其他形式的节流阀，如 DV/DRV 型节流截止阀，这种阀除了能实现节流功能外，也用于截止功能；Z2FS 型叠加式双单向节流阀，当这种阀装在方向阀和底板之间时可以用来实现主流量控制，当装在先导阀和主阀之间时，可用来作阻尼器，实现先导流量控制。实际使用时，可根据具体需求参考产品样本选择。

2. 节流阀节流口的形式和流量特性

节流阀节流口的形式直接影响节流阀的性能。根据节流口液阻是否可调，节流口可分为固定节流口和可变节流口两种。其中，可变节流口由可动部分(阀芯)和固定部分(阀体或阀套)组成，通过阀芯与阀体的相对运动(轴向移动或旋转运动)来改变节流开口的大小。根据阀芯的移动方式，节流口可分为周向转动式和轴向移动式。图 5 - 41 所示为几种常用的节流口形式，其中(a)、(c)、(e)为轴向移动式，(b)、(d)为周向转动式。

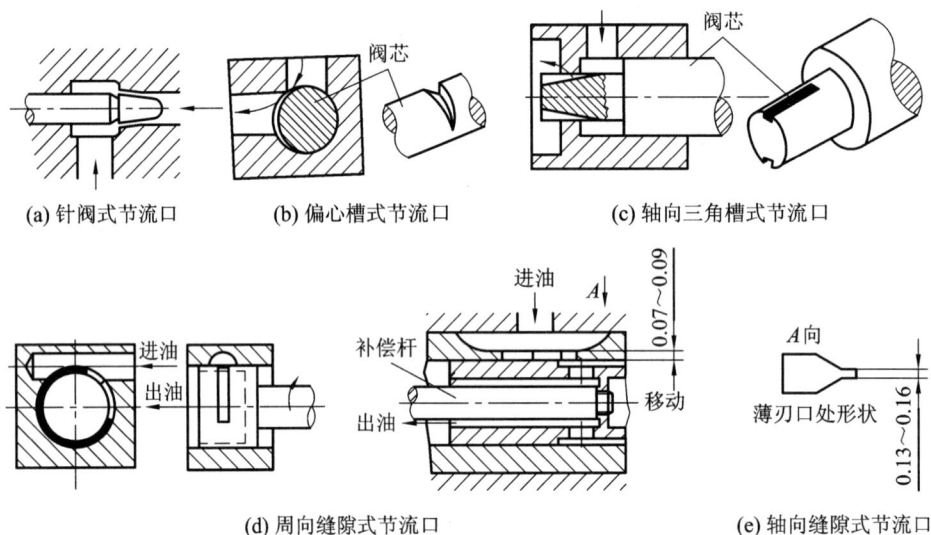

(a) 针阀式节流口　　　(b) 偏心槽式节流口　　　(c) 轴向三角槽式节流口

(d) 周向缝隙式节流口　　　　　(e) 轴向缝隙式节流口

图 5 - 41　常见节流口的形式

图 5 - 41(a)为针阀式节流口。针阀做轴向移动，改变环形通道面积的大小以调节流量的多少。这种结构形式加工简单，但节流长度大、水力半径小、易堵塞、流量受油温变化的影响较大。一般用于对性能要求较低的场合。

图 5 - 41(b)为偏心槽式节流口。这种形式的节流口在阀芯上开有一个截面为三角形(或矩形)的偏心槽，当转动阀芯时，就可以改变节流开口的大小以调节流量。偏心槽式的阀芯受不平衡径向力，不能用于高压。

图 5 - 41(c)为轴向三角槽式节流口。在阀芯端部开有一个至三个斜的三角槽，轴向移动阀芯，就可以改变三角槽通流面积，以调节流量。在高压阀中，有时在轴端部铣斜面来代替三角槽以改善工艺性。轴向三角槽式节流口的水力半径较大、小流量时稳定性较好。当三角槽对称布置时，液压径向力得到平衡，因此适用于高压。

图 5 - 41(d)为周向缝隙式节流口。这种形式的节流口在阀芯上开有狭缝，狭缝可以是等宽形、阶梯形或渐变形。旋转阀芯即可改变缝隙节流开口的大小。周向缝隙节流口可以做成薄刃结构，从而获得较小的最低稳定流量。它的缺点是阀芯受不平衡的液压径向力，因此仅适用于工作压力较低的场合。

图 5 - 41(e)为轴向缝隙式节流口。轴向缝隙开在套筒上，轴向移动阀芯可以改变缝隙的通流面积(节流开口)的大小，调节流量。这种节流口可以做成薄刃结构，因此通过它的流量对温度变化不敏感。此外，它在大流量时的水力半径大、小流量时稳定性好。它的缺点是：高压工作时节流口易变化，因此多用于工作压力小于等于 7 MPa 的场合。

节流阀的流量特性取决于节流口的结构形式。节流口根据形成液阻的原理不同,可分为三种基本形式:薄壁小孔节流口(以局部阻力损失为主)、细长孔节流口(以沿程阻力损失为主)以及介于二者之间的节流口(由局部阻力损失和沿程阻力混合组成的损失)。但无论节流口采用何种形式,通过节流口的流量 Q 均可表示为

$$Q = cA(p_1 - p_2)^m \qquad (5-14)$$

式中,Q——节流口通流流量;

c——由节流口形状、液体流态、油液性质等因素决定的系数,如对于薄壁小孔,$c = c_q\sqrt{\dfrac{2}{\rho}}$;对于细长孔,$c = \dfrac{d^2}{32\mu l}$,其他形式节流口的 c 由实验确定;

A——节流口通流面积(m);

ρ——工作油液密度(kg/m^3);

p_1——节流口前(进口)压力(Pa);

p_2——节流口后(出口)压力(Pa);

m——由节流口形状决定的指数,对于薄壁小孔,$m = 0.5$;对于细长孔,$m = 1$;对于短孔,$0.5 < m < 1$。

由式(5-14)可知,当 c、$(p_1 - p_2)$ 和 m 一定时,只要改变节流口通流面积 A,就可以调节通过节流口的流量。

3. 影响节流阀流量的因素

在液压系统工作时,当节流口的通流面积调好后,希望通过节流阀的流量 Q 稳定不变,以保证执行元件的速度稳定。但实际上,通过节流阀的流量受到节流前后压差、油温以及节流口形状等因素的影响,有一定的波动。

1) 压差对流量的影响

由式(5-14)可知,当节流阀两端压差发生变化时,通过它的流量会发生变化。三种结构形式的节流口中,通过薄壁小孔节流口的流量受压差的变化影响最小。

2) 温度对流量的影响

油温的变化引起油液黏度改变,因此通过细长孔的流量对温度变化很敏感。而油温对通过薄壁小孔节流口的流量影响很小。

3) 节流口形状对流量的影响

在节流阀的使用过程中,油中杂质、极化分子以及因油的氧化所产生的胶质、沥青等杂质吸附或沉积在节流口的边缘上,会改变节流口的通流面积,造成不同程度的堵塞,从而使流量发生变化。实践证明:阀口的水力半径越小越容易堵塞。

4. 节流阀的堵塞现象

当节流阀在小开度条件下工作,特别是在进出油腔压差很大时,不改变开度大小,也不改变两端油液压差和油液的黏度(在油温不变的情况下),往往会出现流量脉动现象,脉动现象有时是周期性的。而且当开度继续减小时,脉动现象就越来越严重,最后甚至出现断流,使节流阀完全丧失工作能力。节流阀在小开度条件下的流量不稳定和出现断流的现象统称为节流阀的堵塞现象。

造成节流阀堵塞现象的主要原因有两个。一是油中污染物堵塞了节流口，污染物时而堵塞，时而被油流冲走，造成了流量脉动。污染物完全堵塞节流口时就造成完全断流。这一点可以由滤油精度高的油液不易堵塞来证明。油中污染物的来源除外界混入的机械杂质（如铁屑末、油漆末、细小棉纱及灰尘等）外，还有油液局部高温引起的油液氧化、析出的胶质、沥青质、碳渣等杂质。二是油液中极化分子和金属表面的吸附现象。这一点可由通过改变节流阀的材料改变它的最小稳定流量，而过滤得很好的油液仍然可能出现堵塞来证明。节流缝隙的金属表面上存在电位差，油液老化或受到挤压后会产生极性分子，被吸附到节流缝隙的表面，形成牢固的边界吸附层。吸附层的厚度为 $0.05\sim10\ \mu m$，一般为 $5\sim8\ \mu m$。由于吸附层的出现，节流阀节流缝隙原来的几何形状和大小受到了破坏。

提高节流阀抗堵塞性能的措施如下：

（1）保证油的精密过滤。实践证明：油液在进入节流阀之前进行精密过滤是防止节流阀堵塞的最有效的措施之一。为了保持油液的清洁度，油液必须定期更换。

（2）应选择适当的节流阀前后压差。节流阀前后压差大，能量损失大。由于损失的能量全部转换为热量，因此油液通过节流口时温度升高，加剧油液变质氧化而析出各种杂质，引起堵塞。此外，对于同一流量，前后压力差大的节流阀对应的节流开口小，亦易引起堵塞。为了获得稳定的小流量，节流阀前后压力差不宜过大。

（3）采用大水力半径薄刃式节流口。经验显示，节流口表面光滑、节流通道短、水力半径大有利于节流阀抗堵塞性能的提高。

（4）正确选择工作油液和组成节流缝隙的材料。采用不易产生极化分子的油液，并控制油液温度的升高，以防止油液过快地氧化和极化。尽量采用电位差较小的金属制作节流缝隙表面（钢对钢最好，钢对铜次之，铝对铝最差），以减小吸附层厚度。

5. 节流阀的应用

节流阀的主要用途是在定量泵液压系统中与溢流阀配合，组成节流调速回路，即进油路、出油路和旁油路节流调速回路（第 7 章中将详细介绍），调节执行元件的速度。除此之外，节流阀还可用作阻尼器，调整进入先导阀的流量。

5.4.2 调速阀

节流阀由于刚性差，在节流口开度一定的条件下，通过它的流量受工作负载变化的影响，不能保持执行元件运动速度的稳定，因此只适用于执行元件负载变化不大和速度稳定性要求不高的场合。如前所述，对节流阀而言，负载的变化直接引起出口压力的改变，从而使阀进出口压差改变，进而影响到阀的流量稳定。由于执行元件负载的变化很难避免，因此在速度稳定性要求较高时，采用节流阀调速是不能满足要求的。这种情况下，需要采用压力补偿来保持节流阀进出口的压差不变，从而达到流量的稳定。对节流阀进行压力补偿的方式有两种。一种是将定差减压阀与节流阀串联成一个组合阀，由定差减压阀保证节流阀进出口压差恒定，这种组合阀称为调速阀。另一种是将定压溢流阀与节流阀并联成一个组合阀，由溢流阀来保证节流阀进出口压差恒定，这种组合阀称为溢流节流阀（又称为旁通型调速阀），溢流节流阀在 5.4.3 节介绍。

1. 调速阀的结构和工作原理

调速阀示意见图 5-42(a)，详细图形符号见图 5-42(b)，简化图形符号见图 5-42(c)。

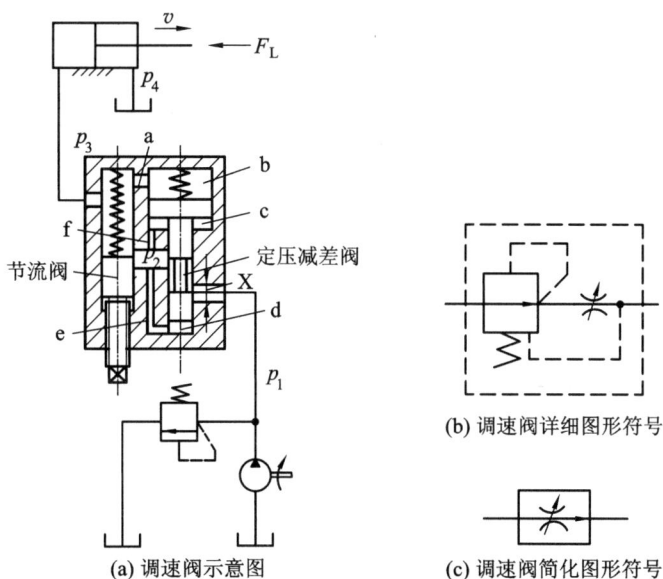

(a) 调速阀示意图　　(c) 调速阀简化图形符号

图 5-42　调速阀工作原理图

图中液压泵出口(即调速阀进口)压力 p_1 由溢流阀调定,基本上保持不变。进入调速阀压力为 p_1 的油液流经定差减压阀阀口 X 后压力降至 p_2,然后经节流阀流出,其压力为 p_3(压力 p_3 的大小由活塞杆上的负载 F_L 决定)。节流阀前压力为 p_2 的油液经通道 e 和 f 进入定差减压阀的 d 腔和 c 腔;而节流阀后压力为 p_3 的油液经通道 a 被引入定差减压阀的 b 腔。当减压阀阀芯在弹簧力 F_t、液压力 p_2、p_3 的作用下处于某一平衡位置时(忽略摩擦力、液动力和自重),其受力平衡方程为

$$p_2 A_d + p_2 A_c = p_3 A_b + K(x_0 + x) \tag{5-15}$$

$$p_2 - p_3 = \Delta p = \frac{K(x_0 + x)}{A_b} \tag{5-16}$$

式中,p_2——节流阀进口压力(Pa);

　　A_d——d 腔有效面积(m^2);

　　A_c——c 腔有效面积(m^2);

　　p_3——节流阀出口压力(Pa);

　　A_b——b 腔有效面积(m^2),$A_b = A_d + A_c$;

　　K——减压阀弹簧刚度(N/m);

　　x_0——减压阀弹簧预压缩量(m);

　　x——减压阀阀口长度(m)。

　　因为弹簧刚度较低,且工作过程中 $x_0 \gg x$,可以认为弹簧力 F_t 基本保持不变,故节流阀两端压差不变,这样可使通过节流阀的流量保持不变。其调速稳流过程如下:当外负载 F_L 增大时,调速阀出口处油压 p_3 随之增大,作用在减压阀阀芯上端的液压力也随之增加,阀芯失去平衡而下移。于是减压阀阀口长度 x 增大,通过减压阀阀口的压力损失变小,而 p_1 由溢流阀调定为常数,故 p_2 也随之增加,直至减压阀阀芯在新的位置上得到平衡为止,从而使($p_2 - p_3$)基本保持不变。反之亦然。因此,当负载变化时,由于定差减压阀能自动

调节减压阀阀口的大小，使节流阀两端的压差基本保持不变，从而保持流量的稳定。

图 5-43 表示调速阀和节流阀的流量与进出口压差(图中 $\Delta p = p_1 - p_3$)的关系。从图中可看出，节流阀的流量随压差的变化较大。对调速阀而言，当调速阀两端的压差大于一定数值(图中 Δp_{min})后，其流量就不随压差改变而变化。在调速阀两端压差较小的区域(小于 Δp_{min})内，由于压差不足以克服减压阀阀芯上的弹簧力，此时阀芯处于最下端，减压阀保持最大开口而不起减压作用，mn 段的流量特性和节流阀相同。所以要使调速阀正常工作，对于中低压调速阀，至少要有 0.5 MPa 的压差；对于高压调速阀，至少要有 1 MPa 的压差。

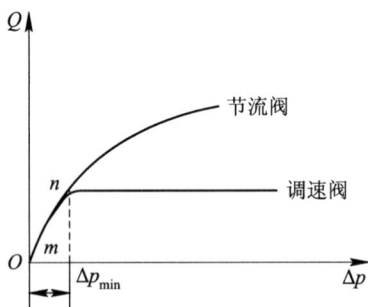

图 5-43　调速阀和节流阀流量特性比较

2. 调速阀的应用

调速阀在液压系统中的应用和节流阀相仿，它适用于执行元件负载变化大而运动速度要求稳定的液压系统中，也可用在容积-节流调速回路中。

根据系统的调速要求，调速阀在连接时可连接在执行元件的进油路上，也可连接在执行元件的回油路上，或连接在执行元件的旁油路上。

5.4.3 ▓ 溢流节流阀

溢流节流阀的示意见图 5-44(a)，详细图形符号见图 5-44(b)，简化图形符号见图 5-44(c)。来自液压泵压力为 p_1 的油液，进入阀后，一部分经节流阀(压力降为 p_2)进入执行元件(液压缸)，另一部分经溢流阀的溢流口流回油箱。溢流阀上腔 a 和节流阀出口相通，压力为 p_2；溢流阀阀芯下面的油腔 b、c 和节流阀入口相通，压力为 p_1。节流阀前后的压差 $\Delta p = p_1 - p_2$，也就是定差溢流阀两端的压差，由定差溢流阀来保证压差 Δp 基本维持不变，从而使经节流阀的流量基本上不随外负载 F_L 而变化。其稳流过程如下：当负载 F_L 增大时，出口压力 p_2 增大，因而溢流阀阀芯上腔压力 a 的压力随之增大，溢流阀阀芯下移，溢流阀口 x 减小，使节流阀入口压力 p_1 增大，从而使节流阀前后压差($\Delta p = p_1 - p_2$)基本维持不变；反之亦然。

调节节流阀开度 y 就可以调节通过节流阀的流量，从而调节液压缸的运动速度。

调速阀与溢流节流阀的共同之处是它们都能使通过自身的流量稳定而不受负载的影响。它们的区别是：使用调速阀时，阀前必须安装溢流阀，溢流阀的调定压力必须满足最大负载要求，因而调速阀入口油压始终很高，泵的工作压力始终是溢流阀的调定压力，故系统功率损失大；溢流节流阀入口油压 p_1 与由负载决定的油压 p_2 两者之差保持为定值，因而入口压力 p_1

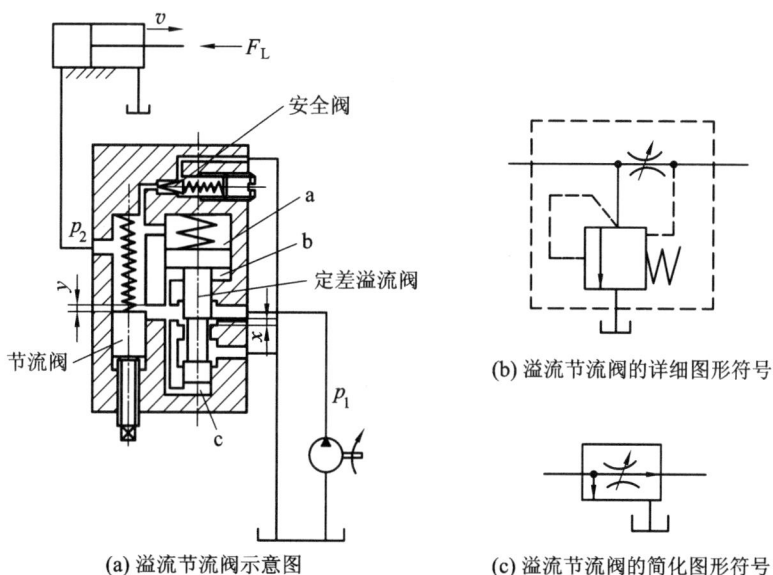

(a) 溢流节流阀示意图　　　(b) 溢流节流阀的详细图形符号　　　(c) 溢流节流阀的简化图形符号

图 5-44　溢流节流阀的工作原理

将随负载的变化而变化，并不始终保持为最大值，故系统功率损失小。调速阀的优点是通过阀的流量稳定性好，相比之下，溢流节流阀稳定流量的能力比调速阀稍差一些。

5.4.4　分流集流阀

在液压系统中，往往要求两个或两个以上的执行元件同时运动，并要求它们保持相同的位移或速度（或固定的速比），这种运动关系称作位置同步或速度同步。位置同步保证执行元件在运动中或停止时都保持相同的位置，速度同步则只能保证执行元件的速度或固定的速比相同。凡是位置同步的机构，也必定是速度同步，但速度同步的机构，不一定是位置同步。

由于两个或两个以上执行元件的负载不均衡，摩擦阻力不相等，以及制造误差、内/外泄漏量和液压损失的不一致等，执行元件经常不能同步运行。因此，在这些系统中需要采用同步措施，以消除或克服这些影响，保证液压执行元件的同步运动。分流集流阀即节流同步措施中的一种同步元件。

分流集流阀分为分流阀，集流阀和兼有分流、集流功能的分流集流阀。图 5-45(d) 所示为一螺纹插装、挂钩式分流集流阀；图 5-45(a)、(b)、(c) 分别为分流阀、集流阀和分流集流阀。图中二位三通阀通电后右位接入时，起分流阀作用；断电时左位接入，起集流阀作用。

该阀有两个完全相同的带挂钩的阀芯 1，其上有固定节流孔 4。按流量规格不同，固定节流孔直径及数量不同，流量越大，孔数和孔径越大；两侧流量比例为 1:1 时，两阀芯上固定节流孔完全相同。阀芯上还有通油孔及沉割槽，沉割槽与阀套上的圆孔组成可变节流口。作分流阀用时，左阀芯沉割槽右边与阀套孔的左侧以及右阀芯沉割槽左边与阀套孔的右侧同时起可变节流口作用；而起集流阀作用时，左阀芯沉割槽左边与阀套孔的右侧以及右阀芯沉割槽右边与阀套孔的左侧同时起可变节流口作用。弹簧 3 较弹簧 5 刚度大。

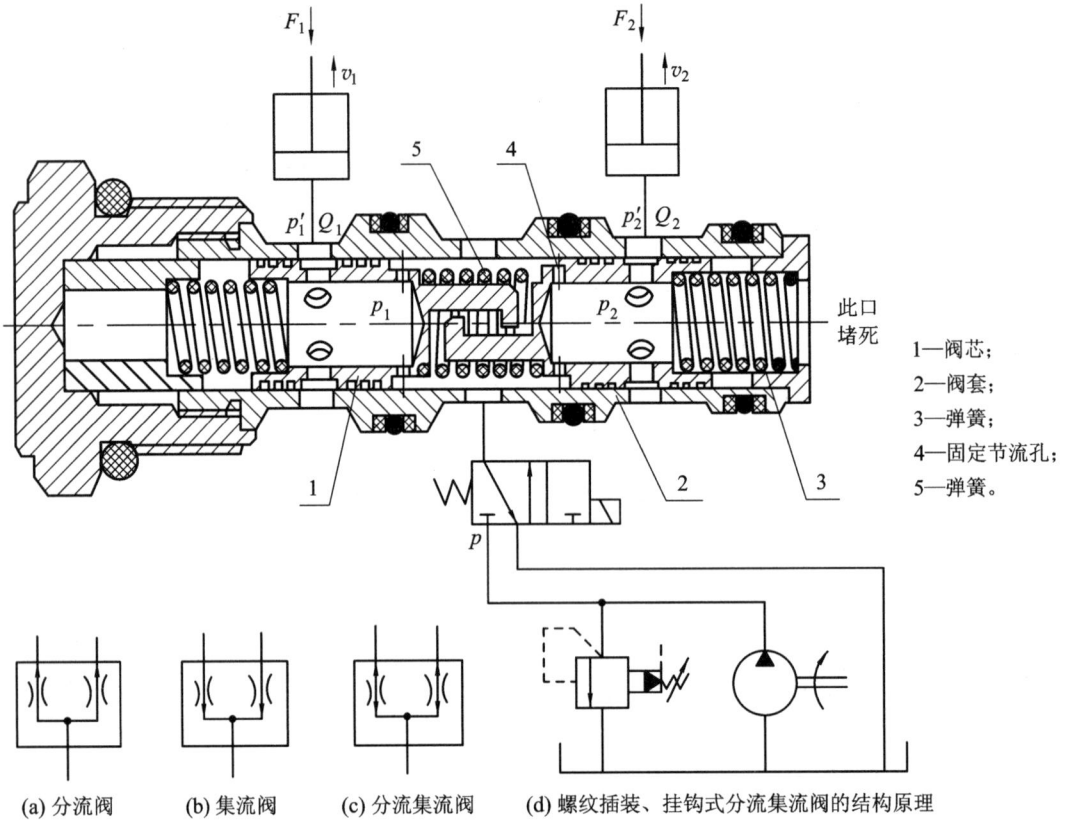

图 5-45 分流集流阀

现分析分流集流阀起分流阀作用时的工作原理。假设两缸完全相同，开始时负载力 F_1 和 F_2 以及负载压力 p_1' 和 p_2' 完全相等。供油压力为 p、流量 Q 等分为 Q_1 和 Q_2，活塞速度 v_1 与 v_2 相等。由于流量 Q_1 和 Q_2 流经固定节流孔产生的压差作用，两阀芯相离，挂钩相互钩住，两根弹簧 3 产生相同变形。此时，若 F_1 或 F_2 发生变化，两负载力及负载压力不再相等，假设 F_1 增大，p_1' 升高，则 p_1 也升高。这时两阀芯将同时右移，使左边的可变节流口开大，右边的可变节流口减小，从而使 p_2 也升高，阀芯处于新的平衡位置。如忽略阀芯位移引起的弹簧力变化等影响，p_1 和 p_2 在阀芯位移后仍近似相等，因而通过固定节流孔的流量即负载流量 Q_1 和 Q_2 也相等；此时左侧可变节流口两端压差 p_1-p_1' 虽比原来减小，但阀口通流面积增大；而右侧可变节流口两端压差 p_2-p_2' 虽增大，但阀口通流面积减小，因此两侧负载流量 Q_1 和 Q_2 在 $F_1>F_2$ 后仍基本相等，但 F_1 增大后，Q_1 和 Q_2 比原来的小。即一侧负载加大后，两者流量和速度虽仍能保持相等，但比原来的要小。同理可知，F_1 减小后，两侧流量和速度也能相等，但比原来的大。

分流集流阀起集流阀作用时，两缸中的油经阀集流后回油箱。此时由于压差作用，两阀芯相抵。同理可知，两缸负载不等时，活塞速度和流量也能基本保持相等。

由于弹簧力和液动力变化、摩擦力的影响以及两侧固定节流孔特性不可避免的差异，因此分流集流阀有约 2%～5% 的同步误差，分流集流阀主要用在精度要求不太高的同步控制场合。除此之外，齿轮分流器也可实现这种功能，这里不做介绍。

5.5　插装阀和叠加阀

　　插装阀是 20 世纪 70 年代出现的阀,主要有两种:一种是新型开关阀,又称逻辑阀,用各种普通阀作为先导控制阀来控制插装阀的开启和闭合,即可实现多种控制机能;另外一种是采用螺纹插装进行连接的液压阀,由于阀主体部分直接插入阀板上相应的插装孔,可基本上解决阀本身的外部泄漏,因此得到了广泛应用。

　　与普通阀相比,插装阀在控制功率相同的情况下,具有重量轻、体积小、功率损失小、切换时响应快、冲击小、泄漏量小、稳定性好、制造工艺性好、便于集成等特点。

　　叠加阀与普通阀的功能、工作原理基本相同,只是结构、安装方式有所不同,具有安装方便、简化管路、泄漏小、便于集成等特点。

5.5.1　逻辑阀的结构和工作原理

　　逻辑阀的典型结构(盖板式二通逻辑阀)见图 5-46。它由锥阀组件和控制盖板组成,锥阀组件包括弹簧 2、阀套 3、阀芯 4 以及若干密封件。另外控制油路中还可能有一些阻尼孔,以改善阀的动态性能。

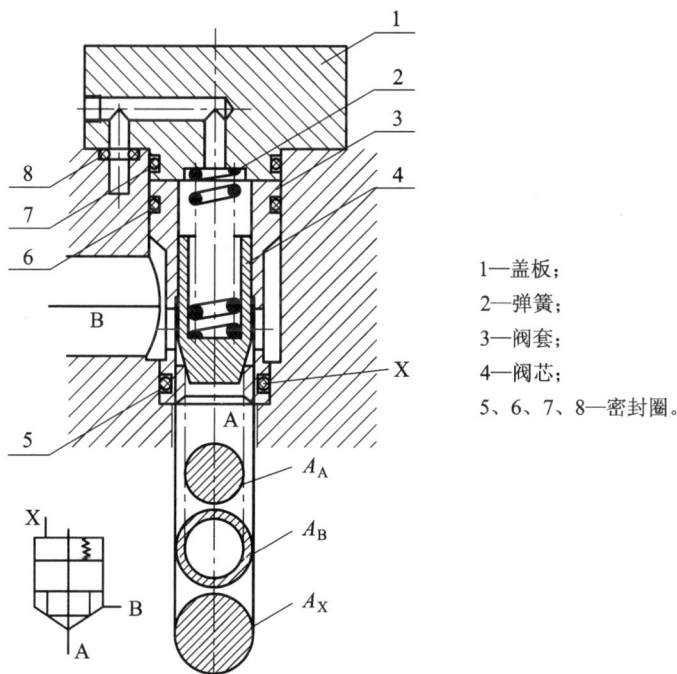

1—盖板;
2—弹簧;
3—阀套;
4—阀芯;
5、6、7、8—密封圈。

图 5-46　盖板式二通逻辑阀

　　逻辑阀有两个主要油口 A 和 B,锥面的开闭决定 A、B 口的通断。阀芯下部有两个承压面积 A_A 和 A_B,分别与 A 口与 B 口连通。弹簧腔(X 腔)的压力由盖板 1 及安装在其上的先导阀控制。

　　X 腔油压作用于阀芯上部,其面积为 $A_X = A_A + A_B$。设 p_A、p_B、p_X 分别为 A、B、X 口的油压力,F_t 为上腔弹簧预紧力,则当

$$p_X A_X + F_t \geqslant p_A A_A + p_B A_B \tag{5-17}$$

成立时，锥面闭合，A、B 口不通。

当

$$p_X A_X + F_t < p_A A_A + p_B A_B \tag{5-18}$$

成立时，锥面打开，A、B 口导通。在 $p_A = p_B = 0$ 时阀闭合；而 A 口或 B 口有压力时都有可能使阀打开。在 p_A、p_B 已定的情况下，改变 p_X 可以控制锥面的启闭，即控制 A、B 口的通断。如果 $p_X = 0$，在 p_A 或 p_B 作用下均可使阀打开，这种状态下，使阀打开的最小压力称为锥阀开启压力。开启压力与承压面积（A_A 或 B_B）和弹簧预紧力有关，根据需要，其大小可在 $(0.3 \sim 4) \times 10^5$ Pa 之间变化。A_A 与 A_X 之比可以设计为 $1 : 1.5$ 或 $1 : 1.1$、$2 : 1$ 等以适用阀的不同功能。液流方向可以从 A 口流向 B 口，也可以从 B 口流向 A 口。当 $A_X / A_A = 1$ 时，阀芯上不再有锥面，且 X 腔油液常由 A 腔经阀芯中间的阻尼小孔进入。此时油液只能由 A 口流向 B 口，主要用于压力控制阀。

5.5.2 逻辑阀用作方向阀

逻辑阀用作方向阀时一般要求能双向导通，常取 $A_X / A_A = 2$（或 1.5），分为用作单向阀和换向阀两种情况。

1. 逻辑阀用作单向阀

（1）逻辑阀用作普通单向阀。将逻辑阀的 X 腔与 A 口或 B 口连通，逻辑阀即成为普通单向阀。连通方向不同，其导通方向也不同，见图 5-47(a) 和图 5-47(b)。当 $A_X / A_A = 2$ 时，两种连接方法的开启压力相同；当 $A_X / A_A = 1.5$ 时，两种连接方法的开启压力不同。

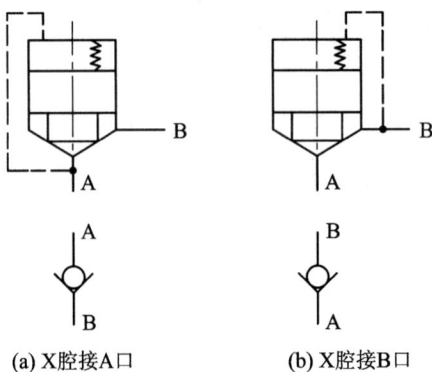

(a) X腔接A口　　(b) X腔接B口

图 5-47　逻辑阀用作普通单向阀

（2）逻辑阀用作液控单向阀。在控制盖板上加接一个二位三通液动阀，逻辑阀就可以用作液控单向阀，如图 5-48 所示。

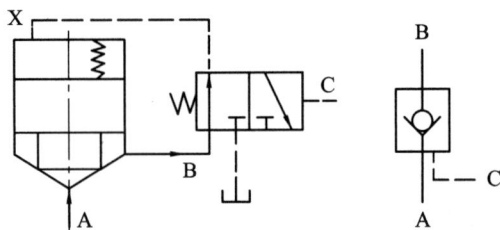

图 5-48　逻辑阀用作液控单向阀

2. 逻辑阀用作换向阀

将逻辑阀组合，用不同换向阀控制可组成不同位数、通数的换向阀。

（1）逻辑阀用作二位二通电液阀。用一个电磁先导阀控制 X 腔的压力，就可以使逻辑阀成为一个二位二通电液阀，见图 5-49(a)。阀在图示"断开"位置上，只能阻断 A 口流向 B 口而不能阻断 B 口流向 A 口。为此可在辅助油路中增加一个梭阀，见图 5-49(b)。梭阀的原理见图 5-49(c)，它的作用相当于两个单向阀。由于梭阀的存在，A 口和 B 口中压力较高者经过梭阀和电磁先导阀进入 X 腔，使锥阀保持压紧状态。因此这种阀能双向阻断油流。如果供给电磁阀的控制压力油独立于 A、B 口且其压力大于 A、B 口的压力，则不必安装梭阀。

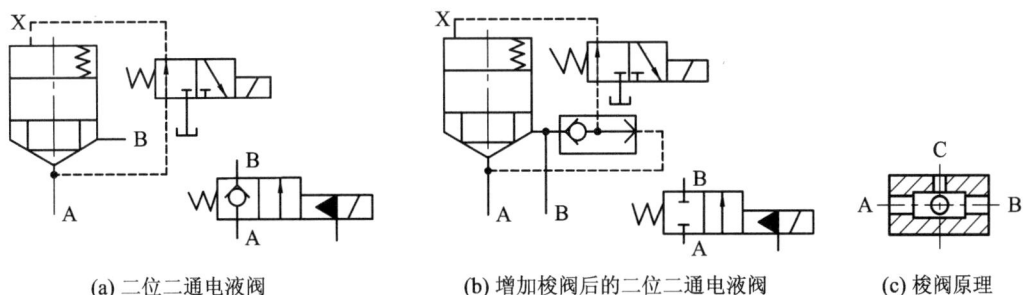

(a) 二位二通电液阀　　　　　(b) 增加梭阀后的二位二通电液阀　　　　(c) 梭阀原理

图 5-49　逻辑阀用作二位二通电液阀

（2）逻辑阀用作三通阀。两个逻辑阀再加上一个电磁先导阀组成一个三位（或二位）三通电液阀，见图 5-50。图中采用 P 型机能的电磁阀，中位时能同时压紧两个逻辑阀。为了阻止中位时液流由 A 口向 P 口（当 A 口压力高于 P 口时）倒流，图 5-50 中增加了一个梭阀。P 口和 A 口中的压力较高者通过梭阀和电磁阀进入逻辑阀 X 腔，这样，即使 P 口压力降为零，也能保证插装阀处于压紧状态。

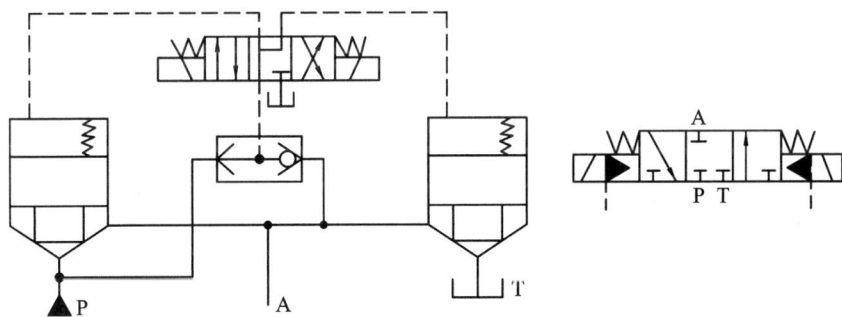

图 5-50　逻辑阀用作三位三通阀

（3）逻辑阀用作四通阀。执行元件一般需要用四通阀来实现换向。用四个逻辑阀以及相应的先导阀才能组成一个四通阀。如果采用两个先导阀来控制四个逻辑阀，则成为四位四通阀，如图 5-51 所示。如果采用四个先导阀分别控制四个逻辑阀的启闭，按理应有十六（2^4）种可能的组合状态。但是其中五种状态都具有"H"机能，故实际上只能得到十二种不同状态，见图 5-52。可见，采用逻辑阀换向时具有较一般四通阀更多的机能。但一个四通阀由四个逻辑阀及若干个先导阀组成，从外形尺寸及经济性方面考虑，在大流量时选用插装阀比较合理。

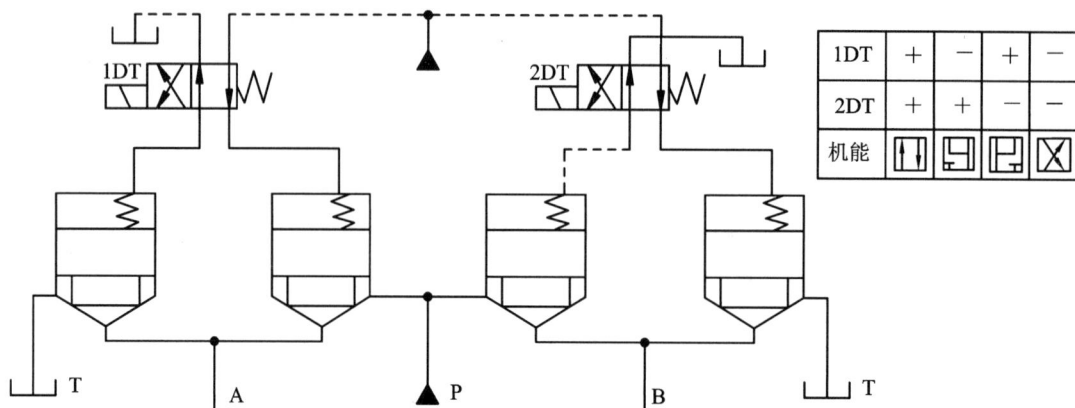

1DT	+	−	+	−
2DT	+	+	−	−
机能				

图 5-51　用两个先导阀控制四个逻辑阀

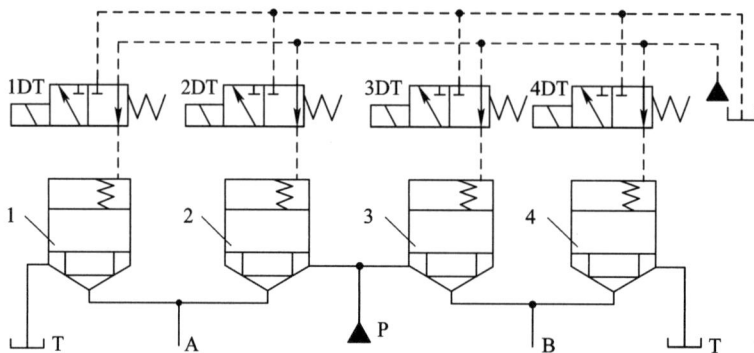

序号	1	2	3	4	5	6	7	8	9	10	11	12	13	14	15	16
1DT	−	−	+	+	−	−	+	+		−	+	+	−	+	−	+
2DT	−	−	−	−	+	+	+	+	−	−	−	+	+	−	+	+
3DT	−	−							+	+	+	+	+	+	+	+
4DT	−	+		+	−		+				+		+	−	+	+
机能																

图 5-52　用四个先导阀控制四个逻辑阀

5.5.3　逻辑阀用作压力控制阀

由前述知，溢流阀为压力控制阀的一种，本节以溢流阀为例，介绍逻辑阀用作压力控制阀的原理。图 5-53 为逻辑阀用作溢流阀时的原理图。A 口的压力经小孔 3(内控式时此小孔在锥阀阀芯内部)进入 X 腔并与先导压力阀 2 的入口相通，这样逻辑阀 1 的开启压力由先导阀 2 调整，其原理和一般先导式溢流阀完全相同。实际上，图 5-53 是图 5-4 所示二节同心先导式溢流阀的原理图。当 B 口不接油箱而接负载时，此阀亦可作顺序阀使用。当用作压力控制阀时，为了减少 B 口压力对调整压力的影响，常取 $A_X/A_A=1$(或 1.1)。

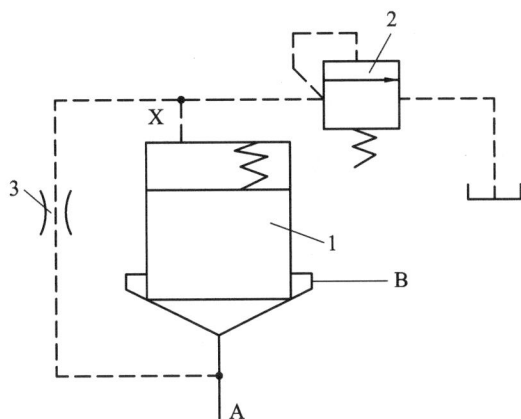

图 5-53　逻辑阀用作溢流阀

5.5.4　逻辑阀用作流量阀

在方向控制逻辑阀的盖板上安装阀芯行程调节器,调节阀芯的开度后,这一逻辑阀就兼有节流阀的作用(图 5-54 中阀芯上带有三角槽,以便于调节其开口大小)。各种流量控制阀,包括电液比例流量阀,都可以采用逻辑阀结构。

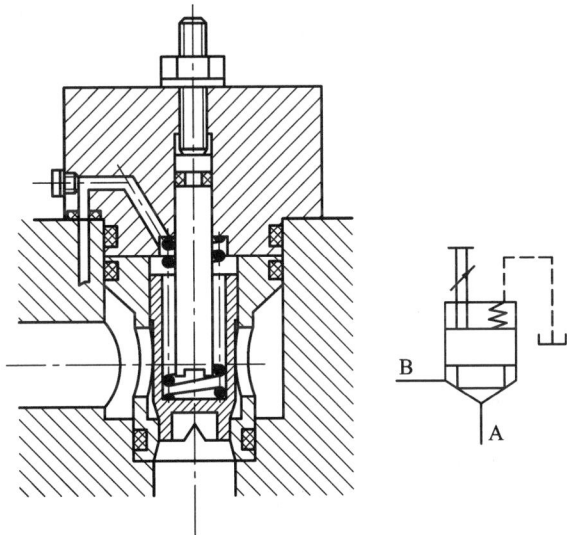

图 5-54　逻辑阀用作流量阀

5.5.5　螺纹插装阀

本节以螺纹插装单向阀为例介绍螺纹插装阀。图 5-55 所示为螺纹插装单向阀,由阀套 1、阀芯 2、弹簧 3、密封圈 4 组成,当 P_1 口通入压力油时,克服弹簧 3 的弹簧力,顶开阀芯 2,从 P_2 口流出,实现单向流动;反向则不能流动。安装时,需在安装阀板上加工相应的插装孔(用成型刀具进行加工),通过阀套 1 上的螺纹,将阀旋入该插装孔实现安装连接。

1—阀套；
2—阀芯；
3—弹簧；
4—密封圈。

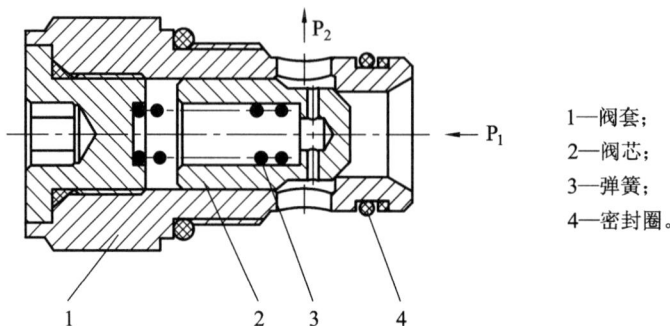

图 5－55　螺纹插装单向阀

5.5.6　叠加阀

叠加阀是一种采用叠加方式进行安装的液压控制阀，工作原理与一般液压阀基本相同，但其整体结构、安装方式与连接尺寸不相同，其在液压回路中既具有液压元件的控制功能，又具有通道体的作用，一般安装在阀块与板式换向阀之间，且通径、安装孔位置与定位尺寸与其所连接的换向阀相同。这种连接减少了元件之间的管路连接，便于元件集成。

图 5－56 所示为 Z2FS6 型叠加式双单向节流阀结构及其职能符号图，其主要由单向阀阀芯 2、节流阀阀芯 3、节流口调节螺钉 4、单向阀复位弹簧 5 以及阀体 6 组成，节流阀阀芯 3 末端有楔形口 1，由单向阀阀芯 2 和节流阀阀芯 3 可形成节流口。如图所示，若 A_1 口进油，则油液通过左边的节流口流出；若 B_1 口进油，则油液通过右边的节流口流出，形成了进油节流。当油液从 A_2 流入时，推动左边的单向阀阀芯，克服弹簧力，油液从 A_1 口流出。图中除 A、B 油口外，上下两个面的 P、T 油口形成直通油道，使油液能在阀块与叠加阀上方的换向阀或其他阀之间流动。

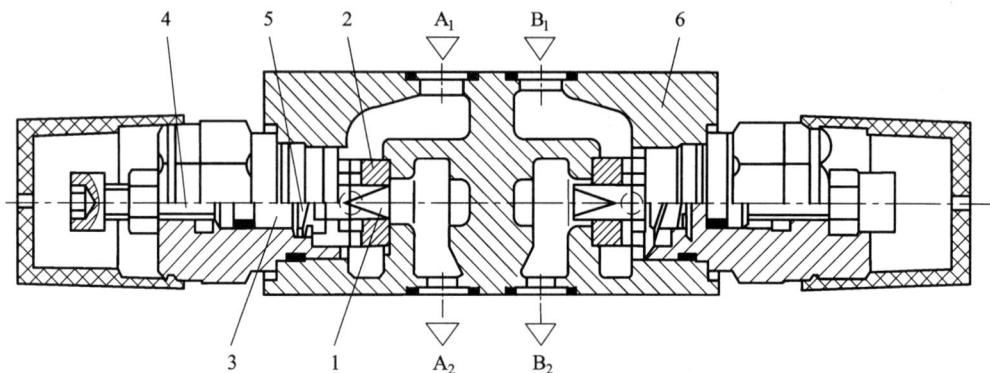

1—楔形口；2—单向阀阀芯；3—节流阀阀芯；4—节流口调节螺钉；5—单向阀复位弹簧；6—阀体。

(a) 叠加式单向节流阀结构

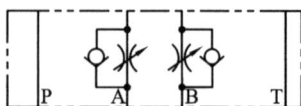

(b) 叠加式单向节流阀职能符号

图 5－56　Z2FS6 型叠加式单向节流阀

5.6　伺　服　阀

伺服阀是一种以小的电气信号控制系统内液体压力或流量的伺服元件。伺服阀是伺服控制系统的核心，它可以按照给定的输入信号连续、成比例地控制流体的压力、流量和方向，使被控对象按照输入信号的规律变化。

伺服阀按照输出特性分类有流量控制阀、压力控制阀、压力-流量控制阀；按结构形式分类有滑阀、喷嘴挡板阀和射流管阀等；按输入信号方式的不同分类，有电液伺服阀、气液伺服阀、机液伺服阀三大类，它们的基本组成部分相同。由于电液伺服阀应用很广，使用量大，所以通常所说伺服阀是电液伺服阀。本节重点介绍以结构分类的伺服阀。

5.6.1　滑阀

本节介绍滑阀的工作原理和结构特性及其流量-压力特性。

1. 滑阀的工作原理和结构特性

滑阀是最常用的伺服阀结构形式，它常用作工业伺服阀的前置级和所有伺服阀的功率级。滑阀按照外接油口的多少不同，分为二通、三通、四通等；按照控制边数的不同，分为单边、双边和四边滑阀，其工作原理如图 5-57 所示。其中，图 5-57(a) 为二通单边滑阀，图 5-57(b) 为三通双边滑阀，图 5-57(c) 为四通四边滑阀。阀芯的位移不同于液压传动中开关式换向阀，是双向连续变化的。滑阀的基本功能是连续改变控制棱边(节流口)的流通面积，以改变进入液压缸(或执行件)两腔的压力和流量，从而达到控制液压缸输出运动和动力的目的。

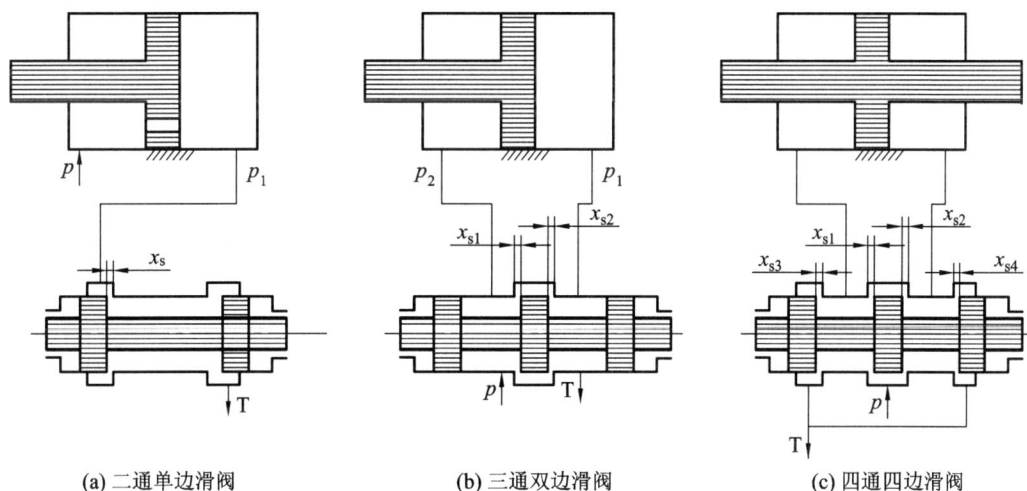

(a) 二通单边滑阀　　　　　(b) 三通双边滑阀　　　　　(c) 四通四边滑阀

图 5-57　滑阀工作原理图

根据阀在中间平衡位置时控制棱边的不同初始开口量，滑阀又可以分为正开口、零开口和负开口，如图 5-58 所示。

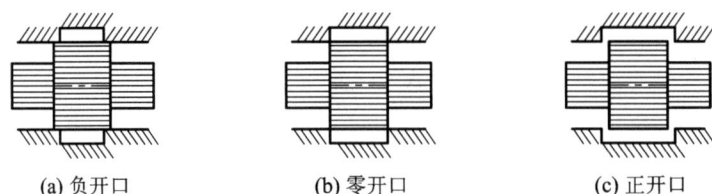

(a) 负开口   (b) 零开口   (c) 正开口

图 5-58 不同的滑阀开口形式

当阀芯移动时，不同初始开口量的滑阀流量输出特性不同，图 5-59 为三种不同开口形式滑阀的位置-流量特性曲线。

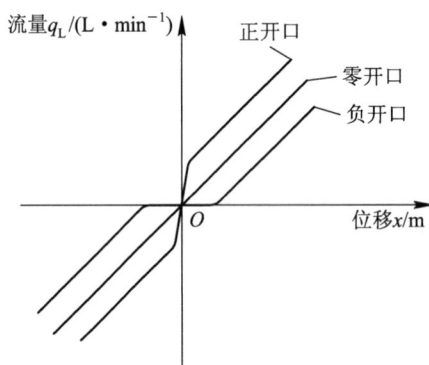

图 5-59 滑阀不同开口形式的位移-流量特性

滑阀的开口形式对其控制性能影响很大，尤其是在零位附近的特性。从图 5-59 可以看出，负开口滑阀在中间平衡位置时，四个节流口完全被遮盖，彻底切断了油源和执行件之间的通路。阀芯需要左、右移动 x_{V0} 的距离后，才能将相应的节流口打开，才有油液输给执行件。所以在滑阀的位置-流量特性曲线上，会形成一段没有油液输出的非线性死区，灵敏度低，对于高精度的伺服阀控制系统，不使用这类结构的伺服阀。但这种结构的伺服阀制造容易，成本低，可以在伺服阀移动过程中的任何位置可靠停止，所以手动伺服阀或比例控制系统仍选用这种阀。图 5-59 中的零开口滑阀的位置-流量特性曲线是线性的，控制性能好，灵敏度高。实际上，零开口滑阀总存在径向间隙，节流工作边有圆角，有一定的泄漏，要求零位泄漏越小越好，但制造工艺复杂，成本高。图 5-59 中的正开口阀的结构简单，但是液体无功损耗比较大。

2. 滑阀的压力-流量特性

滑阀的压力-流量特性反映了在静态情况下滑阀的负载流量 q_L 与阀芯位移 x_V、负载压力 p_L 之间的函数关系，即

$$q_L = f(p_L, x_V) \tag{5-19}$$

下面以理想的零开口四边滑阀(见图 5-60)为例分析阀的静态特性，首先假定阀的节流口边为锐边，各阀口匹配均匀对称，开口开度相等，油源压力稳定，油液是理想液体，管道无变形，无泄漏，忽略其他一切压力损失。

当阀芯从零位右移 x_V 时，根据节流口的流量公式(设回油压力为零)，进入液压缸的液体流量是

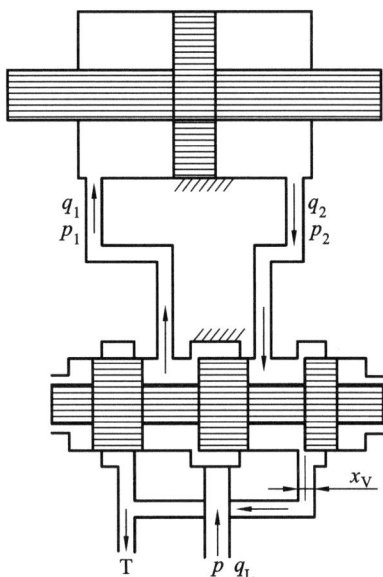

图 5-60　零开口四边滑阀

$$q_1 = C_\mathrm{d} w x_\mathrm{V} \sqrt{\frac{2}{\rho}(p - p_1)} \qquad (5-20)$$

式中，C_d 为节流口流量系数。

流出液压缸的液体流量为

$$q_2 = C_\mathrm{d} w x_\mathrm{V} \sqrt{\frac{2}{\rho} p_2} \qquad (5-21)$$

在稳态时有

$$q_1 = q_2 = q_\mathrm{L} \qquad (5-22)$$

油源供油压力为

$$p = p_1 + p_2 \qquad (5-23)$$

负载产生的压力为

$$p_\mathrm{L} = p_1 - p_2 \qquad (5-24)$$

由式(5-23)和式(5-24)得

$$p_1 = \frac{1}{2}(p + p_\mathrm{L}) \qquad (5-25)$$

$$p_2 = \frac{1}{2}(p - p_\mathrm{L}) \qquad (5-26)$$

将式(5-25)和式(5-26)代入式(5-20)或式(5-21)得

$$q_1 = q_2 = q_\mathrm{L} = C_\mathrm{d} w x_\mathrm{V} \sqrt{\frac{1}{\rho}(p - p_\mathrm{L})} \qquad (5-27)$$

式中，w——阀口的面积梯度；

$w x_\mathrm{V}$——阀口的几何流通面积。

式(5-27)是理想零开口四边滑阀的压力-流量特性方程。为了便于清楚对比，将式

(5-27)处理可以得到无量纲压力-流量特性方程为

$$\overline{q_{\mathrm{L}}} = \overline{x_{\mathrm{V}}} \sqrt{1 - \overline{p_{\mathrm{L}}} \frac{x_{\mathrm{V}}}{|x_{\mathrm{V}}|}} \qquad (5-28)$$

式中，$\overline{q_{\mathrm{L}}} = q_{\mathrm{L}}/q_{\mathrm{Lmax}}$；$\overline{x_{\mathrm{V}}} = x_{\mathrm{V}}/x_{\mathrm{Vmax}}$；$\overline{p_{\mathrm{L}}} = p_{\mathrm{L}}/p_{\mathrm{Lmax}}$。

以 $\overline{x_{\mathrm{V}}}$ 为变参数，以 $\overline{q_{\mathrm{L}}}$ 为纵坐标、$\overline{p_{\mathrm{L}}}$ 为横坐标可以绘制出许多条无量纲压力-流量特性曲线，如图 5-61 所示。

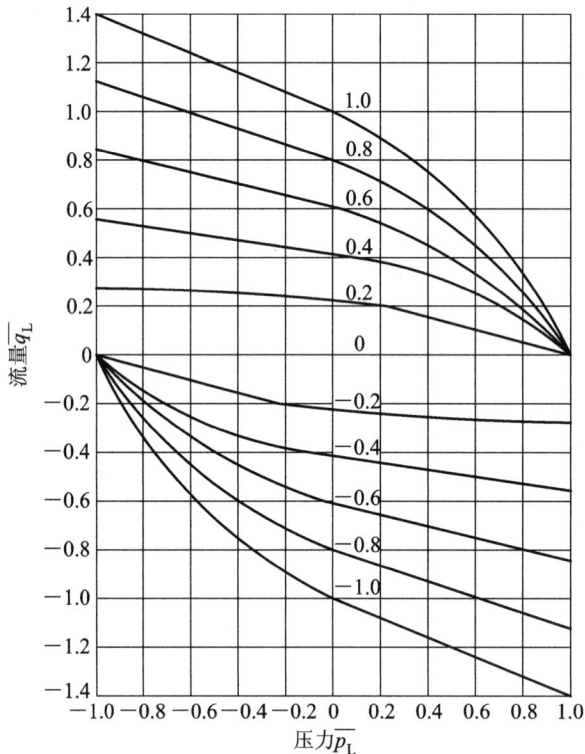

图 5-61　零开口四边滑阀流量-压力曲线

曲线表现出非线性关系，基本呈现抛物线形状，这一现象主要是由节流口的非线性特性造成的。当 $p_{\mathrm{L}} > \frac{2}{3} p_{\mathrm{Lmax}}$ 时，非线性关系明显，x_{V} 越大，非线性关系越明显；当 p_{L}、x_{V} 较小时，曲线可以近似当作直线对待；当 p_{L} 为常量时，x_{V} 增加，负载流量也增加。由于滑阀的节流口是匹配对称的，阀在两个方向上的控制性能是一样的，因此流量-压力特性曲线对称于原点。

滑阀的静态特性系数包括流量放大系数、压力放大系数和流量压力系数，其计算分别如下：

(1) 流量放大系数(流量增益)k_{q} 为

$$k_{\mathrm{q}} = \frac{\partial q}{\partial x_{\mathrm{V}}} \qquad (5-29)$$

式(5-29)表示在负载压力一定时，滑阀单位输入位移导致的负载流量变化的大小。k_{q} 越大，滑阀对负载流量的控制就越灵敏。

（2）压力放大系数（压力增益）k_P：

$$k_P = \frac{\partial p_L}{\partial x_V} \tag{5-30}$$

式（5-30）表示在负载流量一定时，滑阀单位输入位移所导致的负载压力变化的大小。k_P
越大，滑阀对负载压力的控制就越灵敏。

（3）流量压力系数 k_C：

$$k_C = -\frac{\partial q_L}{\partial p_L} \tag{5-31}$$

式（5-31）表示在滑阀开口 x_V 一定时，负载单位压力变化所导致的负载流量变化的大小。
k_C 越大，说明负载压力很小的变化就能对滑阀流量产生大的变化。

滑阀的三个静态特性系数之间的关系是

$$k_P = \frac{\partial p_L}{\partial x_V} = \frac{\dfrac{\partial q_L}{\partial x_V}}{\dfrac{\partial q_L}{\partial p_L}} = \frac{k_q}{k_C}$$

或

$$k_q = k_P k_C \tag{5-32}$$

滑阀的三个静态特性系数在确定系统的稳定性、响应特性和稳态误差时非常重要。流
量增益直接影响系统的开环增益，因而对系统的稳定性有直接的影响；压力增益表明液压
动力机构启动大惯性和大摩擦负载的能力；流量压力系数直接影响阀控液压马达、液压缸
系统的阻压比。

需要说明的是滑阀的特性系数是随工作点的变化而变化的。流量-压力曲线在原点处
的阀系数称零点阀系数，也称零位工作点，由于阀经常在原点附近工作，因此原点是滑阀
重要的工作点，此处阀的流量增益最大，系统的开环增益最高，压力-流量系数最小，系统
的阻尼最低。如果系统在该点是稳定的，在其他点必然是稳定的。

滑阀的优点是压力增益可以很高，通过的流量可以很大，特性易于计算和控制，抗污
染性能较好。滑阀的缺点是配合公差要求严格，制造成本高，作用在阀芯上的力较多、较大
且变化，要求较大的控制力；作前置级时，动态响应较低。

5.6.2　喷嘴挡板阀

喷嘴挡板阀的工作原理如图 5-62 所示。喷嘴挡板阀主要由节流口 1、喷嘴 2、挡板 3
组成，具体可分为单喷嘴挡板阀和双喷嘴挡板阀，喷嘴和挡板之间形成一个可变的节流口，
挡板的位置由输入信号控制，由于挡板的位移较小，挡板的转角也非常小，因此可以近似
地按照平移的方式处理挡板与喷嘴之间的位移。

在图 5-62(a)中，压力一定的液体一部分流入液压缸的有杆腔，另一部分经过固定节
流口后，其中一部分流入液压缸的无杆腔，其余经过喷嘴喷出，流回油箱。当信号改变挡板
的偏转位置时，改变了可变的节流口的大小，也就改变了流经节流口的流量，从而改变了
液压缸两腔的压力，使液压缸活塞产生运动。

双喷嘴挡板阀如图 5-62(b)所示，它相当于两个单喷嘴挡板阀的并联结构，其工作原
理基本与单喷嘴挡板阀相同，但其所控制的负载形式有所不同，常用于对称结构，如双出

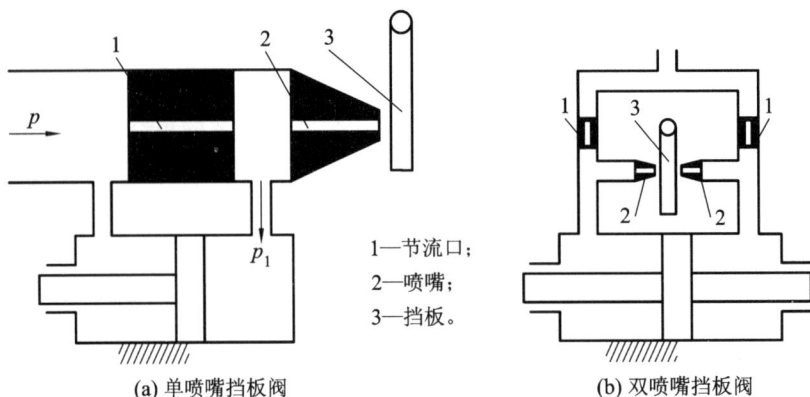

1—节流口；
2—喷嘴；
3—挡板。

(a) 单喷嘴挡板阀   (b) 双喷嘴挡板阀

图 5-62   喷嘴挡板阀工作原理图

杆液压缸。双喷嘴挡板阀由于结构对称而具有的优点是温度和供油压力变化导致的零漂小，即零位点的工作漂移小；挡板所受的液动力小，在零位时的液动力平衡；压力-流量曲线的对称性和线性度好，压力控制敏感度比单喷嘴挡板阀大一倍。

    喷嘴挡板阀的优点是结构简单、公差较大；特性可预测；无死区、无摩擦副，灵敏度高；挡板惯性很小，所需的控制力小，动态响应高。其缺点是抗污染性能差，要求很高的过滤精度；零位泄漏量大，功率损耗大，效率低，通常作伺服阀的前置放大级。

5.6.3   射流管阀

    射流管阀工作原理如图 5-63 所示，它由射流管接收器组成。射流管阀不采用节流的方式，而是靠能量分配和转换实现控制，其能量的分配是靠改变射流管与接收器的相对位置实现的。射流管一般为收缩形或拉瓦尔管形，当流体流经射流管时，将压力转换成动能射入接收器，接收器是一个扩张管，液流流经后减速扩压，使进入的流体恢复其压力能。当射流管位于接收器的两个接收通道之间时，两个接收通道内压力相等，液压缸两腔压力相等，活塞保持位置不变；当射流管向左偏移时，左侧接收孔道内的压力大于右侧接收孔道内的压力，使液压缸左移，同时接收器也和液压缸一起移动，直到射流管又位于两个接收孔道中间位置为止；反之亦如此。液压缸的移动方向由控制信号的方向决定，液压缸移动速度的快慢由控制信号的大小决定。

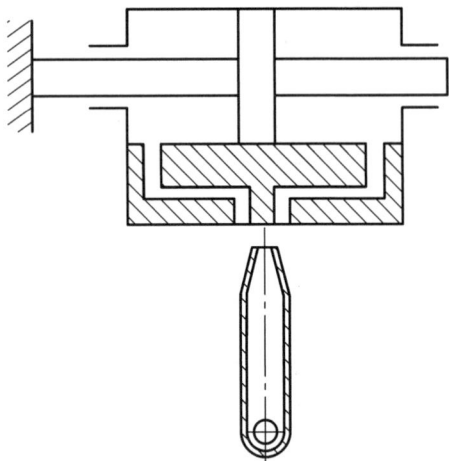

图 5-63   射流管阀工作原理图

    射流管阀的优点是结构简单，制造成本低；喷口较大，流量较大；抗污染能力好，可靠性高；无死区，转动摩擦小，灵敏度高；压力恢复系数和流量恢复系数较大，效率较高。其缺点是射流管惯性较大，动态响应较低；特性不易预测，设计时要靠模型试验。射流管阀适用于中、小功率控制系统或伺服阀的前置级。

5.6.4　电液伺服阀

电液伺服阀是电液伺服系统的功率放大转换元件，其作用是将输入的小功率电信号转换放大成液压大功率输出。它是电液伺服系统的核心元件，其性能对整个液压系统的性能影响很大。

电液伺服阀的种类很多，按照液压放大器的级数分为单级、两级和三级电液伺服阀；按电液伺服阀前置级放大器结构形式分为滑阀式、喷嘴挡板阀式、射流管阀式；按照阀的内部结构及反馈形式分为：位置反馈式、负载压力反馈式和负载流量反馈式。电液伺服阀基本都是由电气/机械转换器、液压放大器和反馈装置三部分组成的，如图 5-64 所示。

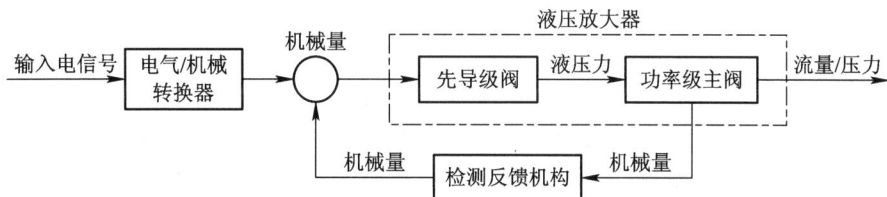

图 5-64　电液伺服阀的组成框图

若是单级电液伺服阀，则图 5-64 中无先导级阀；否则为多级阀。比例电磁铁、力马达或力矩马达形式之一的电气/机械转换器用于将输入电信号转换为力或力矩，以产生驱动先导级阀运动的位移或转角；先导级阀又称为前置级（滑阀、锥阀、喷嘴挡板阀或插装阀均可作前置级），用于接收小功率的电气/机械转换器输入的位移或角度信号，将机械量转换为液压力驱动主阀；主阀（滑阀或插装阀）将先导级阀的液压力转换为流量/压力输出；设在阀内部的检测反馈机构（可以是液压、机械、电气反馈等）将先导级阀或主阀控制口的压力、流量或阀芯的位移反馈到先导级阀的输入或比例放大器的输入端，实现输入、输出的比较，从而提高阀的控制性能。

电液伺服阀的工作原理图如图 5-65 所示，由电磁和液压两部分组成，其电气/机械转换器是力矩马达，力矩马达由永久磁铁、导磁铁、衔铁、线圈和弹簧组成；前置级放大器是喷嘴挡板阀；液压功率放大器采用四边滑阀结构。当线圈没有信号电流通过时，衔铁、挡板、滑阀均处于中位；当线圈有信号电流通过时，磁铁被磁化，与永久磁铁初始的磁场合成

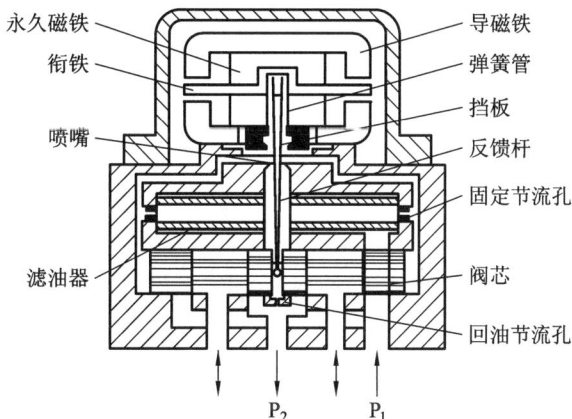

图 5-65　电液伺服阀工作原理图

产生电磁力矩，使衔铁连同挡板偏转一个角度。挡板的偏移改变了喷嘴和挡板之间的间隙，使滑阀两端油液的压力发生变化，进一步导致滑阀阀芯向油液压力小的方向移动。阀芯的移动使反馈杆产生弹性变形，对衔铁挡板组件产生力反馈。当作用在衔铁挡板组件上电磁力矩与反馈杆产生弹性变形和弹簧管反力矩达到平衡时，滑阀停止移动，保持阀芯在一定的开口位置上，输出相应的流量。

输入信号电流与衔铁的转角和挡板的位移以及滑阀位置成正比，在一定负载压力情况下，阀的输出流量与输入电信号成正比，当输入电信号换向时，阀芯位移方向改变，阀的输出流量也随之换向，所以，这种阀是一种流量控制型的电液伺服阀。

5.7 比 例 阀

比例控制技术是 20 世纪 60 年代末人们开发的一种可靠、低价、控制精度和响应特性均能满足工业控制系统实际需要的控制技术。电液比例控制技术是介于普通液压阀的开关控制技术和电液伺服控制技术之间的控制方式。它可以实现对液体压力和流量连续地、按比例地跟随控制信号而变化。因此，电液比例控制技术的控制性能优于普通液压阀的开关式控制。虽然与伺服阀相比，比例阀在中位有死区，在控制精度和响应速度上还略有些差距，但它显著的优点是抗污染能力强，大大地减少了由污染而造成的液压系统工作故障；另一方面，比例阀的成本比伺服阀低，结构简单，因此已在许多场合获得广泛应用。

比例控制技术经过几十年的不断发展，目前已较为完善，主要表现在三个方面：

（1）采用了压力、流量、位移、动压等反馈及电校正手段，提高了阀的稳态精度和动态响应品质，这些标志着比例控制设计原理已经完善。

（2）比例技术与插装阀已经结合，诞生了比例插装技术。

（3）以比例控制泵为代表的比例容积元件的诞生进一步扩大了比例控制技术的应用。

5.7.1 比例阀的工作原理和类型

电液比例阀的结构形式很多，其工作原理与电液伺服阀类似，通常由电气/机械转换器、液压放大器（先导级阀和功率级主阀）和检测反馈机构组成（见图 5-66）。与电液伺服阀不同的是，电液比例阀中，设在阀内部的检测反馈机构（可以是液压、机械、电气反馈等）将先导级阀或主阀控制口的压力、流量或阀芯的位移反馈到先导级阀的输入端或比例放大器的输入端，实现输入、输出的平衡。

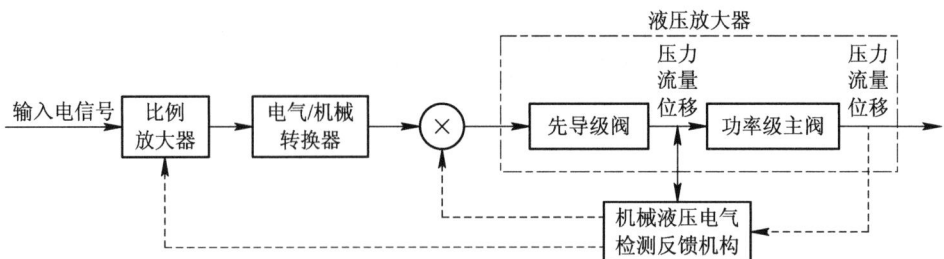

图 5-66 电液比例阀的组成

比例控制的核心是比例阀。比例阀的输入单元是电气/机械转换器，它将输入信号转换成机械量。电气/机械转换器有伺服电机和步进电机、力马达和力矩马达、比例电磁铁等形式。常用的比例阀大多采用了比例电磁铁。比例电磁铁是根据电磁原理设计的，能使其产生的机械量(力或力矩和位移)与输入电信号(电流)的大小成比例，再连续地控制液压阀阀芯的位置，进而实现连续地控制液压系统的压力、方向和流量。比例电磁铁的结构如图5-67所示，比例电磁铁由线圈、衔铁、推杆等组成，当有信号输入线圈时，线圈内磁场对衔铁产生作用力，衔铁在磁场中按信号电流的大小和方向成比例、连续地运动，再通过固连在一起的销钉带动推杆运动，从而控制滑阀阀芯的运动。应用最广泛的比例电磁铁是耐高压直流比例电磁铁。

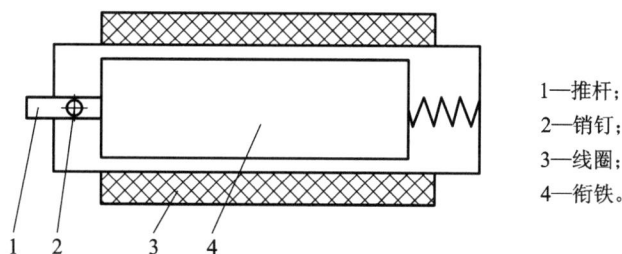

1—推杆;
2—销钉;
3—线圈;
4—衔铁。

图 5-67　比例电磁铁的结构

比例电磁铁的类型按照工作原理分为如下几类：

(1) 力控制型。力控制型比例电磁铁的行程短，只有1.5 mm，输出力与输入电流成正比，常用在比例阀的先导级上。

(2) 行程控制型。行程控制型比例电磁铁由力控制型和负载弹簧共同组成，电磁铁输出的力通过弹簧转换成输出位移，输出位移与输入电流成正比，工作行程达3 mm，线性度好，可以用在直控式比例阀上。

(3) 位置调节型。位置调节型比例电磁铁中，衔铁的位置由阀内的传感器检测后，发出一个阀内反馈信号，在阀内进行比较后重新调节衔铁的位置，阀内形成闭环控制，精度高，衔铁的位置与力无关，在精度上几乎可以和伺服阀相比。国际上不少著名公司生产的比例阀都采用这种结构。

比例阀按主要功能分类，分为比例压力阀、比例方向阀、比例流量阀及比例复合控制阀四大类。

(1) 比例压力阀。比例压力阀有溢流阀、减压阀、顺序阀，可以连续地对系统压力进行调节。

(2) 比例方向阀。比例方向阀中，输入电流的极性决定了液流的流动方向，阀芯的行程与输入电流的大小成比例。比例方向阀又分为带位置传感器与不带位置传感器两类。

(3) 比例流量阀。比例流量阀有比例调速阀和比例溢流流量控制阀，可以连续地对系统流量或速度进行调节。

(4) 比例复合控制阀。比例复合控制阀一般是由两种不同功能的阀组合构成的，如比例方向阀与定差减压阀组合构成的复合控制阀，使通过阀的流量不受负载影响，适合应用于开环控制系统中。每一类比例复合控制阀又可以分为直接控制和先导控制两种结构形式，直接控制用在小流量小功率系统中，先导控制用在大流量大功率系统中，构成电液比例阀。

5.7.2 比例阀的选用

比例阀的选用有如下要点：

（1）根据用途和被控对象选择比例阀的类型。

（2）正确了解比例阀的动、静态指标，主要有额定输出量、起始电流、滞环、重复精度、额定压力损失、温飘、响应特性、频率特性等。

（3）根据执行件的工作精度要求选择比例阀的精度，要求内含反馈闭环的阀的稳态、动态品质好。如果比例阀的固有特性如滞环、非线形等无法使被控系统达到理想的效果，可以使用软件程序改善系统的性能。

（4）如果选择带先导阀的比例阀，要注意先导阀对油液污染度的要求。一般应符合 ISO18/15 标准，并在油路上加装 10 μm 的进油滤油器。

（5）比例阀的通径应是执行器在最大速度时通过的流量，通径选得过大，会使系统的分辨率降低。

比例阀必须使用与之配套的放大器，比例阀与放大器的距离应尽可能短，放大器采用电流负反馈，设置斜坡信号发生器，控制升压、降压时间或运动加速度及减速度。断电时，能使阀芯处于安全位置。

5.8 电液数字控制阀

电液数字控制阀是将计算机控制和液压技术相结合的一种控制阀，可以实现数字信号和液压控制的转换。

5.8.1 电液数字控制阀的工作原理

电液数字控制阀（简称数字阀）是用数字信号直接控制阀口的开启与关闭，从而达到控制液流的方向、压力和流量目的的阀类。与电液伺服阀和比例阀相比，电液数字阀的突出特点是：可直接与计算机接口，不需要 A/D 转换器，结构简单；价格低；抗污染能力强；操作维护方便；输出量由脉冲频率或宽度调节控制，准确可靠；抗干扰能力强；可得到较高的开环控制精度等，所以很快得到了发展。在计算机实时控制的电液系统中，电液数字控制阀已部分取代比例阀。根据控制方式的不同，电液数字控制阀分为增量式数字阀和脉宽调节（PWM）式高速开关数字阀两大类。

1. 增量式电液数字阀

增量式电液数字阀是采用脉冲数字调制演变而成的增量控制方式，以步进电机作为电气/机械转换器，驱动液压阀芯工作，因此又称为步进式数字阀。增量式电液数字阀控制系统工作原理如图 5-68 所示。微型计算机发出脉冲序列经驱动器放大后使步进电机工作。步进电机是一个数字元件，根据增量控制方式工作。增量控制方式是由脉冲数字调制法演变而成的一种数字控制方法，是在脉冲数字信号的基础上，使每个采样周期的步数在前一采样周期的步数上，增加或减少一些步数而达到需要的幅值；步进电机转角与输入的脉冲数成比例，步进电机每得到一个脉冲信号，便得到与输入脉冲数成比例的转角，每个脉冲使步进电机沿给定方向转动一固定的步距角，再通过机械转换器(丝杆-螺母副或凸轮机构)使转角转换为轴向位移，使阀口获得一相应开度，从而获得与输入脉冲数成比例的压力、流量。有的增量式电液数字阀还设置用于提高阀的重复精度的零位传感器和用于显示被控量的显示装置。

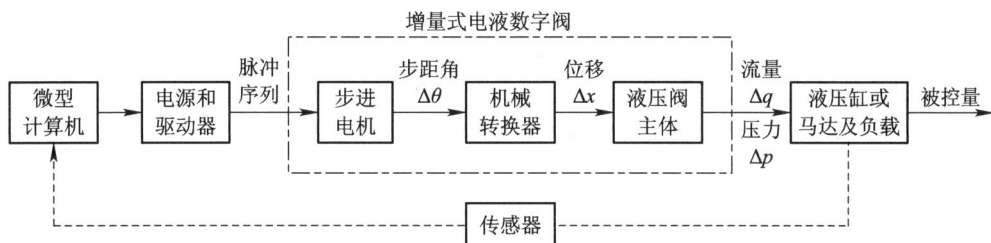

图 5-68　增量式电液数字阀控制系统工作原理图

2. 脉宽调节(PWM)式高速开关数字阀

脉宽调节式高速开关数字阀(简称高速开关数字阀)的控制信号是一系列幅值相等、在每一周期内宽度不同的脉冲信号，其工作原理如图 5-69 所示。微型计算机输出的数字信号通过脉宽调制放大器调制放大后使电气/机械转换器工作，从而驱使液压阀工作。由于作用于阀上的信号为一系列脉冲，因此液压阀只有与之相对应的快速切换的开和关两种状态，而以开启时间的长短来控制流量或压力。高速开关数字阀的结构与其他阀不同，它是一个快速切换的开关，只有全开和全闭两种工作状态。电气/机械转换器主要是由力矩马达和各种电磁铁构成的。

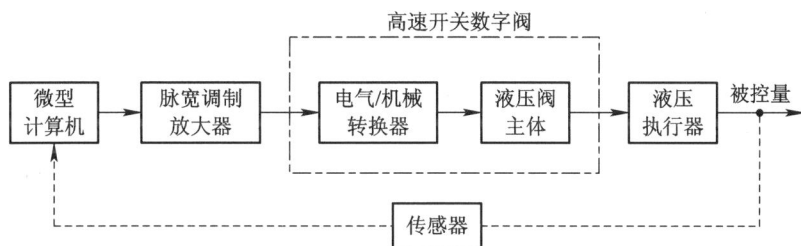

图 5-69　脉宽调节式高速开关数字阀控制系统工作原理图

5.8.2　电液数字控制阀的典型结构

与电液数字控制阀对应，电液数字控制阀的典型结构包括增量式电液数字控制阀结构和脉宽调节式高速开关数字控制阀结构。

1. 增量式电液数字控制阀结构

图 5-70 为增量式电液数字流量阀。步进电机 1 的转动通过滚珠丝杆 2 转化为轴向位移，带动节流阀阀芯 3 移动，控制阀口的开度，从而实现流量调节。该阀的阀口由相对运动的阀芯 3 和阀套 4 组成，阀套上有两个通流孔口，左边一个为全周开口，右边为非全周开口，阀芯移动时先打开右边的节流口，得到较小的控制流量，阀芯继续移动，则打开左边阀口，流量增大，这种结构使阀的控制流量可达 3600 L/min。阀的液流流入方向为轴向，流

出方向与轴线垂直，这样可抵消一部分阀开口流量引起的液动力，并使结构紧凑。连杆 5 的热膨胀可起到温度补偿作用，减少温度变化引起流量的不稳定。阀上的零位移传感器 6 用于在每个控制周期终了控制阀芯回到零位，以保证每个工作周期有相同的起始位置，提高阀的重复精度。

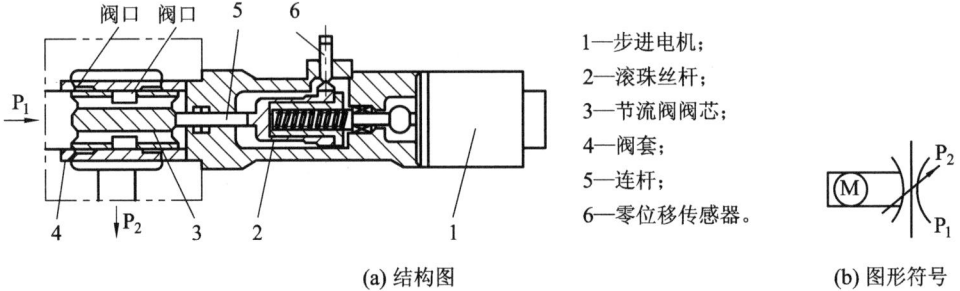

1—步进电机；
2—滚珠丝杆；
3—节流阀阀芯；
4—阀套；
5—连杆；
6—零位移传感器。

(a) 结构图　　　　　　　　　　　　　　　(b) 图形符号

图 5 - 70　增量式电液数字流量阀结构图

2. 脉宽调节(PWM)式高速开关数字控制阀结构

脉宽调节(PWM)式高速开关数字控制阀有二位二通和二位三通两种，两者又各有常开和常闭两类。为了减少泄漏和提高压力，这种阀的阀芯一般采用球阀或者锥阀结构，也有的采用喷嘴挡板阀。

图 5 - 71 所示为力矩马达驱动的球阀式二位二通高速开关数字控制阀，其驱动部分为力矩马达，根据线圈通电方式不同，衔铁 2 顺时针或逆时针方向摆动，输出力矩和转角。液压部分有先导级球阀 4、7 和功率级球阀 5、6。若脉冲信号使力矩马达通电时，衔铁顺时针偏转，先导级球阀 4 向下运动，关闭压力油口 P，L_2 腔与回油腔 T 接通，功率级球阀 5 在液压力作用下向上运动，工作腔 A 与 P 相通。与此同时，球阀 7 受 P 作用于上位，L_1 腔与 P 腔相通，球阀 6 向下关闭，断开 P 腔与 T 腔通路。反之，如力矩马达逆时针偏转时，情况正好相反，工作腔 A 则与 T 腔相通。

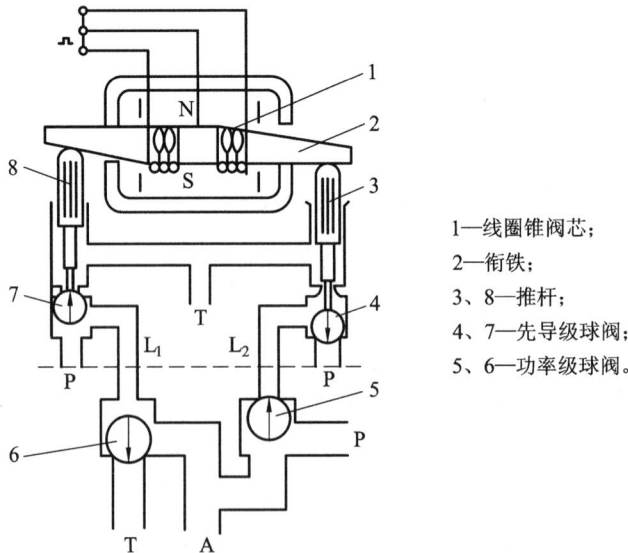

1—线圈锥阀芯；
2—衔铁；
3、8—推杆；
4、7—先导级球阀；
5、6—功率级球阀。

图 5 - 71　力矩马达驱动的球阀式二位二通高速开关数字控制阀结构图

5.9　液压控制阀的选型

对于任何一个液压传动系统，选择合适的液压控制阀是系统设计合理、性能优良、安装简便、维修容易，并保证该系统正常工作的重要条件。选择各种类型的液压控制阀时，除考虑系统功能需要外，还需要考虑额定压力、通过流量、安装方式、操作方式、性能特点以及经济性因素。此外，首先应尽可能地选择标准系列的通用产品，在不得已的情况下，再自行设计专用的控制元件。专用元件的设计也必须遵守一系列有关标准（如安装连接尺寸，基本参数等）的规定，以利于组织生产和品种的发展。

5.9.1　额定压力的选择

液压控制阀额定压力的选择，可根据系统设计的工作压力选择相应压力级的液压控制阀，所选液压控制阀的额定压力应稍大于系统工作压力。高压系列的液压阀，一般都能适用于该额定压力以下的所有工作压力范围。当然，高压液压元件在额定压力条件下制订的某些技术指标，在不同工作压力情况下会有些许不同，有些指标会变得更好。在各压力级的液压控制阀逐步向高压发展，并统一为一套通用高压系列的趋势下，对液压控制阀额定压力的选择也将更方便。

如果系统实际工作压力稍高于液压阀所标明的额定压力，在短时期内也是被允许的。但如果液压阀长期处在这种工作状态下，会影响产品的正常寿命，也将影响某些性能指标。

5.9.2　通过流量的选择

液压控制阀流量的选择，可依据产品标明的公称流量（即对应控制阀的公称通径）为依据。如果产品提供商能提供通过不同流量时的有关性能曲线，则元件的选择使用会更合理。

一个液压系统各部分回路通过的流量不太可能都是相同的。因此，不能单纯依据液压泵的额定流量来选择阀的流量参数，而应该考虑液压系统在所有设计工作状态下各部分阀可能通过的最大流量。如在选择换向阀时要考虑到系统中采用差动液压缸，在换向阀换向时，液压缸无杆腔排出的流量比有杆腔排出的流量大得多，甚至可能比液压泵输出的最大流量还大；在选择节流阀、调速阀时，要考虑可能通过该阀的最大流量，还要考虑到该阀的最小稳定流量；又如某些回路通过的流量比较大，如果选择与该流量相当的换向阀，在换向时可能会产生较大的压力冲击，为了改善系统工作性能，可选择大一挡规格的换向阀；某些系统中大部分工作状态下，通过的流量不大，偶尔会有大流量通过，考虑到系统布置的紧凑以及液压控制阀本身工作性能或者压力损失的瞬时增加，在许可的情况下，按大部分工作状况的流量规格，允许阀在短时内超流量状态下使用也是被允许的。

5.9.3　安装方式的选择

液压控制阀的安装方式是其与系统管路或其他阀的进出油口的连接方式，一般有三种：管式连接、单独板式连接和集成式连接（板式、叠加式、插装式等）。

设计液压系统安装方式时，要根据所选择的液压阀规格的大小以及系统的简繁及布置特点(注意管路走向)而定。如果系统较简单、流量小、元件较少，安装位置又较宽畅，可采用管式连接或单独板式连接。如果系统较为复杂，元件较多，且安装位置较为紧凑，可采用集成式连接。此外，对于多个执行元件的集中控制，也可选用多路换向阀。

▬▬ 5.9.4 ▬▬ 操作方式的选择

液压控制阀有手动控制、机动控制、液压控制、电气控制、电液控制等多种类型，用户可根据系统的操作需要和电气系统的配置能力进行选择。如对于小型的和不常用的系统，工作压力的调整，可直接靠人工调节溢流阀进行；如果溢流阀的安装位置离操作位置较远，直接调节不方便，则可加装远程调压阀，以进行远距离控制；如果液压泵启闭频繁，则可选择电磁溢流阀，以便采用电气控制，还可选择初始或中间位置能使液压泵卸荷的换向阀，以满足同样的要求。

在许多场合，采用电磁换向阀，其容易与电气系统组合，以提高系统的自动化程度。而在某些场合，为简化电气控制系统，使操作简单，则宜选用手动换向阀等。

▬▬ 5.9.5 ▬▬ 性能特点的选择

液压系统性能要求不同，则对所选择的液压阀的性能要求也不同，而许多性能又受到结构特点的影响。如用于保护系统的安全阀，要求反应灵敏，压力超调量小，以避免大的冲击压力，且能吸收换向阀换向时产生的冲击。这就必须选择能满足上述性能要求的元件。

对换向速度要求快的系统，一般选择交流型电磁铁的换向阀；反之，则可选择直流型电磁铁的换向阀。对于移动式设备，考虑到设备电源特点，一般选择直流型电磁铁的换向阀。

如果液压系统对阀芯复位和对中性能要求特别严格，则可选择液压对中型结构。

如果一般的调速阀由于温度或压力的变化，不能满足执行机构运动的精度要求，则要选择带压力补偿装置或温度补偿装置的调速阀。

如果使用液控单向阀，且反向出油背压较高，但控制压力又不可能提到很高的场合，则应选择外泄式结构。

总之，在进行液压控制阀选择时，需考虑设备动作要求，查阅样本中相关阀的性能参数及曲线，确保所选的阀能满足相关性能要求。

▬▬ 5.9.6 ▬▬ 经济性的选择

在满足工作要求的前提下，应尽可能地简化系统，降低造价，以提高主机的经济指标。例如，对某些调速要求不高的回路，可采用行程调节型节流阀，以省略调速阀，获得近似的效果。对电液换向阀使用较少的系统，控制方式可设计为内部压力油控制，以省略控制液压泵及控制管路等。反之，对电液换向阀使用较多的高压系统，为节省总功率，反而希望采用外部压力油控制。

总之，液压控制阀选择对液压回路及液压系统的性能有很大影响。对一个液压系统的设计者来说，在选择液压阀时除考虑以上六个方面外，还应对国内外液压阀的生产情况有较全面的了解。尤其是熟悉国内液压阀的生产品种、各类阀的性能、新老产品的更替、同类产品的代用或改用，才能在选择使用时更正确合理。

例题 5.1　在图 5 - 72 所示回路中，已知液压缸的有效工作面积分别为 $A_1 = A_3 =$ 100 cm^2，$A_2 = A_4 = 50$ cm^2，当最大负载 $F_{L1} = 2 \times 10^4$ N，$F_{L2} = 6250$ N，背压 $p_1 =$ 1.5×10^5 Pa，节流阀 2 的压差 $\Delta p = 2 \times 10^5$ Pa 时，试求：

（1）A、B、C 各点的压力（忽略管路损失）各是多少？

（2）阀 1、2、3 最小应选用多大的额定压力？

（3）当液压缸 I 进给速度 $v_1 = 4 \times 10^{-2}$ m/s，液压缸 II 进给速度 $v_2 = 5 \times 10^{-2}$ m/s 时，各阀的额定流量应选用多大？

（4）由液压元件产品样本（或设计手册）选定阀 1、2、3 的型号。

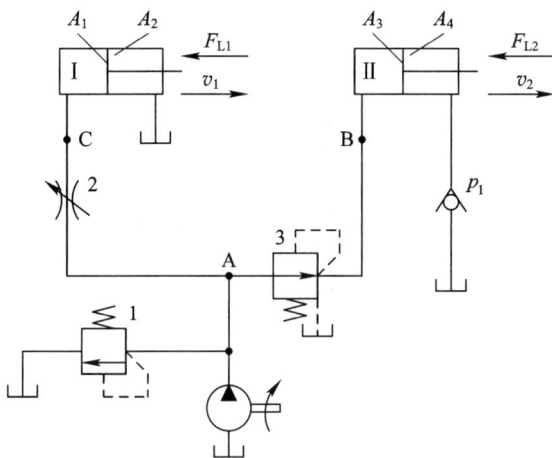

图 5 - 72　例题 5.1 图

解　（1）因为 A 点的压力等于 C 点的压力加上节流阀 2 的压差，所以应先求 C 点的压力。

$$p_C = \frac{F_{L1}}{A_1} = \frac{2 \times 10^4}{100 \times 10^{-4}} = 2 \times 10^6 (\text{Pa})$$

$$p_A = p_C + \Delta p = 2 \times 10^6 + 2 \times 10^5 = 2.2 \times 10^6 (\text{Pa})$$

$$p_B = \frac{F_{L2} + p_1 A_4}{A_3} = \frac{6000 + 1.5 \times 10^5 \times 50 \times 10^{-4}}{100 \times 10^{-4}} = 6.75 \times 10^5 (\text{Pa})$$

（2）将系统的最高压力 2.2×10^6 Pa 作为各阀的额定压力，待阀 1、2、3 的具体型号确定后，应使其额定压力值 $\geqslant 2.2 \times 10^6$ Pa。

（3）通过节流阀 2 的流量 Q_T 等于进入液压缸 I 的流量：

$$Q_T = A_1 v_1 = 100 \times 10^{-4} \times 4 \times 10^{-2} = 4 \times 10^{-4} (\text{m}^3/\text{s})$$

通过减压阀 3 的流量 Q_J 等于进入液压缸 II 的流量：

$$Q_J = A_3 v_2 = 100 \times 10^{-4} \times 5 \times 10^{-2} = 5 \times 10^{-4} (\text{m}^3/\text{s})$$

通过溢流阀的流量稍大于 Q_T 与 Q_J 之和，即

$$Q_Y > Q_T + Q_J = 4 \times 10^{-4} + 5 \times 10^{-4} = 9 \times 10^{-4} (\text{m}^3/\text{s})$$

（4）根据压力和流量确定各阀的型号：节流阀的型号为 LF3-E6B，减压阀的型号为 RG-03-B-22，溢流阀的型号为 BG-03-L-40。

习　题

5.1　图 5-73 所示系统中，溢流阀的调整压力分别为 $p_A=6$ MPa，$p_B=3$ MPa，$p_C=4$ MPa。当系统外负载为无穷大时，试求：

（1）泵的出口压力为多少？

（2）如将溢流阀 B 的遥控口堵住，泵的出口压力又为多少？

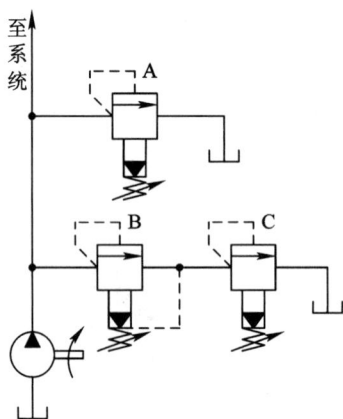

图 5-73　习题 5.1 图

5.2　图 5-74 所示系统中，溢流阀的调定压力为 6 MPa，减压阀的调定压力为 3 MPa。试分析下列各工况，并说明减压阀阀口处于什么状态。

（1）当泵出口压力等于溢流阀调定压力时，夹紧缸使工件夹紧后，A、C 点的压力分别为多少？

（2）当泵出口压力由于工作缸快进，压力降到 2 MPa 时（工件原处于夹紧状态），A、C 点的压力分别为多少？

（3）夹紧缸在夹紧工件前作空载运动时，A、B、C 各点的压力为多少？

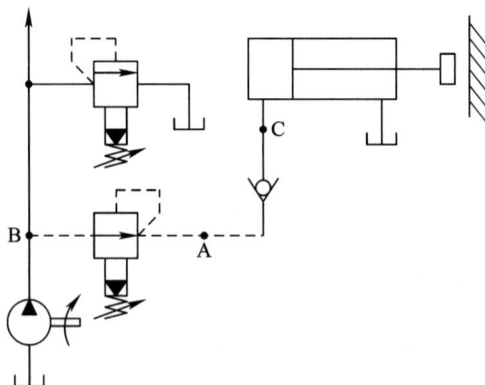

图 5-74　习题 5.2 图

5.3　弹簧对中型三位四通电液换向阀的先导阀及主阀的中位机能能否任意选定？

5.4 图 5 - 75 所示系统中，溢流阀的调定压力为 5.5 MPa，减压阀的调定压力为 2.5 MPa，设液压缸的无杆腔面积 $A=100$ cm²，当液流通过单向阀和非工作状态下的减压阀时，其压力损失分别为 0.2 MPa 和 0.3 MPa。试求：

(1) 当负载 $F=0$ kN 时，液压缸能否移动？A、B、C 处的压力为多少？

(2) 当负载 $F=15$ kN 时，液压缸能否移动？A、B、C 处的压力为多少？

(3) 当负载 $F=60$ kN 时，液压缸能否移动？A、B、C 处的压力为多少？

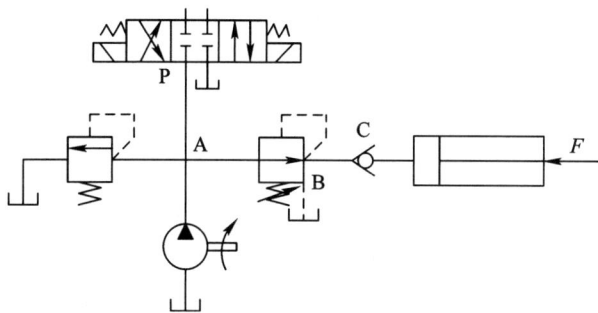

图 5 - 75 习题 5.4 图

5.5 图 5 - 76 所示回路中，$A_1=2A_2=50$ cm²，溢流阀的调定压力 $p_P=3$ MPa，试求：

(1) 回油腔背压 p_2 的大小由什么因素决定？

(2) 当负载 $F_L=0$ 时，p_2 比 p_1 高多少？泵的工作压力是多少？

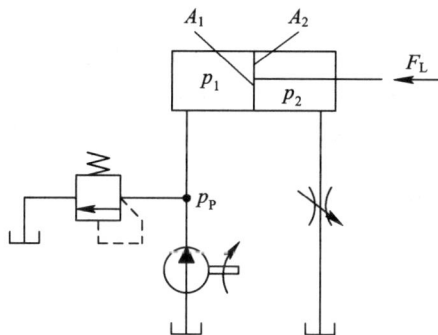

图 5 - 76 习题 5.5 图

第6章

液压辅助元件

液压系统的辅助元件包括蓄能器、液压油箱、热交换器及压力表、过滤器、密封与密封元件、传感器、管件等。从液压传动的工作原理上看，这些元件只起辅助作用；但是，从保证完成液压系统传递力和运动的过程来看，它们却是非常重要的。液压辅件的合理选用在很大程度上影响着液压系统的效率、噪声、温升、工作可靠性等技术性能。因此，在设计、制造和使用液压设备时，对液压辅件必须予以足够的重视。

6.1 蓄 能 器

蓄能器又称蓄压器、储能器，是一种能把液压能储存在耐压容器里，待需要时又将其释放出来的装置。它在液压系统中起到调节能量，均衡压力、减少设备容积，降低功能消耗及减少系统发热等作用，在节能系统中也可进行能量回收和储存。

6.1.1 蓄能器的作用

蓄能器的具体作用如下所述。

1. 作辅助动力源

图 6-1 所示为油压机液压系统图，当手动滑阀 5 在图示位置时，柱塞缸 6 的柱塞在重

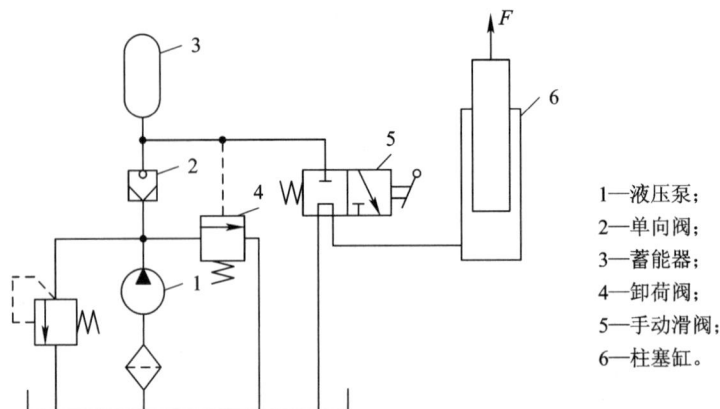

1—液压泵；
2—单向阀；
3—蓄能器；
4—卸荷阀；
5—手动滑阀；
6—柱塞缸。

图 6-1　油压机液压原理图

力作用下缩回，液压泵 1 通过单向阀 2 向蓄能器 3 供油。当油压升高到一定值时，卸荷阀 4 动作，液压泵 1 卸荷，单向阀 2 阻止蓄能器 3 的高压油回油箱。当手动换向阀换向时，蓄能器的高压油通过阀 5 进入柱塞缸，使柱塞上升并产生推力 F，随着蓄能器内油液的减少，压力也降低，此时卸荷阀复位，液压泵重新向蓄能器供油。对于间歇性工作，通过设置蓄能器，并合理选择相关参数，可降低泵和电机参数，减少能量消耗。

2. 保持恒压

液压系统内部泄漏时，蓄能器能向系统中补充供油，使系统压力保持恒定。蓄能器常用于执行元件长时间不动作，并要求系统压力恒定的场合。

3. 缓冲和吸收冲击

蓄能器常装在换向阀或液压油缸之前，可以吸收或减缓换向阀突然换向、液压油缸突然停止运动时产生的冲击压力。

4. 作应急动力源

突然停电或液压泵发生故障，油泵中断供油时，蓄能器能提供一定的油量作为应急动力源，使执行元件能继续完成必要的动作。但是，受容积和压力影响，蓄能器只能短时间工作。

6.1.2　蓄能器的分类及工作原理

1. 蓄能器的分类

按加载方法，蓄能器可分为三种类型，即重力式、弹簧式和气体加载式，其中气体加载式包括活塞式蓄能器和气囊式蓄能器。蓄能器的结构形式如图 6-2 所示。

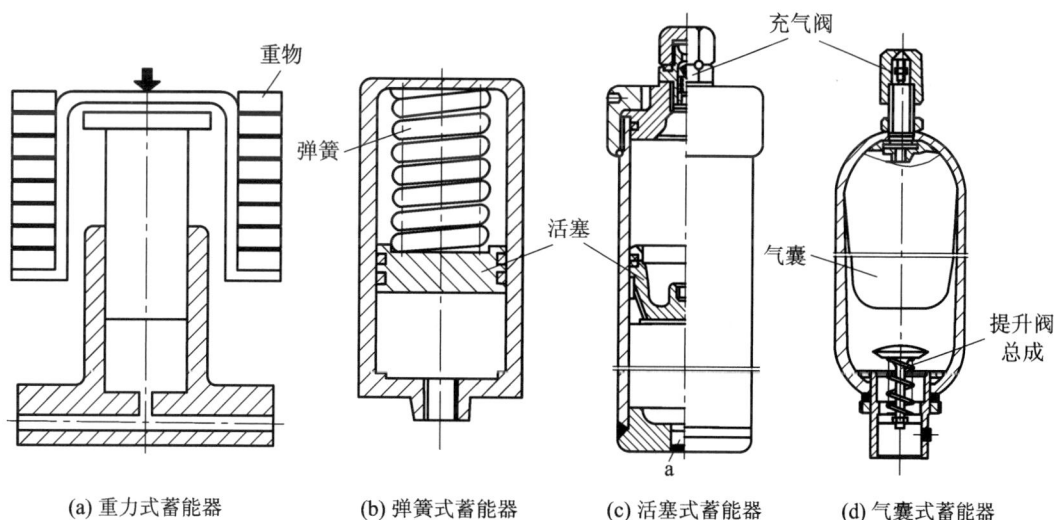

图 6-2　蓄能器的结构形式

（1）重力式蓄能器。图 6-2(a)所示为重力式蓄能器，其结构类似于柱塞缸，重物的重力作用在柱塞上。当蓄能器充油时，压力油通过柱塞将重物顶起；当蓄能器与液动机接通时，液压油在重物的作用下被排出蓄能器，对液动机做功。这种蓄能器结构简单，压力稳定，但体积大，笨重、运动惯性大、有摩擦损失，因此，其只供蓄能，一般在大型固定设备的液压系统中采用。

(2) 弹簧式蓄能器。图 6-2(b)所示为弹簧式蓄能器，弹簧力作用在活塞上，蓄能器充油时，弹簧被压缩，弹力增大，油压升高。当蓄能器与液动机相连时，活塞在弹簧的作用下下移，将油液排出蓄能器，对液动机做功。这种蓄能器结构简单，反应较灵敏，但容积小，弹簧易振动。因此，这种蓄能器不宜用于高压或工作循环频率高的场合，只宜供小容量及低压回路缓冲之用。

(3) 活塞式蓄能器。图 6-2(c)所示为活塞式蓄能器，这种蓄能器中的气体与油液被一个浮动的活塞隔开，因此气体不易进入油液中，油液不易氧化。这种蓄能器结构简单，工作可靠，安装容易，维护方便，寿命长。但是，由于活塞惯性和摩擦阻力的影响，反应不够灵敏，容量较小，缸筒加工和活塞密封性能要求高，宜用来储存能量或供中高压系统吸收脉动之用。

(4) 气囊式蓄能器。图 6-2(d)所示为气囊式蓄能器，这种蓄能器中的气体与油液由一个气囊隔开，蓄能器壳体是一个无缝、耐高压的外壳，气囊用丁腈橡胶材料与充气阀一起压制而成，气囊内储存惰性气体，壳体下端的提升阀总成能使油液通过油口进入蓄能器又能防止气囊从油口被挤出。充气阀只能在蓄能器工作前用来为气囊充气，蓄能器工作时是始终关闭的。其特点是气囊惯性小，反应灵敏，结构紧凑，重量轻，安装方便，维护容易。但气囊及壳体制造较困难，且气囊的强度不高，允许的液压波动有限，只能在一定的温度范围($-20\sim70℃$)内工作。蓄能器内所用的气囊有折合型和波纹型两种，前者的容量较大，可用来储蓄能量；后者则用于吸收冲击。

蓄能器的职能符号如表 6-1 所示。

表 6-1　蓄能器的职能符号

蓄能器的一般符号	重力式蓄能器	弹簧式蓄能器	气体加载式蓄能器

2. 蓄能器的工作原理

图 6-3 为活塞式蓄能器工作原理图。缸筒内装有活塞，活塞上部的密闭容积内存有气体，下部与油路连通。

当油压较低时，活塞处在图 6-3(a)所示位置，此时气体压力为 p_1，容积为 V_1；当油压大于 p_1 时，压力油推动活塞上移到图 6-3(b)所示位置，此时气体压力为 p_2，容积缩小为 V_2。

如果把气体压缩过程看作等温过程，则对于气体有如下关系：

$$p_1V_1 = p_2V_2 = 常数$$

即气体的压力能不变。由于这时活塞下部充入压力油，则油的压力也为 p_2，油的压力能为 $p_2(V_1-V_2)$，这时总的蓄能器中的总压力能为 p_2V_1，即蓄能器中的压力能增加了。如果此时蓄能器的进口压力小于 p_2，则有部分压力能从蓄能器输出克服外负荷做功。

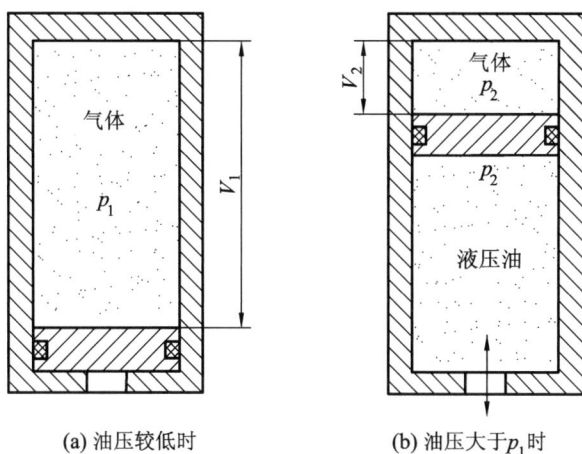

(a) 油压较低时　　　　　　(b) 油压大于 p_1 时

图 6-3　活塞式蓄能器工作原理图

6.1.3　蓄能器的容量计算

容量是选用蓄能器的依据,蓄能器容量的计算与其用途有关。现以气囊式蓄能器为例加以说明。

1. 作辅助动力源时的容量计算

当蓄能器作动力源时,其储存和释放的压力油容量和气囊中气体体积的变化量相等,而气体状态的变化遵守玻意耳定律,即

$$p_0 V_0^n = p_1 V_1^n = p_2 V_2^n \tag{6-1}$$

式中,p_0——气囊的充气压力(Pa);

V_0——气囊充气的体积,由于此时气囊充满壳体内腔,因此 V_0 为蓄能器的容量(m³);

p_1——系统最高工作压力,即对蓄能器充油结束时的压力(Pa);

V_1——气囊被压缩后,压力为 p_1 时的气体体积(m³);

p_2——系统最低工作压力,即蓄能器向系统供油结束时的压力(Pa);

V_2——气囊膨胀后,压力为 p_2 时的气体体积(m³);

n——与气体变化过程有关的指数,当蓄能器用来保持系统压力、补偿泄漏时,它释放能量的速度是缓慢的,可以认为气体在等温条件下工作,取 $n=1$;当蓄能器用来大量供应油液时,它释放能量的速度是迅速的,可以认为气体在绝热条件下工作,取 $n=1.4$。

很明显,体积差 $\Delta V = V_2 - V_1$ 为供给系统油液的有效体积,将其代入式(6-1)进行整理后便可求得蓄能器容量 V_0,即

$$V_0 = \frac{\Delta V \left(\dfrac{p_2}{p_0}\right)^{\frac{1}{n}}}{1 - \left(\dfrac{p_2}{p_0}\right)^{\frac{1}{n}}} \tag{6-2}$$

充气压力 p_0 在理论上与 p_2 相等,但是为保证在最低工作压力 p_2 时蓄能器仍有能力补偿系统泄漏,则应使 $p_0 < p_2$,一般取 $p_0 = (0.8 \sim 0.85)p_2$。若已知 V_0,也可求出蓄能器的供油体积,即

$$\Delta V = V_0 p_0^{\frac{1}{n}} \left[\left(\frac{1}{p_2}\right)^{\frac{1}{n}} - \left(\frac{1}{p_1}\right)^{\frac{1}{n}} \right] \qquad (6-3)$$

2. 用于吸收冲击时的容量计算

当蓄能器用于吸收冲击时，其容量的计算与管路布置、液体流态、阻尼及泄漏大小等因素有关，准确计算比较困难，一般按经验公式计算缓和最大冲击力时所需要的蓄能器最小容量，即

$$V_0 = \frac{0.004 q p_1 (0.0164L - t)}{p_1 - p_2} \qquad (6-4)$$

式中，V_0——用于冲击的蓄能器最小容量(L)；

q——换向阀关闭前管道中的液流量(L/min)；

p_1——允许的最大冲击压力(MPa)，一般取 $p_1 \approx 1.5 p_2$；

p_2——阀口开、闭前管内压力(MPa)；

L——发生冲击的管长，即压力油源到阀口的管道长度(m)；

t——阀口由开到关的时间，突然关闭时取 $t = 0$(s)。

注意：本式只适用于 $t < 0.0164L$(V_0 为正值时，才有安装蓄能器的必要)的情况。

例题 6.1 一气囊式蓄能器容量为 2.5 L，如系统的最高和最低压力分别为 60×10^5 Pa 和 45×10^5 Pa，试求蓄能器所能输出的体积。

解 取蓄能器充气压力 $p_0 = 0.8 p_2$，即

$$p_0 = 0.8 \times 45 \times 10^5 = 36 \times 10^5 \text{Pa}$$

(1) 当蓄能器慢速输出油时，$n = 1$，根据式(6-3)可得蓄能器输出的体积为

$$\Delta V = 2.5 \times 36 \times 10^5 \times \left(\frac{1}{45 \times 10^5} - \frac{1}{60 \times 10^5}\right) = 0.5 \text{ L}$$

(2) 当蓄能器快速输出油时，$n = 1.4$，根据式(6-3)可得蓄能器输出的体积为

$$\Delta V = 2.5 \times (36 \times 10^8)^{\frac{1}{1.4}} \times \left[\left(\frac{1}{45 \times 10^8}\right)^{\frac{1}{1.4}} - \left(\frac{1}{60 \times 10^8}\right)^{\frac{1}{1.4}} \right] = 0.4 \text{ L}$$

6.1.4 蓄能器的使用和安装

蓄能器在液压回路中的安放位置随其作用不同而不同，因此，具体使用和安装时应注意以下事项：

(1) 气体加载式蓄能器应充惰性气体(如氮气)，允许的最高充气压力视蓄能器的结构型式并查阅相关产品样本参数而定，例如，一般气囊式蓄能器的充气压力是 3.5~32 MPa。

(2) 气囊式蓄能器原则上应垂直安装(油口向下)，只有在空间位置受限制时才考虑倾斜或水平安装。这是因为倾斜或水平安装时，气囊会受浮力而与壳体单边接触，妨碍其正常伸缩且加快其损坏。

(3) 用作缓冲和吸收压力冲击的蓄能器应尽可能安装在振源附近。

(4) 蓄能器装在管路上时必须用支持板或支架固定。

(5) 蓄能器与管路系统之间应安装截止阀，以供充气或检修时使用。

(6) 蓄能器与液压泵之间应安装单向阀，以防止液压泵停止工作时蓄能器内储存的压力油倒流。

6.2　液压油箱、热交换器及压力表

液压油箱、热交换器及压力表都属于辅助元件。液压油箱除用于储存油液外，兼有散热、沉淀杂质、气体析出等作用。热交换器可以保证液压系统油温在合适的范围内。压力表用于检测液压系统压力。

6.2.1　液压油箱

液压油箱是储存液压系统工作介质的容器。其应能散发系统工作中所产生的部分或全部热量；分离混入工作介质中的气体，沉淀其中的污物；安放系统中的一些必备的附件等。因此，合理设计液压油箱和选用液压油箱的附件，是正确发挥油箱功能、保证系统正常工作的必要条件。

根据液压油箱的液面与大气是否相通，液压油箱可分为开式和闭式油箱。目前，在机械加工设备和工程机械中，一般使用开式油箱。图 6-4 所示为一种开式液压油箱的结构示意图。

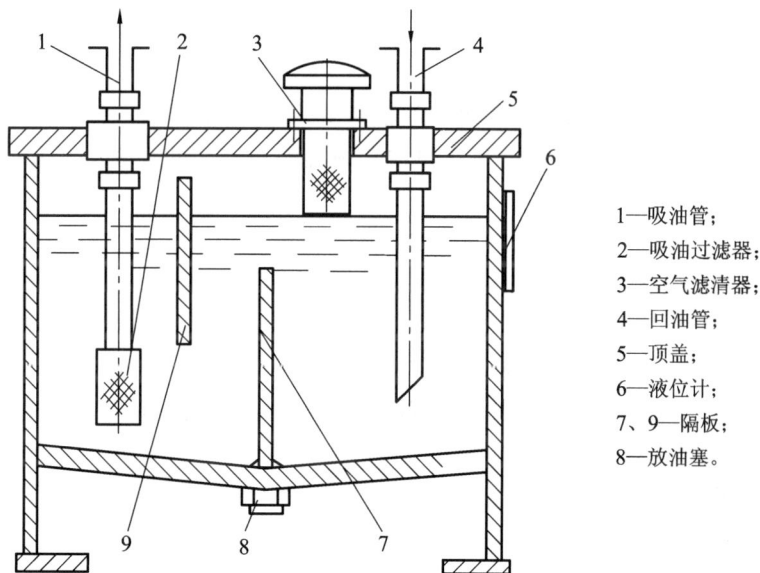

1—吸油管；
2—吸油过滤器；
3—空气滤清器；
4—回油管；
5—顶盖；
6—液位计；
7、9—隔板；
8—放油塞。

图 6-4　开式液压油箱的结构示意图

1. 液压油箱的结构及设计要点

（1）为了在相同的容量下得到最大的散热面积，液压油箱外形以立方体或六面体为宜。液压油箱一般由厚度为 2.5~4 mm 的钢板焊成，顶盖要适当加厚并用螺钉通过焊在箱体上的角钢加以固定，顶盖可以是整体的，也可分为几块。泵、电动机和阀的集成装置可直接固定在顶盖上，也可固定在安装板上，安装板与顶盖间应垫上橡胶板以缓和振动。油箱底角高度应在 150 mm 以上，以便散热、搬移和放油。液压油箱要有吊装装置，以便吊装和运输。大容量的液压油箱采用骨架式结构，以增加刚度。需要批量制造的液压油箱，可以通过冲压或铸造等方式进行加工。

（2）泵的吸油管和系统的回油管应插入最低油面以下，以防卷吸空气和回油冲溅产生气泡。吸油口过滤器滤芯应能方便更换，目前多采用侧面安装带自封功能的吸油过滤器，安装时距油箱底面不得小于 50 mm。回油管需切成 45°的斜口并面向箱壁插入最低油面以下（对油液洁净度要求高的油路，可采用回油过滤器），但离箱底的距离要大于管径的 2～3 倍。

（3）吸油管和回油管之间需用隔板隔开，以增加循环距离和改善散热效果，隔板高度一般不低于油面高度的 3/4。

（4）阀的泄油管口应在液面之上，以免产生背压；液压马达和液压泵的泄油管则应引入液面之下，以免吸入空气。

（5）为便于放油，液压油箱的箱底一般为斜面，在最低处设放油口，安装放油螺塞或开关阀。

（6）换油时为便于清洗液压油箱，大容量的液压油箱一般在侧壁设清洗窗。

（7）为了能够观察液压油箱中的液面高度，必须设置液位计。为了便于观察系统油温的情况，还应装温度计。此外，可选择液温计实现液位和温度观察。

（8）液压油箱加工后，应注意防锈处理。如果液压油箱用不锈钢板焊制时，可不必考虑防锈处理。

2. 液压油箱容量的确定

液压油箱的有效容量是指油面高度为油箱高度的 80% 时，液压油箱所储存的容积，一般按液压系统中所用泵的公称流量和散热要求确定。在初步设计时，可按下述经验公式确定：

$$V = kq_p \qquad\qquad (6-5)$$

式中，V——油箱的有效容量（L）；

q_p——液压泵的流量（L/min）；

k——经验系数。对于低压系统，k 取 2～4；对于中压系统，k 取 5～7；对于高压系统，k 取 6～12。值得注意的是，对于移动式设备，k 一般取 1 左右，但应根据散热需求加装散热器。对功率较大且连续工作的液压系统，还应从散热角度考虑，计算系统的发热量或散热量，从热平衡角度计算液压油箱的容积。

液压系统中，油液的工作温度一般希望控制在 30～50℃，最高不超过 65℃，最低不低于 15℃。如果液压系统靠自然冷却仍不能使油温控制在上述范围内时，就需要安装冷却器；反之，如果环境温度太低，无法使液压泵启动或正常运转时，就需要安装加热器。

3. 液压油箱的附件

液压油箱的附件是指一些用于液压油箱自身的元件，包括空气滤清器、清洗孔、液位仪表、温度仪表等。

（1）空气滤清器。空气滤清器一般布置在开式液压油箱的顶盖上靠近液压油箱边沿处，其作用是使液压油箱与大气相通，保证泵的自吸能力，滤除空气中的灰尘杂物，并兼作注油口。空气滤清器通常为附带注油口的结构，取下通气帽可以注油，放回通气帽即成空气滤清器。空气滤清器的容量可根据液压泵输出油量进行选择。当环境较差时，应采用油浴式空气滤清器。当空气湿度较大时，比如在热带使用的液压设备，可采用空气干燥器(也称吸湿器)合用的注油通气器，它兼有除湿、收尘和注油的功能。对于某些需要翻转的液压油箱，应选择具有防泄漏功能的空滤器。

(2) 清洗孔。当箱顶与箱壁之间为不可拆连接时，应在箱壁上至少设置一个清洗孔(俗称人孔)。清洗孔的数量和位置应便于用手清理油箱所有内表面。清洗口法兰盖板应该能由一个人拆装。法兰盖板应配有可以重复使用的弹性密封件。

(3) 液位仪表。液位仪表一般指液位计，它用于监测液面高度。液位计一般设在液压油箱外壁上，以便注油时观测液位及系统工作过程中的液位变化。液位计的下刻线至少应比吸油过滤器或吸油管口上缘高出 75 mm，以防吸入空气。液位计的上刻线对应着油液的容量。液位计与液压油箱的连接处有密封措施。对于大型液压油箱，则应设液位传感器以便在液面高度异常时，发出报警或保护的电信号。液位计通常采用带有温度计的结构形式。

(4) 温度仪表。温度仪表一般指温度计，它用于监测液压油的温度，可设置报警温度。对于油温有严格要求的液压装置，可采用传感式温度计。

(5) 放油塞。应在液压油箱底部最低点设置放油塞(放油口螺纹规格≥M18×1.5)，以便液压油箱清洗和油液更换。为此，箱底应朝向清洗孔和放油塞倾斜，倾斜坡度通常为 $\frac{1}{25} \sim \frac{1}{20}$，这样可以促使沉积物(油泥或水)聚集到液压油箱的最低点。此外，也可采用低压球阀进行放油。

6.2.2　热交换器

在液压系统中，热交换器包括冷却器和加热器。在液压系统工作时，动力元件和执行元件的容积损失和机械损失、控制调节元件和管路的压力损失以及液体磨擦损失等消耗的能量几乎全部转化为热量。这些热量使液压系统的油温升高。如果油液温度过高，将严重影响系统的正常工作。因此，须使用冷却器对油液进行降温。液压系统工作前，如果油液温度低于10℃，油液黏度较大，使液压泵吸油困难。为保证系统正常工作，必须设置加热器以提高油液温度。

在液压试验设备中，用冷却器和加热器可实现油温的精确控制。

1. 冷却器

在液压传动系统中，根据冷却介质的不同，可将冷却器分为水冷式和风冷式两种。

1) 水冷式冷却器

水冷式冷却器分为蛇形管式、多管式和板式等形式。在液压油箱中安放蛇形管式冷却器是最简单的方法。蛇形管式冷却器制造容易、安装方便，但冷却效率低、耗水量大，故不常用。多管式冷却器由于采用强制对流的方式，散热效率高、结构紧凑，因此应用较普遍。

图6-5是一种强制对流管式冷却器结构示意图。油从左侧的进油口c进入，从右侧出油口b流出，冷却水从右端盖4的孔d进入，经多根水管3的内部，从孔a流出，油从水管外部流过，油与水通过水管表面的热交换起到散热的作用。

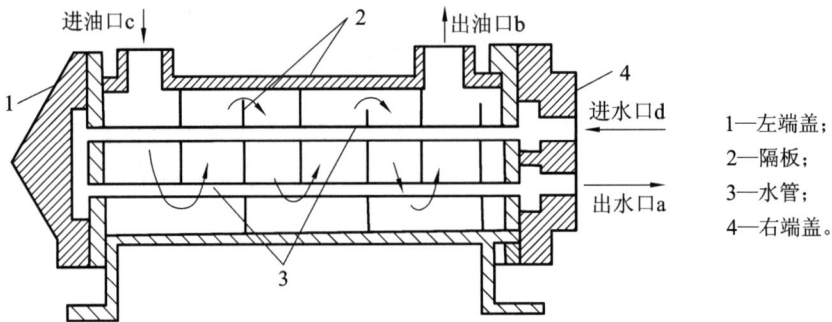

图 6-5　强制对流管式水冷却器结构示意图

2) 风冷式冷却器

　　风冷式冷却器适用于缺水或不便用水的液压设备上,尤其是移动式的设备,如各种工程机械。其冷却方式多采用风扇强制吹风冷却,风扇可由液压马达或电机进行驱动。风冷式冷却器有管式、板式、翘管式和翘片式等型式。

　　图 6-6 所示是翘片式风冷却器,每两层油板之间设置波浪形的翘片板,因此可以大大提高传热系数。如果加上强制通风,冷却效果将更好。它的优点是散热效率高,结构紧凑、体积小;缺点是易堵塞、清洗困难。

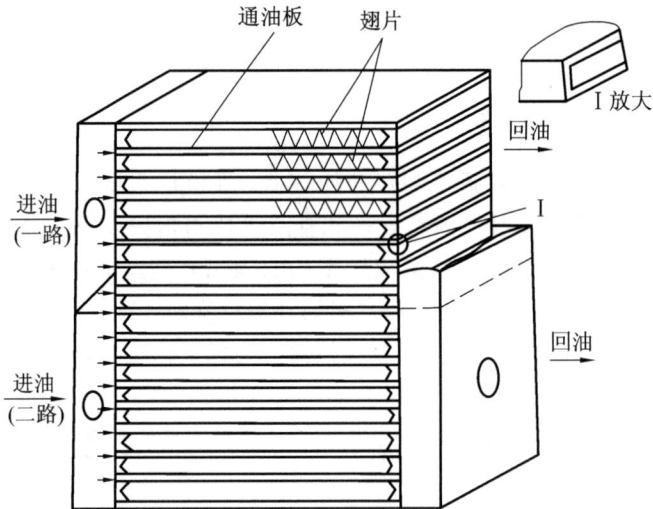

图 6-6　翘片式风冷却器

　　一般情况下,风冷式冷却器的冷却效果比水冷式差。冷却器的最高工作压力一般在 1.6 MPa 以内,使用时应安装在回油管路或低压管路(如溢流阀的溢流路)上,所造成的压力损失一般为 0.01~0.1 MPa。有时为保护过滤器,可设置单向节流阀作为旁通阀,与风冷式冷却器并联。

2. 加热器

　　加热器的作用是在低温启动时将油液温度升高到适当的值。油液加热的方法有热水或蒸汽加热和电加热两种方式。由于电加热使用方便,易于自动控制温度,因此应用较广泛。

　　液压系统中一般常用结构简单的电加热器,其安装方式如图 6-7 所示,通过法兰将电加热器 2 固定在油箱 1 的侧壁上,其发热部分全部浸在油液内。电加热器表面功率不得超过 3 W/cm^2,以免油液局部温度过高而变质。为此,应设置连锁保护装置,在没有足够油液经过加热循环时,或者在加热元件没有被系统油液完全包围时,阻止加热器工作。

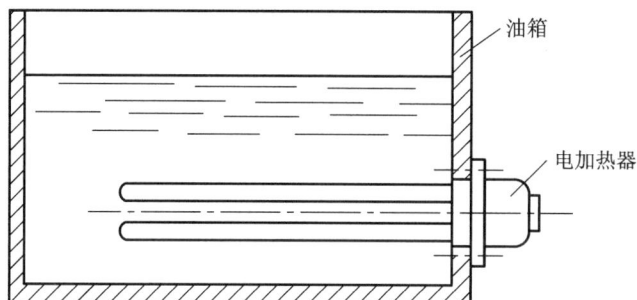

图 6-7　电加热器安装方式示意图

6.2.3　压力表

液压系统中各工作点的压力可以通过压力表来观测,以达到调整和控制压力的目的。压力表的种类较多,最常见的是弹簧弯管式压力表,其工作原理见图 6-8。压力油进入金属弯管 1 时,弯管变形而曲率半径加大,通过杠杆 4 使扇形齿轮 5 摆动,扇形齿轮与小齿轮 6 啮合,小齿轮带动指针 2 转动,在刻度盘 3 上就可读出压力值。为了防止压力冲击而损坏压力表,常在压力表的通道上设置阻尼小孔。

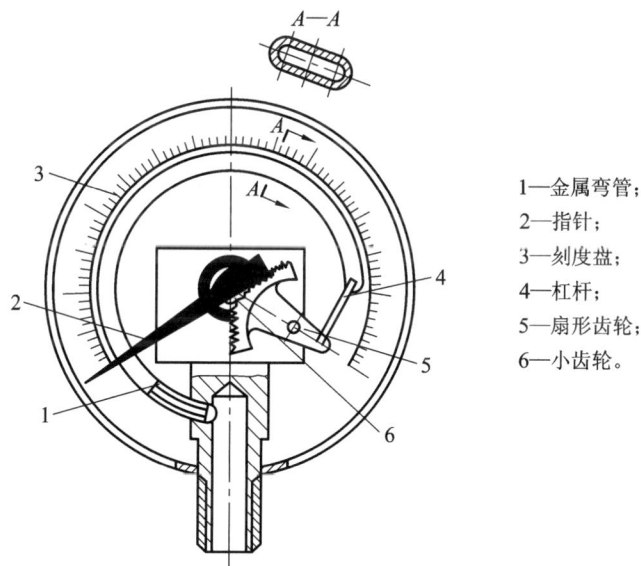

1—金属弯管;
2—指针;
3—刻度盘;
4—杠杆;
5—扇形齿轮;
6—小齿轮。

图 6-8　弹簧弯管式压力表

压力表精度等级的数值是压力表最大误差占量程(压力表的测量范围)的百分数。一般机械设备液压系统上的压力表用 1.5～4 级即可。选用压力表时,其量程比液压系统压力高,即标的量程约为系统最高工作压力的 1.5 倍左右。压力表应安装在调整系统压力时能直接观察到的部位,且应直立安装,固定在面板上。此外如果设备的机械强烈振动和介质压力剧烈脉动,可选择耐震压力表。

6.3 密封与密封元件

液压系统工作时压力高，且元件内部及元件之间连接时有缝隙，合理的密封结构设计和正确的密封元件选择可防止液压油泄漏。

6.3.1 密封的分类作用和要求

本节介绍密封的分类及作用和要求。

1. 密封的分类

按工作状态的不同，密封分为静密封和动密封两种。在正常工作时，无相对运动的零件配合表面之间的密封称为静密封，如液压油缸活塞杆与活塞之间的密封；具有相对运动零件配合表面的密封称为动密封，如液压油缸活塞与缸筒之间的密封。

按工作原理的不同，密封又可分为间隙密封和密封件密封两种。

(1) 间隙密封。间隙密封是利用运动件之间的微小间隙起密封作用，是最简单的一种密封形式，其密封的效果取决于间隙的大小、两端压力差、密封长度以及零件表面质量。其中，间隙大小及其均匀性对密封性能的影响最大。所以这种密封对零件的几何形状和表面粗糙度有较高的要求。间隙密封中，配合零件之间有间隙存在，摩擦力小，发热少，寿命长；由于不用任何密封材料，因此结构简单紧凑，尺寸小。间隙密封一般都用于动密封，如泵和马达的柱塞与柱塞孔之间的密封；配油盘与缸体之间的密封；阀体与阀芯之间的密封等。由于有间隙，间隙密封不可能完全达到无泄漏，因此不能用于严禁外泄的地方。

(2) 密封件密封。密封件密封是依靠在零件配合面之间装上密封元件，达到密封效果的密封，故又称接触密封。这种密封的原理是：在装配密封件时，它受到预紧力，在正常工作时又受到油压的作用力，因而发生弹性变形，在密封元件与配合零件之间存在弹性接触力，油液便不能泄漏或泄漏极少。密封件密封的优点是：随着压力的提高，密封性能增强且磨损后有一定的自动补偿能力；缺点是密封件的材料性能要求高，如材料需满足抗老化、耐腐蚀、耐热、耐寒、耐磨等要求。

2. 密封的作用和要求

在液压系统中，密封的作用不仅是防止液压油的泄漏，还有防止空气和尘埃浸入液压系统。

在液压系统中，对密封装置的要求如下：

(1) 在一定压力下、温度范围内具有良好的密封性能。

(2) 不使相对运动表面产生过大的摩擦力，磨损小，磨损后能自动补偿。

(3) 密封性能可靠，相容性好，能抗腐蚀，不易老化，工作寿命长。

(4) 结构简单，便于制造和拆装。

6.3.2 密封元件的分类、特点及选用

密封元件通常指各种橡胶密封圈和密封垫。根据密封元件的组成及断面的形状，可将

密封元件分为 O 形密封圈、唇形密封圈、旋转轴密封圈、防尘密封圈和组合密封圈等。

1. O 形密封圈

O 形密封圈的结构如图 6-9 所示，它的主要特征尺寸是公称外径 D、公称内径 d 和断面直径 d_0。

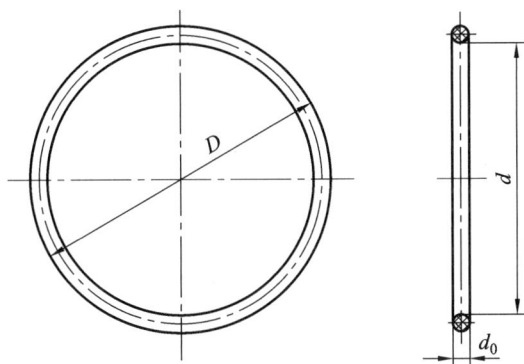

图 6-9　O 形密封圈的结构

本部分介绍 O 形密封圈的工作原理及特点、密封形式及安装沟槽。

1）工作原理及特点

O 形密封圈的工作原理如图 6-10 所示，选用断面直径为 d_0 的 O 形密封圈（见图 6-10 (a)）装入密封沟槽（见图 6-10(b)）中，槽的深度为 H，因为 $H < d_0$，所以密封圈断面产生弹性变形，依靠在密封圈和金属表面间产生的弹性接触力实现密封（见图 6-10(c)）。当油压作用于密封圈时，密封圈便产生更大的弹性变形（见图 6-10(d)），因而密封性能强。

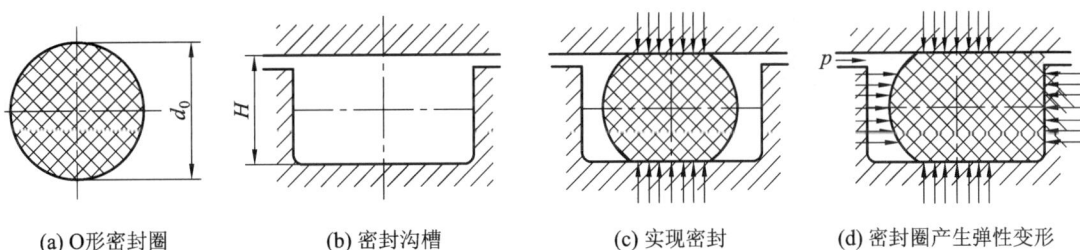

(a) O形密封圈　　　(b) 密封沟槽　　　(c) 实现密封　　　(d) 密封圈产生弹性变形

图 6-10　O 形圈的工作原理

O 形密封圈的密封性能与其压缩率 $\left(\varepsilon = \dfrac{d_0 - H}{d_0}\right)$ 有关，ε 太小，密封性能差；ε 太大，会使摩擦力太大，且因橡胶易产生过大的塑性变形而失去密封性能。一般，静密封 $\varepsilon = 15\% \sim 30\%$，动密封 $\varepsilon = 10\% \sim 15\%$，旋转运动密封 $\varepsilon = 5\% \sim 10\%$。密封沟槽的设计应符合相关的国家标准或企业标准。

O 形密封圈的主要优点是结构简单紧凑、制造容易、成本低、拆卸方便、动摩擦阻力小、寿命长，因而在一般液压设备中应用很普遍。其缺点是橡胶材料的质量对 O 形密封圈的性能与寿命影响很大。O 形密封圈用于动密封时，静摩擦系数大，摩擦产生的热量不易散去，易引起橡胶老化，使密封失效。密封圈磨损后，补偿能力差，使压缩率减小，易失去密封作用。

O 形密封圈的使用压力与橡胶的硬度有关,低硬度 O 形密封圈的使用压力小于 7.84 MPa,中硬度的使用压力小于 15.7 MPa,高硬度的使用压力小于 31.4 MPa。当使用压力过高时,密封圈的一部分可能被挤入间隙 C 中(见图 6-11(a)),引起局部应力集中,以致密封圈被咬坏(见图 6-11(b))。因此,应选硬度高的密封圈,被密封零件间的间隙也应小一些。一般而言,当压力超过 9.8 MPa 时,应加挡圈。当密封圈单向受压时,在低压侧加挡圈(见图 6-11(c));当密封圈双向受压时,在两侧加挡圈(见图 6-11(d))。挡圈材料常用聚四氟乙烯或尼龙 1010。

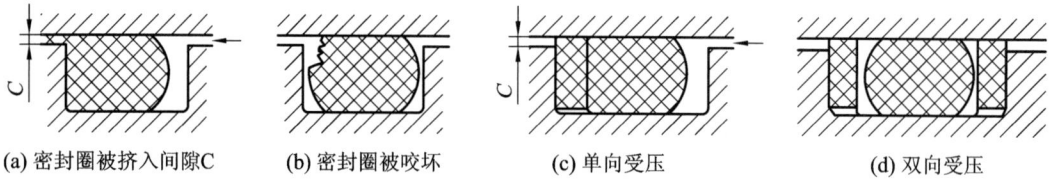

| (a) 密封圈被挤入间隙C | (b) 密封圈被咬坏 | (c) 单向受压 | (d) 双向受压 |

图 6-11 O 形密封圈的损坏情况及挡圈的作用

2) O 形密封圈的密封形式

当 O 形密封圈用于动密封时,可采用内径密封和外径密封两种形式,如图 6-12 所示。当 O 形密封圈用于静密封时,可采用端面密封(见图 6-13(a))、角密封(见图 6-12)、圆柱密封,圆柱密封又分为内径密封(见图 6-13(b))和外径密封(见图 6-13(c))两种。

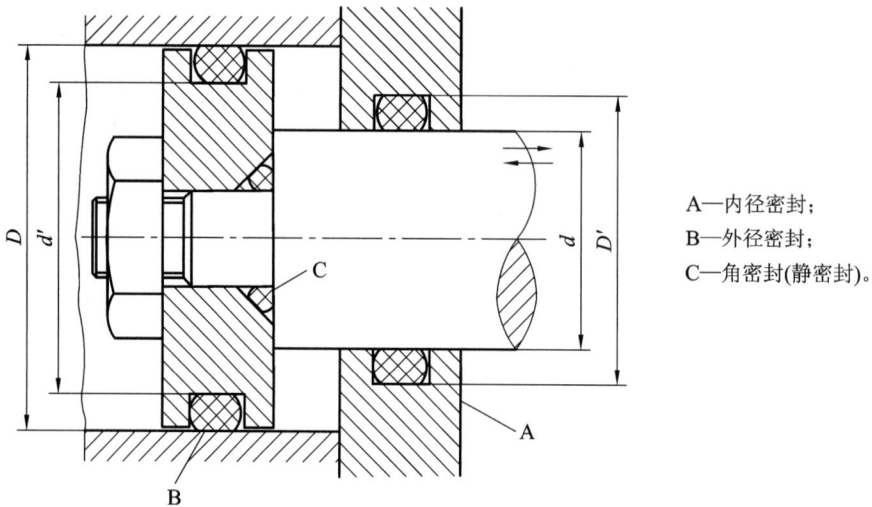

A—内径密封;
B—外径密封;
C—角密封(静密封)。

图 6-12 O 形密封圈用于动密封示意图

3) O 形圈的安装沟槽

图 6-12 中的 A 为内径密封,取 O 形圈公称内径 d 为密封配合面的直径,零件的配合间隙按表 6-2 选取,沟槽的外径 D 等于 O 形圈的公称外径 D。图 6-12 中的 B 为外径密封,取 O 形圈的公称外径 D 为密封面的直径,零件配合也按表 6-2 选取,沟槽的内径等于 O 形圈的公称内径。

图 6-13 为 O 形圈的固定密封,对于固定密封的 O 形圈沟槽可从 O 形圈标准中获取。

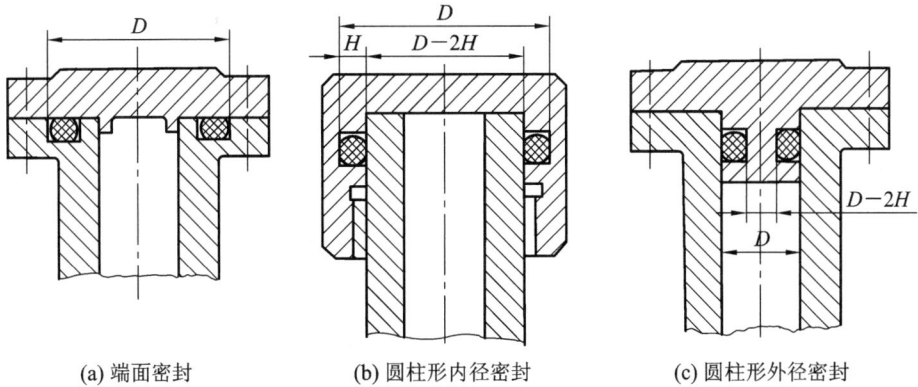

(a) 端面密封　　　　　(b) 圆柱形内径密封　　　　　(c) 圆柱形外径密封

图 6-13　O 形圈用于静密封示意图

表 6-2　配合表面(孔与轴)的配合间隙　　　密封面间隙 C/mm

工作压力/MPa	橡胶邵氏硬度 HS					
	60～70		70～80		80～90	
	O 形圈断面直径 d_0/mm					
	1.9 2.4 3.1 3.5	(4.5) 5.7 8.4	1.9 2.4 3.1 3.5	(4.5) 5.7 8.4	1.9 2.4 3.1 3.5	(4.5) 5.7 8.4
0～2.45	0.14～0.17	0.20～0.25	0.18～0.20	0.22～0.25	0.20～0.25	0.22～0.25
2.45～7.84	0.08～0.11	0.01～0.15	0.01～0.15	0.13～0.20	0.14～0.18	0.20～0.23
7.84～15.7	—	—	0.06～0.08	0.08～0.11	0.08～0.11	0.10～0.13
15.7～31.4	—	—	—	—	0.04～0.07	0.07～0.09

2. 唇形密封圈

Y 形、小 Y 形、U 形、V 形等各种密封圈,均紧靠唇边密封,故统称唇形密封圈,安装时唇口对着高压腔。油压很低时,主要靠唇边的弹性变形与被密封表面贴紧,随着油压的升高,贴紧程度增大,导致其实心部分也发生弹性变形,从而提高了密封性能。这类密封的主要优点是密封可靠,稍有磨损可自行补偿;缺点是体积大,寿命不如 O 形密封圈长。这类密封圈通常用于往复运动密封。以下分别介绍这四种密封圈。

1) Y 形密封圈

图 6-14 所示为 Y 形密封圈。该密封圈结构简单,摩擦阻力小,多用于液压缸的活塞密封中,该密封圈的缺点是当滑动速度高或压力变化大时易翻转而损坏,因此当压力变化大或速度高时要加支承环,如图 6-15(b)、(c)所示。Y 形密封圈未安装支承环时如图 6-14(a)所示。

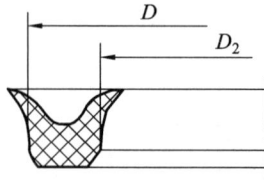

图 6-14 Y 形密封圈

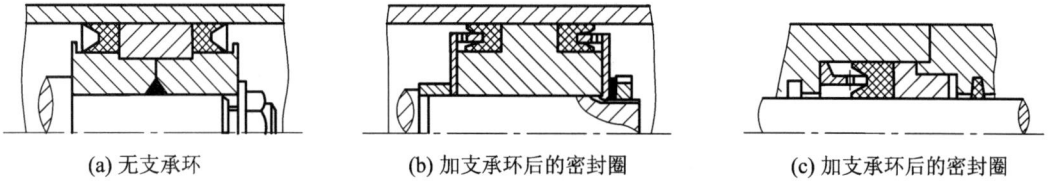

(a) 无支承环   (b) 加支承环后的密封圈   (c) 加支承环后的密封圈

图 6-15 Y 形密封圈的安装

2）小 Y 形密封圈

图 6-16 所示为小 Y 形密封圈。这是一种断面的高宽比大于 2 的 Y 形圈，也称 Y_x 形密封圈。与 Y 形密封圈相比，由于小 Y 形密封圈增大了断面的高宽比而增加了支承面积，因此工作时不易翻转。现用的小 Y 形密封圈分为孔用和轴用两种（见图 6-16），其安装情况见图 6-17。小 Y 形密封圈的材料有耐油橡胶和聚氨酯两种，可以代替 Y 形密封圈使用。

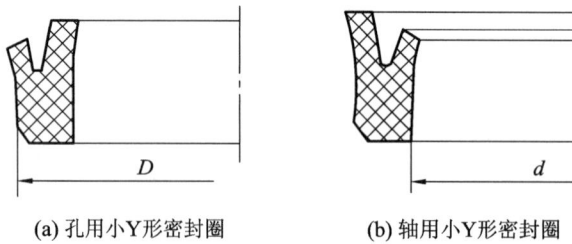

(a) 孔用小 Y 形密封圈   (b) 轴用小 Y 形密封圈

图 6-16 小 Y 形密封圈

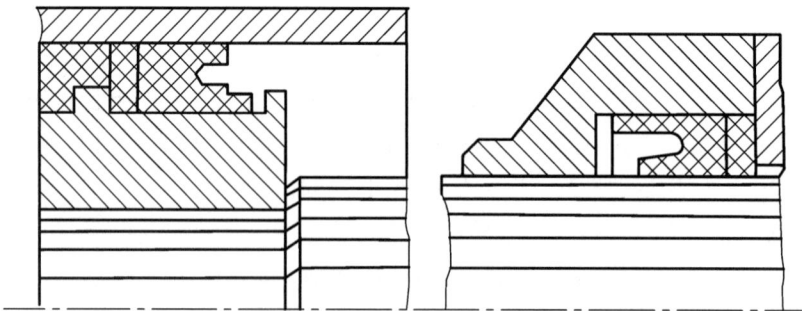

图 6-17 小 Y 形密封圈安装

3）U 形密封圈

图 6-18 所示为 U 形密封圈。U 形密封圈分为橡胶密封圈和 U 形夹织物橡胶密封圈

（见图 6 - 18）两种。前者工作压力在 9.8 MPa 以下，后者由多层涂胶织物压制而成，工作压力可达 31.5 MPa。U 形密封圈只用于相对运动速度较低的情况，其磨损后自动补偿性能好，安装时需用支承环撑住（其支承环的设置与 Y 形密封圈相同）。

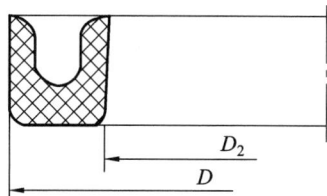

图 6 - 18　U 形夹织物橡胶密封圈

4）V 形夹织物橡胶密封圈

图 6 - 19 所示为 V 形夹织物橡胶密封圈，由多层涂胶织物压制而成的密封环、支承环和压环组成，密封环的数量视工作压力和密封直径的大小而定。这种密封圈分为 A 型和 B 型两种。A 型密封圈的轴向尺寸不可调，B 型密封圈的轴向尺寸可调，密封圈磨损后，可拧紧压紧螺钉将密封圈沿轴向压紧而向径向张开。由于 B 型圈可调，因此适用于难更换密封圈的场合。

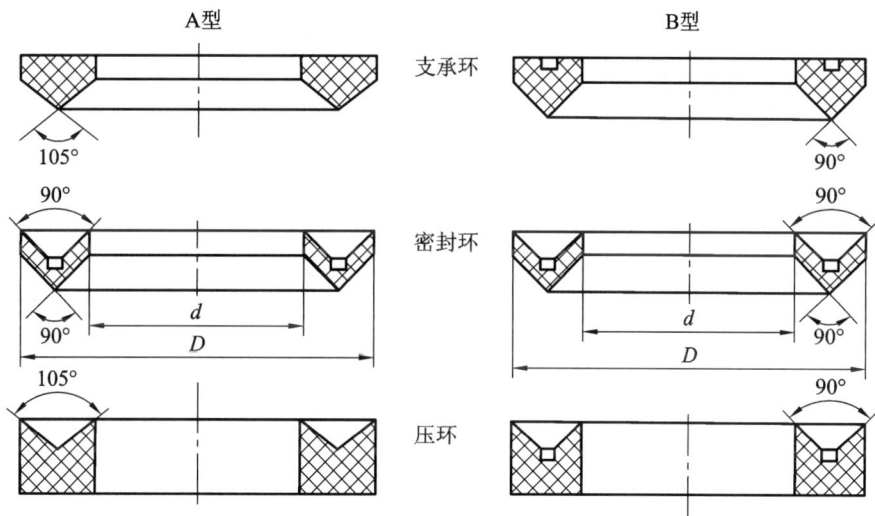

图 6 - 19　V 形夹织物橡胶密封圈

3. 旋转轴密封圈

旋转轴密封圈是用于防止旋转轴的润滑油外漏的密封件，也称为油封，它一般由耐油橡胶制成，形状多样。图 6 - 20 所示是 J 形无骨架式旋转轴密封圈，图 6 - 21 所示为骨架式旋转轴密封圈。

旋转轴密封圈主要用于液压泵、马达和摆动缸等旋转轴的密封，防止液压油从旋转部分泄漏，并防止泥土等杂物进入，起防尘圈的作用。旋转轴密封圈一般用于旋转轴线速度不大于 12 m/s、压力不大于 0.2 MPa 的情况。

这种密封圈的材料都为耐油橡胶，安装时，应使其唇边在压力油作用下贴紧在轴上。

1—橡胶油封体；2—弹簧。

(a) 旋转轴密封圈　　　　　(b) 油封圈安装情况

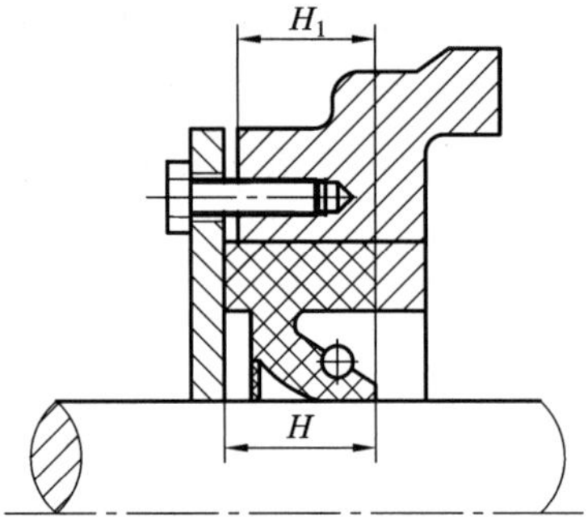

图 6-20　J 形无骨架式橡胶旋转轴密封圈

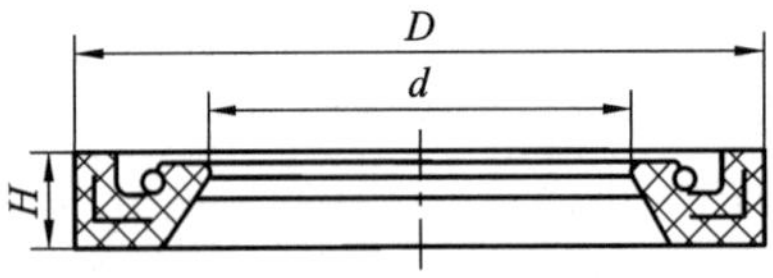

(a) 类型1 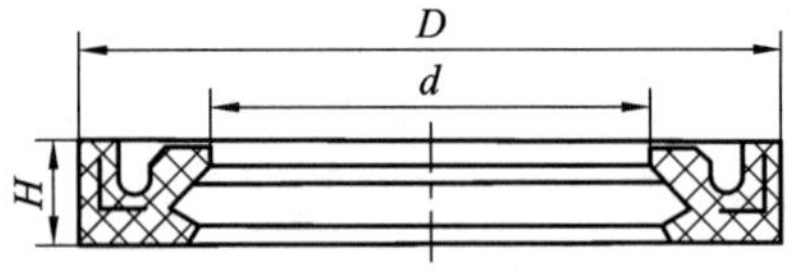　　　　　(b) 类型2

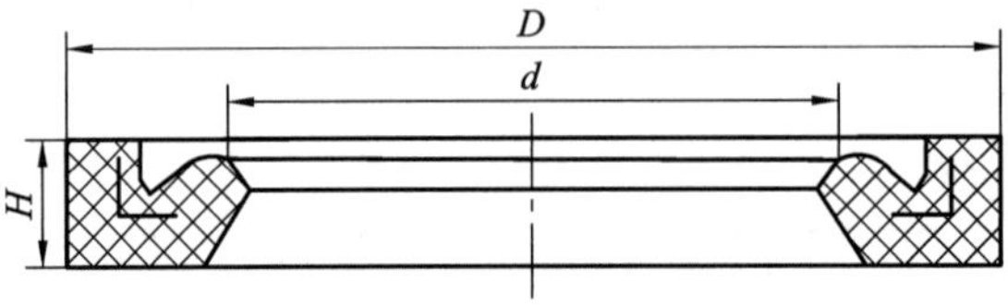

(c) 类型3

图 6-21　三种骨架式旋转轴密封圈

4. 防尘密封圈

防尘密封圈用于防止尘土进入液压件内部。在灰尘较多的环境中工作的液压缸，其活塞杆和缸盖之间除装密封圈外，一般还要装防尘密封圈。防尘密封圈分为骨架式和无骨架式两种，图 6-22 所示为骨架式防尘圈，图中，1 为防尘圈，2 为与 1 结合在一起的骨架，用于增强防尘圈的强度和刚度。

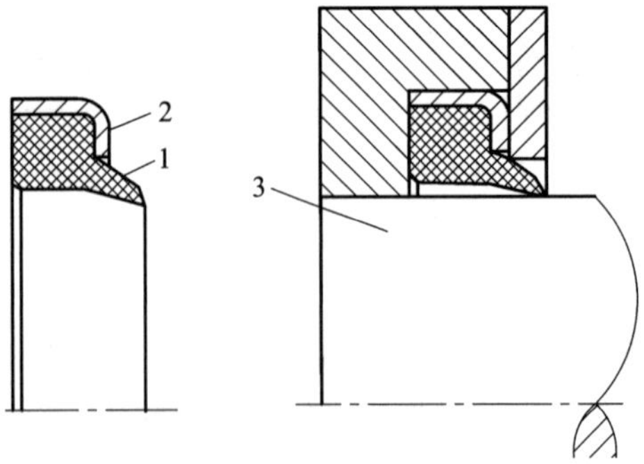

1—防尘圈；
2—骨架；
3—活塞杆。

图 6-22　骨架式防尘密封圈

5. 组合密封圈

组合密封圈由金属环 2 和橡胶环 1 胶合而成，如图 6-23 所示。其优点是：密封性能好，连接时压紧力小，承受的压力高，无须开设密封沟槽。一般用于管接头与液压元件或液压阀块螺纹油口联接处的密封，外圆金属环起支撑作用，内圆橡胶环被压紧后起密封作用。它适用于工作压力≤40 MPa、温度在−20～80℃情况下的静密封。组合密封圈的密封面的粗糙度：Ra≤6.3 μm，具体可根据密封类型及负载形式确定。

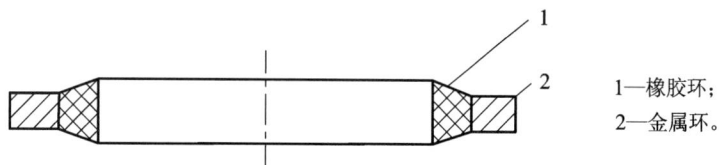

1—橡胶环；
2—金属环。

图 6-23　组合密封圈

6.4　过　滤　器

过滤器是重要的辅助元件，根据安装位置不同，可分为吸油过滤器、压力过滤器和回油过滤器等，其中，吸油过滤器为粗过滤器。

6.4.1　过滤器的作用与性能参数

1. 过滤器的作用

保持液压油的清洁是保障液压系统正常工作的重要条件。外界尘埃、脏污、装配时元件内的残留物（砂子、铁屑、氧化皮）及油液变质析出物的混入，会使元件相对运动的表面加速磨损、划伤甚至卡死或者堵塞细小通道（如阻尼孔），影响工作稳定性，使控制元件失灵。过滤器的主要作用就是过滤混在油液中的杂质，把杂质颗粒控制在能保证液压系统正常工作的范围内。

2. 过滤器的性能参数

过滤器的主要性能参数和特性包括过滤精度、过滤比、压降特性及纳垢容量。

（1）过滤精度一般指绝对过滤精度，表征过滤器对各种不同尺寸的污染颗粒的滤除能力，一般用最小的颗粒直径表示。例如，规定过滤器的绝对过滤精度为 10 μm，则该过滤器能过滤掉大部分粒径大于 10 μm 的杂质颗粒。

（2）过滤比可进一步表征过滤器的过滤性能。过滤比是指过滤器上游油液中单位容积中大于某给定尺寸的污染物颗粒数与下游油液中单位容积中大于同一尺寸的污染物颗粒数之比值，该值一般大于等于 75。

（3）压降特性是指油液流过滤芯时产生的压降，压降越小表明过滤器经过过滤器产生的能量损失越小。

（4）纳垢容量指过滤器在压降达到规定值之前可以滤除并容纳的污染物数量，其单位为克（g）。

6.4.2　过滤器的分类及选择

1. 过滤器的分类

过滤器按过滤精度可分为粗过滤器（过滤精度大于等于 80 μm）、普通过滤器（过滤精度

为 $10\sim80~\mu m$)、精过滤器(过滤精度为 $5\sim10~\mu m$)和特精过滤器(过滤精度为 $1\sim5~\mu m$)。

根据过滤器安装位置的不同,过滤器可分为吸油过滤器、压力(高压)过滤器、回油过滤器等。为方便更换滤芯,现在的过滤器大部分为筒式过滤器,过滤筒与管路或油箱连接安装后不用拆卸,滤筒内部有自封阀,更换滤芯时,打开滤筒盖更换即可。对于简单的液压系统,也可采用线隙式或网式过滤器。根据安装位置不同分类的各过滤器作用及特性如下:

(1)吸油过滤器。该过滤器安装在液压泵的吸油管道上,防止较大杂质颗粒进入液压泵。为了不影响泵的吸油性能,其吸油阻力应尽可能小,因此一般要求吸油过滤器的通油能力大于液压泵流量 2 倍以上,过滤精度为 $80~\mu m$ 或 $100~\mu m$,压力损失不得超过 0.02 MPa。

(2)压力(高压)过滤器。该过滤器安装在泵的出口管路上,它可以保护除液压泵以外的所有其他液压元件。该过滤器一般是精过滤器,过滤精度可根据控制阀的要求进行选择。因为该过滤器在高压下工作,需要有一定的强度和刚度,所以重量大大增加。为了避免因过滤器堵塞而使泵过载,要求在压力油路上设置一个旁通阀与过滤器并联,或在过滤器设置堵塞发信装置。

(3)回油过滤器。该过滤器安装在回油管路上。这类滤油器不承受高压,但会使液压系统产生一定的背压。这样安装虽不能直接保护各液压元件,但可滤去油液流入油箱以前的污染物。因此可采用强度和刚度较低但过滤精度较高的精过滤器。

此外,滤油车可通过外循环对油箱的油液进行过滤,或者给液压油箱加油,其一般采用精过滤器。大型液压系统中,常采用单独的过滤系统,即由专用液压泵给过滤器供油,对液压油进行过滤。对于长时间连续工作的液压系统,可采用双筒过滤器,通过其自带的换向阀操作可不停机实现连续过滤。

过滤器的安装方式有板式、管式、法兰式和插装式等方式,可根据系统结构设计进行安装方式的确定。

2. 过滤器的选择

在选择过滤器时应注意以下几点:

(1)在满足液压系统过滤精度要求的前提下,尽量选高精度的过滤器。

(2)要有足够的通油能力,通油能力是在一定压降和过滤精度下允许通过过滤器的最大流量。不同类型的过滤器可通过的流量有一定的限制,需要时可查阅有关样本和手册。

(3)过滤器要便于安装,滤芯要便于清洗或更换。

6.5 传 感 器

在液压传动中,传感器常用于系统状态监测、故障诊断和性能测试。传感器的种类很多,液压传动中常用的有压力传感器、流量传感器和颗粒计数器等,本节介绍这三种常用传感器。

6.5.1 压力传感器

压力传感器是能感受压力信号,并能按照一定的规律将压力信号转换成可用的、输出电信号的器件或装置。它通常由压力敏感元件和信号处理单元组成。按照不同的测试压力类型，压力传感器可分为表压力传感器、差压传感器和绝对压力传感器；按照测量技术不同，分为应变式压力传感器、压阻式压力传感器、电容式压力传感器、压电式压力传感器等。测量动态压力时，一般选用压电式压力传感器。

图 6-24 所示为应变式压力传感器结构，应变式压力传感器主要由应变筒、应变片、壳体和密封膜片组成。应变筒的上端与外壳 2 固定在一起，下边与密封膜片 3 紧密接触，两片康铜丝应变片 R_1 和 R_2 用特殊胶合剂贴在应变筒的外壁上。R_1 沿应变筒轴向粘贴作为测量片，R_2 沿应变筒径向粘贴作为温度补偿片。应变片与筒体之间不能产生相对滑动，并且要保持电气绝缘。当被测压力 P 作用于膜片而使应变筒作轴向受压时，沿轴向贴置的应变片 R_1 也将产生轴向压缩应变 ε_1，于是 R_1 的阻值变小；而沿径向贴放的应变片 R_2，由于应变筒的径向产生了拉伸变形，也将产生拉伸应变 ε_2，于是 R_2 阻值变大。应变片 R_1、R_2 与另外两个固定电阻 R_3、R_4 组成一个桥式电路(见图 6-24(b))，由于 R_1 和 R_2 的阻值变化使桥路失去平衡，获得不平衡电压作为传感器输出信号。

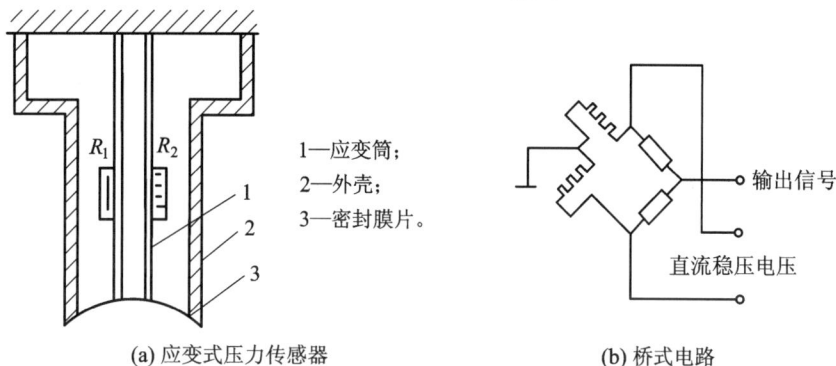

(a) 应变式压力传感器　　1—应变筒；2—外壳；3—密封膜片。　　(b) 桥式电路

图 6-24　应变式压力传感器结构图

6.5.2　流量传感器

流量传感器是一种用于检测液体、气体等介质的流量参数并将其转换为其他形式的信号进行输出的检测用仪器仪表。

目前常用的流量传感器是涡轮流量传感器。它以动量矩守恒原理为基础，采用涡轮转速与液体流速成正比的原理进行设计。当流体流经传感器时，推动叶轮转动；当流量一定时，叶轮受到的动力矩和阻力矩平衡，叶轮转速保持一定，导磁叶轮上均匀分布的叶片随叶轮转动，从而周期性地改变检测器(线圈)磁场的磁阻，检测器产生电脉冲信号，此信号经放大器放大后输出。输出的电脉冲频率与叶轮转速成正比，叶轮转速与流量成正比，所以输出电脉冲频率与流过传感器的流量成正比。再经过频率/电流转换，涡轮流量传感器输出与流量成正比的电信号。

6.5.3　颗粒计数器

根据统计资料，大约 70% 的液压系统故障是由油液污染引起的，而固体颗粒物是液压和润滑系统中最普遍、危害最大的污染物。通过检测油液中的颗粒含量，不仅可以提高系

统的可靠性和延长系统的寿命，还可以降低事故发生率，提高生产效率。

在液压系统中，颗粒计数器可对油液颗粒度、清洁度和污染物进行监测和分析。其工作原理是从光源发出的光通过平行光管后，被聚集成一束非常均匀且平行的光束，经传感区的窗口射向光电二极管，传感区部分由透明的光学材料制成，被测试样沿垂直方向从中通过，在流经窗口时被来自光源的均匀平行光束照射。光电二极管将接收的光转换为电信号，经前置放大器传输到计数器。由于被遮挡的光量与颗粒的投影面积成正比，因此输出电压脉冲的幅值直接反映颗粒的尺寸。传感器输出的脉冲电压信号传输到计数器的模拟比较器上，与预先设置的阈值电压相比较，当脉冲电压幅值大于阈值电压时，计数器计数，通过累计脉冲的个数即可得出颗粒的数目。

6.6 管　件

管件包括油管、管接头和法兰等。油管的作用是保证液压系统工作液体的循环和能量的传输；管接头用于把油管与油管或油管与元件连接起来构成管路系统。油管和接头应有足够的强度、良好的密封、较小的压力损失并便于拆卸和安装。

6.6.1 油管

本书介绍油管的种类、内径和壁厚及安装。

1. 油管的种类

在液压传动系统中，油管主要采用冷拔无缝钢管、耐油橡胶软管，有时也用一些紫铜管和尼龙管。油管材料的选择依据是液压系统各部位的工作压力、工作要求和部件间的位置关系等。下面分别介绍各种材料油管的特性及适用范围。

1）无缝钢管

无缝钢管的耐油性、抗腐蚀性较好，耐高压、变形小，装配时不易弯曲，装配后能长久地保持原形，在中、高压液压系统中得到广泛应用。无缝钢管有冷拔和热轧两种。冷拔管的外径尺寸精确，质地均匀，强度高。一般多选用 10 号、15 号冷拔无缝钢管。吸油管和回油管等低压管路允许采用有缝钢管。

2）耐油橡胶软管

耐油橡胶软管可用于有相对运动的部件的连接，能吸收液压系统的冲击和振动，装配方便，但制造困难，寿命短，成本高，固定连接时一般不采用。耐油橡胶软管用夹有钢丝的耐油橡胶制成，钢丝有交叉编织和缠绕两种，一般有一层、二层或三层。钢丝层数越多，耐压力越高。具体选用时，用户可参考生产厂商的样本资料，通过流量和流速确定内径，根据内径和压力确定钢丝编织或缠绕层数，同时确认其最小弯曲半径是否满足安装空间要求。

3）紫铜管

紫铜管容易弯曲成所需的形状，安装方便，且管壁光滑，摩擦阻力小，但耐压力低，抗震能力弱，成本高，只适用于中、低压油路。

4）尼龙管

尼龙管能够替代部分紫铜管，价格低廉，弯曲方便，但寿命短。

2. 油管的内径和壁厚

1）油管内径

选用油管内径时，通常先确定管中油的流动速度，再根据流速来计算油管内径。若内径过小，则油液流经管路时压力损失增加，造成油温升高，甚至产生振动和噪声；若内径过大，不易弯曲和安装，且管路布置所需空间增大，机器重量增加。因此，要合理地选用油管内径。

由公式 $q = \dfrac{\pi}{4}d^2 v$ 可得油管内径计算公式为

$$d = 1128\sqrt{\dfrac{q}{v}} \qquad (6-6)$$

式中，d——油管内径(mm)；

q——通过油管的流量(m^3/s)；

v——油在管内的允许流动速度(m/s)。

推荐允许流动速度 v 值如下：压力油管为 $v = 2.5 \sim 6 \text{ m/s}$；吸油管为 $v = 0.5 \sim 1.5 \text{ m/s}$；回油管为 $v = 1.5 \sim 2.5 \text{ m/s}$；橡胶软管为 $v = 3 \sim 5 \text{ m/s}$。

计算出来的内径应先圆整为标准值，然后按产品样本进行选取。

2）油管壁厚

油管壁厚应满足强度要求。油管内径按式(6-6)算出后，再按受拉伸薄壁圆筒公式计算壁厚，该公式如下：

$$\delta = \dfrac{pd}{2[\sigma]} \qquad (6-7)$$

式中，δ——油管壁厚(mm)；

p——管内油液的最大工作压力(MPa)；

d——油管内径(mm)；

$[\sigma]$——许用拉伸应力(MPa)。

对于钢管，$[\sigma] = \sigma_b/n$（σ_b 为拉伸强度，n 为安全系数，$p < 7 \text{ MPa}$ 时，$n = 8$；$p < 17 \text{ MPa}$ 时，$n = 6$；$p > 17 \text{ MPa}$ 时，$n = 4$）；铜管取 $[\sigma] \leqslant 25 \text{ MPa}$。

3. 油管的安装

油管的安装质量直接影响液压系统的工作效果。如果安装不好，不但会增加压力损失，而且可能使整个系统产生振动、噪声等问题，还会给维护和检修工作造成很大困难。因此，必须重视油管及管件的安装。液压系统管路分为高压、低压、吸油和回油等管路，安装要求各不相同，为了便于检修，最好涂色加以区别。安装油管应根据设计要求正确选择管件和管材，并注意下面几点。

（1）管路应尽量短，布管整齐、转弯少，避免过大的弯曲，并要保证管路必要的伸缩变形。油管悬伸太长时要有支架。在布置活接头时，应保证装拆方便。系统中主要管道或辅件应能单独装拆，而不影响其他元件。

（2）管路最好平行布置、少交叉，平行或交叉的油管之间至少应有 10 mm 的间隙，以防接触和振动。

（3）管路安装前要清洗。一般用 20％的硫酸或盐酸进行清洗，清洗后用 10％苏打水中和，再用温水洗净，并进行干燥、涂油，必要时做预压力试验，确认合格后再进行安装。

软管的安装还应额外注意以下几点：

（1）弯曲半径应不小于产品样本中规定的最小值。当小于这些数值时，其耐压力迅速下降。如果结构要求必须采用小的弯曲半径，则应选择耐压性能较好的胶管。

（2）在安装和工作时，不允许有扭转（拧扭）现象。在特定连接处，选用合适的角接头，以缩短管路长度，减少管路弯数。

（3）软管在直线情况下使用时，不能使胶管接头之间受拉伸，要考虑长度上有些余量，使它比较松弛，因为胶管在充压时会收缩变形，一般收缩量为管长的 $-2\% \sim 4\%$。

（4）胶管不能靠近热源，不得已时要安装隔热板。有磨损的地方应安装护套。

6.6.2 管接头的分类及选用

1. 管接头的分类

管接头是油管与油管、油管与液压元件的连接件。当前常用的管接头形式有卡套式、焊接式、扩口式、中心回转式、法兰式及钢丝编织胶管接头等类型。由于现场连接情况非常复杂，因此管接头标准、规格、类型非常多，选用时可参考相关厂家产品样本。下面介绍几种常见管接头的结构和特点。

1）卡套式管接头

图 6-25 所示为卡套式管接头结构。图 6-26 为卡套式管接头的工作原理。它由接头体 1、卡套 4 和螺母 3 这三个基本零件组成，卡套 4 左端内圆带有刃口，两端外圆均带有锥面。装配时，接头体 1 右端密封槽自带密封圈 5，通过其右端螺纹旋入液压件上的螺纹油孔，之后将被连接的钢管 2 垂直切断并去毛刺，套上螺母 3 和卡套 4，然后将管子插入接头体 1 的内孔，卡套卡进接头体内锥孔与管子之间的空隙内，再将螺母旋在接头体上，使其内锥面与卡套的外锥面靠紧。将管子与接头体止推面 a 靠紧后旋紧螺母使卡套作轴向移动时，卡套的刃口端 b 径向收缩并切入管子，其外圆同时与接头体、内锥面 c 靠紧形成良好的密封。装好的管接头卡套中部稍有拱形凸起，尾部（右端）径向收缩抱住管子。卡套因中部拱起具有一定弹性，有利于密封和防止螺母松动。

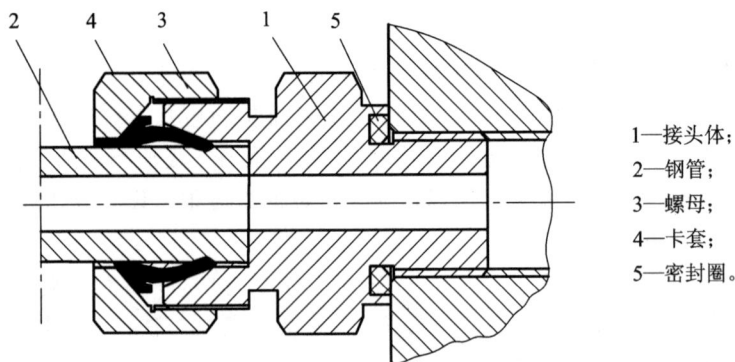

1—接头体；
2—钢管；
3—螺母；
4—卡套；
5—密封圈。

图 6-25 卡套式管接头结构

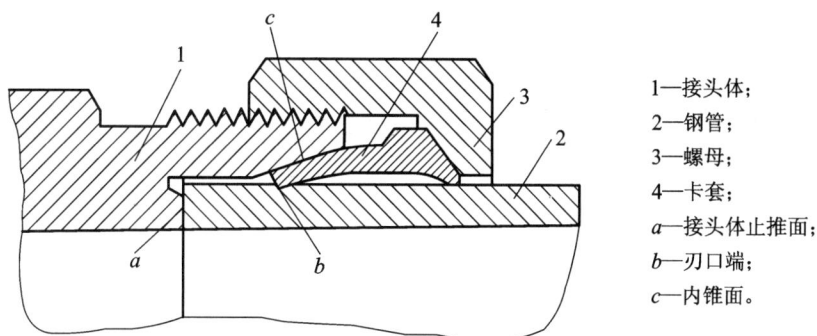

图 6-26　卡套式管接头工作原理

1—接头体；
2—钢管；
3—螺母；
4—卡套；
a—接头体止推面；
b—刃口端；
c—内锥面。

卡套式管接头有许多种接头体，使用时可查阅卡套式管接头的有关标准。该种接头的特点是拆装方便，能承受大的冲击和振动，使用寿命长，但对卡套的制造质量和钢管外径尺寸精度要求较高。

2）焊接式管接头

焊接式管接头结构如图 6-27 所示，在油管端部焊接上一个接管 2，把螺母 3 套在接管 2 上，靠旋紧螺母 3 把接管 2 与接头体 1 连接起来。接头体 1 的另一端可与另一油管或元件连接，并由组合垫圈进行密封。接管 2 与接头体 1 结合处加 O 形密封圈 4 或其他密封垫圈以防漏油。

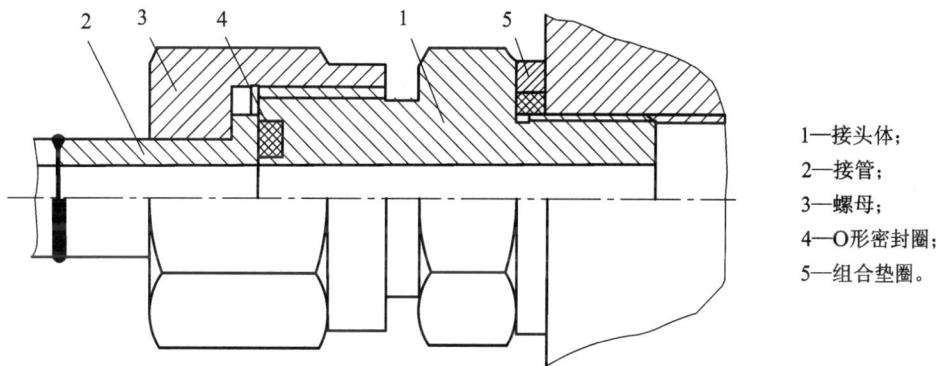

图 6-27　焊接式管接头

1—接头体；
2—接管；
3—螺母；
4—O 形密封圈；
5—组合垫圈。

焊接管接头制造工艺简单，工作可靠，拆装方便，对被连接的油管尺寸精度要求不高，工作压力较高，成本低，是目前常用的一种连接形式。其缺点是对焊接质量要求较高，O 形橡胶圈易老化、损坏，影响密封性能。

3）扩口式管接头

扩口式管接头结构如图 6-28 所示。这种管接头适用于壁厚不大于 1.5 mm 的钢管、铜管和尼龙管连接，工作压力较低，多用于低压液压系统中。扩口式管接头分为 A 型、B 型两种，都由接头体 2、螺母 3、密封垫圈 1、导套 4 等组成。使用时，先将油管管端通过扩口器做成喇叭口，A 型接头靠螺母 3 通过导套 4 将油管压紧在接头体上，B 型接头靠螺母 3 的内锥面直接将油管压紧在接头体上。该种接头不适合需反复拆卸和大壁厚的钢管连接。

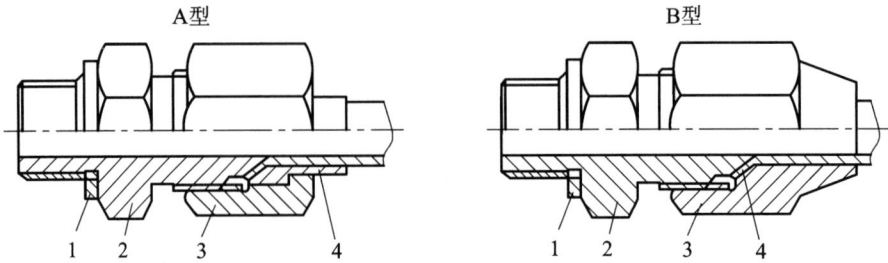

1—密封垫圈；2—接头体；3—螺母；4—导套。

图 6-28　扩口式管接头

4）中心回转式管接头

有些机械设备，如全液压挖掘机和汽车起重机等，需要把装在回转平台上的液压泵的压力油输往固定不动的（相对于回转平台）下部行走机构，或者需要把装在底盘上的液压泵的压力油输往装于回转平台上的工作机构。这时可采用中心回转接头。

图 6-29 是中心回转式管接头结构示意。中心回转式管接头由旋转芯子 1、外壳 2 和密封件 3 构成。旋转芯子与回转平台固连，跟随回转平台回转；外壳与底盘连接，相对于回转平台为固定。上部油管安装在旋转芯子上端的小孔上，这些小孔经过轴线方向的内孔和径向孔与外壳上的径向孔相通，而外壳上的径向孔与下部油管相连。为了使旋转芯子在回转时，其上的油孔仍能保持与外壳上的相应油孔相通，在外壳的内圆柱面上与径向小孔相对应处，各开有环形油槽 A，这些油槽保证了外壳与旋转芯子上的对应油孔始终相通。

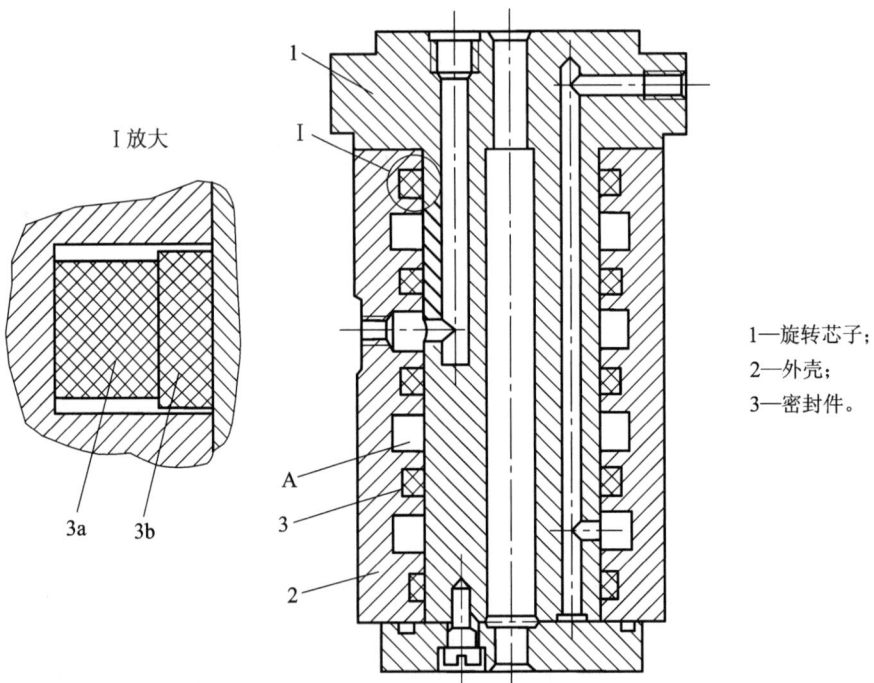

1—旋转芯子；
2—外壳；
3—密封件。

图 6-29　中心回转式管接头示意图

有些中心回转式管接头采用外壳与回转平台固连，芯子与底盘固连的结构，此时沟槽开在旋转芯子上较合适。沟槽开在旋转芯子上加工容易，外形尺寸小，装配也方便。

为了防止各条油路之间的内漏和外漏，在各环形油槽之间还开有环形密封槽装以密封件 3，密封件可以采用方形橡胶圈和尼龙环（见图 6 - 29 中 3a 和 3b），也可用 O 形密封圈（当压力较低时）或其他的密封件。

5）快速接头

当管路的某一处需要经常接通和断开时，可以采用快速接头。图 6 - 30 是快速接头的结构示意图。图中各零件的位置为油路接通时的位置，外套 8 把钢球 7 压入槽底使接管 9 和连接件 3 连接起来，锥阀 2 和 5 互相挤紧使油路接通。

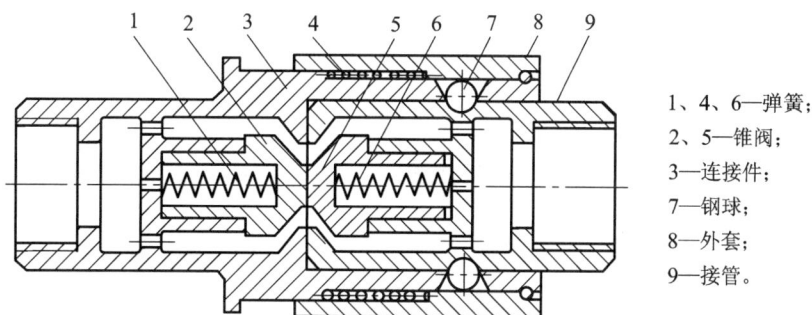

图 6 - 30　快速接头结构示意图

1、4、6—弹簧；
2、5—锥阀；
3—连接件；
7—钢球；
8—外套；
9—接管。

当需要断开油路时，可用力把外套 8 向左推，同时拉出接管 9，油路即可断开。此时，弹簧 4 使外套 8 回位，锥阀 2 和 5 分别在各自的弹簧 1 和 6 的作用下外伸，顶在连接件 3 和接管 9 的阀座上而关闭油路，使两边管中的油都不流出。

当需要接通油路时，仍用力把外套 8 向左推，同时插入接管 9，此时锥阀 2 和 5 互相挤紧而压缩各自的弹簧 1 和 6，并缩入图示位置，离开了阀座，使油路接通。

6）钢丝编织胶管接头

钢丝编织胶管接头分为扣压式和可拆式两种，其结构如图 6 - 31 所示。两类胶管又分别分为 A、B、C 型，分别用于与焊接式、卡套式和扩口式管接头的接头体连接使用。

2. 管接头的选用

管接头中，接头体的螺纹规格与被连接液压元件油口螺纹标准及规格相一致，一般的油口螺纹标准有公制细牙螺纹（如 M10×1）、英制螺纹（如 G 1/8″）和美制螺纹（如 7/16″-20 UNF）。

（1）扣压式胶管接头由螺母 1、接头芯 2 和外套 3 组成。装配前，外套外圆无台肩，直径为 D；装配时，剥去胶管端部外层胶，然后装上接头芯（带螺母 1 与外套，再滚压与胶管套装部分的外套外圆，使外套变形后与胶管、接头芯紧紧连接在一起）。

（2）可拆式胶管接头由螺母 1、钢丝 2、接头芯 3 以及外套 4 组成。接头芯尾部外圆为锥形，剥片胶管外层胶，装进接头芯和外套之间，拧紧接头芯即可。

（3）卡套式管接头适用于高压冷拔无缝钢管连接且卡套制造精度要求高，成本较高，用于以油、气为介质的管路系统。适用的压力范围有两级：中压级 16 MPa 和高压级 32 MPa。

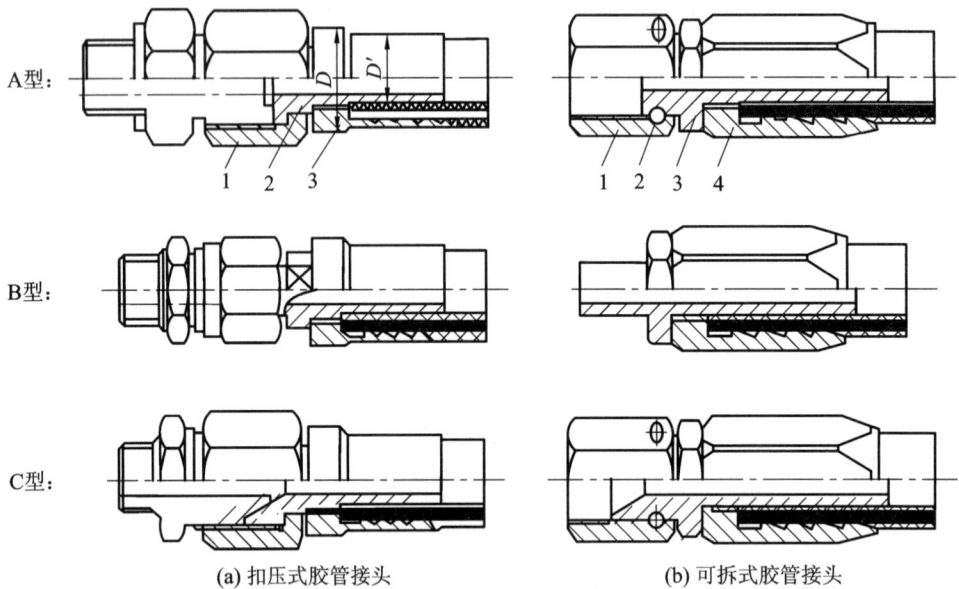

A型:

B型:

C型:

(a) 扣压式胶管接头　　　　　　　　　(b) 可拆式胶管接头

图 6-31　钢丝编织胶管接头

（4）焊接式管接头适用于高压厚壁钢管的连接或用于油为介质的管路系统，成本低，可反复拆卸。

（5）扩口式管接头适用于中低压管路系统，对于水和气压管路系统均可适用，最大工作压力取决于管材和管径，规定为 3.5～16 MPa。

（6）根据管路走向及油口位置，选择可调向、90°直角、135°弯头等接头，满足管路连接需求。

（7）快速接头适用的工作压力≤32 MPa，工作温度为－20～＋80℃，压力损失（在额定压力下）＜0.2 MPa。

6.7　液压控制阀的集成

一个液压系统中有很多控制阀，这些控制阀可用不同方式来连接或集成。液压控制阀可分为有管集成和无管集成。

有管集成是最早采用的一种集成方式，它用管件（管子和接头）将各管式连接液压控制阀集成在一起。其主要优点是连接方式简单，不需要设计和制造油路板或油路块；缺点是当组成系统的控制元件较多时，需要较多的管子和管接头，它们上下交叉，纵横交错，占用空间大，系统布置相当不便，安装维护和故障诊断困难，系统运行时，压力损失大，且容易产生泄漏，混入空气及振动噪声等不良现象。此种集成方式仅用于较简单的液压系统及有些行走机械设备中。

无管集成是将液压控制元件固定在某种专用或通用的辅助连接件上，辅助连接件内开有一系列通油孔道，液压控制元件之间的油路联系通过这些通油孔道来实现。按照辅助连接件形式的不同，无管集成可分为板式、块式、叠加阀式、插装式及由这几种集成方式组合而成的复合式集成等形式。

有管集成和无管集成共同的特点是：油路直接安装在辅助件或液压阀阀体上，省去了大量管件；结构紧凑、组装方便、外形整齐美观；安装位置灵活；油路通道短，压力损失较小，不易泄漏。

液压控制阀的集成统称为块式集成，是以典型液压系统的各种基本回路为基础，将其控制阀集成安装到一个通用化的六面体油路块（集成块，一般可根据压力级别选铝合金锻件、20 号锻钢、35 号锻钢等作为原材料），通常其四周除一面安装通向液压执行器（缸或马达）的管接头件外，其余三面安装标准的板式液压阀及少量叠加阀或插装阀，这些液压阀之间的油路联系由油路块内部的通道孔实现，块的上下两面为块间叠积结合面，布有由下往上贯穿通道体的公用压力油孔 P、回油孔 O(T)、泄漏油孔 L 及块间连接螺栓孔，多个回路块叠加在一起，通过四只长螺栓固紧后，各块之间的油路联系通过公用油孔来实现。

习　　题

6.1　过滤器有几种型式？如何选择过滤器？

6.2　比较各种密封装置的密封原理和结构特点，它们各适用于什么场合？

6.3　压力继电器和压力表开关有什么作用？

6.4　结合具体应用说明回转接头有什么作用。

6.5　某气囊式蓄能器用作动力源，容量为 3 L，充气压力 $p_0 = 3.2$ MPa，系统最高和最低压力分别为 7 MPa 和 4 MPa。试求蓄能器能够输出的油液体积。

6.6　某液压系统最高和最低压力分别为 7 MPa 和 5.6 MPa，其执行机构每隔 30 s 需要供油一次，每次输油 1 L，时间为 0.5 s。试求：

(1) 如果用液压泵供油，该泵应有多大流量？

(2) 若改用气囊式蓄能器（充气压力为 5 MPa）完成此工作，则蓄能器应有多大容量？

第7章

液压系统基本回路

任何一种液压系统都是由许多不同功能的基本回路组成的，而基本回路是由一些液压元件和管路按照一定方式组合起来的、能够完成一定功能的油路结构。基本回路一般包括压力控制回路、方向控制回路和速度控制回路等。熟悉和掌握这些基本回路的组成、工作原理和性能是设计、分析和使用液压系统的基础。本章对以上回路及其在汽车上的应用进行介绍。

7.1 压力控制回路

压力控制回路是利用压力控制阀作为回路主要控制元件，控制系统全局或系统局部压力，以满足执行元件输出所需要的力或力矩要求的回路。在液压系统中，保证有足够的力或力矩输出是设计压力控制回路最基本的优化目标。压力控制回路的基本类型有调压回路、减压回路、保压回路、平衡回路、增压回路和卸荷回路等多种形式。

7.1.1 调压回路

系统的压力应能根据负载的大小进行调节，从而使其既满足工作需求，又可以减少系统的发热量和功率损耗。调压回路可以控制系统的压力，使其保持恒定或限制其最大值，以便与负载相匹配。为了达到这个目的，在液压泵的出口处并联溢流阀。在定量泵系统中，工作压力一般利用溢流阀调节，与节流阀配合，使泵能在恒定的压力下工作；在变量泵系统中，用安全阀限制系统的最大工作压力，防止系统过载。当系统需要多个压力时，可以采用多级调压回路或者无级调压回路来实现。

1. 单级调压回路

单级调压电路如图 7-1 所示，是由换向阀和定量泵组成的。单级调压回路只能给系统提供一种工作压力，系统的压力由溢流阀事先设定好。溢流阀在该电路中还有安全阀的作用。

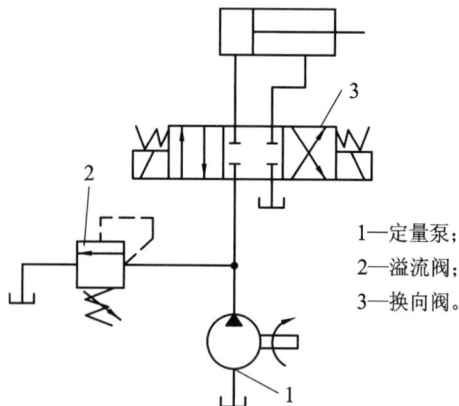

1—定量泵；
2—溢流阀；
3—换向阀。

图 7-1 单级调压回路

2. 多级调压回路

许多液压系统在工作的不同阶段或不同的
执行件中需要不同的工作压力，这时可以采用多级调压回路。多级调压回路可以采用多个
溢流阀或采用电液比例溢流阀来实现。

1）采用多个溢流阀的多级调压回路

图 7-2 所示为采用三个溢流阀的多级调压回路，可以为系统输出三级压力。在图示状
态下，系统压力由高压溢流阀调节，获得高压压力；当三位电磁换向阀左端得电时，系统压
力由低压溢流阀 1 调节，获得第一种低压压力；当三位电磁换向阀右端得电时，系统压力
由低压溢流阀 2 调节，获得第二种低压压力。这种调压回路控制系统简单，但在压力转换
时会产生冲击。三个溢流阀的规格都必须按定量泵的最大供油量来选择。

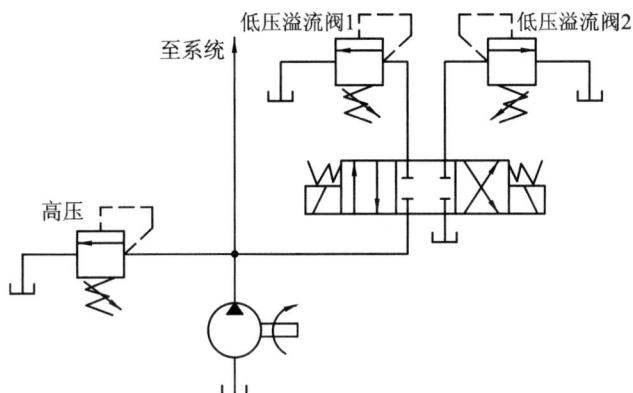

图 7-2　采用三个溢流阀的多级调压回路

2）采用电液比例溢流阀的多级调压回路

图 7-3 所示为采用电液比例溢流阀的无级调压回
路，通过调节电液比例溢流阀 2 的输入信号电流 I，就
可以调节系统的供油压力，不需要设置多个溢流阀和换
向阀。这种多级调压回路所用的液压元件少，油路简单，
可以方便地实现远距离控制或程序操作和连续地按比例
进行压力调节，压力上升和下降的时间均可以通过改变
输入信号加以调节。因此，压力转换过程平稳，但控制
系统复杂，推动阀上的比例电磁铁需配置相应的比例放
大板，价格昂贵。

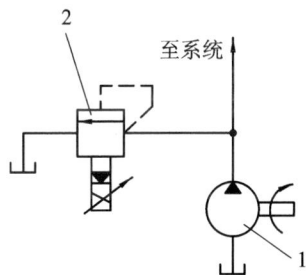

1—液压泵；2—电液比例溢流阀。

图 7-3　采用电液比例溢流阀的
　　　　调压回路

7.1.2　减压回路

在多个支路的液压系统中，不同的支路常常需要不同的、稳定的、可以单独调节且较主
油路低的压力。例如，液压系统中的控制油路（为液控阀提供的压力油）、润滑油路需要较
低的供油压力回路，因此要求系统中必须设置减压回路。常用的方法是在需要减压的油路
前串联定值减压阀。由于减压口处有功率损失，此种回路不宜用在压降大、流量大的场合。

常见的减压回路有单级减压回路和多级减压回路。

1. 单级减压回路

图 7-4 所示为常用的单级减压回路，主油路的压力由溢流阀 2 设定，减压支路的压力根据负载由减压阀 3 调定。减压回路设计时要注意避免因负载不同可能造成回路之间的相互干涉问题。例如，当主油路负载减小时，主油路的压力可能低于支路减压阀调定的压力，这时减压阀的开口处于全开状态，失去减压功能，造成油液倒流。为此，可在减压支路上减压阀的后面加装单向阀，以防止油液倒流，起到短时的保压作用。

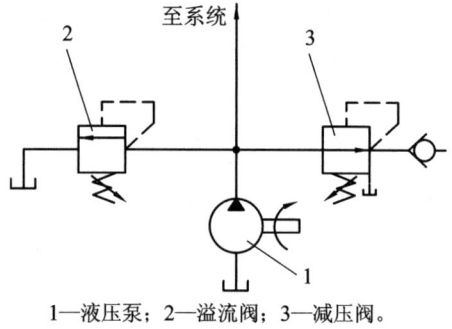

1—液压泵；2—溢流阀；3—减压阀。

图 7-4 单级减压回路

2. 二级减压回路

图 7-5 所示为常用的二级减压回路，将先导式减压阀的遥控口通过二位二通电磁阀与调压阀相接，通过调压阀的压力调整获得预定的二次减压。当二位二通电磁阀断开时，减少支路输出减压阀 3 的设定压力；当二位二通电磁阀接通时，减少支路输出调压阀 5 设定的二次压力。调压阀设定的二次压力值必须小于减压阀的设定压力值才起作用。

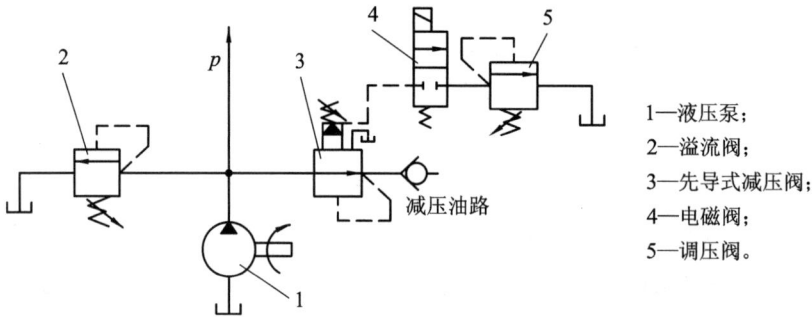

1—液压泵；
2—溢流阀；
3—先导式减压阀；
4—电磁阀；
5—调压阀。

图 7-5 二级减压回路

例题 7.1 某液压系统如图 7-6 所示，液压缸 1 和液压缸 2 的有效工作面积分别为 A_1 和 A_2，其值都为 100×10^{-4} m²，液压泵流量 q_p 是 40 L/min，溢流阀的设定压力 p_y 是 4 MPa，减压阀的设定压力 p_j 是 2.5 MPa，作用在液压缸 1 上的载荷 F_L 分别是空载荷、15×10^3 N 和 43×10^3 N，忽略一切损失，请计算空载荷、有载荷情况下缸 1 和缸 2 在运动时和运动到终点时的压力 p_1 和 p_2、运动速度 v_1 和 v_2 及溢流阀的溢流量 q_Y。

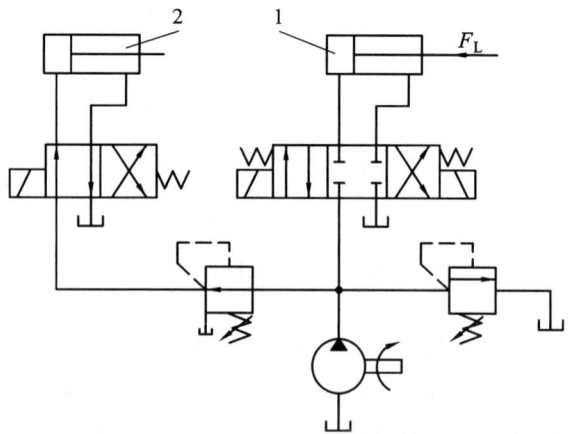

图 7-6 例题 7.1 图

解　(1) 当空载荷时。

① 当液压缸向右运动时，各液压缸内压力为零。液压缸的运动速度分别为

$$v_1 = v_2 = \frac{q_p}{2A_1} = \frac{40 \times 10^{-3}}{2 \times 100 \times 10^{-4}} = 2 \text{ (m/min)}$$

溢流阀的溢流量 $q_Y = 0$。

② 当液压缸 1、2 向右运动到终点后，各液压缸的速度为零。液压缸 1 内压力为 $p_1 = p_y = 4$ MPa，液压缸 2 内压力为 $p_2 = p_j = 2.5$ MPa，溢流阀的溢流量 $q_Y = 40$ L/min。

(2) 当液压缸 1 的载荷为 15×10^3 N，液压缸 2 的载荷为零时。

① 当液压缸 1、2 向右运动时，液压缸 2 无载荷，先运动，系统工作压力为零。液压缸 2 的速度为

$$v_2 = \frac{q_p}{A_2} = \frac{40 \times 10^{-3}}{100 \times 10^{-4}} = 4 \text{ (m/min)}$$

液压缸 2 运动到终点后，液压缸 1 开始运动，其压力为

$$p_1 = \frac{F_L}{A_1} = \frac{15\ 000}{100 \times 10^{-4}} = 1.5 \times 10^6 = 1.5 \text{ (MPa)}$$

液压缸 1 的速度为

$$v_1 = \frac{q_p}{A_1} = \frac{40 \times 10^{-3}}{100 \times 10^{-4}} = 4 \text{ (m/min)}$$

溢流阀的溢流量 $q_Y = 0$。

② 当液压缸 1 也向右运动到终点时，液压缸 1 的压力为 $p_1 = p_y = 4$ MPa，液压缸 2 的压力为 $p_2 = p_j = 2.5$ MPa，液压缸 1 和 2 的速度均为零；溢流阀的溢流量 $q_Y = q_p = 40$ L/min。

(3) 当液压缸 1 的载荷为 43×10^3 N，液压缸 2 的载荷为零时。

① 因为液压缸 2 无载荷，所以先运动，系统工作压力为零。液压缸 2 的速度为

$$v_2 = \frac{q_p}{A_2} = \frac{40 \times 10^{-3}}{100 \times 10^{-4}} = 4 \text{ (m/min)}$$

当液压缸 2 运动到终点后，液压缸 1 开始运动。驱动载荷所需压力为

$$p_L = \frac{F_L}{A_1} = \frac{43\ 000}{100 \times 10^{-4}} = 4.3 \times 10^6 \text{(Pa)} = 4.3 \text{ (MPa)} > p_y = 4 \text{ (MPa)}$$

因为载荷压力大于溢流阀设定压力，所以液压缸 1 始终停止不动，速度为零。

② 当液压缸 2 运动到终点时，液压缸 1 和 2 的速度均为零。液压缸 1 的压力为 $p_1 = p_y = 4$ MPa，液压缸 2 的压力为 $p_2 = p_j = 2.5$ MPa，溢流阀的溢流量 $q_Y = 40$ L/min。

7.1.3　保压回路

保压回路是当执行元件停止运动或微动时，油液需要稳定地保持一定压力的回路。保压回路需要满足保压时间、压力稳定、工作可靠和经济等方面的要求。如果对保压性能要求不高，可以采用简单、经济的单向阀保压；如果对保压性能要求高，应该采用补油的办法弥补回路的泄漏，从而维持回路的压力稳定。

常用的保压方式有蓄能器式保压回路、限压式变量泵保压回路和自动补油的保压回路。

图 7-7(a)所示为蓄能器式保压回路。当泵卸荷或进给执行件快速运动时，单向阀把夹紧回路和卸荷或进给回路隔开，蓄能器中的压力油用于补偿夹紧回路中油液的泄漏，使其压力基本保持不变。蓄能器的容量由油路的泄漏程度和所要求的保压时间长短决定。

图 7-7(b)所示为限压式变量泵保压回路。参考图 2-20 中的 ABC 特性曲线，在保压状态下，即 C 点工作状态下，限压式变量泵输出的流量很小，因此功率消耗也非常小。

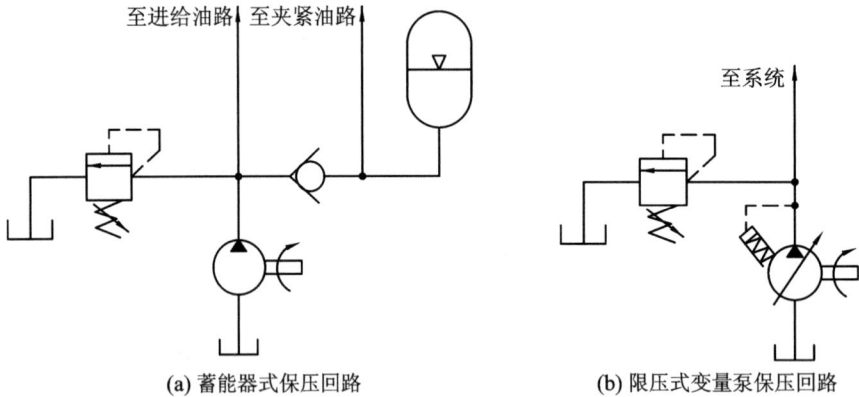

(a) 蓄能器式保压回路　　　　　　　　(b) 限压式变量泵保压回路

图 7-7　保压回路

图 7-8 所示为用于压力机液压系统的自动补油保压回路。

其工作原理是当三位四通电磁换向阀 3 的左位机能起作用时，液压泵 1 向液压缸 7 上腔供油，活塞前进，当接触工件后，液压缸 7 上腔压力上升，当达到规定压力值时，压力表 6 发出信号，使三位四通电磁换向阀 3 进入中位机能，这时液压泵 1 卸荷，系统进入保压状态。当液压缸 7 上腔压力降到某一压力值时，压力表 6 发出信号，使三位四通电磁换向阀 3 又进入左位机能，液压泵 1 重新向液压缸 7 上腔供油，使压力上升。如此反复实现自动补

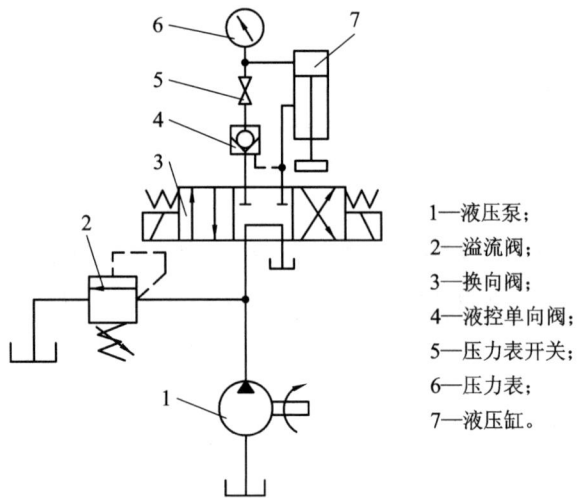

1—液压泵；
2—溢流阀；
3—换向阀；
4—液控单向阀；
5—压力表开关；
6—压力表；
7—液压缸。

图 7-8　自动补油保压回路

油保压。当三位四通电磁换向阀 3 的右位机能起作用时，活塞便快速退回原位。三位四通换向阀的中位机能是 M 型，因此当阀处于中位时，可使泵卸荷。

▨ 7.1.4 ▨ 平衡回路

当液压缸或液压马达驱动的大质量或大负载工作部件有朝下运动的工况时，为了防止工作部件由于自重而自行下滑，可在液压系统中设置平衡回路，如起重机的变幅油缸回路及卷扬机液压回路，否则会发生安全事故。其原理是在工作部件下行工况下的液压缸或液压马达回油路上设置适当的阻力，使其回油腔产生一定的背压，以平衡其自重并提高工作部件的运动稳定性。

1. 单向顺序阀平衡回路

图 7-9 所示为由单向顺序阀组成的平衡回路，顺序阀 4 的调整压力应该稍微大于工作部件的重量在液压缸 5 下腔形成的压力。当液压缸 5 停止运动时，由于顺序阀 4 的泄漏，运动部件仍然会缓慢下降。

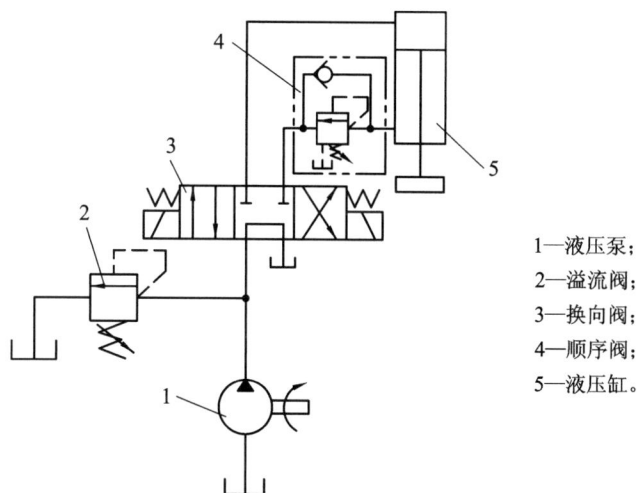

1—液压泵；
2—溢流阀；
3—换向阀；
4—顺序阀；
5—液压缸。

图 7-9　单向顺序阀平衡回路

2. 液控单向阀平衡回路

图 7-10 所示为由液控单向阀组成的平衡回路，它将图 7-9 中的单向顺序阀换成了液控单向阀。

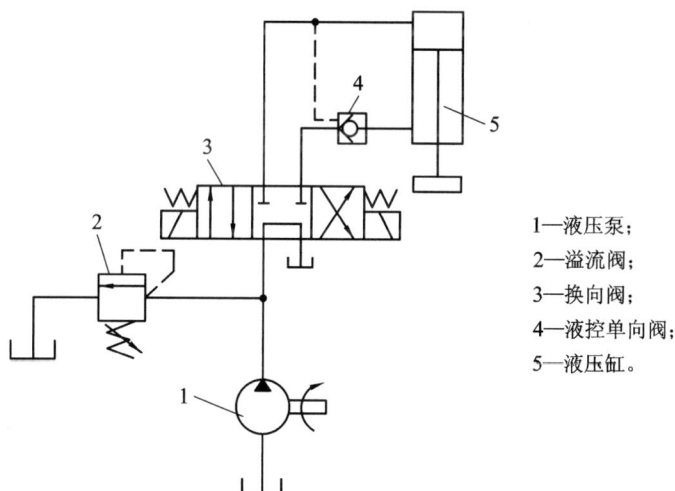

1—液压泵；
2—溢流阀；
3—换向阀；
4—液控单向阀；
5—液压缸。

图 7-10　液控单向阀平衡回路

当换向阀 3 左端动作时，压力油进入液压缸 5 上腔，同时打开液控单向阀 4，活塞和工作部件向下运动；当换向阀 3 处于中位时，液压缸 5 上腔失压，关闭液控单向阀 4，活塞和工作部件停止运动。液控单向阀 4 的密封性好，可以很好地防止活塞和工作部件因泄漏而缓慢下降。活塞和工作部件向下运动时，回油油路的背压小，因此功率损耗小。这种回路不能保证液控单向阀始终处于开启状态，因此平稳性不好。

在图 7-9 中的单向顺序阀 4 的后面再串联一个液控单向阀，就组成了单向顺序阀加液控单向阀的平衡回路，如图 7-11 所示。

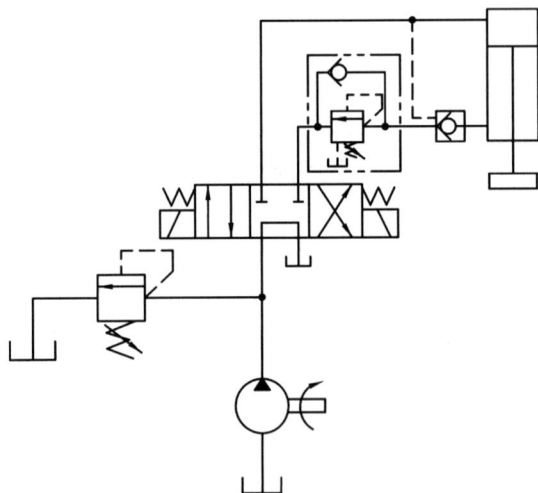

图 7-11　单向顺序阀加液控单向阀的平衡回路

液控单向阀可以防止换向阀处于中位时，由单向顺序阀的泄漏造成的工作部件缓慢下滑问题，而单向顺序阀可以提高回油腔的背压和油路的工作压力，使液控单向阀在工作部件下行时始终处于开启状态，提高工作部件的运动平稳性。此外，还有采用单向节流阀和液控单向阀组成的平衡回路。实际回路中，可选用专门的平衡阀，实现负载平衡。

7.1.5　增压回路

在液压系统中，当为满足局部工作机构的需要，要求某一支路的工作压力高于主油路时，可以采用增压回路。

1. 采用增压器的增压回路

增压器增压回路如图 7-12 所示。增压器 4 由一个活塞缸和一个柱塞缸串联组成。低压油进入活塞缸的左腔，推动活塞并带动柱塞右移，柱塞缸内排出的高压油进入工作油缸 7 进行工作。换向阀 3 反向运动时，活塞带动柱塞退回，工作油缸 7 在弹簧的作用下复位，如果油路中有泄漏时，补油箱 6 的油液通过单向阀 5 向柱塞缸内补油。这种回路的增压倍数等于增压器中活塞面积和柱塞面积之比，其缺点是不能提供连续的高压油。

2. 连续增压回路

在增压回路中采用连续增压器，可使工作液压缸在一段时间内连续获得高压油。图 7-13 为连续增压器的结构示意和工作原理。

为了连续供给高压油，换向阀 1 采用电磁或液动自动换向阀，在图示位置时，压力油进入连续增压缸 3 的左腔，同时进入其左侧的柱塞缸，共同推动活塞右移，右侧的柱塞缸输出增压油；当换向阀 1 换向时，压力油进入连续增压缸的右腔，同时进入其右侧的柱塞缸，共同推动活塞左移，左侧柱塞缸输出增压油。其中，单向阀 2 和 6 补油时用；单向阀 4

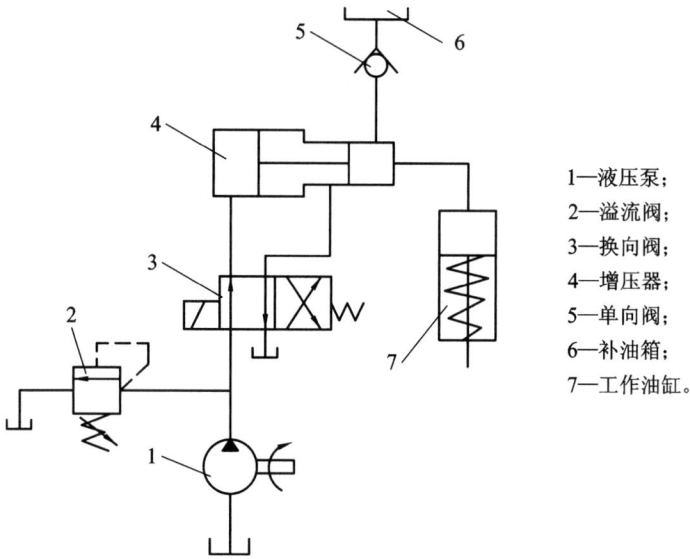

图 7-12　增压器增压回路

1—液压泵；
2—溢流阀；
3—换向阀；
4—增压器；
5—单向阀；
6—补油箱；
7—工作油缸。

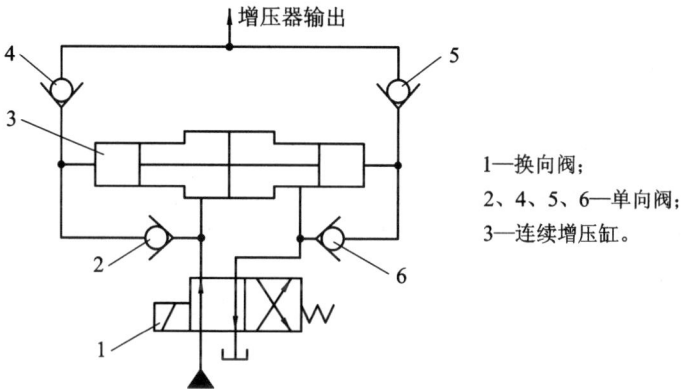

图 7-13　连续增压器回路

1—换向阀；
2、4、5、6—单向阀；
3—连续增压缸。

和 5 用于防止增压油倒流。如此反复进行，增压器不断地为系统输出增压油。

连续增压器与其他液压元件适当组合就可以构成连续增压回路。

7.1.6　卸荷回路

当执行元件短时间停止工作时，原动机一般仍在运转，为了节省功耗、减少发热量，应使液压泵卸荷。根据泵的扭矩公式，此时液压泵在接近零油压或零排量状态下工作。通常功率在 3 kW 以上的液压系统都必须设有实现该功能的卸荷回路。卸荷回路分为压力卸荷回路（泵的全部或大部分流量在接近零压的情况下流回油箱）和排量卸荷回路（泵维持原来压力，而排量在接近零的情况下运转）。此外，根据执行元件是否保压，卸荷回路又分为不需要保压的卸荷回路和需要保压的卸荷回路。

1. 不需要保压的卸荷回路

不需要保压的卸荷回路一般直接采用液压元件实现卸荷，具有 M、H、K 型中位机能的三位换向阀都能实现卸荷功能。

图 7-14 为采用 H 型中位机能的三位换向阀的卸荷回路。当换向阀处于中位时，工作部件停止运动，液压泵输出的油液通过三位换向阀的中位通道直接流回油箱，泵的出口压力仅为油液流经管路和换向阀所引起的压力损失。这种回路适用于低压小流量的液压系统。

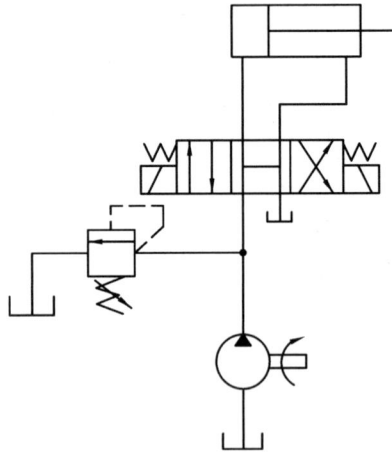

图 7-14 采用换向阀中位机能的卸荷回路

图 7-15 为二位二通电磁换向阀和溢流阀并联组成的卸荷回路。卸荷时，二位二通电磁换向阀通电，液压泵输出的油液通过电磁换向阀直接流回油箱。二位二通电磁换向阀的规格需要和泵的容量相适应。这种回路不适用于大流量的液压系统。

图 7-16 为采用电磁溢流阀的卸荷回路。卸荷时电磁溢流阀上的电磁换向阀通电，此时其上的先导式溢流阀起卸荷阀作用，液压泵输出的油液通过溢流阀直接流回油箱。溢流阀上的电磁换向阀用在控制油路上，所以只需要较小规格的电磁阀。卸荷时溢流阀处于全开状态，其规格与液压泵的容量相适应。这种回路适用于高压大流量的液压系统。

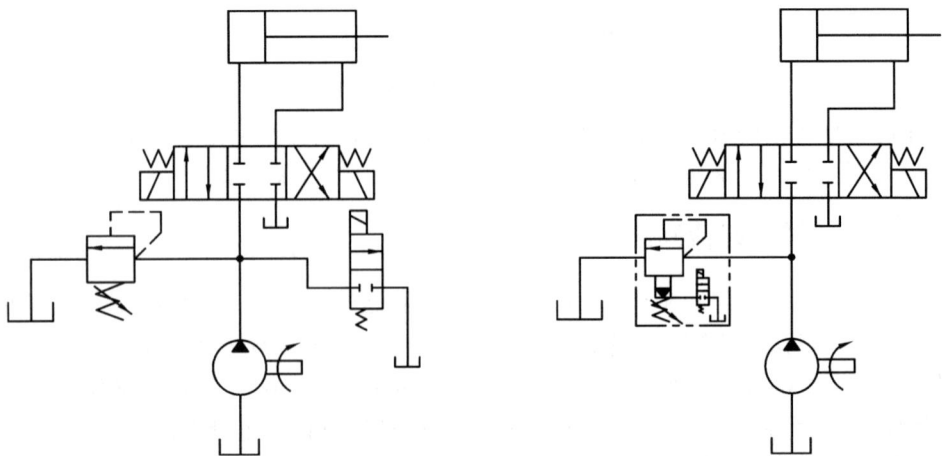

图 7-15 二位二通电磁换向阀和溢流阀组成的卸荷回路　　图 7-16 采用电磁溢流阀的卸荷回路

2. 需要保压的卸荷回路

有些液压系统在执行元件短时间停止工作时，整个系统或部分系统（如控制系统）的压力不允许为零，这时可以采用能够保压的卸荷回路。

图 7-17 所示为采用蓄能器保压的卸荷回路。开始时，液压泵 1 向蓄能器 5 和液压缸 6 供油，液压缸 6 活塞杆压头接触工件后，系统压力升高达到卸荷溢流阀 2 的设定值时，卸荷溢流阀 2 动作，液压泵 1 卸荷。然后由蓄能器 5 维持液压缸 6 的工作压力，保压时间由蓄能器 5 的容量和系统的泄漏量等因素决定。当压力降低到一定数值后，卸荷溢流阀 2 关闭，液压泵 1 向系统补油。

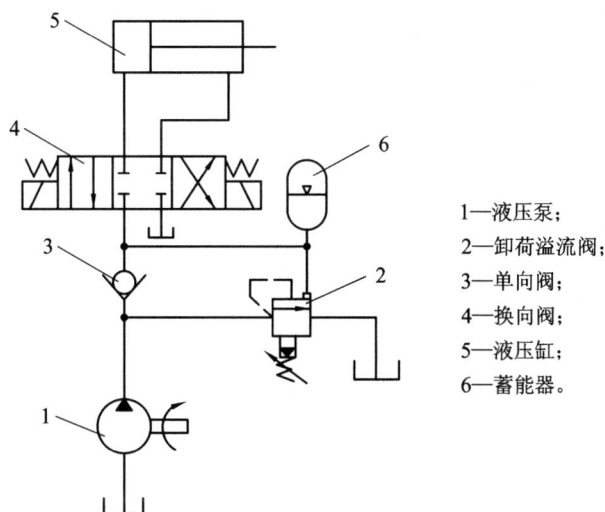

1—液压泵；
2—卸荷溢流阀；
3—单向阀；
4—换向阀；
5—液压缸；
6—蓄能器。

图 7-17　采用蓄能器保压的卸荷回路

图 7-18 为采用限压式变量泵保压的卸荷回路。当液压缸 4 活塞杆压头快速运动趋向工件时，限压式变量泵 1 的输出压力很低但流量最大，当压头接触工件后，系统压力随负荷的增大而增大，当压力超过预先设定值后，限压式变量泵 1 的排量自动减少，最后泵的排量很小，其输出流量少到只需要维持回路的泄漏。这时液压缸 4 压力腔的压力由限压式变量泵 1 保持基本不变，系统进入保压状态。

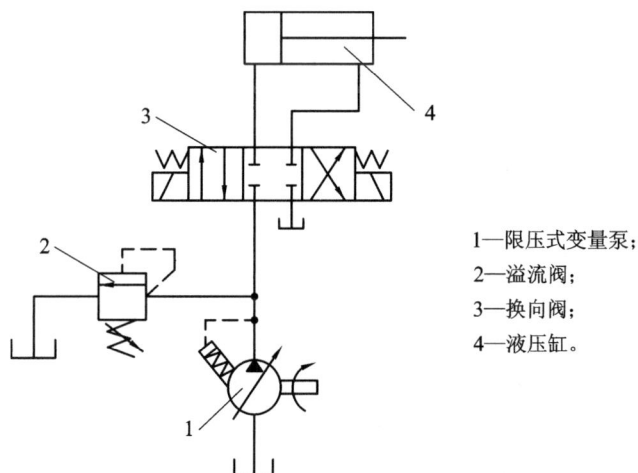

1—限压式变量泵；
2—溢流阀；
3—换向阀；
4—液压缸。

图 7-18　采用限压式变量泵保压的卸荷回路

7.2 方向控制回路

在液压系统中，执行元件的启动、停止和改变运动方向是靠各种方向阀控制进入执行元件的液压油的通、断和改变流向来实现的，实现这些控制的回路称为方向控制回路。本节介绍方向控制回路中的换向回路、制动回路和锁紧回路。

7.2.1 换向回路

换向回路是改变执行件运动方向的油路。简单的换向回路可以采用各种换向阀或改变双向变量泵的输油方向来实现。

本书 7.1 节中的图 7-1 就是采用了普通三位四通电磁换向阀使液压缸启动、停止和改变运动方向的。这种回路结构简单，使用元件少，一般用在中小型液压系统中。

图 7-19 所示为连续往返换向回路。整个回路由手动换向阀 3（启动用）、液控换向阀 4、双单向节流阀 5、行程阀 7 和 8 等组成。当操动手动阀接通油路后，行程阀 7 接通，控制油推动液控换向阀 4 左移，液压缸 6 左腔进油，推动活塞向右移动；当活塞杆上的撞块碰到右边的行程阀 8 时，液控换向阀 4 的控制油路接通回油油路，液控换向阀在弹簧作用下右移复位，液压缸 6 右腔进油，推动活塞向左移动，实现液压缸自动换向；当活塞杆上的撞块再碰到左边的行程阀时，液控换向阀 4 又自动换向，实现液压缸连续自动换向的目的。

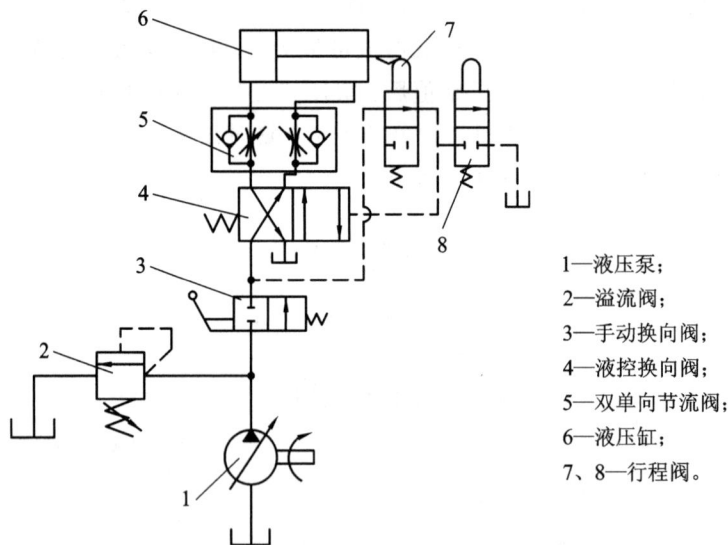

1—液压泵；
2—溢流阀；
3—手动换向阀；
4—液控换向阀；
5—双单向节流阀；
6—液压缸；
7、8—行程阀。

图 7-19 连续往返换向回路

电液阀的换向时间可以调整，换向较平稳，适合大流量的液压系统；采用双向变量泵换向，换向平稳，但不适合频率较高的需求场合，而且双向变量泵结构复杂。对于换向要求平稳可靠和换向精度高的场合，可以采用特殊设计的换向阀。这类换向回路分为时间控制制动式和行程控制制动式。

7.2.2　制动回路

在液压系统中，常常需要液压执行元件快速停止，因此在液压系统中有制动回路。基本的制动方法有执行元件油口封闭式制动和背压制动。

1. 执行元件油口封闭式制动

这种制动方式采用换向阀进行制动，即通过换向阀的中位机能(如代号是 O、M 机能的换向阀)，切断执行件的进/出油路来实现制动。由于这时执行件以及它们所带动的负载都有很大的工作惯性，会使执行件继续运动，因此除产生冲击、振动和噪声外，在执行件油路进油侧还将产生气穴，出油侧将产生高压，对管路不利。此时可在执行元件油口并联溢流补油阀，防止压力冲击及气穴产生。

2. 背压制动

背压制动可采用回油路串联溢流阀或顺序阀实现制动。图 7-20 所示为一种采用溢流阀的制动回路，由液压泵 1、调速阀 2、液压马达 3、换向阀 4(也可采用手动阀)、溢流阀 5 组成。当换向阀在图示(中位)位置时，系统处于卸荷状态；当换向阀在左位时，系统处于正常工作状态；当换向阀在右位时，液压泵处于卸荷状态，马达处于制动状态。这时马达的出口接溢流阀，由于回油受到溢流阀阻碍，回油压力升高，直至打开溢流阀，马达在背压等于溢流阀调定压力作用状态下，迅速制动。

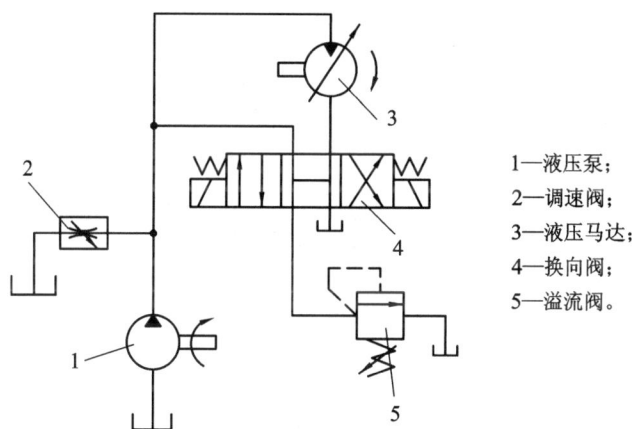

1—液压泵；
2—调速阀；
3—液压马达；
4—换向阀；
5—溢流阀。

图 7-20　溢流阀制动回路

除以上介绍的这两种制动方法外，也可采用以弹簧力为原动力的机械制动方式对液压马达进行制动，如 3.5 节介绍的减速液压马达。

7.2.3　锁紧回路

锁紧回路的作用是保证执行件(如液压缸)停止运动后不再因外力的作用产生位移或窜动。锁紧回路可以采用液压元件实现，如单向阀、液控单向阀、中位机能为 O 或 M 型的换向阀、液压锁等。

图 7-21 所示是采用液控单向阀的锁紧回路，可用于液压支腿回路。换向阀 3 在图示中位时，液压泵 1 卸荷，液控单向阀 4、6 处于锁紧状态，封闭了液压缸的两腔；当换向阀 3

在左位或右位时，液控单向阀 4 和 6 处于打开状态，液压缸实现向右、或左运动。若无中位卸荷的要求，则换向阀可采用 Y 型中位机能，保证液控单向阀阀芯可靠关闭。

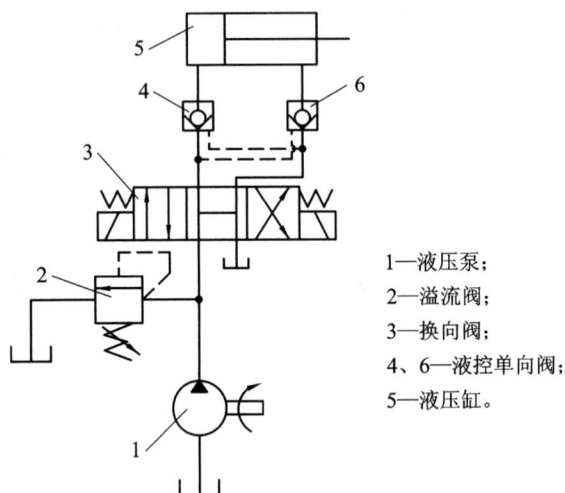

1—液压泵；
2—溢流阀；
3—换向阀；
4、6—液控单向阀；
5—液压缸。

图 7 - 21　液控单向阀锁紧回路

图 7 - 22 所示是采用换向阀的锁紧回路。利用 O 或 M 型换向阀的中位机能可以封闭液压缸的两腔，使活塞在其行程的任意位置上锁紧。由于滑阀式换向阀有泄漏，这种回路的锁紧时间不会太长。

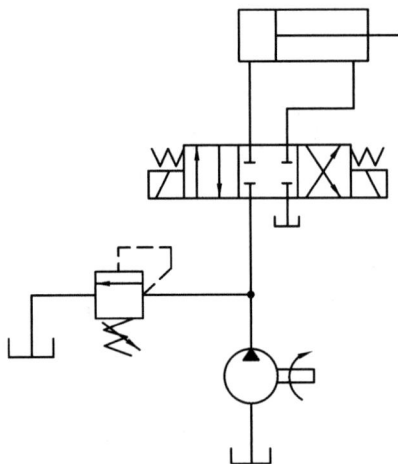

图 7 - 22　换向阀锁紧回路

7.3　速度控制回路

　　速度控制回路是液压系统的核心，执行机构的运动速度控制是通过控制输入到执行机构的流量来实现的。液压传动系统的执行机构为液压缸和液压马达。

　　在不考虑液压油的压缩性和泄漏的情况下，液压缸的运动速度为

$$v = \frac{q}{A} \tag{7-1}$$

式中，v——活塞杆输出速度；

q——输入到液压缸的流量；

A——液压缸活塞有效作用面积。

液压马达的转速：

$$n = \frac{q}{V_{\mathrm{M}}} \tag{7-2}$$

式中，n——液压马达输出转速；

q——输入到液压马达的流量；

V_{M}——液压马达的排量。

由式（7-1）和式（7-2）可知，改变输入液压执行机构的流量 q 或液压缸的有效面积 A（或液压马达的排量 V_{M}）均可以达到改变速度的目的。但改变液压缸工作面积的方法在实际中是不现实的，因此只能采用改变输入液压执行元件的流量或液压马达排量的方法来调速。为了改变输入液压执行元件的流量，在原动机转速不变的工况下，可采用变量液压泵来供油；或在定量泵供油时，采用调节流量控制阀来改变输入执行元件的流量。通过定量泵和流量控制阀调速的方法称为节流调速；通过改变变量泵或变量液压马达的排量调速的方法称为容积调速；通过变量泵和流量阀来调速的方法称为容积节流调速。此外，当定量泵供油时，也可以通过调节原动机转速来改变输入执行件的流量，如采用变频调速电机。

此外，根据油液在油路中的循环方式，调速回路分为开式回路和闭式回路。液压泵从油箱中吸入液压油压送到液压执行元件中去，执行元件的回油排至油箱，这种油液循环方式称为开式回路。这种循环回路的主要优点是油液在油箱中能够得到良好的冷却，使油温降低，同时便于沉淀过滤杂质和析出气体。其主要缺点是空气和其他污染物浸入油液的机会多。另外，油箱结构尺寸较大，占有一定空间。液压泵将油输出进入执行机构的进油腔，又从执行机构的回油腔吸油，这种油液循环方式称为闭式回路。闭式回路一般采用双向变量泵，回路结构紧凑，一般无溢流功率损失和节流功率损失，传动效率高，只需很小的补油箱，但冷却条件差，且为了补偿工作中油液的泄漏，需设补油泵。

速度控制回路又分为调速回路、快速回路和速度换接回路。调速回路是以调速范围来表征其工作特性的，调速范围定义为回路所驱动的执行元件在规定负载下可能得到的最大速度与最小速度之比。因此要求速度控制回路能在规定的速度范围内调节执行件的速度，满足最大速度比的要求；并且调速特性不随负载变化，具有足够的速度刚度和功率损失最小；同时提供给执行件所需的力和力矩。快速回路主要实现执行元件的快速运动，而快速换接回路则主要实现执行元件的速度切换。

7.3.1 节流调速回路

节流调速回路由定量泵供油，通过改变回路中流量控制阀的流通面积的大小来控制流入或流出执行元件的流量，达到调节执行元件速度的目的。根据所采用的流量控制阀的种类的不同，节流调速回路分为普通节流阀的节流调速回路和调速节流阀的节流调速回路；按节流阀在液压系统中位置的不同，节流调速回路分为进油节流、回油节流和旁路（支路）

节流三种调速回路。

1. 节流阀节流调速回路

节流阀节流调速回路包括进油节流调速回路、回油节流调速回路和旁路节流调速回路。

1）进油节流调速回路

（1）回路构成。进油节流调速回路的构成及工作原理如图 7-23 所示，主要由定量泵 1、溢流阀 2、节流阀 3、液压缸 4 组成，节流阀装在执行件的进油油路上。

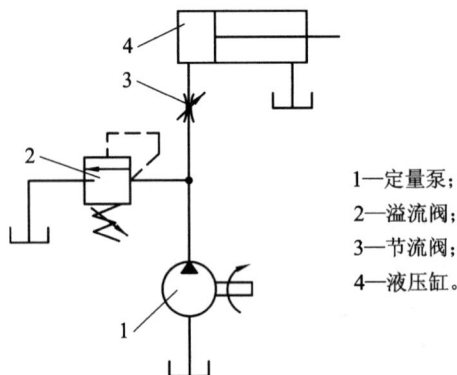

1—定量泵；
2—溢流阀；
3—节流阀；
4—液压缸。

图 7-23　进油节流调速回路

（2）工作原理。如图 7-23 所示，系统的最大压力经溢流阀设定后，基本上保持恒定不变，定量泵 1 的出口压力 p_p 为溢流阀 2 的设定压力并保持恒定，经过节流阀 3 后，以流量 q_1 和压力 p_1 进入液压缸 4，作用在液压缸的有效工作面积 A_1 上，克服负载 F，推动液压缸的活塞以速度 v 运动。定量泵多余的流量通过溢流阀流回油箱。如果忽略摩擦力和管路损失以及回油压力，活塞的运动速度 v 为

$$v = \frac{q_1}{A_1} \qquad (7-3)$$

活塞的力平衡方程式为

$$p_1 A_1 = p_2 A_2 + F \qquad (7-4)$$

式中，p_1、p_2——油缸的进油与出油压力；

A_1、A_2——油缸活塞两边的有效作用面积；

F——油缸的工作负载。

当油缸右腔直接接油箱时，忽略回油路上的压力损失，设 p_2 为 0。忽略油路的泄漏，流量 q_1 等于 q_T，q_T 为通过节流阀的流量。根据流量的连续性原理，当节流阀前后的压力差为 Δp_T 时，节流阀的流量 q_T 为

$$q_T = C_T A_T (\Delta p_T)^m$$

联立式（7-3）、式（7-4）和上式得

$$v = \frac{C_T A_T}{A_1} \left(p_p - \frac{F}{A_1} \right)^m \qquad (7-5)$$

式中，C_T——与节流孔口形状、液体流态、油液性质等因素有关的系数；

A_T——节流阀的流通面积；

m——节流阀的指数。

其余符号意义同前。

由此可见，当其他条件不变时，活塞的运动速度 v 与节流阀的流通面积 A_T 成正比，因此可以通过调节节流阀的流通面积 A_T 来调节液压缸的速度。

（3）调速性能。调速性能包括速度-负载特性、功率特性、最大承载能力等指标。

① 速度-负载特性。速度-负载特性是指执行元件的速度随负载变化而变化的性能，可以用速度-负载特性曲线来描述。

在液压传动系统中，通过控制阀口的流量是按照薄壁小孔流量公式计算的，此时，式（7-5）中的指数 $m=0.5$，故得活塞运动速度为

$$v = \frac{C_T A_T}{A_1}\left(p_p - \frac{F}{A_1}\right)^{\frac{1}{2}} \tag{7-6}$$

取不同的流通面积 A_T 时，可以得到不同的速度-负载特性曲线，如图 7-24 所示。

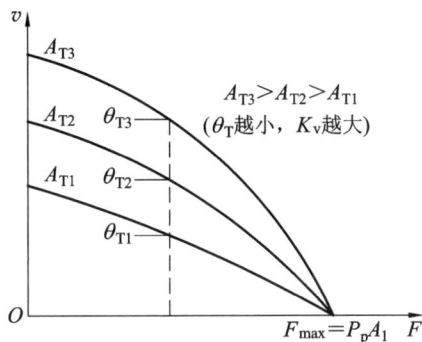

图 7-24 进油节油调速回路的速度-负载特性曲线

由图中可以看出，当 p_p 和 A_T 设定后，活塞的速度随负载的增大而减小，当最大载荷 $F_{max}=p_p A_1$ 时，活塞停止运动，速度为 0。通常定义活塞负载对速度的变化率为速度刚度，用 K_v 表示，则

$$K_v = -\frac{\partial F}{\partial v} \tag{7-7}$$

$$K_v = -\frac{1}{\tan\theta} \tag{7-8}$$

速度刚度 K_v 是速度-负载特性曲线上某点切线斜率的倒数。斜率越小，速度刚度越大，说明设定的速度受负载波动的影响就越小，其稳定性也越好。

由式（7-6）和式（7-7）得

$$K_v = \frac{2A_1^{\frac{3}{2}}}{C_T A_T}(p_p A_1 - F)^{\frac{1}{2}} = \frac{2(p_p A_1 - F)}{v} \tag{7-9}$$

从式（7-9）和图 7-24 可以得出：

a. 当节流阀流通面积 A_T 一定时，执行件负载 F 越小，θ 越小，所以速度刚度 K_v 越大；

b. 当执行件负载一定时，节流阀流通面积 A_T（图 7-24 中 $A_{T1}<A_{T2}<A_{T3}$）越小，速

度刚度 K、越大;

c. 增大液压缸的有效工作面积,提高液压泵的供油压力,可以提高速度刚度。

② 功率特性。液压泵的输出功率 P_{po} 为

$$p_{po} = p_p \cdot q_p = 恒定$$

液压缸输出的有效功率 P_1 为

$$P_1 = F \cdot v = F \cdot \frac{q_1}{A_1} = p_1 \cdot q_1$$

回路的功率损失(忽略液压缸、管路和液压泵上的功率损失)ΔP 为

$$\Delta P = P_{po} - P_1 = p_p q_p - p_1 q_1 = p_p \Delta q + \Delta p_T q_1 \tag{7-10}$$

式中,Δq——通过溢流阀的流量;

Δp_T——节流阀前后的压差。

所以,这种调速回路的功率损失由溢流损失和节流损失两部分组成。由此可以得出回路的效率 η_c 为

$$\eta_c = \frac{P_1}{P_{po}} = \frac{p_1 q_1}{p_p q_p} \tag{7-11}$$

由于有两种功率损失,因此这种调速回路的效率不高,特别是在低速小负载的情况下,虽然速度刚度大,但效率很低。在液压缸要实现快速和慢速两种运动,并且速度差别较大时,采用一个定量泵供油是非常不合适的。

③ 最大承载能力和运动平稳性。当泵的出口压力被设定好并且液压缸的大小选择完毕后,无论节流阀的开口面积如何变化,液压缸的最大承载能力都是不变的。所以这种调速方式是恒推力调速。由于回油管路上没有背压,因此进油节流调速回路不能承受负值负载(负值负载指负载方向和运动方向一致的负载)。

在活塞运动时,如果负载突然变小,活塞会产生突然前冲现象,进油节流调速回路的运动平稳性差;另外,当油液通过节流阀时会发热,压力越大发热越严重,这对液压缸的泄漏有一定的影响,也影响到液压缸的运动速度平稳性。

2) 回油节流调速回路

回油节流调速回路的原理如图 7-25 所示,其与进油调速回路的主要区别是节流阀串接在执行件(液压缸)的回油路上,通过控制液压缸的排油量实现对液压缸的速度调节,通过节流阀的流量等于流出液压缸的流量,定量泵多余的流量通过溢流阀流回油箱。

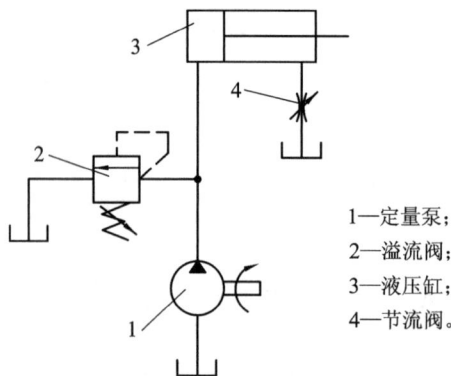

1—定量泵;
2—溢流阀;
3—液压缸;
4—节流阀。

图 7-25 回油节油调速回路

通过活塞力平衡方程及节流阀流量公式,可推导出该回路的活塞速度公式。与进油调速回路的速度-负载特性、功率特性、承载能力特性相比较,可以看出进油调速回路和回油节流调速回路在这几方面是相同的。

回油节流调速回路的特点是:

(1)该回路的运动平稳性较好。由于经过节流阀发热的油不再进入执行机构,且回路上有背压,因此执行件的运动平稳性好,特别是低速运动时比较平稳。

(2)该回路可以承受负值负载。回油节流调速回路由于有背压,因此可以承受负值负载。

(3)在回油节流调速回路中,如果停车时间较长,液压缸回油腔的油液会漏掉一部分,形成空隙。重新启动时,会使液压缸的活塞产生前冲,直到消除回油腔内的空隙并形成背压为止。

(4)该回路效率低,这是因为回油节流调速回路有背压存在,使得液压缸两腔的压力比进油节流调速回路高,因此在同样的负载情况下,降低了有效功率。

(5)该回路中,发热及泄漏对回油节流调速的影响小于对进油节流调速的影响。因为在进油节流调速回路中,经节流阀发热后的油液直接进入缸的进油腔;而在回油节流阀调速中,经节流阀发热后的油液直接流回油箱冷却。为了提高回路的综合性能,一般采用进油节流阀调速,并在回油路上加背压阀,使其兼具二者的优点。

(6)若回油使用有杆腔,则无杆腔进油流量大于有杆腔回油流量。故在缸径缸速相同的情况下,进油节流阀调速回路的节流阀开口较大,低速时不易堵塞。因此,进油节流阀调速回路能获得更低的稳定速度。

回油节流调速回路一般适用于功率不大的低压、小流量、负载变化不大、运动平稳性要求比较高、具有负值(正值也可以)载荷的液压系统。

例题 7.2　如图 7 - 26 所示,已知泵流量 $q_p = 15$ L/min,缸的左、右活塞面积分别为 $A_1 = 50$ cm^2,$A_2 = 25$ cm^2,溢流阀的调定压力为 $p_S = 2.8$ MPa,负载 F_L、节流阀通流面积 A_T、背压均已标在图上。通过节流阀的流量 $q_T = C_d A_T \sqrt{2\Delta p/\rho}$,式中 $C_d = 0.62$,$\rho = 900$ kg/m^3,试求活塞运动速度和液压泵的工作压力 p_p(速度单位要求换算成 m/min,压力单位为 MPa)。

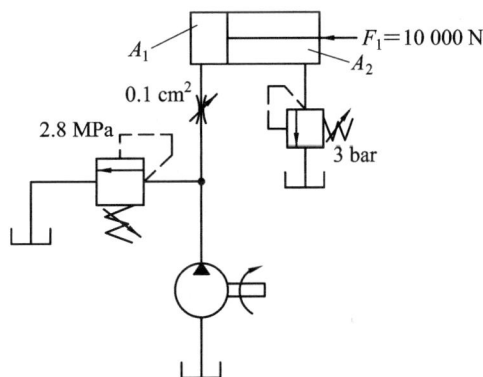

图 7 - 26　例题 7.2 图

解　假设溢流阀溢流,则

$$p_1 = \frac{p_2 \cdot A_2 + F_L}{A_1} = 2.15 \text{ MPa}$$

节流阀前后压差为

$$\Delta p = p_S - p_1 = 0.62 \text{ MPa}$$

通过节流阀的流量为

$$q_T = C_d A_T \sqrt{\frac{2}{\rho} \Delta p} = 0.62 \times 0.1 \times 10^{-4} \text{ m}^2 \sqrt{\frac{2}{900} \text{kg/m}^3 \times 0.65 \times 10^6 \text{ Pa}}$$

$$= 0.000\,235 \text{ m}^2/\text{s} = 14.14 \text{ L/min} < q_B$$

$$= 15 \text{ L/min}$$

由此可见，溢流阀溢流，假设成立。

则泵的工作压力 $p_p = 2.8$ MPa。

活塞运动速度为

$$v = \frac{q_T}{A_1} = \frac{0.000\,235 \text{ m}^3/\text{s}}{0.005 \text{ m}^2} = 0.0471 \text{ m/s} = 2.82 \text{ m/min}$$

3）旁路节流调速回路

（1）回路构成。图 7-27 为旁路节流调速回路，这种调速回路又叫支路节流调速回路，与回油节流调速回路和进油节流调速回路的主要区别是节流阀安装在与液压缸两腔并联的管路上，利用节流阀把液压油的一部分直接排回油箱来实现调速，这时回路中的溢流阀是作为安全阀使用的。

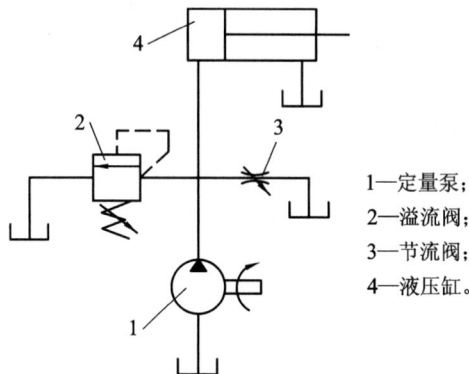

1—定量泵；
2—溢流阀；
3—节流阀；
4—液压缸。

图 7-27　旁路节油调速回路

（2）工作原理。定量泵实际输出流量为 q_p，通过节流阀流回油箱的过流量为 Δq_T，进入液压缸推动活塞运动的流量为 $q_1 = q_p - \Delta q_T$，活塞运动速度受通过节流阀的流量 Δq_T 的制约。因此通过调节节流阀的流量 Δq_T 即可调节活塞的运动速度。

在旁路节流调速回路中，液压缸内的工作压力等于液压泵的供油压力（忽略管路压力损失），其大小由液压缸的工作负载决定。溢流阀作为安全阀使用，其调整压力应该大于液压缸的工作压力，正常状态下不打开，只有回路过载时才打开。

（3）调速性能。

① 速度-负载特性。旁路节流调速回路的速度-负载特性分析方法与进油节流调速回路的相同，故可以求得活塞的运动速度为

$$v = \frac{q_1}{A_1} = \frac{q_\mathrm{p} - \Delta q_\mathrm{T}}{A_1} = \frac{q_\mathrm{p} - C_\mathrm{T} A_\mathrm{T} (\Delta p_\mathrm{T})^{\frac{1}{2}}}{A_1} = \frac{q_\mathrm{p} - C_\mathrm{T} A_\mathrm{T} \left(\dfrac{F}{A_1}\right)^{\frac{1}{2}}}{A_1} \qquad (7-12)$$

速度刚度：

$$K_\mathrm{v} = -\frac{\partial F}{\partial v} = \frac{2A_1^2}{C_\mathrm{T} A_\mathrm{T}} p^{\frac{1}{2}} = \frac{2A_1 F}{q_\mathrm{p} - A_1 v} \qquad (7-13)$$

旁路节流调速回路的速度-负载特性曲线如图 7-28 所示，由图 7-28、式(7-12)和式(7-13)可以看出：

a. 液压缸的运动速度随着节流阀开口面积的增大而减小，当节流阀的开口为零时，液压缸运动速度最大；

b. 当节流阀的开口面积一定时，负载增大，活塞的运动速度下降，但速度刚度增大；

c. 当负载一定时，节流阀的开口面积越小，速度刚度也越大；

d. 增大液压缸活塞的面积可以提高速度刚度。

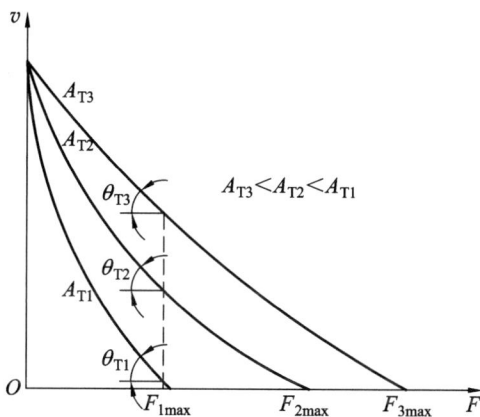

图 7-28　旁路节流调速回路的速度-负载特性曲线

速度的稳定性除受液压缸和阀的泄漏影响外，也受到液压泵泄漏的影响。当负载增大时，工作压力增高，液压泵的泄漏增多，相对减少了进入液压缸油液的流量，使活塞运动速度降低。由于液压泵的泄漏比液压缸和阀的泄漏明显要大，因此对活塞的运动速度的影响就比较明显。总而言之，旁路节流调速回路速度影响因素比进油和回油节流调速回路的多，因此它的速度稳定性也就最差。

由此可见，旁路节流调速回路在高速大负载时，速度刚度相对较高。而在低速时，调节范围较小。所以这种调速回路适应于稳定性要求不高、速度较高、载荷较大的场合。

② 最大承载能力。由图 7-28 可以看出，旁路节流调速回路的承载能力受活塞运动速度和节流阀开口大小的影响。最大承载能力随着节流阀开口面积的增大而减少，当活塞运动速度为零时，得到最大承载值，这时液压泵的全部流量已经通过节流阀流回油箱。此时继续增大节流阀的开口面积已经无法调节液压缸的运动速度了，只能降低系统的工作压力。

③ 功率特性。旁路节流调速回路没有溢流功率损失，只有节流功率损失。节流功率损失为

$$\Delta P = p_1 \Delta q_\mathrm{T}$$

液压泵的输出功率为

$$P_{py} = p_p \cdot q_p$$

液压缸的输出功率为

$$P_1 = p_1 q_1$$

回路的效率为

$$\eta_c = \frac{p_1 q_1}{p_p q_p} \approx \frac{q_1}{q_p} \qquad (7-14)$$

由于液压泵的输出功率随着液压系统工作压力的增减而增减，是一种变压式的调速回路，因此旁路节流调速回路的效率高于进油节流调速和回油节流调速回路。

2. 调速阀节流调速回路

前面所介绍的几种节流调速回路都不能满足负载变化较大或要求速度稳定性比较高的应用场合。为了克服上述回路的缺点，可以用调速阀代替节流调速回路中的节流阀，组成调速阀的节流回路。

节流阀调速回路在变载情况下速度稳定性差的主要原因是节流阀两端压差的变化影响节流阀流通流量的变化，从而影响液压缸活塞运动速度的变化。而调速阀两端的压差基本不受负载变化的影响，其过流量只取决于开口面积的大小。因此采用调速阀可以提高回路的速度刚度，改善速度-负载特性，提高速度的稳定性。节流阀调速回路分为定压式和变压式两大类。进油调速回路和回油调速回路属于定压式调速回路，旁路调速回路属于变压式调速回路。

调速阀定压式调速回路(包括进油调速回路和回油调速回路)的速度-负载特性曲线如图 7-29 所示。如果忽略液压系统的泄漏，对应于确定的节流口可以认为速度 v_c 不受负载变化的影响。

调速阀定压式功率特性曲线如图 7-30 所示。v_c'为没有溢流时的液压缸运动速度，调速阀调速回路的输入功率 P_{py}、溢流损失功率和调速阀中的节流阀节流损失功率之和 ΔP_1 不随负载变化；输出功率 P 随负载的增加而线性上升，液流经调速阀中的减压阀所产生的减压损失功率 ΔP_2 则随负载的增加而线性下降。

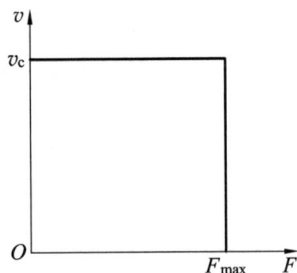

图 7-29　定压式调速回路速度-负载特性曲线

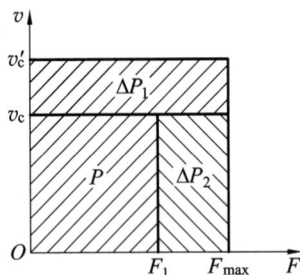

图 7-30　调速阀定压式功率特性

调速阀变压式调速回路(旁路调速回路)的速度-负载特性曲线如图 7-31 所示。该电路可以基本保证速度不受负载的影响。

调速阀变压式功率特性曲线如图 7-32 所示，节流阀调速回路的输入功率 P_p 和输出功率 P_1 以及节流损失 ΔP 都随负载的增减而增减。

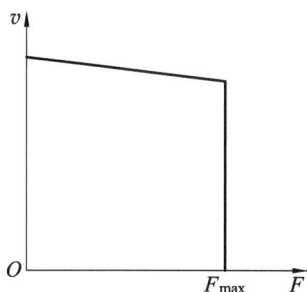

图 7-31　变压式调速回路的速度-负载特性曲线　　图 7-32　调速阀变压式功率特性曲线

以上所介绍的各种节流调速回路由于有节流损失和溢流损失，因此只适合用于小功率的液压系统。

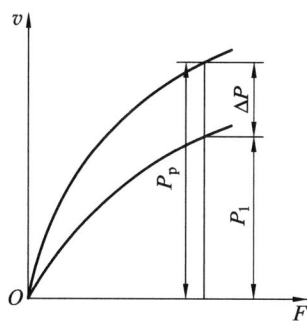

7.3.2　容积调速回路

容积调速回路是采用改变泵或马达的排量来进行调速的。这种调速方式与节流调速回路相比，从原理上来讲没有节流、溢流和压力损失。因此，它的效率高，产生的热量少，适合大功率或对发热有严格限制的液压系统。其缺点是要采用变量泵或变量马达。变量泵或变量马达的结构比定量泵和定量马达复杂得多，而且油路也相对复杂，一般需要有补油油路和设备、散热回路和设备。因此容积调速回路的成本比节流调速回路的高。这种回路在工程机械中应用特别广泛，如全液压推土机、摊铺机、混凝土搅拌运输车等。

容积调速回路的形式有变量泵与定量执行元件(液压缸或液压马达)、变量泵与变量液压马达以及定量泵与变量液压马达等几种组合。

1. 变量泵与液压缸的容积调速回路

1) 回路结构和工作原理

变量泵与液压缸的调速回路有开式回路和闭式回路两种，通过改变变量泵的排量就可以达到调节液压缸活塞杆运动速度、马达转速的目的。

在开式回路(见图 7-33)中，回油管与液压泵的吸油管是不连通的。溢流阀 2 处于常闭状态，起到安全阀的作用，用于防止系统过载；溢流阀 5 用作背压阀，增加换向时液压缸运动的平稳性；液压缸的换向通过换向阀 3 实现。

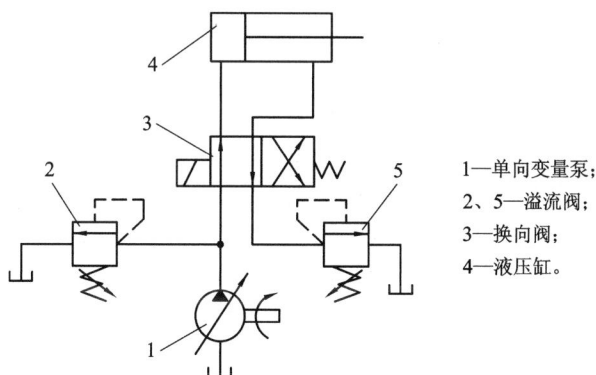

1—单向变量泵；
2、5—溢流阀；
3—换向阀；
4—液压缸。

图 7-33　开式变量泵与液压缸容积调速回路

在闭式回路(见图 7-34)中，回油管与液压泵的吸油管是连通的，形成封闭的循环系统。安全阀 4、5 分别防止系统正、反两个方向过载，液压缸一般为对称液压缸，液压缸换向依靠变量泵的换向来实现。此外，由于液压元件的泄漏，尤其是液压泵的内漏，需要补油泵给吸油回路补油。

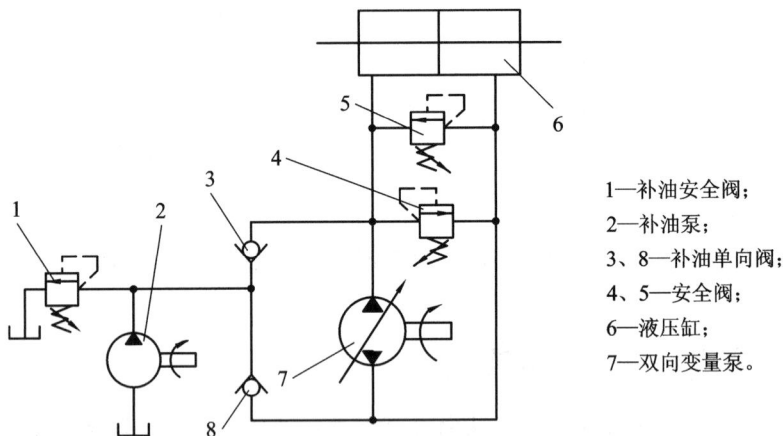

1—补油安全阀；
2—补油泵；
3、8—补油单向阀；
4、5—安全阀；
6—液压缸；
7—双向变量泵。

图 7-34　闭式变量泵与液压缸容积调速回路

2) 性能特点

(1) 速度-负载特性。变量泵与液压缸调速回路的速度稳定性受变量泵、液压缸以及油路泄漏的影响，其中变量泵的影响最大，其他的因素可以忽略。液压系统泄漏量的大小与系统的工作压力成正比，若泵的理论流量为 q_{pt}，泄漏系数为 k_1，则可以求得回路(以开式回路为例)中活塞的运动速度为

$$v = \frac{q_1}{A_1} = \frac{q_p}{A_1} = \frac{1}{A_1}\left[q_{pt} - k_1\left(\frac{F}{A_1}\right) \right] \tag{7-15}$$

根据式(7-15)，变换不同的 q_{pt} 值就能得到一系列的平行直线，即变量泵与液压缸调速回路的速度-负载特性曲线(见图 7-35)。图中直线均向下倾斜，表明活塞运动的速度随着负载的增加而减小，其原因是液压泵有泄漏。当活塞速度调低到一定程度，负载增加到某个数值时，活塞就会停止运动，这时液压泵的理论流量就全部弥补了泄漏。由此可见，这种调速回路在低速运动的工况下，承载能力是很差的。

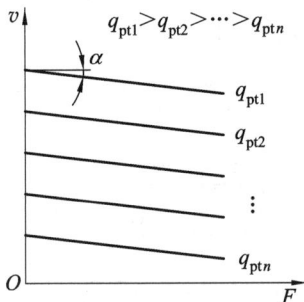

图 7-35　变量泵与液压缸容积调速回路的速度-负载特性曲线

变量泵与液压缸调速回路的速度刚度为

$$K_v = -\frac{\partial F}{\partial v} = \frac{A_1^2}{K_1} \qquad (7-16)$$

式中，泄漏系数 K_1、泄漏量与负载压力成正比。要想提高回路的速度刚度，可以采用加大液压缸的有效工作面积或选用质量高、泄漏小的变量泵这两种办法。

（2）调速范围。变量泵与液压缸调速回路的最大速度由泵的最大流量决定。如果忽略了泵的泄漏，最低速度可以调到零，因此这种调速回路的调速范围很大，可以实现无级调速。

（3）输出负载特性。在变量泵与液压缸调速回路中，系统的最大工作压力 P_p 是由安全阀（溢流阀）设定的，液压缸的最大推力为

$$F_{max} = \eta_m p_p A_1$$

式中，η_m 是液压缸的机械效率。当假定安全阀的设定压力和液压缸的机械效率不变时，在调速范围内，液压缸的最大推力保持恒定，所以这种回路的输出负载特性是恒推力特性。而最大输出功率 P_{max} 随着速度（泵的流量）的增加而线性增加，如图 7-36 所示。

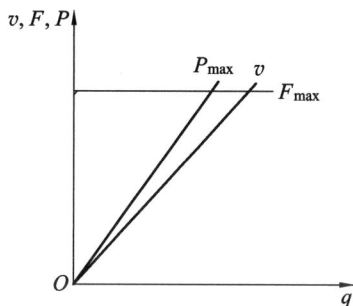

图 7-36　变量泵与液压缸容积调速回路的功率、力输出特性曲线

2. 变量泵与定量液压马达的容积调速回路

1）回路结构和工作原理

变量泵与定量液压马达的容积调速回路如图 7-37 所示，由双向变量泵 3、定量马达 8、安全阀 9、单向阀 4、5、6、7，补油溢流阀 2 和补油泵 1 组成。实际回路中，除液压马达外，其他元件一般集成为闭式变量泵。

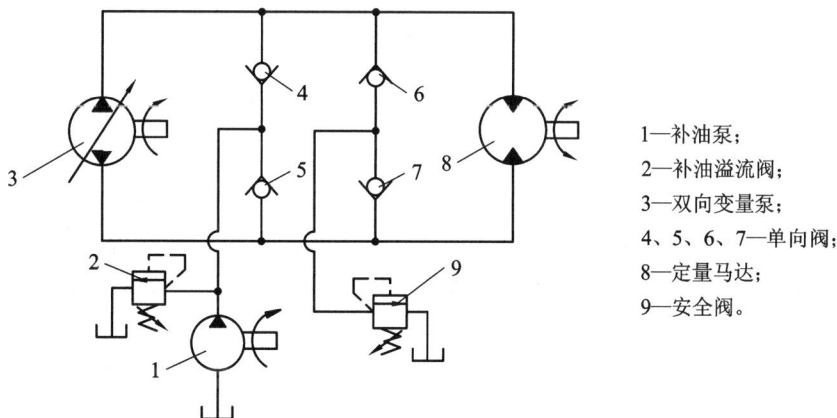

1—补油泵；
2—补油溢流阀；
3—双向变量泵；
4、5、6、7—单向阀；
8—定量马达；
9—安全阀。

图 7-37　变量泵与定量马达容积式调速回路

马达的正反向旋转通过双向变量泵直接实现，也可以用单向变量泵再加装换向阀实现；安全阀分别限定油液正反流动方向油路中的最高压力，以防止系统过载；补油泵装在补油油路上，工作时经过单向阀分别向系统处于低压状态的油路补油，同时还可以防止空气渗入和出现空穴，加强系统内的热交换，补油泵的流量可按变量泵最大流量的 $10\%\sim15\%$ 选择，补油泵的补油压力由溢流阀设定，一般为 $0.3\sim1$ MPa；溢流阀的作用是溢出补油泵多余油液。

2）性能特点

（1）速度-负载特性。因为变量泵、液压马达泄漏量与负载压力成正比，所以变量泵与液压马达调速回路的速度稳定性受变量泵、液压马达泄漏的影响，随负载转矩的增加略有下降。减少泵和马达的泄漏量，增大液压马达排量可以提高调速回路的速度刚度。

（2）调速范围。若泵的理论流量为 q_{pt}，排量为 V_p，转速为 n_p，液压马达的排量为 V_M，忽略泵和马达的泄漏，则可以求得回路中液压马达的转速为

$$n_M = \frac{q_{pt}}{V_M} = \frac{V_p n_p}{V_M} \tag{7-17}$$

由式（7-17）可以看出，因为泵的转速 n_p 和马达的排量 V_M 都为常数，所以调节变量泵的排量 V_p 就可以调节马达的转速，两者之间的关系如图 7-38 所示。由于泵的排量 V_p 可以调得较小，因此这种调速回路有较大的调速范围，可以实现连续的无级调速。当回路中的双向变量泵改变供油方向时，液压马达就能实现平稳换向。

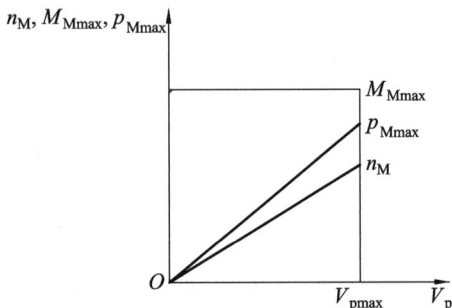

图 7-38 马达转速、转矩、功率与泵排量的关系曲线

（3）输出负载特性。在图 7-37 中，液压马达的机械效率为 η_{Mm}，液压马达的最高输入压力 p_{Mmax} 由安全阀设定，忽略液压马达的出口压力，可以得到液压马达的最大输出转矩 M_{Mmax} 为

$$M_{Mmax} = \eta_{Mm} \frac{p_{Mmax} V_{Mmax}}{2\pi} = \text{const} \tag{7-18}$$

由式（7-18）可见，液压马达的最大输出转矩 M_{Mmax} 是一不变的恒定值，即与泵的排量 V_p 无关，所以称这种调速回路为恒转矩调速。

（4）功率与效率特性。忽略泵和马达的泄漏，液压马达的最大输出功率为

$$P_{Mymax} = V_p n_p p_{Mmax} \tag{7-19}$$

从式（7-19）中得出，液压马达的最大输出功率随变量泵的排量线性变化。

正常情况下，变量泵与定量液压马达的容积调速回路没有溢流损失和节流损失，所以回路的效率较高。忽略管路的压力损失，回路的总效率等于变量泵与液压马达的效率之积。

由上面的分析可以看出，变量泵与定量液压马达的容积调速回路的效率较高，有一定的调速范围和恒转矩特性，在工程机械、锻压机械等功率较大的液压系统中获得了广泛应用。

3. 定量泵与变量液压马达的容积调速回路

以下对定量泵与变量液压马达的容积调速回路结构和工作原理及性能特点进行介绍。

1) 回路结构和工作原理

定量泵与变量液压马达的容积调速回路的油路结构如图 7-39 所示，由调速回路和辅助补油油路组成。在调速回路中设有安全阀 4、定量泵 3、变量马达 5，在辅助补油油路中有补油泵 1、单向阀 2 和溢流阀 6。

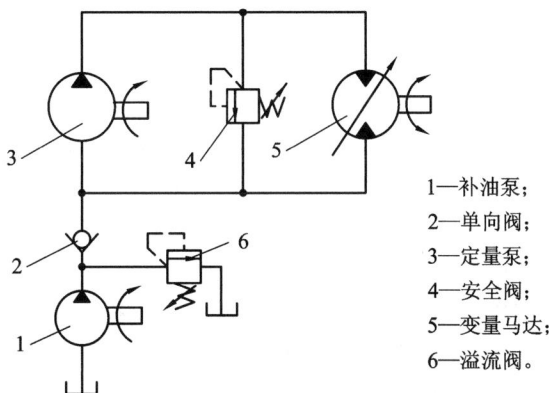

1—补油泵；
2—单向阀；
3—定量泵；
4—安全阀；
5—变量马达；
6—溢流阀。

图 7-39　定量泵与变量马达容积式调速回路

在不考虑泄漏的前提下，液压马达的转速 n_M 为

$$n_M = \frac{q_{pt}}{V_M} = \frac{n_p V_p}{V_M} \tag{7-20}$$

由式(7-20)可以看出，由于液压泵的排量 V_p 为常数，液压马达的转速与排量成反比，因此改变变量马达的排量 V_M 就可以实现调速功能。其关系曲线如图 7-40 所示。

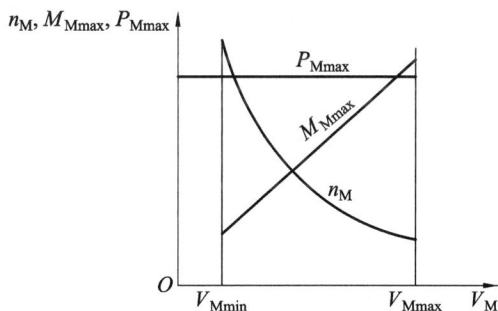

图 7-40　液压马达转速、转矩、功率与泵排量的关系曲线

2) 性能特点

(1) 速度-负载特性。定量泵与变量液压马达容积调速回路的速度-负载特性与变量泵与定量液压马达容积调速回路的完全相同。

(2) 调速范围。由式(7-20)可以看出，因为泵的转速 n_p 和排量 V_p 都为常数，所以减少变量马达的排量 V_M 就可以提高马达的转速，但根据式(7-21)，马达的输出转矩减小，当排量小到一定程度时，马达会因为输出转矩过小不足以克服负载而停止转动，转速与排量之间的关系如图 7-40 所示。所以液压马达的转速不能调得太高。同时受马达变量结构最大行程的限制,其排量也不能调得过大,转速不能过低。因此这种调速回路的调速范围较小,一般为 4 左右。

(3) 输出负载特性。在图 7-39 中,液压马达的最高输入压力 p_{Mmax} 由安全阀设定,忽略液压马达的泄漏,液压马达的机械效率为 η_{Mm},可以得到液压马达的最大输出转矩

$$M_{Mmax} = \eta_{Mm} \frac{p_{Mmax} V_{Mmax}}{2\pi} \qquad (7-21)$$

由式(7-21)可见,液压马达的最大输出转矩与马达的排量有关,由于液压马达的最大输出转矩是变化的,因此这种调速回路输出转矩与液压马达排量成正比,其关系曲线如图 7-40 所示。

(4) 功率与效率特性。当安全阀的设定压力 p_{max} 一定时,忽略液压马达的泄漏(马达的流量等于泵的流量)和机械效率的变化,液压马达的最大输出功率 P_{Mymax} 为

$$P_{Mymax} = \eta_{Mm} V_p n_p p_{max} = \eta_{Mm} q_M p_{max} \qquad (7-22)$$

根据式(7-22),液压马达的最大输出功率为一定值,下标中的 y 含义为"液压"。因此称该回路具有恒功率的特性,也称为恒功率调速回路。

因为定量泵与变量液压马达容积式调速回路没有溢流损失和节流损失,所以回路的效率较高。忽略管路的压力损失,回路的总效率等于变量泵与液压马达的效率之积,但液压马达的机械效率随排量的减小而降低,在高速时回路的效率会有所降低。

4. 变量泵与变量液压马达的容积调速回路

1) 回路结构和工作原理

变量泵与变量液压马达的容积调速回路的油路结构如图 7-41 所示,由调速回路和辅助补油油路组成。在调速回路中设有安全阀 3、变量泵 9、变量马达 4、两个单向阀 7、8。辅助油路由溢流阀 1、液压泵 2 以及单向阀 5 和 6 组成。溢流阀还用于调速回路中的低压回油的溢流。改变变量泵或变量液压马达的排量都可以实现液压马达的调速。

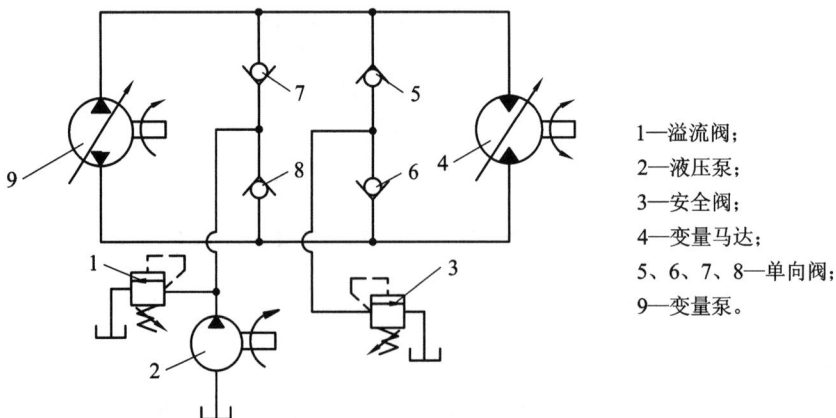

1—溢流阀;
2—液压泵;
3—安全阀;
4—变量马达;
5、6、7、8—单向阀;
9—变量泵。

图 7-41 变量泵与变量马达容积式调速回路

2) 调速特性

这种调速回路实际上是恒转矩调速回路与恒功率调速回路的组合。其调速方法是首先

将液压马达的排量置于最大位置不动,然后调节变量泵的排量,使其由小到大进行调节,直到泵的排量调到最大位置为止。这一阶段是恒转矩调速阶段,回路的特性与恒转矩回路相似,液压马达的输出转矩 M_{Mmax}、转速 n_M、功率 P_{Mmax} 与泵排量 V_p 的关系如图 7 - 42 左半部分所示。随后,变量泵保持最大排量位置,将液压马达的排量由大向小调节,直到液压马达的排量减小到最小允许值为止。这一阶段是恒功率调速阶段,回路的特性与恒功率回路相似,液压马达的输出转矩 M_{Mmax}、转速 n_M、功率 P_{Mmax} 与马达排量 V_M 的关系如图 7 - 42 右半部分所示。

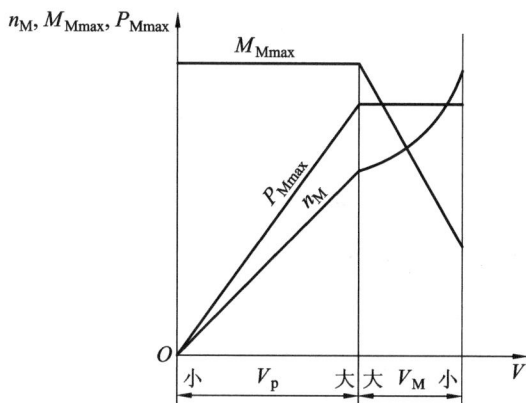

图 7 - 42　液压马达转速、转矩、功率与排量的关系曲线

由上述内容可见,变量泵与变量液压马达的容积式调速回路兼有两种回路的性能,扩大了回路的调速范围,最大可以达到 100。恒转矩调速阶段属于低速调速阶段,保持了最大输出转矩不变;而恒功率调速阶段属于高速调速阶段,提供了较大的输出功率。这一特点非常适合机器的动力要求,因此该回路应用广泛,已经在金属切削机床、工程机械等领域获得应用。

▤▤▤ 7.3.3 ▤▤▤ 容积节流调速回路

容积调速回路有效率高、发热少的优点,但是由于液压泵和液压马达存在内泄漏,其速度-负载特性较差,特别是低速时,这一问题更加突出,不能满足使用需要。与调速阀的节流回路相比,容积式调速回路的低速稳定性较差。在要求效率高、低速稳定性好的场合,可以采用容积节流调速方式。容积节流调速回路的工作原理是用压力补偿变量泵供油,用流量阀控制进入或流出液压缸的流量,并使变量泵的流量自动与液压缸的需求流量相适应。容积节流调速回路分为限压式变量叶片泵与调速阀的容积节流调速回路和差压式变量叶片泵与节流阀的容积节流调速回路。

1. 限压式变量叶片泵与调速阀的容积节流调速回路

限压式变量叶片泵与调速阀的容积节流调速回路(简称限压式容积节流调速回路)的油路结构如图 7 - 43 所示,回路系统由限压式变量叶片泵 1 供油,其调速原理是通过改变调速阀 2 的过流开口面积来调节进入液压缸的液压油流量和液压缸运动速度。

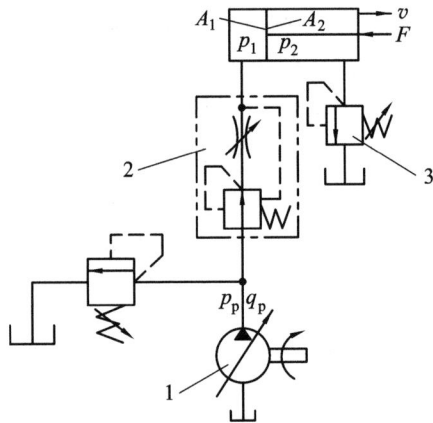

1—限压式变量叶片泵；2—调速阀；3—背压阀。

图 7-43 限压式容积节流调速回路

限压式变量叶片泵的工作特性曲线——流量随压力变化曲线如图 7-44 中曲线 1 所示，调速阀的工作特性曲线——流量随压力变化曲线如图 7-44 中曲线 2 所示。

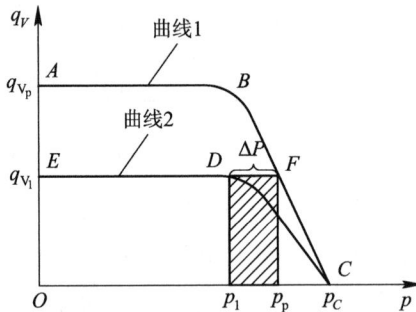

图 7-44 限压式变量叶片泵与调速阀的容积节流调速回路的压力-流量特性工作曲线

忽略叶片泵与调速阀之间管路的泄漏损失，变量泵的输出流量 q_p 应该等于调速阀的过流量。当回路处于某一正常工作状态时，液压泵工作于 F 点，对应变量泵的出口压力为 p_p，也是调速阀的入口压力；F 点处的纵坐标为变量泵的输出流量 q_{V1}，同样也是调速阀的流量。调速阀工作在 D 点左平段上。如果调节调速阀使其流量增大或减小，则调速阀的工作特性曲线会上移或下降，BC 曲线上的泵工作点也跟着上移或下降。由此可见，这种调速回路是通过调速阀来改变变量泵的输出流量使其与调速阀的控制流量相适应的。此外，调速阀要能正常工作，须满足进出口压差大于其最小压差这一要求。为此，回路稳定工作时液压缸工作腔压力 p_1 的范围为

$$p_2 \frac{A_2}{A_1} \leqslant p_1 \leqslant (p_p - \Delta p) \qquad (7-23)$$

这种调速回路没有溢流损失，但有节流损失，回路的效率高于节流调速而低于容积调速回路。节流损失的大小与液压缸的工作压力 p_1 有关。负载越小，工作压力 p_1 越低，节流损失越大。这种回路是以增加压力损失为代价换取低速稳定性的。

回路中的调速阀可以装在进油油路上，也可以装在回油油路上。这种回路的主要优点是泵的压力和流量在工作进给和快速运动时能自动切换，发热少，能量损失少，运动平稳

性好，因此适用于负载变化不大的中、小功率系统。

2. 差压式变量叶片泵与节流阀的容积节流调速回路

差压式变量叶片泵与节流阀的容积节流调速回路如图 7 - 45 所示。差压式变量叶片泵的主要特点是能自动补偿由负载变化引起的泵泄漏变化，使泵的输出流量基本保持稳定。通过调节节流阀的开口，可调节通过节流阀进入液压缸的流量，并使变量泵的输出流量自动与液压缸的需求流量相适应。节流阀的进出口压差反馈作用在变量泵的两个控制活塞上，其压差大小可由变量泵右边柱塞缸中的弹簧决定，保证了节流阀进出口压差基本恒定。

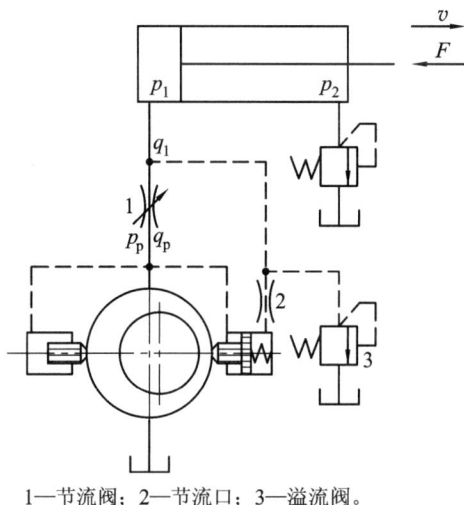

1—节流阀；2—节流口；3—溢流阀。

图 7 - 45　差压式变量叶片泵与节流阀的容积节流调速回路

当负载变化时，液压缸的工作压力也跟着发生变化，泵的供油压力随液流阻力的增加而增加，引起节流阀前后的压差变化，从而导致泵的偏心距变化，使泵的供油量也随之变化，以补偿因压力变化引起泄漏变化而导致的流量波动。若负载 F 增大，液压缸工作腔的压力 p_1 也增大，反馈至变量泵右边缸的弹簧腔压力也随之增大，推着变量泵定子左移，增大了泵的排量及输出流量，此时泵出口压力也随之增大，当变量泵两边的控制活塞作用在泵上的力平衡时，节流阀进出口压差跟负载变化前的压差基本相等，泵增加的输出流量仅用于弥补泵增加的泄漏，泵的实际输出流量基本不变。由此可见，这种调速回路的速度设定后，基本上不受负载变化的影响，从而保证了液压执行件的速度稳定性。尤其在流量小、负载变化大的液压系统中，其速度稳定的作用更加显著。

差压式变量叶片泵与节流阀的容积节流调速回路是一种变压式调速回路，这种回路只有节流损失，大小为节流阀两端的压力差。其值比限压式变量叶片泵与调速阀的容积节流调速回路的压力损失小得多，因此发热少，效率高。

▰▰▰ 7.3.4 ▰▰▰ 快速运动回路和速度换接回路

1. 快速运动回路

为了提高生产率，许多液压系统的执行件都采用了两种运动速度，即空行程时的快速运动和工作时的正常运动速度。常用的快速运动形式有以下几种。

（1）液压缸的差动连接快速运动回路。单出杆活塞缸的差动快速运动回路如图 7-46 所示。当换向阀处于左位时，液压泵提供的液压油和液压缸右腔液压油同时进入液压缸左腔，使活塞快速向右运动。运动速度的差值与液压缸两腔面积的比值有关，当小腔面积为大腔面积的 1/2，即速比系数为 2 时，差动连接时的速度为非差动连接时的 2 倍。

（2）双泵供油的快速运动回路。双泵供油的快速运动回路如图 7-47 所示。当系统中的执行元件空载快速运动时，低压大流量泵输出的压力油经过单向阀后和高压小流量泵汇合，共同向系统供油；而当执行件开始工作进给时，系统的压力增大，液控卸荷阀打开，单向阀关闭，低压大流量泵卸荷，这时由高压小流量泵独自向系统供油，实现执行件的工作进给。系统的工作压力由溢流阀设定，液控顺序阀的作用是控制低压大流量泵在系统空载需要快速运动时向系统供油，在系统正常运动时使低压大流量泵卸荷。液控顺序阀的调整压力应该是高于快速空行程而低于正常工作进给运动所需的压力。这种快速运动回路特别适合空载快速运动速度与正常工作进给运动速度差别很大的系统，具有功率损失小、效率高的特点。

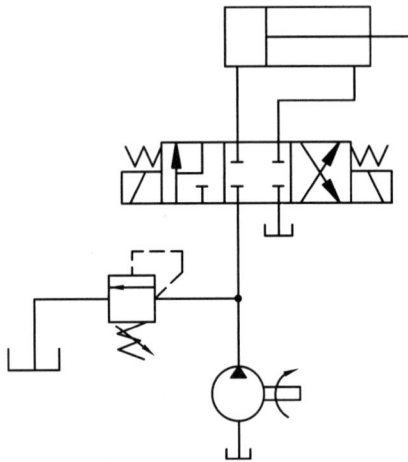

图 7-46 单出杆活塞缸的差动快速运动回路

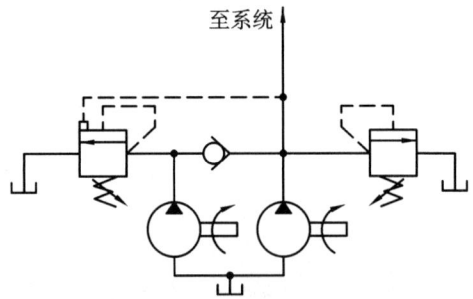

图 7-47 双泵供油的快速运动回路

另外，为了更好地利用各泵功率，提高作业速度，还可以采用双泵合流措施，这一方案在具有变幅或举升机构的机械中应用得较多。

（3）采用蓄能器的快速运动回路。当液压系统在一个工作循环中只有很短的时间需要大量供油时，可以采用有蓄能器的快速运动回路。蓄能器供油的快速回路结构如图 7-48 所示。

当换向阀在中位时，液压泵启动后首先向蓄能器供油，当蓄能器的充油压力达到设定值时，卸荷溢流阀打开，液压泵卸荷，蓄能器完成能量存储；当换向阀动作后，液压泵和蓄能器同时经过换向阀向执行件供油，使执行件快速运动，这时蓄能器释放能量。这种回路适用于工作循环周期内有较长的停歇时间的应用场合，以保证液压泵能完成对蓄能器的充液。

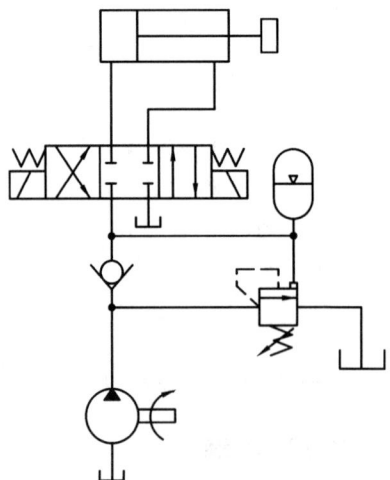

图 7-48 蓄能器供油的快速回路

2. 速度换接回路

速度换接回路的功能是使执行元件在一个工作循环过程中，自动从一种运动速度转换到另一种运动速度(如由快速运动转换成正常运动)。

(1)采用行程阀的速度换接回路。采用行程阀的速度换接回路如图7-49所示。回路主要由电磁换向阀3、行程阀6和单向阀5、调速阀4(或节流阀)等组成。电磁换向阀3处于图示左位机能时，调速阀4被行程阀6短路，液压缸7有杆腔的液压油直接流回油箱，液压缸活塞实现快速进给。当活塞上的撞块压下行程阀6的触头时，行程阀6关闭油路，液压缸有杆腔的液压油通过单向调速阀流回油箱，活塞的运动速度由单向调速阀调节，活塞完成了快速进给向工作进给的转换，进入工作进给状态。换向阀处于右位机能时，液压油通过单向阀进入液压缸的有杆腔，推动活塞快速返回，完成一个工作循环。如果换向阀采用电磁换向阀，图示的回路可以完成"快进→工进→快退→停止"这一自动循环过程。

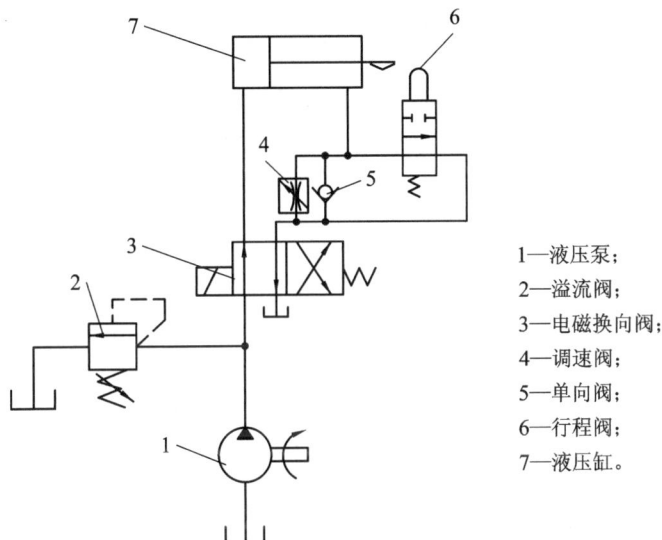

1—液压泵；
2—溢流阀；
3—电磁换向阀；
4—调速阀；
5—单向阀；
6—行程阀；
7—液压缸。

图7-49　采用行程阀的速度换接回路

这种回路的换接速度可以通过改变行程阀挡块的斜度来进行调整，因此速度换接比较平稳，换接位置比较准确。其缺点是行程阀的安装位置受到管路连接的限制，不够灵活。若采用行程开关和电磁阀代替行程阀，会使安装位置方便灵活，但换向的平稳性变差。

(2)调速阀串联速度换接回路。调速阀串联速度换接回路如图7-50所示。图中，实心三角形表示高压油，两个调速阀1、2串联后，通过换向阀3的通断可以使执行件获得两种速度，为了使调速阀1能够起作用，其调节流量必须小于调速阀2的调节流量。

在图示位置，液压油经过两个调速阀，因为调速阀1的流量小于调速阀2的流量，所以这时执行件的速度由调速阀1控制。当换向阀切换到右位时，执行件的速度由调速阀2控制。这种速度换接回路的特点是换接时比较平稳。

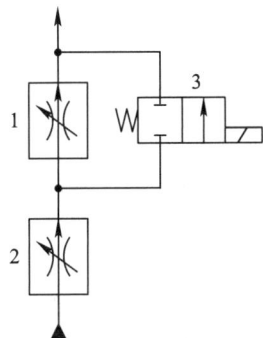

1—调速阀1；2—调速阀2；3—换向阀。

图7-50　调速阀串联速度换接回路

（3）调速阀并联速度换接回路。调速阀并联速度换接回路如图 7-51 所示。两个调速阀并联后，通过换向阀的通断可以使执行件分别获得两种不同速度。这种速度换接回路的特点是两个调速阀的速度可以单独调节，互不影响；当一个调速阀工作，而另一个处于非工作状态时，换接时由于工作状态发生改变，调速阀流量瞬时过大，执行元件会出现前冲现象，速度换接不够平稳，因此这种回路的应用不如调速阀串联速度换接回路广泛。

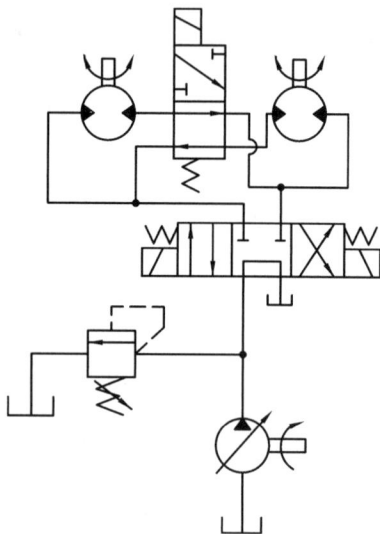

（4）液压马达串、并联速度换接回路。在液压驱动的行走机构中，往往需要马达有两种转速以满足行驶条件的要求，即在平地行驶采用高速，上坡时采用低速以增加转矩。为此两个液压马达之间的油路采用串、并联连接实现速度的换接，以达到上述目的。

液压马达串、并联速度换接回路如图 7-52 所示。使用二位电磁换向阀实现两个马达油路的串、并联，三位换向阀实现液压马达的正反转，马达的调速用变量泵实现。在图示情况下，两个马达并联，此时为低速；若二位换向阀得电，两个马达实现串联，则获得高速。若两个马达的排量相等，并联时，进入每个马达的流量为液压泵流量的一半，转速为串联的一半，但输出转矩相应增加。串、并联连接时，回路的输出功率相同。

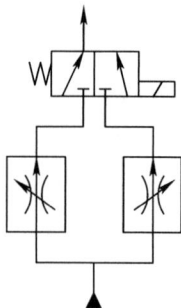

图 7-51 调速阀并联速度换接回路   图 7-52 液压马达串、并联速度换接回路

另外，把马达换成双出杆活塞缸即可实现直线运动速度换接。

▰▰▰ 7.3.5 ▰▰▰ 变频调速回路

随着电机变频调速技术的发展，其节能效果不断提升，应用领域也更加广泛。液压泵的输出流量与泵的排量和驱动转速有关。当液压系统的原动机为变频调速电机时，可选择定量泵及普通换向阀，通过调节电机转速即液压泵的驱动转速，即可调节泵的输出流量，满足执行元件的流量需求。显然，该调速系统可简化回路设计，避免节流调速系统的节流功率损失和溢流功率损失，也不用结构复杂的变量泵和变量马达组成容积调速回路。对采用定量泵的变频调速液压回路，可降低油液洁净度的要求。当然变频调速回路也存在一些缺点，如调速电机及对应的控制器成本高，低速时的速度稳定性易受到液压泵所需转矩波动的影响等。

7.4　多缸运动控制回路

对于单油源多执行元件回路，由于各执行元件所带负载、动作要求各不同，为此需要通过压力、行程、流量等控制来满足设备的运动控制要求。

7.4.1　顺序动作回路

顺序动作回路的作用是使多缸液压系统中的各个液压缸严格地按规定的顺序动作。按控制方式的不同，顺序动作回路可分为行程控制、压力控制和时间控制顺序动作回路，其中前两种应用得最广泛，为本节重点介绍的内容。

1. 行程控制顺序动作回路

图 7-53 所示是一种采用行程开关和电磁换向阀配合的顺序动作回路。该回路调整行程比较方便，改变电气控制线路就可以改变油缸的动作顺序，利用电气互锁，可以保证顺序动作的可靠性。操作时首先按下启动按钮，使电磁铁 1DT 得电，压力油进入油缸 3 的左腔，使活塞向右运动。当活塞杆上的挡块压下行程开关 S6 后，通过电气上的连锁使 1DT 断电，3DT 得电。油缸 3 的活塞停止运动，压力油进入油缸 4 的左腔，使其活塞杆向右运动。当活塞杆上的挡块压下行程开关 S8 后，使 3DT 断电，2DT 得电，压力油进入缸 3 的右腔，使其活塞按箭头 3 所示的方向向左运动；当活塞杆上的挡块压下行程开关 5S 后，使 2DT 断电，4DT 得电，压力油进入油缸 4 右腔，使其活塞按箭头④的方向返回。当挡块压下行程开关 S7 时，4DT 断电，活塞停止运动，至此完成一个工作循环。

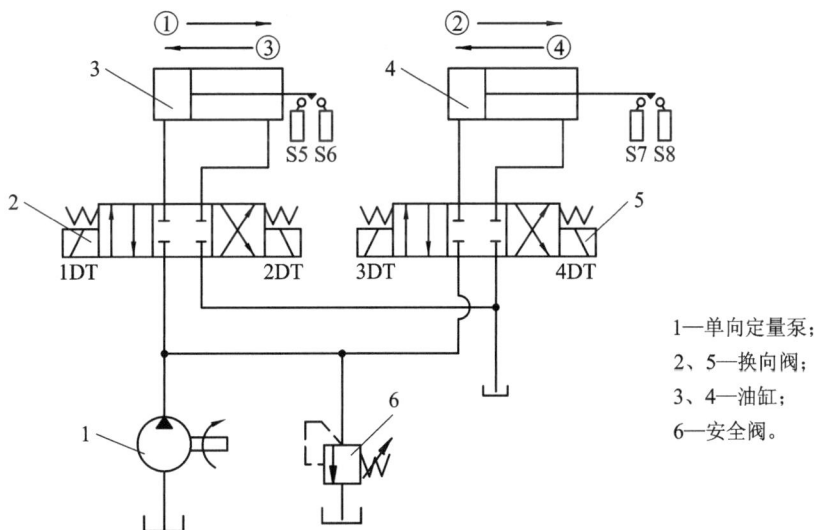

图 7-53　采用行程开关和电磁换向阀配合的顺序动作回路

2. 压力控制顺序动作回路

图 7-54 所示是采用两个单向顺序阀的压力控制顺序动作回路。其中单向顺序阀 3 控

制两液压缸前进时的先后顺序，单向顺序阀 5 控制两液压缸后退时的先后顺序。当电磁换向阀 1DT 得电在左位工作时，压力油进入液压缸 1 的无杆腔，有杆腔经单向顺序阀 5 中的单向阀回油，此时由于压力较低，单向顺序阀 3 关闭，液压缸 1 的活塞先动。当液压缸 1 的活塞运动至终点时，油压升高，达到单向顺序阀 3 的调定压力时，单向顺序阀开启，压力油进入液压缸 2 的左腔，有杆腔直接回油，缸 2 的活塞向右移动。当液压缸 2 的活塞右移达到终点后，电磁换向阀 2DT 得电在右位工作时，分析过程与前述一样。显然，这种回路动作的可靠性取决于顺序阀的性能及其压力调定值，即它的调定压力应比前一个动作的压力高出 0.8～1 MPa，否则顺序阀易在系统压力脉冲中造成误动作。由此可见，这种回路适用于液压缸数目不多、负载变化不大的场合。其优点是动作灵敏，安装连接较方便；缺点是可靠性不高，位置精度低。

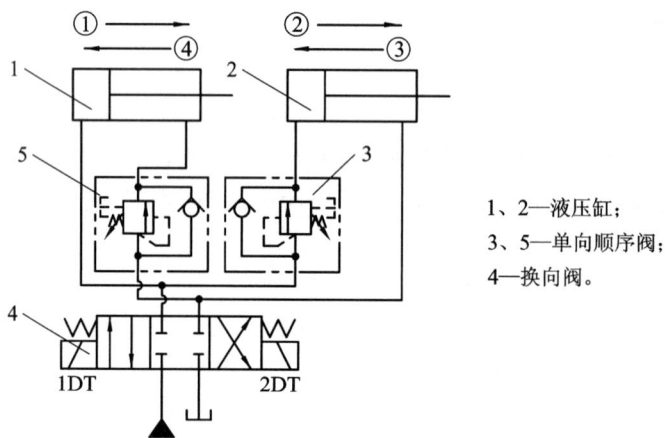

1、2—液压缸；
3、5—单向顺序阀；
4—换向阀。

图 7-54 采用两个单向顺序阀的压力控制顺序动作回路

利用上述回路可以完成钻床液压系统的顺序控制，实现对工件的夹紧和钻孔，其中 1 为夹紧液压缸，2 为钻头进给液压缸。动作顺序为：夹紧工件→钻头进给→钻头退回→松开工件。

除此之外，还可以通过压力继电器和电磁换向阀实现压力顺序动作控制。

7.4.2 同步动作回路

在多缸工作的液压系统中，常常会遇到要求两个或两个以上的执行元件同时动作的情况，并要求它们在运动过程中克服负载、摩擦阻力、泄漏、制造精度和结构变形上的差异，维持相同的速度或相同的位移，即做同步运动。同步运动包括速度同步和位置同步两类。速度同步是指各执行元件的运动速度相同，而位置同步是指各执行元件在运动中或停止时都保持相同的位移量。同步回路就是用来实现同步运动的回路。由于负载、摩擦、泄漏等因素的影响，很难做到精确同步。本节介绍采用液压缸机械联结、同步缸或同步马达、调速阀、比例阀或伺服阀的同步动作回路。

1. 采用液压缸机械联结的同步动作回路

图 7-55 所示为液压缸机械联结的同步动作回路。这种同步回路采用刚性梁、齿轮、齿

条等机械零件在两个液压缸的活塞杆间实现刚性联结，以便实现位移的同步。这种同步方法比较简单经济，能基本上保证位置同步的要求，但由于机械零件在制造、安装上的误差，同步精度不高。使用时需注意：两个液压缸的负载差异不宜过大，否则会造成卡死现象。

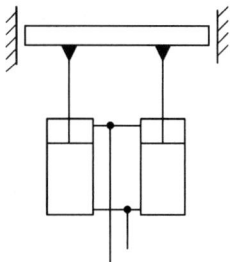

图 7-55　采用液压缸机械联结的同步动作回路

2. 采用同步缸或同步马达的同步动作回路

图 7-56 所示是采用同步缸的液压缸同步动作回路，其中两个工作液压缸的内腔面积相等。同步缸是两个尺寸相同的缸体和两个活塞共用一个活塞杆的液压缸，活塞向左或向右运动时输出或接收相等容积的油液，在回路中起着配流的作用，使有效面积相等的两个液压缸实现双向同步运动。同步缸的两个活塞上装有双作用单向阀，可以在行程端点消除误差。

和同步缸一样，用两个同轴等排量双向液压马达作配流环节，输出相同流量的油液亦可实现两缸双向同步。采用同步马达的同步动作回路如图 7-57 所示，图中节流阀用于在行程端点消除两缸位置误差。这种回路的同步精度比采用流量控制阀的同步动作回路高，但专用的配流元件带来了系统复杂、制造成本高的缺点。

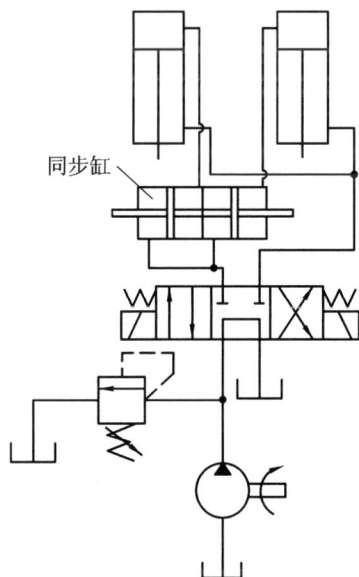

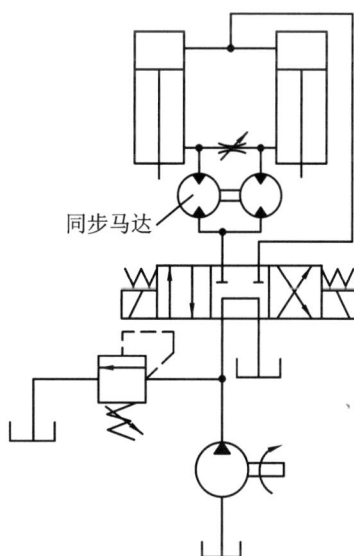

图 7-56　采用同步缸的液压缸同步动作回路　　图 7-57　采用同步马达的液压缸同步动作回路

3. 采用调速阀的同步动作回路

图7-58中，在两个并联液压缸的进（回）油路上分别串接一个调速阀，通过调整两个调速阀的开口大小，控制进入两个液压缸或从两个液压缸流出的流量，可使它们在一个方向上实现速度同步。这种回路结构简单，但调整比较麻烦，同步精度不高，不宜用于偏载或负载变化频繁的场合。如果采用分流集流阀（同步阀）代替调速阀，可控制两液压缸流入或流出的流量，使两液压缸在承受不同负载的状态下仍能实现较高精度的速度同步。

4. 采用比例阀或伺服阀的同步动作回路

当液压系统有很高的同步精度要求时，必须采用比例阀或伺服阀的同步回路。如图7-59所示，伺服阀根据装在需要同步运动的液压缸活塞头部的两个位移传感器的反馈信号，持续不断地调整伺服阀阀口开度，控制两个液压缸输入或输出油液的流量，使两个液压缸获得双向同步运动。

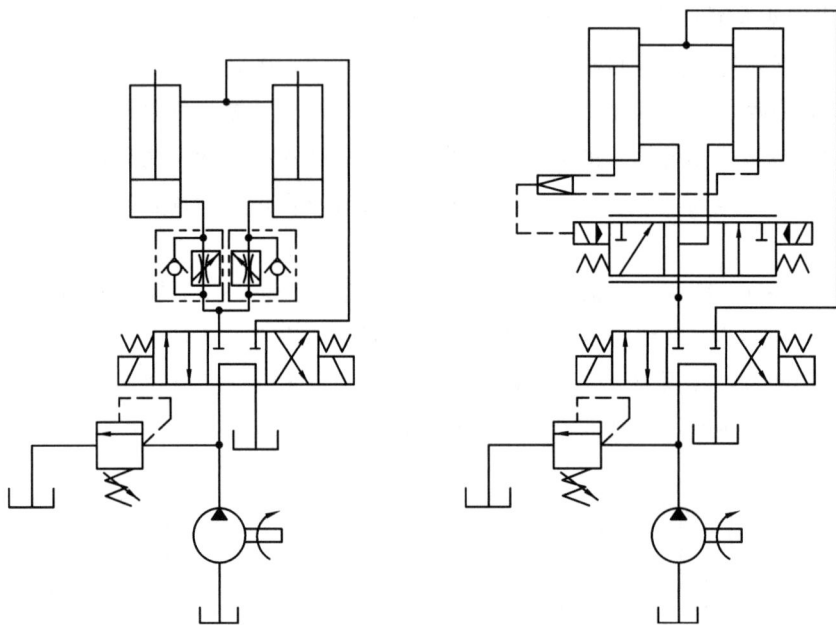

图 7-58　采调速阀的同步动作回路　　图 7-59　采用伺服阀的液压缸同步动作回路

7.5　基本回路在汽车上的应用

液压传动在汽车上的应用形式主要有以下几种：① 自动变速器上的应用；② 悬架系统上的应用；③ 制动系统中的应用；④ 减震系统中的应用；⑤ 转向系统中的应用；⑥ 防抱死系统（ABS）中的应用。下面以 ABS 为例简要介绍其工作原理。

ABS 通常由车轮速度传感器、制动压力调节器、制动主缸、制动轮缸和电控单元 ECU 等组成。轮速度传感器实时检测车轮转速，将转速转化为电压脉冲信号，发送给电控单元（ECU），控制器 ECU 根据传感器信号，判断车轮运动状态，控制电磁阀动作，使系统升压、保压或者减压,将滑转率保持在 20％左右。其基本工作流程见图 7-60。

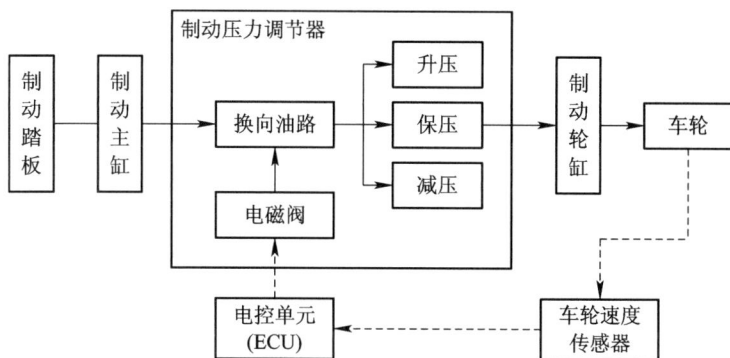

图 7-60　ABS 防抱死系统工作流程

在 ABS 工作流程中,电磁阀控制油路,从而维持改变系统压力这一步骤属于液压传动的范畴,具体的工作流程如下:

(1) 升压阶段。在升压阶段,ABS 并不介入制动压力控制,制动系统中的各个电磁进油阀都不通电,保持开启状态,各个电磁出油阀都不通电,保持闭合状态,电动液压泵也不通电运转,制动主缸到各个制动轮缸的制动管路均处于导通状态,而各个制动轮缸到储油罐的制动管路处于闭合状态。此时,制动轮缸的压力随着制动主缸输出压力的变化而变化。该制动过程与常规制动过程完全相同,ABS 并未介入。

(2) 保压阶段。随着制动压力的增大,油压继续升高到车轮出现抱死趋势时,ABS 中的电控单元(ECU)发出指令,使电磁进油阀通电并关闭阀门,制动主缸输出的制动液不再进入制动轮缸,同时电磁出油阀依然不带电压,仍保持关闭,制动轮缸中的制动液也不会流出,那么制动轮缸的制动压力就保持一定,从而进入保压阶段。

(3) 减压阶段。若制动压力保持不变,车轮有抱死趋势时,ABS 中的 ECU 单元给电磁出油阀通电,打开出油阀,系统通过低压储液罐降低油压,电磁进油阀继续通电,保持关闭状态,有抱死趋势的车轮被释放,车轮转速开始上升。此时,当 ECU 根据轮速度传感器输入信号判断车轮的抱死趋势完全消除时,ECU 会控制电磁进油阀和出油阀都断电,使电磁进油阀保持原来的开启状态,电磁出油阀保持原来的闭合状态,同时,驱动液压泵通电运转,向制动轮缸输送制动液,由制动主缸输出的制动液经过电磁阀进入制动轮缸,使制动压力迅速增大,使得车轮又开始减速转动。

ABS 使趋于抱死车轮的制动压力循环往复,从而将趋于防抱车轮的滑动率控制在峰值附着系数滑动率的附近范围内,直到汽车速度减少至很低或不再出现抱死现象为止。并且,由于每个车轮都有电磁进油阀和电磁出油阀,可由 ECU 分别单独进行控制,因此,每个车轮的制动压力能够独立地被调节,从而使四个车轮都能够独立实现防抱死功能。

习　　题

7.1　什么是液压系统的基本回路? 基本回路的类型有哪几种?

7.2 按照油液循环方式，回路可以分为哪两种形式？它们各有什么特点？

7.3 容积调速回路的类型、特性、应用场合是什么？

7.4 压力调节回路有哪几种？各有什么特点？

7.5 如何实现液压泵的卸荷？请画出两个回路。

7.6 在图 7-23 所示的液压回路中，液压缸有效工作面积 $A_1 = 2A_2 = 50 \text{ cm}^2$，液压泵流量为 $q_p = 10 \text{ L/min}$，溢流阀调定压力 $p_y = 2.4 \text{ MPa}$。节流阀的流通面积是 0.02 cm^2，流量系数 $C_d = 0.62$，液压油密度 $\rho = 900 \text{ kg/m}^3$。试分别按载荷 $F_L = 10\ 000 \text{ N}$、5500 N 和 0 N 三种情况计算液压缸的运动速度和速度刚度。

7.7 在图 7-61 所示系统中，液压缸的有效面积 $A_1 = A_2 = 100 \text{ cm}^2$，缸 I 负载 $F_L = 35\ 000 \text{ N}$，缸 II 运动时负载为零，不计管路损失。溢流阀、顺序阀和减压阀的调定压力分别为 4 MPa、3 MPa、2 MPa。求下列工况下 A、B、C 处的压力。

（1）液压泵启动后，两换向阀处于中位；

（2）1DT 通电，液压缸 I 运动时和到终端位置停止时；

（3）1DT 断电，2DT 通电，液压缸 II 运动时和碰到固定挡块停止运动时。

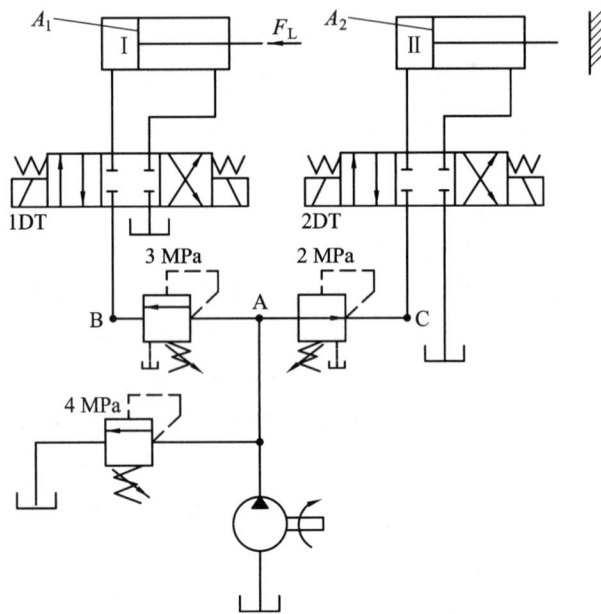

图 7-61 习题 7.7 图

7.8 在进油节流调速回路中，液压缸的有效工作面积 $A_1 = 2A_2 = 50 \text{ cm}^2$，液压泵流量为 $q_p = 10 \text{ L/min}$，溢流阀调定压力 $p_y = 2.4 \text{ MPa}$，在回油路加一个 0.3 MPa 的背压阀，节流阀小孔的流通面积是 0.02 cm^2，流量系数 $C_d = 0.62$，油密度 $\rho = 900 \text{ kg/m}^3$，试计算：

（1）当负载为 10 000N 时，回路的效率；

（2）此回路可以承受的最大负载。

7.9 在回油节流调速回路中，液压缸的有效工作面积 $A_1 = 2A_2 = 50 \text{ cm}^2$，液压泵流量为 $q_p = 10 \text{ L/min}$，溢流阀调定压力 $p_y = 2.4 \text{ MPa}$，流量系数 $C_d = 0.62$，液压油密度 $\rho = 900 \text{ kg/m}^3$，试求：

（1）节流阀小孔的流通面积为 0.02 cm² 和 0.01 cm² 时的速度负载曲线；

（2）当负载为零时，忽略损失，泵压力和液压缸回油腔压力各为多少？

7.10　由变量泵和定量液压马达组成的调速回路，变量泵排量可以在 0～50 cm³/r 的范围内调节，泵转速为 1000 r/min，马达排量为 50 cm³/r，安全阀调定压力为 10 MPa，在理想情况下，认为马达和变量泵的效率都是 100%，求在此调速回路中：

（1）液压马达的最低和最高转速是多少？

（2）液压马达的最大输出转矩是多少？

（3）液压马达的最高输出功率是多少？

7.11　在习题 7.10 中，如果认为马达和变量泵的效率都是 0.85%，泵和马达的泄漏随工作压力的增高而线性增加，当调定压力为 10 MPa 时，泵和马达的泄漏量各为 1 L/min，试求：

（1）液压马达的最低和最高转速是多少？

（2）液压马达的最大输出转矩是多少？

（3）液压马达的最高输出功率是多少？

（4）计算回路在最高和最低转速下的总效率。

第8章

典型液压系统

近年来，液压传动技术已广泛应用于工程机械、冶金机械、轻工机械、航空航天机械等领域。由于液压系统所服务的主机的工作循环、动作特点等各不相同，因此，相应的各液压系统的组成、作用和特点也不尽相同。本章通过对典型液压系统的分析，进一步介绍各液压元件在系统中的作用和各种基本回路的组成及特点，并分析液压系统的方法和步骤，增强综合应用能力。

8.1 开式液压传动系统实例

组合机床是由通用部件和部分专用部件所组成的高效率专用机床，动力滑台是组合机床上实现进给运动的一种通用部件，将动力滑台配上动力头和主轴箱后便可以完成各种孔加工、端面加工等工序。液压动力滑台由液压缸驱动，在电气和机械装置的配合下可以完成各种自动工作循环。图 8-1 为 YT4543 型动力滑台液压系统原理图，它能完成多种自动工作循环。

YT4543 型动力滑台液压系统的工作流程包括以下五个阶段。

1. 动力滑台快进

按下启动按钮，电磁铁 1DT 通电，先导电磁阀 5 处于左位，液动换向阀 4 切换至左位，液控顺序阀 3 因系统压力不高仍处于关闭状态。这时液压缸作差动连接，变量泵 1 输出最大流量。系统中油液流动情况如下：

进油路：限压式变量叶片泵 1→单向阀 11→液动换向阀 4（左位）→二位二通行程阀 9 常位态（右位）→液压缸左腔。

回油路：液压缸右腔→液动阀换向 4（左位）→单向阀 12→二位二通行程阀 9 常位态（右位）→液压缸左腔。

回油路的油液与进油路的油液都流入液压缸左腔，实现了差动连接和快速推进。

2. 第一次工作进给

当滑台快速前进到预定位置时，挡块压下行程阀 9，使原来通过二位二通行程阀 9 进入液压缸左腔的油路切断。这时系统压力升高，液控顺序阀 3 打开；限压式变量叶片泵 1 自动减少其输出流量，以便与调速阀 6 的开口相适应。系统中油液流动情况如下：

进油路：限压式变量叶片泵 1→单向阀 11→液动换向阀 4(左位)→调速阀 6→二位二通电磁阀 8(右位)→液压缸左腔。

回油路：液压缸右腔→液动阀换向 4(左位)→液控顺序阀 3→背压阀 2→油箱。

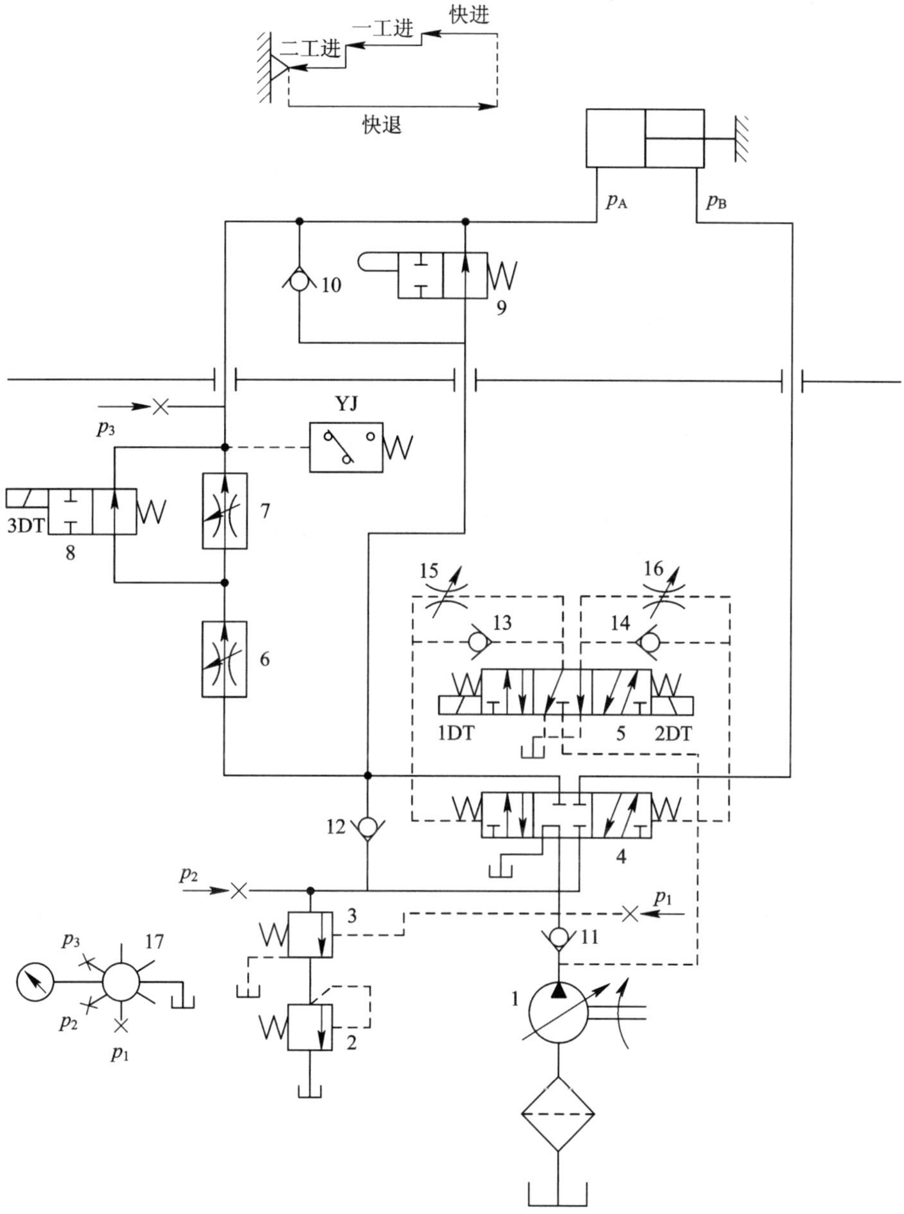

1—限压式变量叶片泵；2—背压阀；3—液控顺序阀；4—液动换向阀；5—先导电磁阀；
6、7—调速阀；8—二位二通电磁阀；9—二位二通行程阀；10、11、12、13、14—单向阀；
15、16—节流阀；17—压力表开关；p_1、p_2、p_3—压力表接点。

图 8-1　YT4543 型动力滑台液压系统原理图

3. 第二次工作进给

当第一次工作进给结束时，挡块压下行程阀开关。电磁铁 3DT 通电。液控顺序阀 3 仍打开，变量泵 1 输出流量与二工进调速阀的开口相适应。系统中油液流动情况如下：

进油路：限压式变量叶片泵 1→单向阀 11→液动换向阀 4(左位)→调速阀 6→调速阀 7→液压缸左腔。

回油路：液压缸右腔→液动换向阀 4(左位)→顺序阀 3→背压阀 2→油箱。

4. 死挡块停留及动力滑台快退

在动力滑台第二次工作进给碰到死挡块后停止前进，液压系统的压力进一步升高，压力继电器发出动力滑台快速退回的信号，电磁铁 1DT 断电，2DT 通电，这时系统压力下降，变量泵 1 流量又自动增大。系统中油液的流动情况如下：

进油路：限压式变量压片泵 1→单向阀 11→液动换向阀 4(右位)→液压缸右腔。

回油路：液压缸左腔→单向阀 10→液动换向阀 4(右位)→油箱。

5. 动力滑台原位停止

当动力滑台快速退回到原位时，挡块压下行程开关，使电磁铁 1DT、2DT、3DT 断电，这时液动换向阀 4、先导电磁阀 5 处于中位，液压缸两腔封闭，滑台停止运动。系统中油液的流动情况如下：

卸荷油路：限压式变量叶片泵 1→单向阀 11→液动换向阀 4(中位)→油箱。

该系统的各电磁铁及行程阀动作如表 8-1 所示。

表 8-1　YT4543 型动力滑台液压系统的动作循环表

动作	元件				
	1DT	2DT	3DT	压力继电器	行程阀
快进(差动)	+	—	—	—	导通
一工进	+	—	—	—	切断
二工进	+	—	+	—	切断
死挡块停留	+	—	+	+	切断
快退	—	+	±	—	切断→导通
原位停止	—	—	—	—	导通

注："+"表示通电，"—"表示断电。

由上述可知，YT4543 型动力滑台的液压系统主要由下列回路组成：

(1) 限压式变量叶片泵、调速阀、背压阀组成的容积节流调速回路。

(2) 差动连接式快速运动回路。

(3) 电液换向阀式换向回路。

(4) 行程阀和电磁阀式速度连接回路。

(5) 三位换向阀式卸荷回路。

8.2　闭式液压传动系统实例

混凝土搅拌运输车广泛应用于工程建设中，其用途是将混凝土从搅拌站运送到施工现场。在混凝土从搅拌站输出至搅拌运输车的过程中，其搅拌筒需持续转动，以便混凝土能快速装入筒中，卸料时方向旋转，以便螺旋叶片将混凝土料从筒中推出；运输过程中，为了防止混凝土离析（材料分层）及凝固，搅拌筒须一直旋转。工况不同，搅拌筒转速不同。为此，搅拌运输车的搅拌筒一般采用可调速的闭式液压传动系统，其液压系统原理见图 8-2。该系统中双向变量柱塞泵 2、补油泵 9、电比例控制阀 3 及斜盘动作油缸 4、溢流阀 6、压力截断阀、补油安全阀 5、梭阀 8 等元件集成在一起，称为闭式变量泵。搅拌液压系统的具体工作过程为：发动机输出的动力经取力器驱动液压泵，液压泵输出压力油再经过管路至液压马达，通过调节双向变量泵斜盘倾角和倾斜方向，即可改变液压马达的输出转速和转向，液压马达输出的动力经减速机降速增扭后驱动搅拌筒。

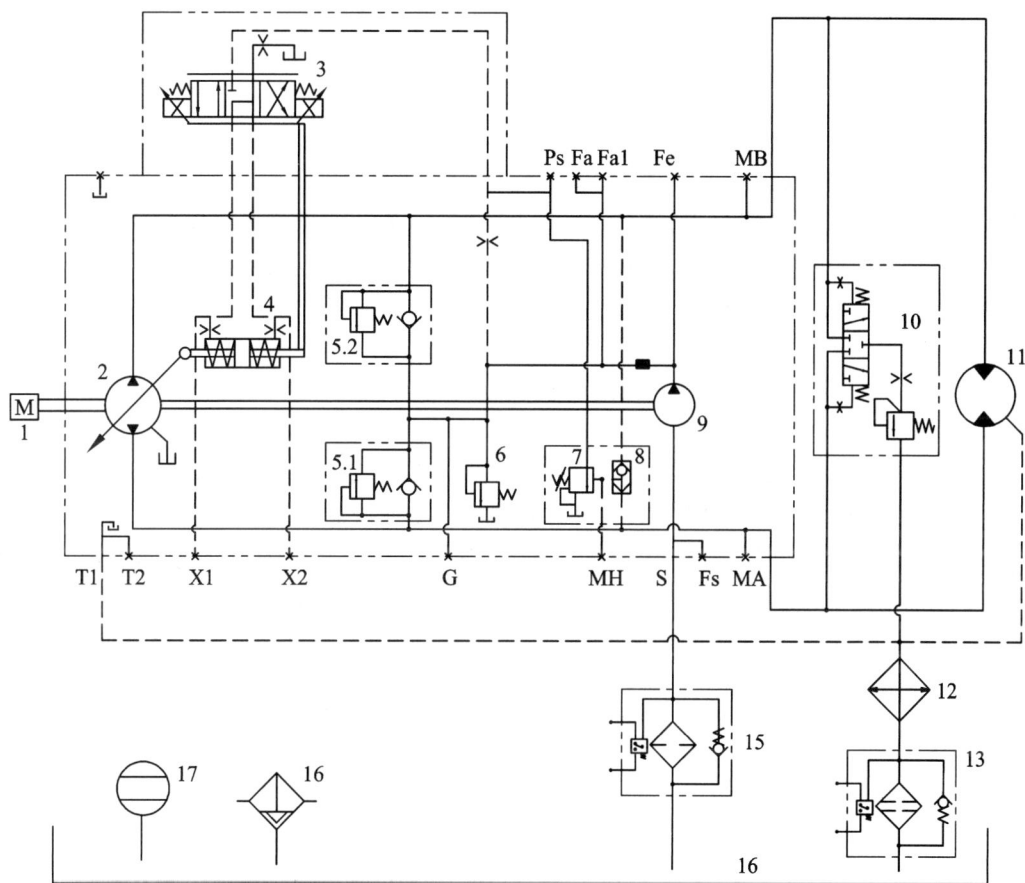

1—原动机；2—双向变量柱塞泵；3—电比例控制阀；4—斜盘动作油缸；5—补油安全阀；6—溢流阀；
7—外控溢流阀；8—梭阀；9—补油泵；10—冲洗阀；11—液压马达；12—散热器；13—回油过滤器；
14—液压油箱；15—吸油过滤器；16—空滤器；17—液位计。

图 8-2 混凝土搅拌运输车液压系统原理图

闭式变量泵各部分的作用如下：

（1）双向变量柱塞泵。双向变量柱塞泵由比例电磁阀控制油泵的斜盘角度，从而控制油泵的排量，实现其输出流量的控制。电磁阀的开合由 PLC 或 PVR（比例放大器）控制。

（2）补油泵。补油泵一般为齿轮泵，用来向闭式系统补充油量；G 接口也可输出液压油，作为控制油源供其他控制系统使用。

（3）电比例控制阀及斜盘动作油缸。电比例控制阀及斜盘动作油缸上有两个电磁阀控制的三位四通阀，进油来自补油泵，回油通油箱。在电磁阀的控制下，电比例控制阀及斜盘动作油缸改变斜盘油缸活塞的位置，从而控制油泵的流量，用以改变马达的转速和转向。

（4）溢流阀。溢流阀调整压力为 25 bar，用来建立补油压力并防止补油压力过高。

（5）压力截断阀。压力截断阀由一个梭阀及一个外控溢流阀组成。当系统压力达到设定值后，使油泵的排量接近最低值，只能保证系统的泄漏流量。

梭阀。梭阀的两端接主油泵 AB 端，无论油液正向循环还是反向循环，都可使高压端的压力油作用到溢流阀芯上，并且低压口由阀芯堵死。

外控溢流阀。外控溢流阀可以在当外控压力（油泵出口压力）达到设定值 400bar 时，由补油泵提供的、经电比例阀进入油泵斜盘活塞腔的压力油被泄压，使油泵的供油量达到最小值。

（6）补油安全阀。系统中共有两个补油安全阀，分别由单向补油阀和高压溢流阀组成，可进行双向的补油和安全限压溢流。以油液正向循环为例，双向变量泵的高压油从上面油口流出后，经管路流入液压马达，此时补油安全阀 5.2（补油安全阀是由溢流阀和单向补油阀组成的复合阀）中的溢流阀进行限压溢流保护，补油泵的油液经补油安全阀 5.1 中的单向补油阀进入双向变量泵的下面油口，对系统进行补油；反之，工作过程相同。高压溢流阀的压力设定比压力截断阀高，这样可以防止高压溢流阀经常出现高压溢流，减少系统发热。

搅拌筒驱动用柱塞液压马达，通过双向变量泵的双向供油可实现液压马达的正反转。马达和液压泵壳体上都有泄漏油口，通过管路将其引回油箱。

在闭式回路中，一般设置冲洗阀 10，其作用是将回油路上的一部分温度较高的油液通过冲洗阀排回油箱，便于补油泵将油箱中洁净的、温度低的液压油补充至主循环油路中。

此外，回路中设置了回油冷却器 12，对冲洗部分、泄漏部分的油液进行冷却，保证系统能工作在正常温度范围内。油箱设置了吸油过滤器和回油过滤器，其过滤器精度分别为 100 μm 和 10 μm，保证了油液的洁净度。为了保证液压泵能正常吸油，油箱液面须和大气相通，为此箱盖上面须安装空滤器，使洁净的空气可进入液压油箱，防止油箱出现负压。此外，油箱侧面须安装液位计观察液位的高度，保证油箱中有充足油液以满足系统工作需要。

8.3　塑料注射成型机的液压系统分析

塑料注射成型机是热塑性塑料制品注射成型的加工设备，能制造外形复杂、尺寸较精密或带有金属嵌件的塑料制品。

塑机加工塑料制品的过程和原理是：装在料筒内的塑料颗粒由塑化螺杆输送到加热区，加热至流动状态。熔化的塑料达到注塑口（喷嘴处）后，以很高的压力和较快的速度注入温度较低的闭合模具内，保压一段时间，经冷却、凝固、成型为塑料制品。然后打开模具，将成品从模具中顶出。常见的塑料注射成型机的液压系统包括采用液压传动技术和采用电液比例压力流量复合泵的塑机液压系统。

1. 采用液压传动技术的塑机液压系统

图 8 - 3 是以国产 SZ-250A 塑机液压系统为例，采用液压传动技术的塑机液压系统原理图。

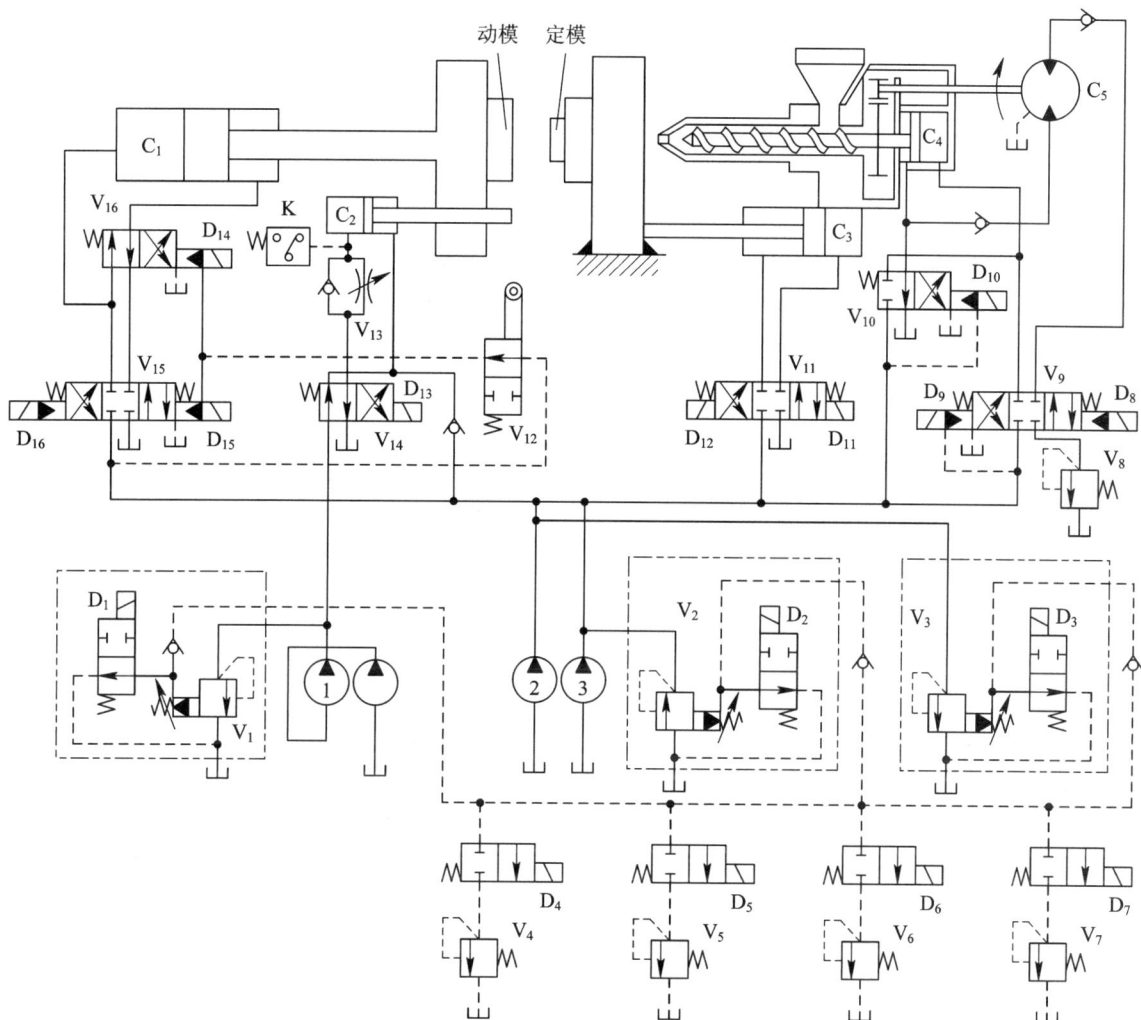

图 8 - 3　采用液压传动技术的塑机液压系统原理图

图中，电磁溢流阀 V_1、V_2、V_3 分别为液压泵 1、2、3 的安全阀。为了获得不同的驱动力，采用 4 个远程调压阀 V_4、V_5、V_6、V_7 提供 4 级压力。其中，远程调压阀 V_4 控制快速闭模时的低压保护压力，远程调压阀 V_5 控制注射和保压压力，远程调压阀 V_6 控制注射座移动缸的工作压力，远程调压阀 V_7 控制预塑马达的工作压力。V_8 为背压阀，用来控制预塑时塑料熔融和混合程度，防止熔融塑料中混入空气。压力继电器 K 限定顶出液压缸 C_2 的最高工作压力，并作为顶出结束的发讯装置。单向节流阀 V_{13} 用于控制顶出制品的速度。V_{16} 可实现合模时液压缸 C_1 的差动连接，达到闭模增速的目的。V_{12} 为行程阀，用于安全门的液压-电气联锁。

螺杆的速度可根据需要，通过 3 台泵的选择性组合，实现多级调速。注射过程中，注射缸右腔的油液在螺杆反推力作用下，经 V_9、V_8 回油箱，其背压由 V_8 实现，同时，注射缸左腔产生真空，油箱的油液在大气压力作用下经 V_{10} 进入注射缸左腔。

图 8-3 所示液压系统的详细工作原理可参见有关文献。采用液压传动技术的塑机液压系统存在的问题如下：

（1）压力和速度不能连续调节，在压力和速度的转换过程中产生冲击和噪音，难以获得高精度的塑料制品。

（2）系统采用元件较多，液压系统过于复杂，系统可靠性低，故障诊断难度大。

（3）液压系统效率较低，油液发热严重，降低了液压元件的使用寿命。

2. 采用电液比例控制技术的塑机液压系统

电液比例控制技术产生之后，研究人员对塑机液压系统进行了比较彻底的改造：一是用电液比例控制元件取代了原来的手调液压元件，以实现压力和流量的连续调节；二是用计算机控制系统取代了原来的继电器控制系统，通过优化注塑工艺，较好地解决了老式塑机存在的上述问题。

新型塑机液压系统采用"比例调速＋比例调压＋计算机控制"的方案。根据所采用的比例元件不同，有泵控方案（采用比例压力流量复合控制泵）和阀控方案（采用电液比例控制阀）。

图 8-4 是采用比例压力流量复合控制泵的塑机液压系统原理图。从本质上讲，这仍属于开环控制的液压系统。

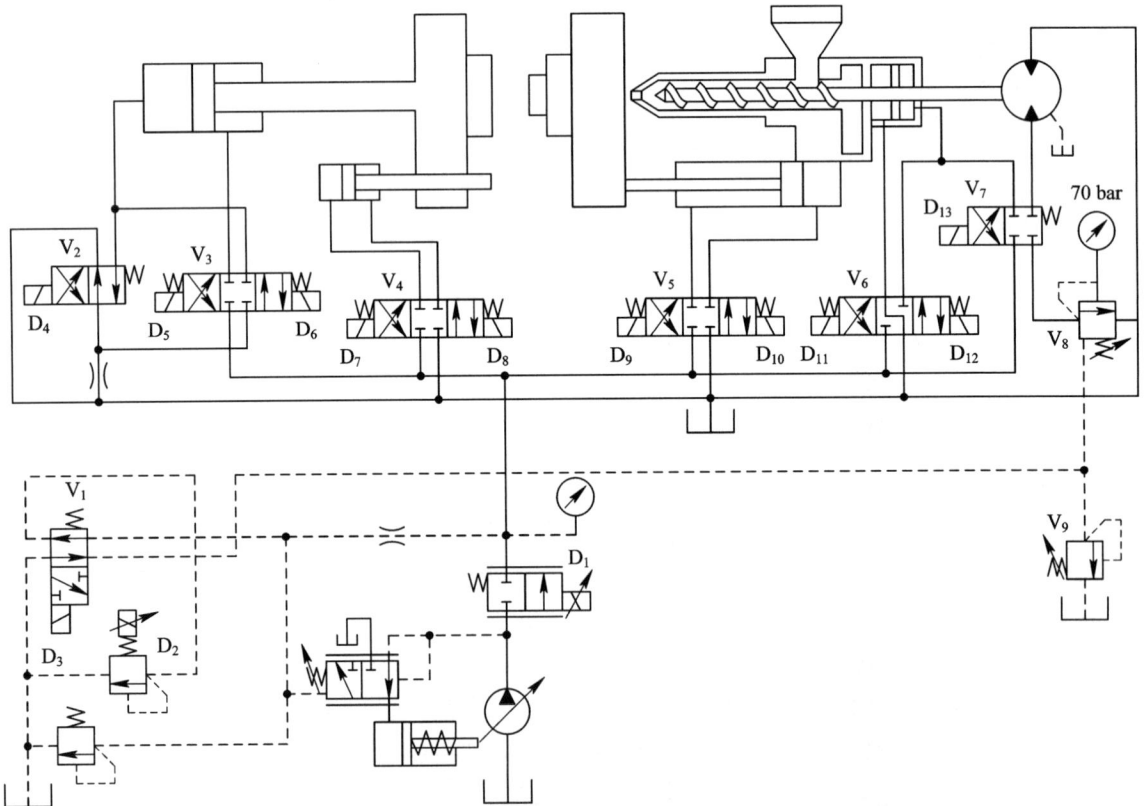

图 8-4　采用比例压力流量复合控制泵的塑机液压系统原理图

与采用液压传动技术的塑机液压系统相比，采用电液比例控制技术的塑机液压系统优点为：动力源采用一个比例溢流阀 D_2 调节系统压力，简化了采用 4 个远程调压阀的多级调压回路，使不同压力之间的切换更加平稳。

显然，采用电液比例压力控制可以很方便地按照生产工艺及设备负载特性的要求，实现需要的压力控制规律，同时避免了压力控制阶跃变化引起的压力超调、振荡和液压冲击。另外，采用比例压力阀可以大大简化泵站的压力控制回路，提高控制性能，而且安装、使用和故障诊断都变得更加方便。

在电液比例压力控制回路中，有采用比例压力阀和比例压力泵两种方案，采用比例压力阀为基础的调压回路被广泛应用。采用比例压力阀进行压力控制一般有以下两种方式：

① 用一个直动式电液比例压力阀控制传统溢流阀或减压阀的先导遥控口，以实现对溢流阀或减压阀的比例控制；

② 直接选用比例溢流阀或比例减压阀。

8.4　混凝土泵车臂架液压系统分析

混凝土泵车广泛应用于建筑施工过程中的混凝土泵送作业，通过其臂架的位姿变换，可将混凝土泵送至混凝土浇筑位置。

混凝土泵车臂架一般由装台和 4～7 节臂组成，混凝土输送管安装在其臂上。转台和下车之间通过回转支撑进行安装和连接，由回转液压马达（可参考 3.5 节）驱动，各节臂的伸展由液压缸进行驱动。

混凝土泵车臂架液压系统原理如图 8-5 所示，该系统为负载敏感液压系统，主要由负载敏感变量泵 1、高压过滤器 2、压力表 3、多路换向阀 4、转塔回转液压马达 5、第一节臂架液压缸 6、平衡阀 7、冷却器 8、回油过滤器 9、空气过滤器 10、液位计 11、油箱 12 和吸油过滤器 13 组成。该回路仅表示了第一节臂的液压缸回路，其他节臂回路跟此回路相同。

该回路采用负载敏感变量泵，其输出的液压油压力和流量可根据回路需求进行自动调节。由于多路换向阀 4 为比例换向阀，对油液洁净度要求较高，因此变量泵输出的液压油须经高压过滤器 4，通过多路阀上的进油联 P 口进入多路阀。多路换向阀 4 由进油联、换向联（根据控制的执行器数量确定其联数）和尾联组成，此外多路阀内部设置了梭阀组，可将多执行元件动作时的最大负载压力通过 LS 口进行输出，并反馈到变量泵。进油联内置溢流阀，限定系统最高压力；此外，内置先导控制油源，输出的控制油为换向联的减压阀和回转马达的制动油缸提供控制油。换向联的换向阀为液动换向阀，其开口可由内置的比例减压阀控制；此外，换向联内置压力补偿阀，可使通过换向阀的流量不受负载变化的影响；内置的二次阀为溢流补油阀，可实现压力保护和防止空穴；其工作油口和执行元件的油口或平衡阀的进出油口进行相连，从而控制执行元件的动作。回转液压马达 5 回转时，其制动解除阀电磁铁通电，从多路阀进油联 X 口输出的控制油经制动解除阀进入制动缸中，解除回转液压马达的回转制动，实现回转。驱动臂的液压缸 6 安装平衡阀 7，液压缸动作时，通过

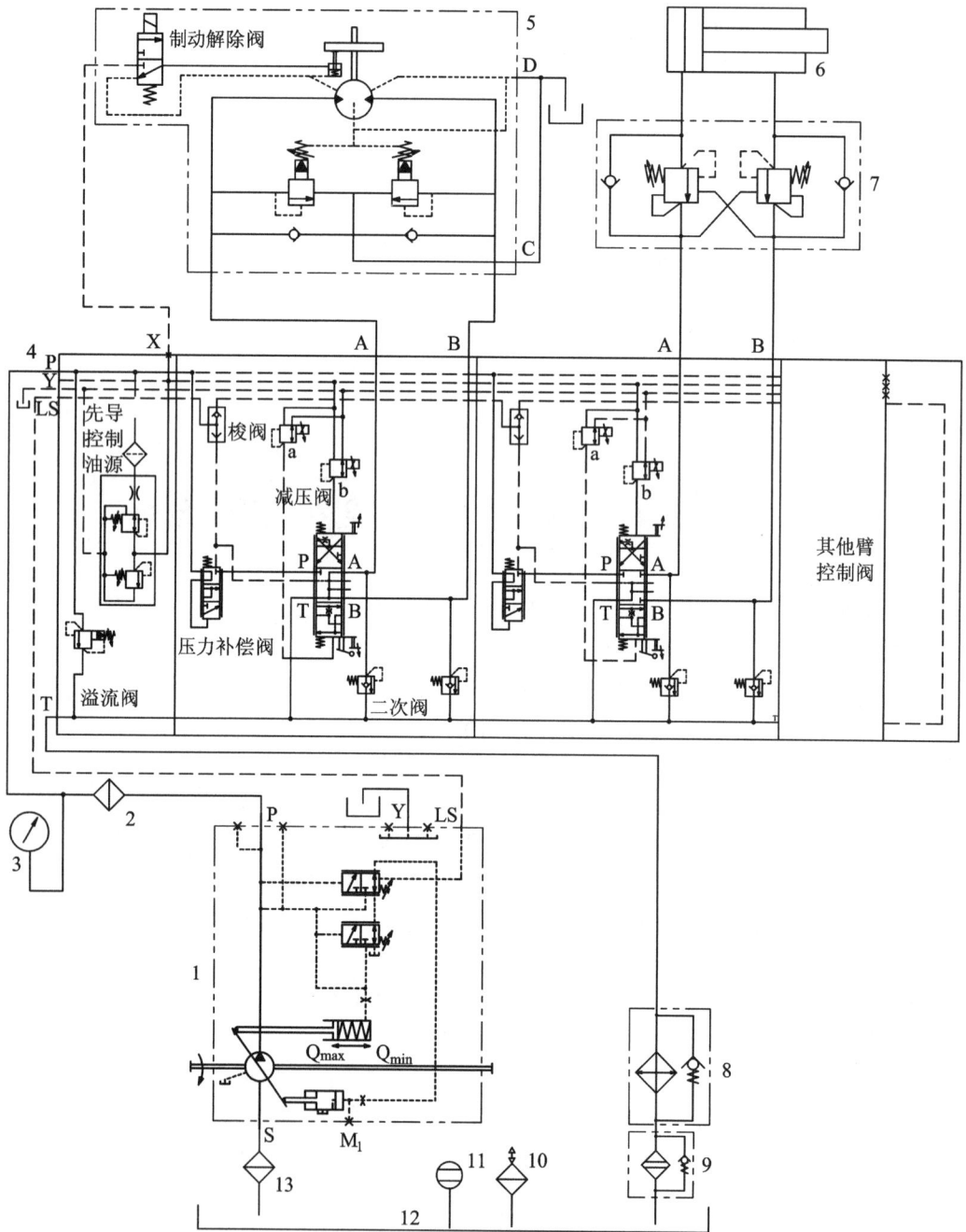

1—负载敏感变量泵；2—高压过滤器；3—压力表；4—多路换向阀；5—转塔回转液压马达；
6—第一节臂架液压缸；7—平衡阀；8—冷却器；9—回油过滤器；10—空气过滤器；11—液位计；
12—油箱；13—吸油过滤器。

图 8-5 混凝土泵车臂架液压系统原理图

平衡阀上的单向阀,液压油不受阻碍进入液压缸,但其回油则须经平衡阀才能回到换向阀,再回到油箱。平衡阀在此有 3 个作用:使变幅油缸活塞杆在任意伸出位置上可靠锁定,满足布料时的位置要求;对有重力负载作用的液压缸,稳定变幅时活塞杆的伸缩速度,防止液压缸伸缩时因重力作用而失控;当外部管路发生破损时,防止臂架下沉,起安全保护作用。从多路换向阀出来的液压油,首先经过冷却器进行降温,之后再通过回油过滤器进行过滤,最后流回液压油箱。

臂架液压系统所采用的多路阀是一个电比例多路换向阀,可电控操作,也可手动操作,其内置减压阀上的电磁铁为比例电磁铁,控制电流的大小或操作手柄可调整阀开口面积,进而控制液压油的流量,实现对各执行元件运动速度的控制。此外,该回路采用负载敏感原理,液压泵提供的液压油压力和流量都根据负载要求进行变化,换向阀集成了压力补偿阀,使各执行元件的运动互不干涉。该回路具有自动控制、回路效率高、臂架可复合动作、安全性好等特点。其他装备上的臂架液压系统,也可采用类似的回路。

习　　题

8.1　图 8-6 所示为起重机液压支腿原理,支腿分为水平推出油缸和垂直支腿油缸,需单独控制,试分析该系统组成及工作原理。

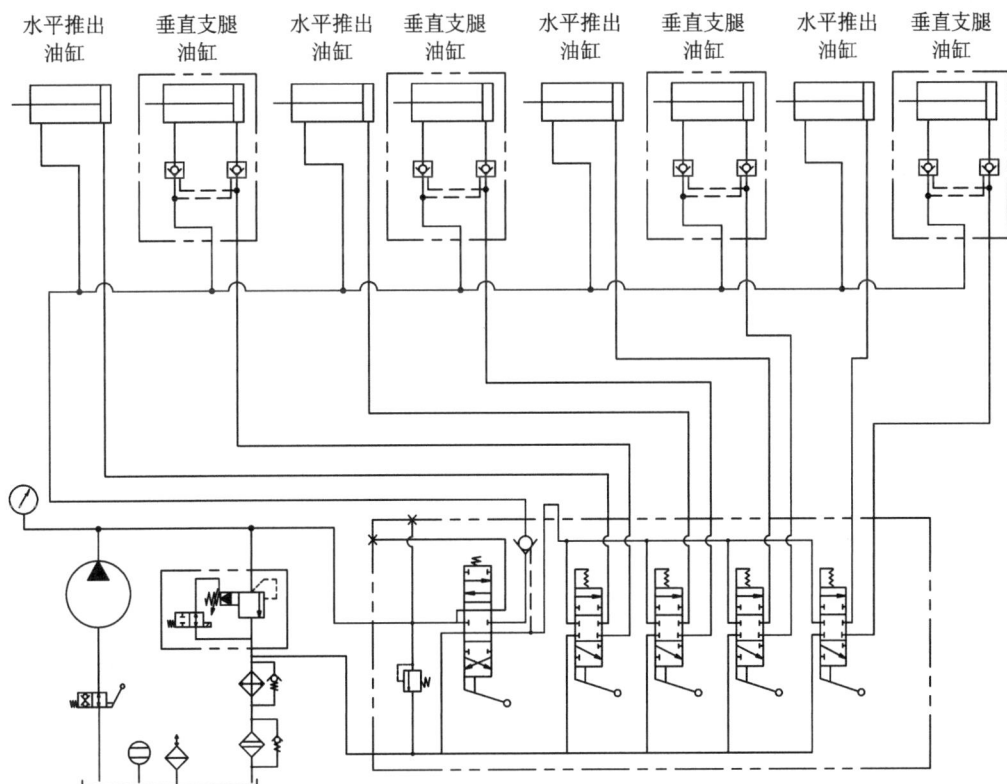

图 8-6　起重机液压支腿原理图

8.2 图 8-7 所示为液压推土机、摊铺机等设备的行走液压系统原理图，试分析该系统组成及工作原理。

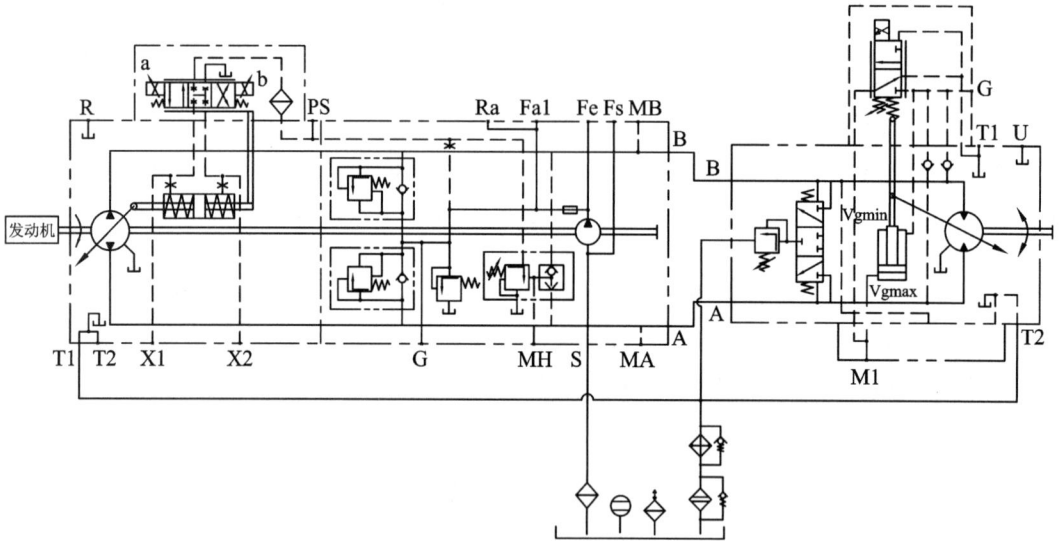

图 8-7 行走液压系统原理图

第 9 章

液压系统的设计计算

液压系统设计是液压主机设计的一个重要组成部分，设计时必须满足主机工作循环全部技术要求，且系统静动态性能好、效率高、结构简单、工作安全可靠、寿命长、经济性好、使用维修方便。所以，设计时要明确与液压系统有关的主机参数确定原则，满足主机的总体设计要求，做到机、电、液相互配合，保证整机的性能。

9.1 液压系统的设计步骤

设计液压系统时，应首先明确设计要求并进行工况分析，确定液压系统设计方案，完成液压系统相关参数计算、元件选型和校核，最后绘制液压系统工作图并编写技术文件。

9.1.1 液压系统的设计要求与工况分析

1. 设计要求

液压主机对液压系统的使用要求是液压系统设计的主要依据。因此，在设计液压系统时，首先应明确以下问题：

（1）主机与工作机构的结构特点和工作原理。主机和工作机构的结构特点和工作原理主要包括主机的哪些动作采用液压执行元件，各执行元件的运动方式、行程、动作循环以及动作时间是否需要同步或互锁等。

（2）主机对液压传动系统的性能要求。主机对液压传动系统的性能要求主要包括各执行元件在各工作阶段的负载、速度、调速范围、运动平稳性、换向定位精度以及对系统效率、温升等要求。

（3）主机对液压传动系统控制技术的要求。主机对液压传动系统控制技术的要求主要包括操作方式、控制性能、自动化(网络化)、是否有多执行元件复合动作等方面。

（4）主机的使用条件及工作环境。主机的使用条件及工作环境包括温度、湿度、振动冲击以及是否有腐蚀性和易燃物质存在等情况。

2. 液压系统工况分析

对液压系统进行工况分析是对各执行元件进行运动分析和负载分析。对运动复杂的系统，需要绘制出速度循环图和负载循环图；对简单的系统，只需要找出最大负载和最大速度点，从而为确定液压系统的工作压力、流量，设计或选择液压执行元件提供数据。

以下对工况分析的内容作具体介绍。

1) 运动分析

主机的执行元件按工艺要求的运动情况，可以用位移时间循环图(L-t)，速度时间循环图(v-t)，或速度与位移循环图(v-L)表示，由此对运动规律进行分析。

(1) 位移-时间循环图(L-t)。图 9-1 为某液压机的液压缸位移时间循环图，纵坐标 L 表示活塞位移，横坐标 t 表示从活塞启动到返回原位的时间，曲线斜率表示活塞移动速度。该图清楚地表明液压机的工作循环分别由快速下行、减速下行、压制、保压、卸压慢回和快速回程六个阶段组成。

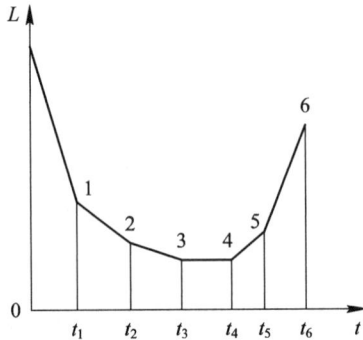

图 9-1　液压缸的位移-时间循环图

(2) 计算和绘制速度-时间循环图。根据整机工作循环图和执行元件的行程或转速以及拟定的加速度变化规律，即可计算并绘制出执行元件的速度-时间循环图(v-t)或速度-位移循环图(v-L)。

工程中液压缸的运动特点可归纳为三种类型。图 9-2 为三种类型液压缸的速度-时间循环图(v-t)。

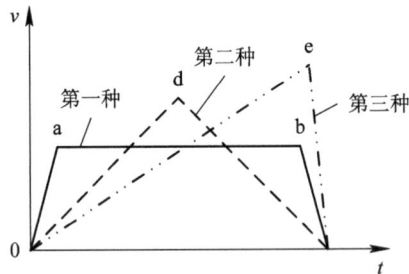

图 9-2　液压缸的速度-时间循环图

第一种如图 9-2 中实线所示，液压缸开始做匀加速运动，然后做匀速运动，最后做匀减速运动到终点；第二种，液压缸在总行程的前一半做匀加速运动，在后一半做匀减速运动，且加速度的数值相等；第三种，液压缸在总行程的大半行程以较小的加速度做匀加速运动，然后匀减速至行程终点。v-t 图的三条速度曲线不仅清楚地表明了三种类型液压缸的运动规律，也间接地表明了三种工况的动力特性。

(3) 整机工作循环图。在具有多个液压执行元件的复杂系统中，执行元件通常是按一

定的程序循环工作的。因此，必须根据主机的工作方式和生产率，合理安排各执行元件的
工作顺序和作业时间，并绘制出整机的工作循环图。

　　2）负载分析

　　负载分析是研究机器在工作过程中，其执行机构的受力情况。对液压系统，负载分析
是研究液压缸或液压马达的负载情况。对于负载变化规律复杂的系统，必须画出负载循环
图，不同工作目的的系统，负载分析的重点不同。例如，对工程机械的作业机构的分析重点
为负载在各个位置上的情况，负载图以位置为变量；对机床工作台的分析重点为负载与各
工序的时间关系。

　　（1）液压缸的负载力计算。一般来说，液压缸承受的动力负载有工作负载 F_w、惯性负
载 F_m 和重力负载 F_g，约束性负载有摩擦阻力 F_f、背压负载 F_b 及液压缸自身的密封阻力
F_{sf}。即作用在液压缸上的外负载为

$$F = \pm F_w + F_m + F_f \pm F_g + F_b + F_{sf} \qquad (9-1)$$

　　① 工作负载 F_w。工作负载与主机的工作性质有关，主要为液压缸运动方向的工作阻
力。对于机床，工作负载是沿工作部件运动方向的切削力，此作用力的方向如果与执行元
件运动方向相反，则为正值；两者同向，则为负值。此作用力可能是恒定的，也可能是变化
的，其值要根据具体情况计算或由实验测定。

　　② 惯性负载 F_m。惯性负载为运动部件在启动和制动过程中的惯性力，可按牛顿第二
定律求出：

$$F_m = ma = m\frac{\Delta v}{\Delta t} \qquad (9-2)$$

式中，m——运动部件的总质量(kg)；

　　　a——运动部件的加速度(m/s^2)；

　　　Δv——Δt 时间内速度的变化量(m/s)；

　　　Δt——启动或制动时间(s)，启动加速时，取正值；减速时，取负值。一般机械系统，其
Δt 取 $0.1\sim0.5$ s；行走机械系统，其 Δt 取 $0.5\sim1.5$ s；机床主运动系统，其 Δt 取 $0.25\sim$
0.5 s；机床进给运动系统，其 Δt 取 $0.1\sim0.5$ s。工作部件较轻或运动速度较低时取小值。

　　③ 重力负载 F_g。当工作部件垂直放置和倾斜放置时，其本身的重量也成为一种负载，
当上移时，负载为正值，下移时为负值。当工作部件水平放置时，其重力负载为零。

　　④ 摩擦阻力 F_f。摩擦阻力为液压缸驱动工作机构所需克服的机械摩擦力。对机床来
说，摩擦阻力与导轨的形状、放置情况和工作部件运动状态有关。对最常见的平导轨和 V
形导轨，其摩擦阻力计算如下：

　　平导轨

$$F_f = f(mg + F_N) \qquad (9-3)$$

　　V 形导轨

$$F_f = \frac{f(mg + F_N)}{\sin(\alpha/2)} \qquad (9-4)$$

式中，F_N——作用在导轨上的垂直载荷；

　　　α——V 形导轨夹角，通常取 $\alpha = 90°$；

　　　f——导轨摩擦系数，它有静摩擦系数 f_s 和动摩擦系数 f_d 之分，其值可参阅相关设

计手册。

⑤ 密封阻力 F_{sf}。密封阻力是指装有密封装置的零件在相对移动时的摩擦力,其值与密封装置的类型、液压缸的制造质量和油液的工作压力有关。在初算时,可按液压缸的机械效率($\eta_m=0.9\sim0.95$)考虑;校核时,按密封装置摩擦力的计算公式计算。

⑥ 背压负载 F_b。液压缸运动时还必须克服回油路压力形成的背压阻力,其值为

$$F_b = p_b A$$

式中,A——液压缸回油腔有效工作面积;

p_b——液压缸背压。在液压缸参数尚未确定之前,一般按经验数据估计一个数值。

(2)液压缸运动循环各阶段的总负载力。液压缸运动分为启动、加速、恒速、减速制动等几个阶段,不同阶段的负载力计算是不同的。

启动阶段:

$$F = \frac{F_f \pm F_g + F_{sf}}{\eta_m}$$

加速阶段:

$$F = \frac{F_m + F_f \pm F_g + F_b + F_{sf}}{\eta_m}$$

恒速运动时:

$$F = \frac{\pm F_w + F_f \pm F_g + F_b + F_{sf}}{\eta_m}$$

减速制动:

$$F = \frac{\pm F_w - F_m + F_f \pm F_g + F_b + F_{sf}}{\eta_m}$$

(3)工作负载图。对复杂的液压系统,如果有若干个执行元件同时或分别完成不同的工作循环,则有必要按上述各阶段计算总负载力,并根据上述各阶段计算总负载力和它所经历的工作时间 t(或位移 s),按相同的坐标绘制液压缸的负载时间(F-t)或负载位移(F-s)图。图 9-3 所示为某机床主液压缸的工作循环和负载图,负载图中的最大负载力是初步确定执行元件工作压力和结构尺寸的依据。

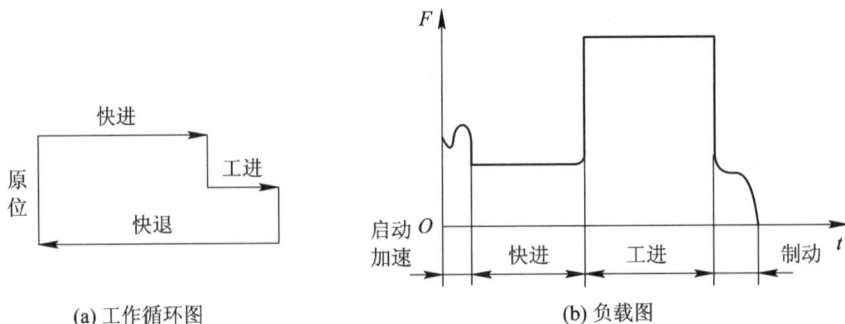

图 9-3 某机床主液压缸的工作循环图和负载图

3. 液压马达的负载

液压马达的负载力矩分析与液压缸的负载分析相同,只需将上述负载力的计算变换为

负载力矩即可。

9.1.2　液压系统的设计方案

要确定一个机器的液压系统方案,必须与该机器的总体设计方案综合考虑。首先明确主机对液压系统的性能要求,进而抓住该类机器液压系统设计的核心和特点,然后按照可靠性、经济性和先进性的原则来确定液压系统方案。例如,对变速、稳速要求严格的机器(如机床液压系统),其速度调节、换向和稳定是系统设计的核心,因而应先确定其调速方式。而对于对速度无严格要求但对输出力、力矩有主要要求的机器(如挖掘机、装载机液压系统),其功能的调节和分配是系统设计的核心,该类系统的特点是采用组合油路。

1. 确定液压系统的型式

确定液压系统的型式是确定系统主油路的结构(开式或闭式、串联或并联)、液压泵的型式(定量或变量)、液压泵的数目(单泵、双泵或多泵)和回路数目等。另外,尚需确定操作方式、调速型式及液压泵的卸荷方式等。例如,目前在工程机械上,液压起重机和轮式装载机多采用定量开式系统,小型挖掘机采用单泵定量系统,中型挖掘机多采用双泵双回路定量并联系统,大型挖掘机多采用双泵双回路变量并联系统。行走机械为减少体积和重量可选择闭式回路,即执行元件的排油直接进入液压油的进口。

2. 确定系统的主要参数工作

液压系统的主要参数有两个,工作压力和流量。系统的工作压力和流量都是由两部分组成:一部分由液压元件的工作需要决定,另一部分由油液流过回路时的压力损失和泄漏损失决定。前者所占比例大,后者所占比例向小,且并应设法尽可能使之减少。因此,确定系统主要参数,其实是确定液压执行元件的主要参数,因为这时回路的结构尚未确定,其压力损失和泄漏损失还都无法估计。

1) 液压系统工作压力

液压系统工作压力是指液压系统在正常运行时所能克服外载荷的最高限定压力。确定液压系统工作压力包括压力级的确定,液压泵压力和安全阀(或溢流阀)调定压力的选择。

系统的压力级选择与机器种类、主机功率、工况和液压元件的型式有密切关系。一般小功率机器用低压,大功率机器用高压。在一定允许的范围提高油压,可使系统的尺寸减小,但流量损失会增大,容积效率会下降。常用的液压系统压力如表 9-1 所示。在进行液压系统设计时,可根据经验初步确定液压系统压力。随着液压元件制造水平的提高,尤其是对于移动式设备,压力可以达到 40 MPa。

表 9-1　各类设备的常用压力

机械类型	机　床				农业机械	工程机械
	磨床	组合机床	龙门刨床	拉床		
工作压力/ MPa	$\leqslant 2$	$3\sim 5$	$\leqslant 8$	$8\sim 10$	$10\sim 16$	$20\sim 32$

在考虑上述因素的情况下,还应参考国家公称压力系列标准值来确定系统工作压力。

2) 液压系统流量

根据已确定的系统工作压力,再根据各执行元件对运动速度的要求,计算每个执行元件所需流量,然后根据液压系统所采用的型式来确定系统流量。对单泵串联系统,各执行元件所需流量的最大值就是系统流量。对双泵或多泵液压系统,将同时工作的执行元件的流量进行叠加,则叠加数中的最大值就是系统流量。但应注意,对于串联的执行元件,即使同时工作,也不能进行流量叠加。如果对某一执行元件采用双泵或多泵合流供油,则合流流量就是系统流量。

3. 拟定液压系统原理图

拟定液压系统原理图是液压系统设计中重要的一步,对于系统的性能及设计方案的经济性、合理性都具有决定性的影响。拟定液压系统原理图一般分两步进行:

(1)分别选择和拟定各个基本回路,选择时应从对主机性能影响较大的回路开始,并对各种方案进行分析比较,确定出最佳方案。

(2)将选择的基本回路进行归并、整理,再增加一些必要的元件或辅助油路,组合成一个完整的液压系统。

拟定液压系统原理图时应注意的问题如下:

(1)控制方法。在液压系统中,执行元件需改变运动速度和方向,对于多个执行元件,则还应有动作顺序及互锁等要求,如果机器要求实行一定的自动循环,则更应慎重地选择控制方式。一般而言,行程控制动作比较可靠,是通用的控制方式;选用压力控制可以简化系统,但在一个系统内不宜多次采用;时间控制不宜单独采用,而常与行程或压力控制组合使用。

(2)系统安全可靠性。液压系统的安全可靠性非常重要,因此,在设计时针对不同功能的液压回路,应采取不同的措施以确保液压回路及系统的安全可靠性。如为防止系统过载,应设置安全阀;为防止举升机构在其自重及失压情况下自动落下,必须有平衡回路;支腿回路应有液压锁;回转机构应有缓冲、限速及制动装置等,以确保安全。另外,要防止回路间的相互干扰。如单泵驱动多个并联连接的执行元件并有复合动作要求时,应在负载小的执行元件的进油路上串联节流阀或者选择具有负载敏感功能的控制阀,对保压油路可采用蓄能器与单向阀,使其与其他动作回路隔开。

(3)有效利用液压功率。提高液压系统的效率不仅能节约能量,还可以防止系统过热。在工作循环中,系统所需流量差别较大时,应采用双泵和变量泵供油或增设蓄能器;在系统处于保压停止工作时,应使泵卸荷等。

(4)防止液压冲击。在液压系统中,由于工作机构运动速度的变换、工作负荷的突然消失以及冲击负载等原因,经常会产生液压冲击进而影响系统的正常工作。因此,在拟定系统原理图时应予以充分重视,并采取相应的预防措施。对由工作负载突然消失而引起的液压冲击,可在回油路上加背压阀;对由冲击负载产生的液压冲击,可在回路高压油路上设置安全阀或蓄能器,或者直接在执行元件进油路上设置安全阀(工程上一般称为二次溢流阀)。

9.1.3 液压系统的计算与元件选择

拟定完整机液压系统原理图之后,就可以根据选取的系统压力和执行元件的速度-时间循环图,计算和选择系统中所需的各种元件和管路。

1．选择执行元件

初步确定了执行元件的最大外负载和系统的压力后，就可以对执行元件的主要尺寸和所需流量进行计算。计算时应从满足外负载和满足低速运动两方面要求来考虑。

1）计算执行元件的有效工作压力

由于存在进油管路的压力损失和回油路的背压，因此有效工作压力比系统压力要低。有效工作压力示意如图 9－4 所示。

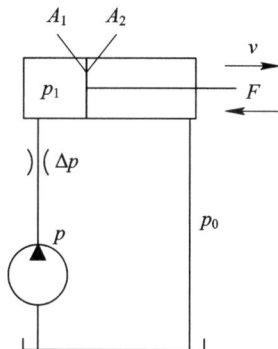

图 9－4　有效工作压力示意图

由图 9－4 知，液压缸的有效工作压力 p_1 为

$$p_1 = p - \Delta p - p_0 \frac{A_2}{A_1} \tag{9－5}$$

液压马达的有效工作压力 p_1 为

$$p_1 = p - \Delta p - p_0 \tag{9－6}$$

式中，p_1——执行元件的有效工作压力（MPa）；

p——系统压力，即泵供油压力（MPa）；

Δp——进油管路的压力损失（MPa）。初步估计时，简单系统取 $\Delta p = 0.2 \sim 0.5$（MPa），复杂系统取 $\Delta p = 0.5 \sim 1.5$（MPa）；

p_0——系统的背压（包括回油管路的压力损失）（MPa）。简单系统取 $p_0 = 0.2 \sim 0.5$（MPa），回油带背压阀时取 $p_0 = 0.5 \sim 1.5$（MPa）；

A_1、A_2——液压缸进油腔和回油腔的有效工作面积（m^2）。

2）计算液压缸的有效面积或液压马达的排量

（1）从满足克服外负载要求出发计算这两个值。

液压缸的有效面积为

$$A = \frac{F_{max}}{p_1 \eta_m \times 10^6} \tag{9－7}$$

式中，A——液压缸有效面积（m^2）；

F_{max}——液压缸的最大负载（N）；

p_1——液压缸的有效工作压力（MPa）；

η_m——液压缸的机械效率，常取 $0.9 \sim 0.98$。

液压马达的排量 V_M 应为

$$V_M = \frac{2\pi T_{max}}{p_1 \eta_{Mm}} \tag{9-8}$$

式中，V_M——液压马达排量（cm^3/r）；

T_{max}——液压马达的最大负载扭矩（$N \cdot m$）；

p_1——液压马达的有效工作压力（MPa）；

η_{Mm}——液压马达的机械效率，可取 0.95。

（2）从满足最低速度要求出发计算这两个值。

液压缸的有效面积为

$$A \geqslant \frac{q_{min}}{v_{min}} \tag{9-9}$$

式中，A——液压缸有效面积（m^2）；

q_{min}——系统的最小稳定流量，在节流调速系统中，取决于流量阀的最小稳定流量（m^3/s）；

v_{min}——要求液压缸的最小工作速度（m/s）。

液压马达的排量 q_M 应为

$$V_M \geqslant \frac{q_{min} \times 10^3}{n_{Mmin}} \tag{9-10}$$

式中，V_M——液压马达排量（cm^3/r）；

q_{min}——系统的最小稳定流量（L/min）；

n_{Mmin} 要求液压马达的最低转速（r/min）。

从式（9-7）和式（9-9）中选取较大的计算值来确定液压缸内径和活塞杆直径。对计算出的结果，按国家标准选用标准值。

从式（9-8）和式（9-10）中选取较大的计算值，作为液压马达排量 V_M，然后结合液压马达的最大工作压力（$p_1 + p_0$）和工作转速 n_M，在马达产品样本中选择液压马达的具体排量规格。

（3）计算执行元件所需流量。

液压缸的所需最大流量为

$$q_{Mmax} = 60 \times 10^6 \times A v_{max} \tag{9-11}$$

式中，q_{max}——液压缸所需最大流量（L/min）；

A——液压缸的有效面积（m^2）；

v_{max}——液压缸活塞移动的最大速度（m/s）。

需考虑液压马达的容积效率，因此所需最大流量为

$$q_{Mmax} = \frac{V_M n_{Mmax}}{\eta_{MV} \times 10^3} \tag{9-12}$$

式中，q_{Mmax}——液压马达所需最大流量（L/min）；

V_M——液压马达的排量（cm^3/r）；

n_{Mmax}——液压马达的最大转速（r/min）；

η_{MV}——液压马达的容积效率，可参考产品样本进行选取。

2. 选择液压泵

1）确定液压泵的流量

$$q_p \geqslant k \left(\sum q \right)_{\max} \qquad (9-13)$$

式中，q_p——液压泵流量（L/min）；

k——系统泄漏系数（一般取 $1.1 \sim 1.3$，大流量取小值，小流量取大值）；

$\left(\sum q \right)_{\max}$——复合动作的各执行元件最大总流量（L/min）。对于复杂系统，可从总流量循环图中求得。

当系统采用蓄能器，泵的流量可根据系统在一个循环周期中的平均流量选取，即

$$q_p \geqslant \frac{60k}{T} \sum_{i=1}^{n} V_i \qquad (9-14)$$

式中，q_p——液压泵流量（L/min）；

k——系统泄漏系数；

T——工作周期（s）；

V_i——各执行元件在工作周期中所需的油液容积（L）；

n——执行元件的数目。

2）选择液压泵的规格

选取额定压力比系统压力（稳态压力）高 $25\% \sim 60\%$，流量与系统所需流量相当的液压泵。由于液压系统在工作过程中其瞬态压力有时比稳态压力高得多，因此选取的额定压力应比系统压力高一定值，以便泵有一定的压力储备。在进行液压泵规格选择时，应初选原动机，并根据原动机类型初步选择或确定其转速。对于液压泵，其排量为

$$V_p = \frac{q_p \times 10^3}{\eta_{pv} \eta_p} \qquad (9-15)$$

式中，q_p——液压泵流量（L/min）；

η_{pv}——液压泵容积效率；

n_p——液压泵驱动转速（r/min）。

3）确定液压泵所需功率

（1）恒压系统。驱动液压泵的功率为

$$V_p = \frac{p_p q_p}{60 \times \eta_p} \qquad (9-16)$$

式中，p_p——驱动液压泵功率（kW）；

p_p——液压泵最大工作压力（MPa）；

q_p——液压泵流量（L/min）；

η_p——液压泵的总效率。

各种形式液压泵的总效率可参考表 9 - 2 估取，液压泵规格大，取大值，反之取小值；定量泵取大值，变量泵取小值。

表 9 - 2　液压泵的总效率

液压泵类型	齿轮泵	螺杆泵	叶片泵	柱塞泵
总效率	0.6～0.7	0.65～0.80	0.60～0.75	0.80～0.85

（2）非恒压系统。当液压泵的压力和流量在工作循环中变化时，可按各工作阶段进行计算，然后计算等效功率：

$$P = \sqrt{\frac{P_1^2 t_1 + P_2^2 t_2 + \cdots + P_n^2 t_n}{t_1 + t_2 + \cdots + t_n}} \tag{9-17}$$

式中，P——液压泵所需等效功率（kW）；

P_1、P_2、$\cdots$、P_n——一个工作循环中各阶段所需的功率（kW）；

t_1、t_2、$\cdots$、t_n——一个工作循环中各阶段所需的时间（s）。

注意：按等效功率选择电机时，必须对电机的超载量进行检验。当阶段最大功率大于等效功率并超过电机允许的过载范围时，电机容量应按最大功率选取。

3．选择控制阀

对于换向阀，应根据执行元件的动作要求、卸荷要求、换向平稳性和排除执行元件间的相互干扰等因素确定滑阀机能，然后再根据通过阀的最大流量、工作压力和操纵定位方式等选择其型号。

对于溢流阀，主要根据最大工作压力和通过的最大流量等因素来选择，同时要求反应灵敏、超调量和卸荷压力小。

对于流量控制阀，首先应根据调速要求确定阀的类型，然后再按通过阀的最大和最小流量以及工作压力选择其型号。

另外，在选择各类阀时，还应注意各类阀连接的公称通径，在同一回路上应尽量采用相同的通径。

4．选择液压辅件、确定油箱容量

滤油器、蓄能器等可按第 6 章中有关原则选用。管道和管接头的规格尺寸可参考与它所连接的液压元件接口处尺寸。根据管道及管接头所承受的压力及流量，选择合适的流速，确定管道规格（内径、壁厚）。再根据所连接的油口规格和管道规格确定管接头的规格。

油箱容积 V 必须满足液压系统的散热要求，可按第 6 章中的式（6-5）计算，但应注意，如果系统中不只有一个泵，则公式中的液压泵的流量应为系统中各液压泵流量总和。根据回路原理、流量、元件要求等，选择液压油箱上所安装的过滤器、液位计（或液温计）、温度传感器、空滤器等辅助元件。

9.1.4 液压系统的校核

液压系统的校核包括压力损失、热平衡及液压冲击的校核。

1．压力损失的校核

根据初步确定的管道尺寸和液压系统装配草图，就可以进行压力损失的计算。压力损失包括沿程压力损失和局部压力损失，即

$$\Delta p = \sum \Delta p_1 + \sum \Delta p_\xi \tag{9-18}$$

式中，Δp——系统压力损失(Pa)；

$\sum \Delta p_1$——沿程压力损失(Pa)；

$\sum \Delta p_\xi$——局部压力损失(Pa)。

沿程压力损失是油液沿直管流动时的黏性阻力损失，一般比较小。局部压力损失是油液流经各种阀、管路截面突然变化处及弯管处的压力损失。在液压系统中，局部压力损失是主要损失，必须加以重视。

关于沿程压力损失和局部压力损失的计算方法，可参考液压流体力学或有关的液压传动设计手册。在液压系统设计时，应尽量避免管路弯曲和节流，避免直径突变，减少管接头，采用元件集成化，以减少压力损失。

2. 热平衡的校核

液压系统工作时，由于工作油液流经各种液压元件和管路时会产生能量损失，这种能量损失最终转化成热能，从而使油液发热、油温升高、泄漏增加、容积效率降低；因此，为了保证液压系统良好的工作性能，应使最高油温保持在允许范围内，并不超过 65℃。

液压系统产生的热量主要包括液压泵和液压马达的功率损失、溢流阀溢流损失、油液通过阀体及管道等的压力损失所产生的热量。

(1) 液压泵功率损失所产生的热量为

$$H_1 = P_{pin}(1 - \eta_p) \tag{9-19}$$

式中，H_1——液压泵功率损失产生的热量(kW)；

P_{pin}——液压泵输入功率(kW)；

η_p——液压泵总效率。

(2) 油液通过阀体的发热量为

$$H_2 = \sum_{i=1}^{n} \Delta p_i q_i \tag{9-20}$$

式中，H_2——油液通过阀体的发热量(kW)；

Δp_i——通过每个阀体的压力降(MPa)；

q_i——通过阀体的流量(m^3/s)。

(3) 管路损失及其他损失(包括液压执行元件)所产生的热量为

$$H_3 = (0.03 \sim 0.05)P_{pin} \tag{9-21}$$

式中，H_3——管路损失及其他损失所产生的热量(kW)；

P_{pin}——液压泵输入功率(kW)。

液压系统总发热：

$$H = H_1 + H_2 + H_3 \tag{9-22}$$

液压系统产生的热量，一部分保留在系统中，使系统温度升高，另一部分经过冷却表面散发到空气中去。一般情况下，工作机械经过一个多小时的连续运转后，就可以达到热平衡状态，此时系统的油温不再上升，产生的热量全部由散热表面散发到空气中。因此，其热平衡方程式为

$$H = C_T A \Delta T \tag{9-23}$$

式中，H——液压系统总发热量(kW)；

A——油箱散热面积(m^2)。如果油箱三个边长的比例在 $1:1:1$ 到 $1:2:3$ 范围内，且油面高度为油箱高度的 80%，则 $A = 0.065\sqrt[3]{V^2}$，其中 V 为油箱有效容积(L)；

ΔT——系统的温升(℃)，即系统到达热平衡时的油温与环境温度之差；

C_T——散热系数(kW/($m^2 \cdot$ ℃))，当自然冷却通风很差时，$C_T = (8 \sim 9) \times 10^{-3}$；当自然冷却通风良好时，$C_T = (15 \sim 17.5) \times 10^{-3}$；当油箱用风扇冷却时，$C_T = 23 \times 10^{-3}$；用循环水冷却时，$C_T = (110 \sim 170) \times 10^{-3}$。

所以，系统的最高温升为

$$\Delta T = \frac{H}{C_T A} \qquad (9-24)$$

计算所得的系统最高温升 ΔT 加上周围环境温度，不得超过最高油温允许范围。如果所算出的油温超过了最高油温允许范围，就必须增大油箱的散热面积或使用冷却装置来降低油温。表 9-3 为典型液压设备的工作温度范围参考值。

表 9-3　典型液压设备的工作温度范围

液压设备名称	正常工作温度/℃	最高允许温度/℃	油及油箱温升/℃
机床	30~50	55~70	30~35
数控机床	30~50	55~70	25
金属加工机械	40~70	60~90	—
机车车辆	40~60	70~80	35~40
工程机械	50~80	70~90	30~35
船舶	30~60	80~90	30~35
液压试验台	45~50	~90	45

3. 液压冲击的校核

在液压传动中产生液压冲击的原因很多，例如液压缸在高速运动时突然停止，换向阀迅速打开或关闭油路，液压执行元件受到大的冲击负载等都会产生液压冲击。因此，在设计液压系统时很难准确地计算，只能进行大致的验算，其具体的计算公式可参考液压流体力学或有关的液压传动手册。在设计液压系统时需根据系统工况，必要时采取一些缓冲措施以缓冲液压冲击，如在液压缸或液压马达的进出口设置过载阀、蓄能器，换向阀的中位机能采用 H 型等措施。此外，应考虑冲击时，执行元件另外一腔有可能产生空穴，此时对于产生空穴的一腔应予以补油。

9.1.5 　绘制液压系统工作图和编写技术文件

液压系统设计的最后阶段是绘制工作图和编写技术文件。

1. 绘制工作图

(1) 液压系统原理图。液压系统原理图中应附有液压元件明细表，注明各种元件的规格、型号以及压力阀、流量阀的调整值，画出执行元件工作循环图，列出相应电磁铁和压力继电器的工作状态表。

(2) 元件集成块装配图和零件图。液压件厂提供各种功能的集成块(底板、阀板或阀块)，一般情况下设计者可选择绘制集成块组合装配图。如果没有合适的集成块可供选用，则须专门设计。集成块一般选用 35 号钢或者铝合金 6061-T6，前者承受压力大、重量重，后者承受压力相对小、重量轻。集成块一般形状为长方体，在装配阀的表面加工质量要求高，需达到一定的平面度、粗糙度等级，具体可参考液压元件样本上相关元件安装对装配面的形位公差要求。

(3) 泵站装配图和零件图。液压系统的泵站装配图和零件图选用时，小型泵站有标准化产品供选用，但大、中型泵站往往需要设计，需绘制出其装配图和零件图。

(4) 非标准件的装配图和零件图。按国家标准绘制出油箱、非标管接头等一些非标准件的零件图及装配图。

(5) 管路装配图。管路装配图应标明管道走向，注明管道尺寸、管接头规格和装配技术要求等。

2. 编写技术文件

技术文件一般包括设计计算说明书，液压系统原理图，零部件目录表，标准件、通用件和外购件总表，技术说明书，操作使用及维护说明书等内容。

9.2　液压系统设计实例

在工业高温炉内衬的施工中，目前广泛采用的是以浇注施工为主的不定形耐火材料施工方法。由于窑炉的形状较为复杂以及各处内衬厚度要求不同，这种框架浇注通常需要较多的模型框架，施工方案复杂。另外，由于浇注料的硬化养生和模型框架的拆除等需要较长时间，使采用该种施工方法的项目施工工期较长。作为其解决措施，将混凝土湿喷技术引入耐火材料内衬施工，并应用耐火材料的新的湿式喷涂施工方法，其中的关键设备是耐火料湿喷机。耐火料的泵送与混凝土的泵送相似，一般采用液压缸进行推送。本节主要介绍液压系统的主要技术参数及技术指标、湿喷机液压系统方案设计及比较、动作要求、液压系统原理图及主要技术参数计算及元件选取。

1. 主要技术参数及技术指标

(1) 生产率：3~8 m³/h。

(2) 耐火料最大粒度：7 mm。

(3) 出口最大压力：16 MPa。

(4) 环境温度：40℃左右。

(5) 技术指标：能实现耐火料的正泵和反泵控制，主泵送系统在负载过大时，可自动减小泵送量，保证连续作业。此外，工作过程中，换向冲击小，能防止过载。

2. 湿喷机液压系统方案设计及比较

耐火料湿喷机与混凝土湿喷机工作原理相似，系统装置如图 9-5 所示，主要由推送系统、分配系统和搅拌系统组成。根据主推送系统形式不同，其液压传动系统可分为闭式系统和开式系统两种。推送系统(又称泵送系统)采用双缸交替泵送,结合分配系统可实现耐火料的连续推送(泵送)。

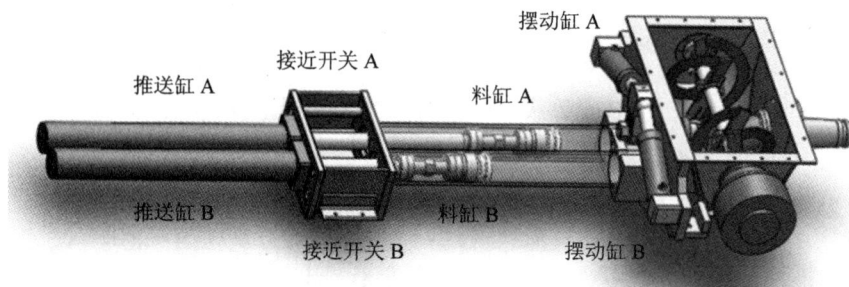

图 9-5 工作装置

先对闭式系统和开式系统进行介绍。

(1) 对于闭式湿喷机系统,在闭式液压回路中无换向阀,主油泵两个高压口通过管路直接与执行元件相连,因此适合不同需求流量的系统。这种直接由泵控制油液的方向和流量的泵控缸系统的压力损失小、流量损失小,能够提高泵送系统的容积效率,从而最大能限度降低系统的能量损耗,提高效率。相对于开式系统,泵的斜盘过零位可以有效地降低冲击,且换向平稳。但是这种系统要进行泵的快速变量,闭式泵成本高,主要用于大泵送量系统。

(2) 对于开式系统,采用电液换向阀进行换向,成本相对低,但是压力冲击要比闭式系统严重地多。开式系统大流量液动阀在高速切换时会产生非常剧烈的冲击并且情况复杂。对于湿喷机的生产率调节,一般通过调节变量泵的排量调节进入推送缸的流量,为此主油泵的排量控制就非常重要。此外,泵送过程中,泵送阻力一直在变化,特别是耐火料比较黏稠或者泵送距离和高度增大时,泵送阻力会增大,为了使系统能连续工作,需采用功率限定装置。为此,主泵送系统一般有恒功率控制功能。

对于分配系统,分配阀的换向为间歇型工作,且工作时需要瞬时大流量,对于小泵送量系统,其瞬时流量甚至大于主回路流量。此外,分配阀换向时间一般在 0.3 s 以内,所以换向冲击非常大。为此,一般在回路中需设置蓄能器,通过蓄能器存储能量和吸收换向冲击,减小装机功率。液压泵分为采用齿轮泵和采用恒压泵两种。第一种液压泵该系统是间歇性工作,在分配系统不工作时,齿轮泵也一直提供高压油,蓄能器能存储部分油液,但齿轮泵无法自行卸载,功率损耗较大,油液发热较严重。第二种液压泵,在蓄能器存储油液达到一定值时,压力会升高,压力反馈到液压泵,当压力升高到恒压泵设定压力时,可使泵的排量降到接近 0,而泵出油口一直维持一定的压力,此时驱动泵只需要很小的扭矩,功率损耗小,可降低整机装机功率,减小功率损耗。

泵送系统中的搅拌系统(二次搅拌系统),由于搅拌轴转速不高、搅拌扭矩大,一般采用低速大扭矩马达。该系统通过换向阀换向,一般对搅拌轴转速没有特别高精度要求,在 25 r/min 左右即可,而且是持续搅拌。可采用定量泵进行供油。根据需求,该设备可配置湿式耐火料搅拌机(外置搅拌系统),根据搅拌要求,采用手动变量泵,可根据不同的搅拌配比要求进行搅拌转速的调节。

此外，环境温度较高，冷却器除风冷散热器外，串联水冷散热器，在油温较高时，可通过水冷散热器达到较好的平衡温度。

综上所述，针对湿喷机液压系统，从性能和价格综合考虑：主推送系统可采用恒功率带比例调节功能变量泵的开式系统，电液换向阀换向；分配系统采用恒压泵供油，蓄能器存储油液和吸收冲击；搅拌系统采用定量泵供油，电磁换向阀换向；湿式耐火料搅拌机采用手动变量泵供油，电液换向阀换向阀。

3．动作要求

1）工作装置电磁铁编号

工作装置电磁铁编号见表 9 - 4。

表 9 - 4　电磁铁编号

工作装置名称	电磁铁编号	备　注
推送系统电液换向阀	1DT	电磁铁 a
	2DT	电磁铁 b
分配系统电液换向阀	3DT	电磁铁 a
	4DT	电磁铁 b
二次搅拌系统电磁换向阀	5DT	电磁铁 a
	6DT	电磁铁 b
外置搅拌系统电液换向阀	7DT	电磁铁 a
	8DT	电磁铁 b
二次搅拌系统压力继电器	9DT	
外置搅拌系统压力继电器	10DT	

2）正泵过程

结合图 9-5 和表 9-4，介绍正泵过程如下：

触发接近开关 A，电液换向阀 4DT 得电，摆动缸 A 活塞杆推出，电液换向阀 2DT 得电，推送缸 A 活塞杆推出将料从料缸 A 中推送至 S 管中，推送缸 B 活塞杆收回将料吸入料缸 B；推送缸 B 行程到终点（B 活塞杆完全收回）后，触发接近开关 B，电液换向阀 3DT 得电，摆动缸 B 活塞杆推出，电液换向阀 1DT 得电，推送缸 B 活塞杆推出将料从料缸 B 中推送至 S 管中，推送缸 A 活塞杆收回将料吸入料缸 A。推送缸 A 活塞杆完全收回触发接近开关 A，摆动缸 A 活塞杆推出，如此反复动作实现正泵送。

3）反泵过程

触发接近开关 A，电液换向阀 3DT 得电，摆动缸 B 活塞杆推出，电液换向阀 2DT 得电，推送缸 A 活塞杆推出将料缸 A 中的料推送至搅拌料斗中，推送缸 B 活塞杆收回将输料管中的料通过 S 管吸回到料缸 B 中；推送缸 B 行程到终点(B 活塞杆完全收回)后，触发接近开关 B，电液换向阀 4DT 得电，摆动缸 A 活塞杆推出，电液换向阀 1DT 得电，推送缸 B 活塞杆推出将料缸 B 中的料推送至搅拌料斗中，推送缸 A 活塞杆收回将输料管中的料通过 S 管吸回到料缸 A 中。推送缸 A 活塞杆完全收回触发接近开关 A，摆动缸 B 活塞杆推出，如此反复动作实现反泵送；蓄能器泄压时，需先使分配油路的溢流阀泄压，可观察压力表，然后再通过电磁开关阀继续泄压。

4）二次搅拌及外置搅拌旋向

正泵送过程，从轴端观察二次搅拌马达输出轴旋向为顺时针，即对应的电磁换向阀电磁铁 5DT 得电，高压油进入二次马达的 B 孔；当压力继电器 9DT 有电信号后对应的电磁换向阀电磁铁 6DT 得电，高压油进入马达的 A 孔，旋向相反，持续时间为 5 s，然后电磁铁 5DT 得电。反泵送过程二次搅拌不转动。外置搅拌系统控制过程与二次搅拌过程控制一样。

4. 液压系统原理图

根据前述设计方案和动作要求，拟定液压原理图见图 9-6，系统主要包括主推送子系统、分配子系统和搅拌子系统。主推送系统采用开式回路，液压泵采用带有恒功率控制的电比例变量泵，可以防止系统超载，在系统负载过大时，可自动调节排量，提高了系统功率的利用率；采用电液换向阀，实现大流量、高压力油的控制；可根据泵送量的要求，进行流量调节。分配系统采用开式回路，采用恒压泵，适合间歇性工作，通过蓄能器进行能量储存，满足分配系统短时大流量、高压力油的需求。搅拌系统，采用开式回路，电磁换向阀换向，采用压力继电器通过压电转换对卡料现象进行检测。

5. 主要技术参数计算及元件选取

1）主推送系统计算

最大泵送量为 $Q_t = 8 \ \text{m}^3/\text{h}$，初步取每分钟泵送次数 N 为 18 次，换向时间为 0.2 s，耐火料输送缸容积效率 $\eta_{输送缸v} = 0.8$，则耐火料输送缸每个冲程泵送的物料量为

$$q = \frac{Q}{N \times \eta_{输送缸V}} = \frac{8}{60 \times 18 \times 0.8} = 9.26 \times 10^{-3} \ (\text{m}^3/\text{min}/\ 次)$$

假设行程 $L_{输送缸} = 1 \ \text{m}$，则耐火料输送缸缸径 $D_{输送缸}$ 计算如下：

$$A_{输送缸} = \frac{q}{L_{输送缸}} = \frac{9.26 \times 10^{-3}}{1} = 9.26 \times 10^{-3} \ (\text{m}^2)$$

$$D_{输送缸} = \sqrt{\frac{4A_{输送缸}}{\pi}} = \sqrt{\frac{4 \times 9.88 \times 10^{-3}}{3.14}} = 0.109 \ (\text{m})$$

耐火物料缸径圆整可取 $D_{输送缸} = 120 \ \text{mm}$。

则对泵送的次数进行修正，实际泵送次数：

$$N = \frac{4 \cdot Q_t}{60 \cdot \pi \cdot D^2_{输送缸} \cdot L_{输送缸} \cdot \eta_{输送缸}} = \frac{4 \times 8}{60 \times \pi \times (0.120)^2 \times 1 \times 0.8} = 14.7 \ (次)$$

每次泵送的时间：

$$t_{冲程} = \frac{60}{N} - t_{换向} = 3.87 \ (\text{s})$$

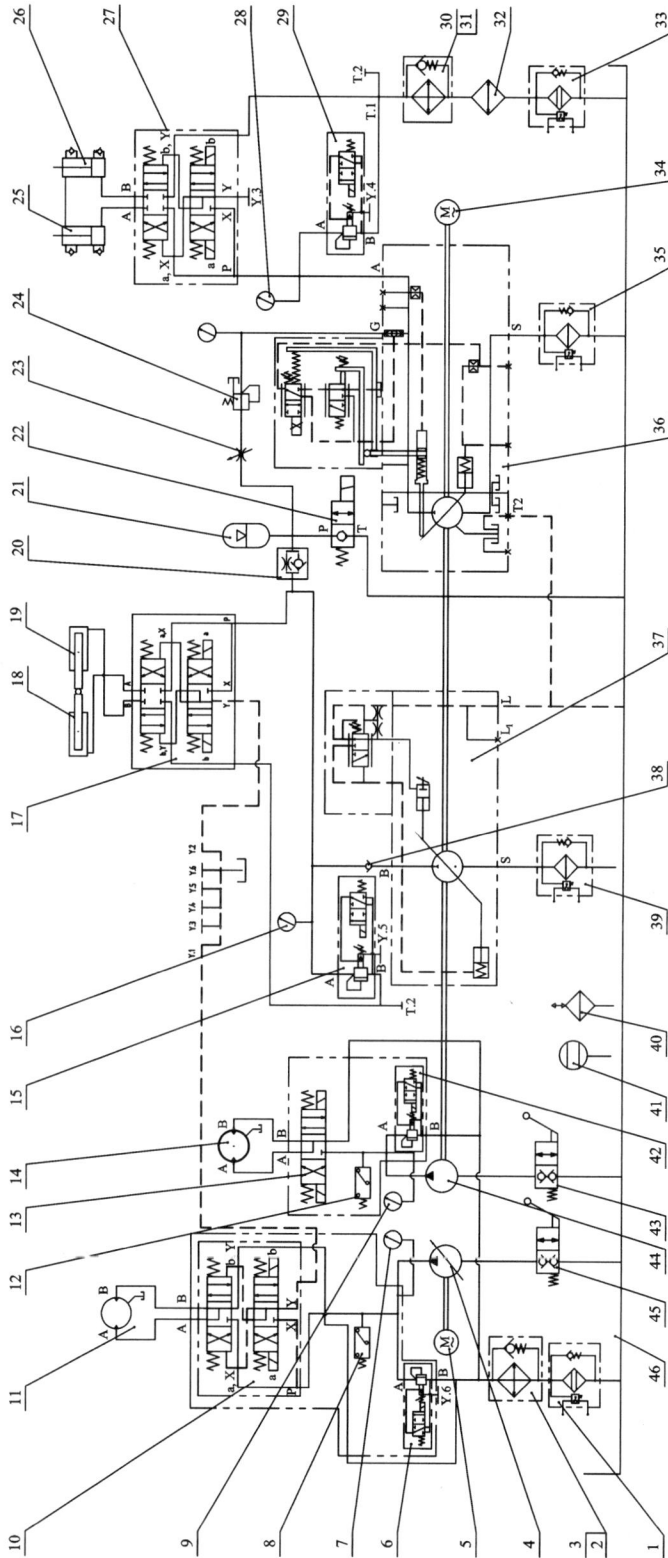

图 9-6 湿喷机液压系统原理图

1—回油过滤器；2—冷却器；3—旁通单向阀；4—手动变量柱塞泵；5—电机；6—电磁溢流阀；7—压力表；8—压力继电器；9—压力表；10—换向阀；
11—外置搅拌马达；12—压力继电器；13—电磁换向阀；14—二次搅拌马达；15—电磁溢流阀；16—压力表；17—换向阀；18—摆动油缸 A；19—摆动油缸 B；
20—单向节流阀；21—蓄能器；22—水冷却阀；23—节流阀；24—减压阀；25—吸油过滤器；26—推送油缸 A；27—换向阀；28—压力表；29—电磁溢流阀；
30—冷却器；31—空滤器；32—温度计；33—电磁开关阀；34—电机；35—吸油过滤器；36—推送变量泵；37—分配系统变量泵；38—单向阀；39—吸油过滤器；
40—空滤器；41—电磁溢流阀；42—电磁溢流阀；43—低压球阀；44—低压球阀；45—齿轮泵；46—油箱。

则输料缸活塞的平均运动速度：

$$v_{输料} = \frac{L_{输料缸}}{t_{冲程}} = \frac{1}{3.87} = 0.258 \ (\text{m/s})$$

输料缸的出口压力为 16 MPa，则最大负载力：

$$F_f = p \times A_S = 16 \times 10^6 \times \pi \times \left(\frac{0.120}{2}\right)^2 = 180\,956 \ (\text{N})$$

初选液压系统压力为 30 MPa，背压为 3 MPa。液压推送缸的速比取 2。推送系统的机械效率取 0.9，则液压推送缸无杆腔的作用面积：

$$A'_g = \frac{F_f}{\eta_{推送} \times (p_1 - p_2/2)} = 7054.8 \ (\text{mm}^2)$$

液压推送缸的内径：

$$D'_{液压推送} = \sqrt{\frac{4 \times A_g}{\pi}} = 94.8 \ (\text{mm})$$

圆整到油缸内径的标准系列，取液压推送缸的内径 $D_{液压推送} = 100(\text{mm})$。

则液压推送缸的无杆腔工作面积

$$A_g = \frac{\pi D_{液压推送}^2}{4} = 7854 \ (\text{mm}^2)$$

比较 A'_g 和 A_g，最终取液压系统压力为 27.5 MPa。

取主泵送系统主泵的容积效率为 $\eta_{PV1} = 0.92$，阀的泄漏量忽略不计，则推送系统主泵需要的流量如下：

$$Q_{P1} = \frac{v_g \times A_g}{\eta_{PV1}} = \frac{0.258 \times 7.854 \times 10^{-3}}{0.92} = 2.20 \times 10^{-3} (\text{m}^3/\text{s}) = 132 \ (\text{L/min})$$

取主泵送系统主泵的机械效率为 $\eta_{PM1} = 0.96$。

则主泵送系统需功率为

$$W_{主泵送} = \frac{p_{P1} \times Q_{P1}}{\eta_{PM1}} = \frac{27.5 \times 10^6 \times 2.20 \times 10^{-3}}{0.96} = 63.0 \ (\text{kW})$$

2）分配阀系统计算

通过结构设计，首先确定活塞与摆杆之间的夹角 γ：

$$\gamma = \arccos\left[\frac{(H + v_C t)^2 + R^2 - m^2}{2R(H + v_C t)}\right]$$

式中，H——驱动油缸活塞杆完全缩回时铰接点之间的距离，$H = 0.33(\text{m})$；

R——摆臂绕转动轴的半径，$R = 0.16(\text{m})$；

v_C——油缸伸缩速度，$v_C = 0.75(\text{m/s})$；

m——摆缸支座中心与转动中心之间的距离，$m = 0.38(\text{m})$；

ε——S 管阀的角加速度。

则可得最大夹角为：$\gamma = 95°$。

最大角加速度：

$$\varepsilon = \frac{v_C^3 \left[1 + \dfrac{m^2 - R^2}{H^2}\right]}{2R^2 \sin\gamma} = \frac{0.75^3 \times \left[1 + \dfrac{0.38^3 - 0.16^2}{0.33^2}\right]}{2 \times 0.16^2 \times \sin 95°} = 17.3 \ \text{rad/s}^2$$

分配阀油缸的负载力计算：

$$F_x \sin\gamma L - Kp - C = J_x\varepsilon$$

$$F_x = \frac{2.6 \times 17.3 + 380 + 2.865 \times 10^{-4} \times 18 \times 10^6}{0.16 \times \sin 95°} = 35\,020.64\ (\text{N})$$

式中，K——切割环与眼睛板接触面泵送切换开始的摩擦系数，取 2.865×10^{-4} Nm/Pa；

p——耐火料泵送压力，$p = 18$（MPa）；

C——阻力矩常数，$C = 380$（Nm）；

J_x——S 管阀相对转动轴的转动惯量，$J_x = 2.6$（kg·m²）。

初选分配系统工作压力 $p_{f1} = 16$（MPa），背压压力 $p_{f2} = 3$（MPa），缸的速比取 2。系统的机械效率取 0.75，则液压缸无杆腔的作用面积：

$$p_{f1}A_{fg} - p_{f2}A_{fg0} = \frac{F_x}{\eta}$$

$$A_{fg} = \frac{F_x}{\eta \times (p_{f1} - p_{f2}/2)} = 3220\ (\text{mm}^2)$$

可得，液压缸直径为 $D_{fg} = 64$ mm，圆整到油缸内径的标准系列，取液压推送缸的内径 $D_{fg} = 80$ mm。则圆整后，油缸面积为 5027 mm²。

取分配系统主泵的容积效率为 $\eta_{PV1} = 0.92$，阀的泄漏量忽略不计，则分配系统主泵换向瞬时需要的流量如下：

$$q_f = \frac{A_{fg}v_{fg}}{\eta_{PV2}} = 183\ (\text{L/min})$$

取分配系统主泵的机械效率为 $\eta_{PM2} = 0.96$，则分配阀系统需瞬时功率为

$$W_{分配}\frac{p_{fp} \times q_f}{\eta_{PM2}} = 50.8\ (\text{kW})$$

3）搅拌系统计算

原系统的参数为搅拌电机功率 11（kW），搅拌轴转速 26（r/min），则搅拌轴需要的扭矩：

$$T_{搅拌} = \frac{60P_{电机} \cdot \eta_{减速机}}{2\pi\eta_{搅拌}} = \frac{60 \times 11 \times 0.92}{2\pi \times 26} = 3.72\ (\text{kN·m})$$

取液压系统压力为 $p_{搅拌} = 20$（MPa），背压为 $p_{搅拌背压} = 19$（MPa），取搅拌液压马达的机械效率为 $\eta_{搅拌马达M} = 0.90$，则搅拌马达的排量：

$$V_{搅拌马达} = \frac{2\pi \cdot T_{搅拌}}{\Delta P \cdot \eta_{搅拌马达M}} = \frac{2\pi \times 3720}{19 \times 0.90} = 1367\ (\text{mL/r})$$

初步选 QJM 型马达，型号：1QJM32-1.6；排量：1.649（L/r）；转速范围：2～200（r/min）；额定压力：20（MPa）；峰值压力：31.5（MPa）。

则系统压力：

$$p_{搅拌} = \frac{2\pi \cdot T_{搅拌}}{V_{搅拌马达} \cdot \eta_{搅拌马达M}} + p_{搅拌背压} = \frac{2\pi \times 3720}{1649 \times 0.90} + 1 = 16.7\ (\text{MPa})$$

则取系统压力取 17 MPa。

电机转速 1450（r/min）泵的排量：

$$V_{搅拌泵} = \frac{V_{搅拌马达} \cdot n_{马达}}{n_{电机} \; \eta_{泵V} \eta_{马达V}} = 37.8 \; (\text{mL/r})$$

式中，$\eta_{泵} = 0.85$，$\eta_{马达} = 0.92$。

选泵的型号为 CBY2040，泵的实际排量为 40.15 mL/r。

取电机转速为 1480 r/min，需电机功率

$$P_{电机} = \frac{p_{搅拌} \; V_{搅拌泵} \; n_{电机}}{60 \eta_{泵机械}} = 17.7 \; (\text{kW})$$

式中，$\eta_{泵机械} = 0.95$。

4）外置搅拌机液压系统计算

原系统参数为电机功率 37（kW），电机转速 1450（r/min），减速比为 43∶1。

减速机的传动效率设为 $\eta_{减速机} = 0.92$。

搅拌轴的转速：

$$n_{搅拌1} = \frac{n_{电机}}{i} = \frac{1450}{43} = 33.7 \; (\text{r/min})$$

搅拌轴需要的转矩：

$$T_{搅拌1} = \frac{60 P_{电机1} \cdot \eta_{减速机}}{2\pi n_{搅拌1}} = 9.64 \; (\text{kN} \cdot \text{m})$$

取液压系统压力为 $p_{搅拌1} = 20$（MPa），背压为 $p_{搅拌背压1} = 1$（MPa），取搅拌液压马达的机械效率为 $\eta_{搅拌马达M1} = 0.95$，则搅拌马达的排量：

$$V_{搅拌马达1} = \frac{2\pi \cdot T_{搅拌1}}{\Delta P \cdot \eta_{搅拌马达M1}} = \frac{2\pi \times 9640}{19 \times 0.95} = 3356 \; (\text{mL/r})$$

初选为外五星马达，型号：OHM31-3500；排量：3.561（L/r）；转速范围：1～160（r/min）；额定压力：20（MPa）；峰值压力：25（MPa）。

根据选取的液压马达，修正搅拌系统压力：

$$p_{搅拌1} = \frac{2\pi \cdot T_{搅拌1}}{V_{搅拌马达1} \cdot \eta_{搅拌马达M1}} + p_{搅拌背压1} = 18.9 \; (\text{MPa})$$

取系统压力为 19 MPa。

取电机转速 1480 r/min 泵的排量：

$$V_{搅拌泵1} = \frac{V_{搅拌马达1} \cdot n_{马达1}}{n_{电机} \; \eta_{PV1} \eta_{搅拌马达V1}} = 97.9 \; (\text{mL/r})$$

式中，$\eta_{PV1} = 0.9$，$\eta_{搅拌马达V1} = 0.92$。

选泵的型号为 CBY3100，泵的实际排量为 100.7 mL/r。

需电机功率：

$$P_{电机} = \frac{p_{搅拌} \; V_{搅拌泵} \; n_{电机}}{60 \eta_{泵机械}} = 49.7 \; (\text{kW})$$

式中，$\eta_{泵机械} = 0.95$。

5）分配系统蓄能器选型计算

已知摆动缸容积为 0.753（L），考虑管线膨胀和泄漏的影响，可取：

$$\Delta V = 0.753 + 0.05 = 0.758 \; (\text{L})$$

最高工作压力 $P_2 = 20$（MPa），最低工作压力 $P_1 = 15$（MPa）；最高工作温度 $t_{max} = 80℃$，最低工作温度 $t_{min} = 25℃$。

在 t_{max} 时的充气压力：

$$P_{t_{max}} = 0.9P_1 = 0.9 \times 15 = 13.5 \text{（MPa）}$$

在 t_{min} 时的充气压力：

$$P_{t_{min}} = P_{t_{max}} \times \frac{t_{min} + 273}{t_{max} + 273} = 11.2 \text{（MPa）}$$

理想容积：

$$V_{理论值} = \frac{\Delta V}{(P_{t_{min}}/P_1)^{0.714} - (P_{t_{min}}/P_2)^{0.714}} = \frac{0.758}{(11.2/15)^{0.714} - (11.2/20)^{0.714}} = 5.03 \text{（L）}$$

$$V_{真实值} = C_a \times V_{理论值} = 1.45 \times 5.03 = 7.29 \text{（L）}$$

因此，蓄能器容积取 10L。

6）油箱计算

推送系统主泵流量：

$$Q_{P_1} = 132 \text{（L/min）}$$

分配阀系统流量：由于分配阀系统间歇性工作的性质，其一次工作所需流量主要由蓄能器提供，系统换向的间隔时间为 3.87 s，换向时间为 0.2 s，分配系统所需的容积为 0.758 L，因此分配系统液压泵提供流量满足：

$$Q'_{P分配} = \frac{60 \cdot k \cdot V_{分配}}{T} = \frac{60 \times 2 \times 0.758}{0.2 + 3.87} = 22.3 \text{（L/min）}$$

初步选排量为 18 mL/r 的恒压变量泵，则分配系统的流量为

$$Q_{P分配} = n_{电机} \cdot V_{分配} = 26.6 \text{（L/min）}$$

搅拌系统流量：$Q_j = 59.4$（L/min）

外置搅拌系统流量：$Q_{wj} = 149$（L/min）

则油箱容积：

$$V = 1.5 \times (Q_{P_1} + Q_f + Q_j + Q_{wj}) = 550 \text{（L）}$$

7）电机选型

初步选排量为 18 mL/r 的恒压变量泵，则分配系统供油期间的消耗功率为

$$P_{分配} = \frac{Pn_{电机}V_{分配}}{60\eta_{泵机械}} = \frac{16 \times 1480 \times 18}{60 \times 0.96 \times 1000} = 7.4 \text{（kW）}$$

初步确定推送系统和分配系统用一个电机，二次搅拌系统和外置搅拌机共用一个电机。

根据前述推送系统所需功率计算结果，再加上分配系统的功率，总功率为 70.4 kW。因此，推送分配系统选择 75 kW 的 4 级三相异步电机作为动力源。

搅拌系统的总功率为 67.4 kW。因此，搅拌系统选择 75 kW 的 4 级三相异步电机作为动力源。

6. 元件选型明细

根据上述参数计算结果及性能动作要求，进行液压元件选型，主要元件明细见表 9-5。

表 9-5 液压元件明细表

序号	元件名称	规　　　格	数量	备　　注
1	三联泵	A11VO095＋A10VSO18＋AZPF-11-022	1	
2	换向阀	H-4WEH16E7X/6EG24N9EK4	1	配插头
3	溢流阀	DBW10B2-5X/350Y-G24N	1	配插头
4	减压阀	DR5DP1-10B/75YM	1	
5	节流阀	DVP6S1-10B	1	
6	吸油滤油器	TF-400×100FY	1	
7	液压推送缸	100/70	2	
8	柱塞泵	108SCY14-1BF	1	
9	方向阀	4WEH16E7X/6EG24N9EK4	1	配插头
10	溢流阀	DBW10B2-5X/315Y-G24N	1	配插头
11	蓄能器	NXQ-AB-10/20-F-Y	1	
12	电磁开关阀	M2SEW6N3X/420MG24N9K4	1	配插头
13	单向节流阀	DRVP20S1-10B	1	
14	吸油过滤器	TF-100×100LY	1	
15	单向阀	S15A0 2.0B	1	
16	摆动缸	D80	2	
17	换向阀（外置搅拌）	4WEH16J20B/6EG24NETZ5L	1	
18	换向阀（二次搅拌）	4WE6J61B/CG24N9Z5L	1	
19	马达（外置搅拌）	OHM31-3500	1	
20	马达（二次搅拌）	1QJM32-1.25	1	
21	溢流阀（外置搅拌）	DBW10B-2-30/B315Y6CG24N9Z5L	1	
22	溢流阀（二次搅拌）	DBW10B-2-30/B3156CG24N9Z5L	1	
23	压力继电器	HED4OP15B/350Z14L24S	2	
24	低压球阀	3PC-Q11F-16P-1 1/4″	1	
25	液温计	YWZ-150T	1	
26	空滤器	QUQ3-10×2.5	1	
27	回油过滤器	RFA-400×10FY	2	
28	风冷冷却器	FLJ-315	2	220 V 双电机风扇，法兰油口
29	单向阀	S30A32B	2	
30	水冷冷却器	SL-526	1	
31	压力表	YN63-Ⅳ-40	2	
32	压力表	YN63-Ⅳ-25	2	
33	模拟放大器	RA1-0/10	1	配合电比例泵使用

序号	元件名称	规　　格	数量	备　　注
34	钟形罩 1	KD550/265/152.4/228.6/4-M20	1	三联泵用，订货时提供电机及泵外形尺寸
35	联轴器 1	KSP65.75-50	1	
36	钟形罩 2	Kd550/295/120/155/4－14	1	手动变量泵用，订货时提供电机及泵外形尺寸
37	联轴器 2	KSP55.65×1B-40×60	1	
38	电机 1	Y280S-4(轴端视 左出线)	1	注意出线盒方向，功率 75 kW，4 极，B35（机座）
39	电机 2	Y250M-4(轴端视 右出线)	1	注意出线盒方向，功率 55 kW，4 极，B35（机座）

9.3　液压系统的安装、使用和维护

液压系统对洁净度、密封有很高的要求，且调试时需从低压开始调试，逐级提升压力。此外，液压系统的维护也有较高的要求。

9.3.1　液压系统的安装和清洗

1. 液压阀的连接形式与系统的安装

1）液压阀的连接形式

液压阀的安装连接形式与液压系统的结构形式和元件的配置形式有关。液压阀的安装连接形式分为管式、板式、叠加式和插装式四种形式，其中后三种可进行集成式安装，可根据实际需要选择合适的连接方式。配置形式不同，系统压力损失和元件的连接安装结构也有所不同。目前，阀类元件的配置形式广泛采用集成式配置的形式，具体有下列三种形式。

（1）油路板式。油路板又称阀板或底板，它是一块较厚的液压元件安装板，板式阀类元件用螺钉安装在板的正面，螺纹插装式阀可直接旋入安装板上的插装孔安装，管接头安装在板的后面或侧面，各元件之间的油路由板内的加工孔道形成。这种配置形式的优点是结构紧凑，管路短，调节方便，不易出故障，但阀块加工质量要求高。对于相同通径的叠加式阀、板式换向阀的集成安装或者板式阀的单独安装，液压元件生产厂商有配套的安装底板，可查阅相关产品手册。

（2）集成块式。集成块式是一块通用的六面体，其四周中，一面安装通向执行元件的管接头，其余三面均可安装阀类元件。集成块内有钻孔形成的油路，一般是常用的典型回路。一个液压系统通常由几个集成块组成，块的上下面是块与块之间的结合面，各集成块与顶盖、底板一起用长螺栓叠装起来，组成整个液压系统。这种配置形式的优点是结构紧凑，管路少，已标准化，便于设计与制造，通用性好，压力损失小。

(3) 叠加阀式。叠加阀式配置不需要另外的连接块，只需用长螺栓直接将各叠加阀装在底板上，即可组成所需的液压系统。这种配置形式的优点是结构紧凑，管路少，体积小，重量轻。

2) 液压系统的安装

(1) 安装前的准备工作与要求。

① 对需要安装的液压元件，安装前应该用煤油清洗干净，并进行认真的校验，必要时需进行密封和压力试验，试验压力可取工作压力的 2 倍或系统最高压力的 1.5 倍。

② 液压元件如果在运输中或库存时内部受污染，或库存时间过长，密封件自然老化，安装前应根据情况进行拆洗。不符合使用要求的零件和密封件必须更换。对拆洗过的元件，应尽可能进行试验。

③ 仔细检查所用油管，应确保每根油管完好无损。在正式装配前要先进行配管安装，试装合适后拆下油管，用氢氧化钠、碳酸钠等进行脱脂，脱脂后用温水清洗。然后放在温度为 40～60℃ 的 20%～30% 的稀盐酸或 10%～20% 的稀硫酸溶液中浸渍 30～40 min 后清洗。取出后放在 10% 的苛性钠(苏打)溶液中浸渍 15 min 进行中和，溶液温度为 30～40℃。最后用温水洗净，在清洁的空气中干燥后涂上防锈油。

④ 准备好所需的元件、部件、辅件、专用和通用工具等。

⑤ 应保证安装场地的清洁，并有足够的维护空间。

(2) 安装时的操作要点。安装时一般按照先内后外、先难后易和先精密后一般的原则进行，安装时必须注意以下几点。

① 液压泵和原动机连接可采用支架或者钟罩进行连接；液压泵轴与原动机轴之间，一般情况必须保证两轴同心度在 0.1 mm 以内，倾斜角不大于 1°；液压泵的旋转方向及液压油的进口、出口不得接反。

② 液压缸的安装应牢固可靠，为了防止热膨胀的影响，在行程长、温差大和要求高时，缸的一端必须保持浮动。

③ 安装吸油管时，注意不得漏气；安装回油管时，要将油管伸到油箱液面以下。

④ 管路布置应整齐，油管长度应尽量短，安装要牢靠，各平行与交叉油管之间应有 10 mm 以上的空隙，长管道需设置管路支架。

⑤ 液压阀的回油口应尽量远离泵的吸油口。

⑥ 系统中的主要管路和过滤器、蓄能器、压力计等辅助元件，应能自由拆装而不影响其他元件。各指示表的安装应便于观察和维修。

2. 液压系统的清洗

新制成或修理后的液压设备，当液压系统安装好后，在试车以前必须对管路系统进行清洗，对于较复杂的系统可分区域对各部分进行清洗，要求高的系统可分两次清洗。

1) 系统的第一次清洗

(1) 清洗前应先清洗油箱并用绸布或乙烯树脂海绵等擦净，然后给油箱注入其容量的 60%～70% 的工作油或试车油(不能用煤油、汽油、酒精等)。

(2) 先将系统中执行元件的进、出油管断开，再将两个油管对接起来。

(3) 将溢流阀及其他阀的排油回路在阀体前的进油口处临时切断，在主回油管处装上

80 目的过滤网。

（4）开始清洗后，一边使泵运转，一边将油加热到 50～80℃，当到达预定清洗时间的 60％以后，换用 150～180 目的过滤网。

（5）为使清洗效果好，应使泵作间歇运转，停歇的时间一般为 10～60 min。为便于将附着物清洗掉，在清洗过程中可用锤子轻轻敲击油管。

清洗时间随液压系统的大小、污染程度和要求的过滤精度的不同而不同。通常为十几个小时。第一次清洗结束后，应将系统中的油液全部排出，并将油箱清洗干净。

2）系统的第二次清洗

第二次清洗是对整个系统进行清洗。先将系统恢复到正常状态，并注入实际运转时所使用的液压油，系统进行空载运转，使油液在系统中循环。第二次清洗时间约为 1～6 h。

9.3.2　液压系统的压力试验与调试

1. 压力试验

系统的压力试验在管道冲洗合格、安装完毕组成系统并经过空运转后进行。

1）空运转

（1）空运转应使用系统规定的工作介质。工作介质加入油箱时，应经过过滤，过滤精度应不低于系统规定的过滤精度，可利用过滤精度为 10 μm 的滤油车进行加油。

（2）空运转前，将液压泵油口及泄油口（若有）的油管拆下，按照旋转方向向泵的进油口灌油，用手转动联轴节，直至泵的出油口出油不带气泡为止。接上泵油口的油管，如有可能，可向进油管灌油。此外，还要通过泄油口向液压马达和有泄油口的泵壳体中灌满油。

（3）空运转时，系统中的伺服阀、比例阀、液压缸和液压马达，应用短路过渡板从循环回路中隔离出去。蓄能器、压力传感器和压力继电器均应拆开接头而以螺堵代替，使这些元件脱离循环回路；必须拧松溢流阀的调节螺杆，使其控制压力处于能维持油液循环时克服管阻力的最低值，系统中如有节流阀、减压阀，则应将其调整到最大开度。

（4）接通电源，点动液压泵电动机，检查电源是否接错、泵旋向是否正确，然后连续点动电动机，延长启动过程，如在启动过程中压力急剧上升，需查溢流阀失灵原因，排除后继续点动电动机直至正常运转。

（5）空运转时密切注视过滤器前后压差变化，若压差增大则应随时更换或冲洗滤芯。

（6）空运转的油温应在正常工作油温范围之内。

（7）空运转的油液污染度检验标准与管道冲洗检验标准相同。

2）压力试验

系统在空运转合格后进行压力试验。

（1）系统的试验压力，对于工作压力低于 16 MPa 的系统，试验压力为工作压力的 1.5 倍；对于工作压力高于 16 MPa 的系统，实验压力为工作压力的 1.25 倍。

（2）实验压力应逐级升高，每升高一级宜稳压 2～3 min，达到试验压力后，持压 10 min，然后降至工作压力进行全面检查，以系统所有焊缝和连接口无漏油及管道无永久变形为合格。

（3）压力试验时，如有故障需要处理，必须先卸压；如有焊缝需要重焊，必须将该管卸下,并在除净油液后方可焊接。

(4)压力试验期间,不得锤击管道,且在试验区 5 m 范围内不得同时进行明火作业。

(5)压力试验应有实验规程,实验完毕后应记录相关数据。

2. 系统调试

对新研制的或经过大修、三级保养或者刚从外单位调来对其工作状况还不了解的液压设备均应对液压系统进行调试,以确保其工作安全可靠。系统调试应有调试规程和详尽的调试记录。

液压系统的调试和试车一般不能分开,往往是穿插交替进行。调试的内容有单项调试、空载调试和负载调试等。

1)单项调试

(1)压力调试。系统的压力调试应从压力调定值最高的主溢流阀开始,逐次调整每个分支回路的各种压力阀。压力调定后,需将溢流阀调整螺杆上的螺钉锁紧。压力调定值及以压力连锁的动作和信号应与设计相符。

(2)流量调试(执行机构调速)。流量调试包括液压马达的转速调试和液压缸的转速调试。

① 液压马达的转速调试。

a. 液压马达在投入运转前,应和工作机构脱开。

b. 在空载状态先启动,再从低速到高速逐步调试并注意空载排气,然后反向运转。同时应检查壳体温升和噪声是否正常。

c. 待空载运转正常后,再停机将液压马达与工作机构连接,再次启动液压马达并从低速至高速负载运转。如出现低速爬行现象,检查各工作机构的润滑是否充分,系统排气是否彻底,或有无其他机械干扰。

② 液压缸的速度调试。

a. 对带缓冲调节装置的液压缸,在调速过程中应同时调整缓冲装置,直至满足该缸所带机构的平稳性要求。如液压缸系内缓冲且为不可调型,则需将该液压缸拆下,在实验台上调试处理合格后再装机调试(该步骤一般在油缸出厂时已进行,跟油缸厂家进行核实)。

b. 双缸同步回路在调速时,应先将两缸调整到相同的起步位置,再进行速度调整。

c. 伺服和比例控制系统在泵站调试和系统压力调整完毕后,宜先用模拟信号操纵伺服阀或比例阀试动执行机构,并应先点动后联动。

系统的速度调试应逐个回路(指带动和控制一个机械机构的液压系统)进行,在调试一个回路时,其余回路应处于关闭(不通油)状态;单个回路开始调试时,电磁换向阀宜用手动操作。

在系统调试过程中,所有元件和管道应不漏油和没有异常振动;所有连锁装置应准确、灵敏、可靠。

速度调试完毕,再检查液压缸和液压马达的工作情况。要求在启动、换向及停止时平稳,在规定低速下运行时,不得爬行,运行速度应符合设计要求。

速度调试应在正常工作压力和工作油温下进行。

2)空载调试

空载调试是在不带负载运转的条件下,全面检查液压系统的各液压元件、各辅助装置和系统内各回路工作是否正常；工作循环或各种动作是否符合要求。其调试方法步骤如下：

（1）间歇启动液压泵，使整个系统运动部分得到充分的润滑，使液压泵在卸荷状态下运转（各换向阀处于中立位置），检查泵的卸荷压力是否在允许范围内，有无刺耳的噪声，油箱内是否有过多泡沫，油箱液面高度是否在规定范围内。

（2）调整溢流阀。先将执行元件所驱动的工作机构固定，操作换向阀使阀杆处于某作业位置，将溢流阀逐渐调节到规定的压力值，检查溢流阀在调节过程中有无异常现象。

（3）排除系统内的气体。有排气阀的系统应先打开排气阀，使执行元件以最大行程多次往复运动，将空气排除；无排气阀的系统往复运动时间延长，从油箱内将系统中积存的气体排除。

（4）检查各元件与管路连接情况和油箱油面是否在规定范围内，油温是否正常（一般空载试车半小时后，油温为 35～60℃）。

　　3）负载调试

负载调试是使液压系统按要求在预定的负载下工作。通过负载试车检查系统能否实现预定的工作要求，如工作机构的力、力矩或运动特性等；检查噪声和振动是否在正常范围内；检查活塞杆有无爬行和系统的压力冲击现象；检查系统的外漏及连续工作一段时间后温升情况等。

负载调试时，一般应先在低于最大负载和速度的情况下试车。如果轻载试车情况正常，才逐渐将压力阀和流量阀调节到规定的设计值，以进行最大负载试验。

9.3.3　液压系统的使用与维护

液压系统工作性能的保持在很大程度取决于正确的使用与及时维护。因此必须建立有关使用和维护方面的制度，以保证系统正常工作。

1. 液压系统使用注意事项

（1）操作者应掌握液压系统的工作原理，熟悉各种操作要点、调节手柄的位置及旋向等。

（2）工作前应检查系统上各手轮、手柄、电器开关和行程开关的位置是否正常，锁紧螺钉是否锁紧，工具的安装是否正确、牢固等。

（3）工作前应检查油温，若油温低于 10℃，则可将泵开停数次进行升温，一般应空载运转 20 min 以上才能加载运转。若油温在 0℃ 以下，则应采取加热措施后再启动。如有条件，可根据季节更换不同黏度的液压油。

（4）工作中应随时注意油箱液位高度和温升，一般油液的工作温度在 35～60℃ 较合适。

（5）液压油要定期检查和更换，保持油液清洁。对于新投入使用的设备，使用三个月左右应清洗油箱，更换新油，之后按设备说明书的要求每隔半年或一年进行一次清洗和换油。

（6）使用中应注意过滤器工作情况，滤芯应定期清洗或更换，平时要防止杂质进入油箱。

（7）若设备长期不用，则应将各调节旋扭全部放松，以防止弹簧产生永久变形而影响元件的性能，甚至导致液压故障的发生。

2. 液压设备的维护保养

维护保养应分为日常维护、定期检查和综合检查三部分。

（1）日常维护。日常维护通常是用目视、耳听及手触感觉等比较简单的方法，在泵启动前、后和停止运转前检查油量、油温、压力、漏油、噪声以及振动等情况，并随之进行维护和保养。对重要的设备应填写"日常维护卡"。

（2）定期检查。定期检查的内容包括调查日常维护中发现异常现象的原因并进行排除；对需要维修的部位，必要时进行分解检修。定期检查的时间间隔一般与过滤器的检修期相同，通常为 2～3 个月。

（3）综合检查。综合检查大约一年一次。其主要内容是检查液压装置的各元件和部件，判断其性能和寿命，并对产生故障的部位进行检修，对经常发生故障的部位提出改进意见。综合检查的方法主要是分解检查，要重点排除一年内可能产生的故障因素。

定期检查和综合检查均应做好记录，以作为设备出现故障查找原因或设备大修的依据。

习　　题

9.1　设计液压系统的依据和步骤是什么？

9.2　对液压系统验算时应包括哪些方面？

9.3　如何正确安装、调试和使用液压系统？

9.4　液压系统的主要参数有哪两个？如何确定？试结合一实例分析说明。

气压传动部分

第 10 章

气压传动基础

要了解和正确设计气压传动系统，首先必须了解空气的性质、气体的状态变化规律及气体流动规律。本章介绍压缩空气、湿空气、理想气体状态方程和气体流动规律。

10.1 压 缩 空 气

1. 压缩空气的组成

自然界的空气是由若干气体混合而成的，其主要成分是氮气（N_2）和氧气（O_2），其他气体占的比例极小。此外，空气中常含有一定量的水蒸气，含有水蒸气的空气称为湿空气，不含有水蒸气的空气称为干空气。标准状态（即温度 $T=0℃$、压力 $P_{at}=0.1013$ MPa、重力加速度 $g=9.8066$ m/s²、相对分子质量 $M=28.9634$）下，干空气的组成见表 10-1。

表 10-1 标准状态下干空气的组成

比 值	成 分				
	氮气（N_2）	氧气（O_2）	氩气（Ar）	二氧化碳（CO_2）	其他气体
体积分数/%	78.03	20.93	0.932	0.03	0.078
质量分数/%	75.50	23.10	1.28	0.045	0.075

2. 压缩空气的密度和黏度

1）密度

空气的密度是表示单位体积内的空气的质量，用 ρ 表示，即

$$\rho = \frac{m}{V} \tag{10-1}$$

式中，m——空气质量；

V——空气体积。

2）黏度

空气的黏度是空气质点相对运动时产生阻力的性质。空气黏度的变化只受温度变化的影响，且随温度的升高而增大，主要原因是温度升高后，空气内分子运动加剧，使原本间距

较大的分子之间碰撞增多。而压力的变化对黏度的影响很小,且可忽略不计。空气的运动黏度与温度的关系见表 10 - 2。

表 10 - 2　空气的运动黏度与温度的关系(压力为 0.1 MPa)

$t/℃$	0	5	10	20	30	40	60	80	100
$V/(10^{-4})\text{m}^{-2} \cdot \text{s}^{-1}$	0.133	0.142	0.147	0.157	0.166	0.176	0.196	0.21	0.238

10.2　湿　空　气

空气中含有水分的多少对系统的稳定性好坏有直接影响,因此各种气动元器件不仅对其含水量有明确的规定,技术人员还常采取一些措施防止水分被带入。

含有水蒸气的空气称为湿空气,其所含水分的程度用湿度和含湿量来表示,湿度的表示方法有绝对湿度和相对湿度之分,以下介绍湿空气中的一些重要概念。

1)绝对湿度

绝对湿度是指每立方米湿空气中所含水蒸气的质量,即

$$x = \frac{m_s}{V} \tag{10 - 2}$$

式中,m_s——湿空气中水蒸气的质量;

V——湿空气的体积。

2)饱和绝对湿度

饱和绝对湿度是指湿空气中水蒸气的分压力达到该湿度下水蒸气的饱和压力时的绝对湿度,即

$$x_b = \frac{p_b}{R_s T} \tag{10 - 3}$$

式中,p_b——饱和空气中水蒸气的分压力(N/m²);

R_s——水蒸气的气体常数[N·m/(kg·K)];

T——热力学温度(K)。

3)相对湿度

相对湿度是指在某温度和总压力下,其绝对湿度与饱和绝对湿度之比,即

$$\Phi = \frac{x}{x_b} \times 100\% \approx \frac{p_s}{p_b} \times 100\% \tag{10 - 4}$$

式中,x、x_b——分别为绝对湿度与饱和绝对湿度;

p_s、p_b——分别为水蒸气的分压力和饱和水蒸气的分压力。

当空气绝对干燥时,$p_s = 0$,$\Phi = 0$;当空气达到饱和时,$p_s = p_b$,$\Phi = 100\%$;一般湿空气的 Φ 值在 0~100% 之间变化。通常情况下,空气的相对湿度在 60%~70% 范围内人体感觉舒适,气动技术中规定各种阀的相对湿度应小于 95%。

4）空气的含湿量

空气的含湿量是指单位质量的干空气中所混合的水蒸气的质量，即

$$d = \frac{m_s}{m_g} = \frac{\rho_s}{\rho_g} \tag{10-5}$$

式中，m_s、m_g——分别为水蒸气的质量和干空气的质量；

ρ_s、ρ_g——分别为水蒸气的密度和干空气的密度。

10.3 理想气体状态方程

本节介绍理想气体的平衡状态方程和状态变化过程。理想气体是没有黏性的气体。

1. 理想气体的平衡状态方程

当理想气体处于某一平衡状态时，气体的压力、温度和比体积之间的关系为

$$pV = mRT$$

或者

$$p = \rho RT \tag{10-6}$$

式中，p——气体的绝对压力（N/m²）；

V——气体的体积（m³）；

R——气体常数，干空气 $R = 278.1$ N·m/(kg·K)，水蒸气 $R = 462.05$ N·m/(kg·K)；

T——气体的热力学温度（K）；

m——气体的质量（kg）；

ρ——气体的密度（kg/m³）。

但由于实际气体具有黏性，因而严格地讲它并不完全依从理想气体方程（式10-6）。随着压力和温度的变化，其 $pv/(mRT)$ 并不恒等于1。当压力在 0～10 MPa，温度在 0～200℃之间变化时，$pv/(mRT)$ 的比值仍接近1，其误差小于4%。在气动技术中，气体的工作压力一般在 1.0 MPa 以下，此时将实际气体看成理想气体，因此引起的误差在合理范围内。

2. 理想气体的状态变化过程

1）等容过程

一定质量的气体，在状态变化过程中体积保持不变时，此过程称为等容过程，即

$$\frac{p_1}{T_1} = \frac{p_2}{T_2} = 常数 \tag{10-7}$$

式（10-7）表明：当体积不变时，压力的变化与温度的变化成正比；当压力上升时，气体的温度随之上升。

2）等压过程

一定质量的气体，在状态变化过程中压力保持不变时，此过程称为等压过程，即

$$\frac{V_1}{T_1} = \frac{V_2}{T_2} = 常数 \tag{10-8}$$

式(10-8)表明：当压力不变时，温度上升，气体比体积增大(气体膨胀)；当温度下降时，气体比体积减小，气体被压缩。

3) 等温过程

一定质量的气体，在其状态变化过程中温度不变时，此过程称为等温过程，即

$$p_1 V_1 = p_1 V_2 = 常数 \tag{10-9}$$

式(10-9)表明：在温度不变的条件下，当其他压力上升时，气体体积被压缩，比体积下降；当气体压力下降时，气体体积膨胀，比体积上升。

4) 绝热过程

一定质量的气体，在状态变化过程中，与外界完全无热量交换时的过程称为绝热过程，即

$$p_1 V_1^k = p_2 V_2^k = 常数 \tag{10-10}$$

式中，k 为等熵指数，干空气 $k=1.4$，饱和蒸汽 $k=1.3$。

根据式(10-6)和式(10-10)得

$$\frac{T_1}{T_2} = \left(\frac{V_2}{V_1}\right)^{k-1} = \left(\frac{p_1}{p_2}\right)^{\frac{k-1}{k}} \tag{10-11}$$

式(10-10)和式(10-11)表明：在绝热过程中，气体状态变化与外界无热量交换，系统靠消耗本身的热力学能(内能)对外做功。在气压传动中，快速动作可被认为是绝热过程。例如，压缩机的活塞在气缸中的运动是极快的，以致缸中气体的热量来不及与外界进行热交换，这个过程就被认为是绝热过程。应该指出，在绝热过程中，气体温度的变化是很大的，例如空气压缩机压缩空气时，温度可高达 250℃，而快速排气时，温度可降至 −100℃。

5) 多变过程

在实际问题中，气体的变化过程往往不能简单地归属为上述几个过程中的任何一个，不加任何条件限制的过程称之为多变过程，即

$$p_1 V_1^n = p_2 V_2^n = 常数 \tag{10-12}$$

式中，n 为多变指数。

在一定的多变变化过程中，多变指数 n 保持不变；对于不同的多变过程，n 有不同的值，由此可见，前述四种典型的状态变化过程均为多变过程的特例。

10.4　气体流动规律

气体与固体和液体相比最大的特点是分子间的距离相当长，分子运动起来较自由。在空气中分子间的距离是分子直径的 9 倍左右，其距离约为 3.35×10^{-9} m，运动着的分子从其由运动起点到碰撞其他分子的移动距离叫该分子的自由通路，其长度对每个分子是不同的。但对于任意气体，当压力和温度决定之后，其分子自由通路的平均值就决定了，该值称为平均自由通路。空气在标准状态下，其长度是 6.4×10^{-8} m，约等于空气分子直径的 170 倍。由于气体分子间的距离大，分子间的内聚力小，体积也容易变化，体积随压力和温度的变化而变化，因此气体与液体相比有明显的可压缩性，当其平均速度 $v \leqslant 50$ m/s 时，其可

压缩性并不明显；然而当 $v > 50$ m/s 时，气体的可压缩性将逐渐明显。在气压传动系统中，气体流速一般较低，且已经被压缩过，因此可认为系统中的气体流动是不可压缩流体的流动。

习　题

10.1　什么叫湿空气的绝对湿度、饱和绝对湿度、相对湿度？

10.2　简述理想气体等温变化过程中气体压力和体积的变化过程。

10.3　为什么认为气压传动系统中的气体流动是不可压缩流体的流动？

第11章

气源装置及气动元件

11.1 气源装置

气源装置为气压传动系统的动力元件，气压传动系统对压缩空气也有一定的要求。

11.1.1 气源装置的组成

气源装置是产生、处理和贮存压缩空气的装置，它给气动系统提供足够清洁、干燥且具有一定压力和流量的压缩空气。气源装置一般由以下四个部分组成：

(1) 气压发生装置。

(2) 净化、贮存压缩空气的装置和设备。

(3) 传输压缩空气的管道系统。

(4) 分水过滤器、减压阀和油雾器(气动三大件)。

以上(1)、(2)部分的设备多布置在压缩空气站内，作为工厂或车间统一的气源，如图 11-1 所示。空气压缩机 1 产生压缩空气，其吸气口装有空气过滤器，以减少进入空气

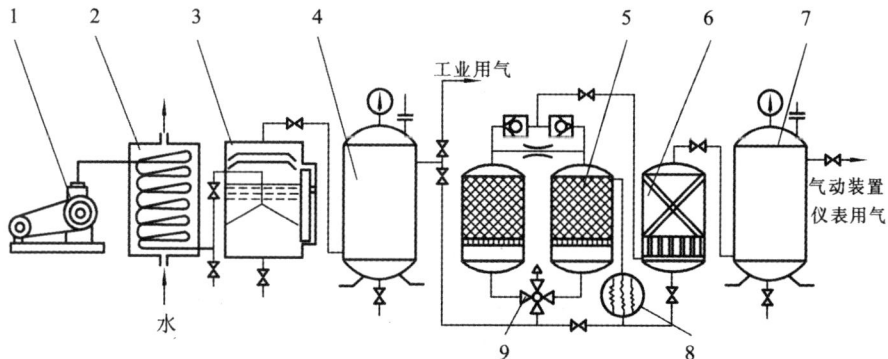

1—空气压缩机；2—后冷却器；3—油水分离器；4、7—贮气罐；5—干燥器；6—过滤器；8—加热器；9—四通阀。

图 11-1 气源装置

压缩机内气体的杂质量；后冷却器 2 降低压缩空气的温度，使高温汽化的油、水凝结出来；油水分离器 3 分离并排出降温冷凝的油滴、水滴等杂质；贮气罐 4 和 7 贮存压缩空气以平衡空气压缩机流量和设备用气量、稳定压缩空气的压力，并除去部分油分和水分，干燥器 5 进一步吸收或排除压缩空气中的油分和水分，使之变成干燥空气；过滤器 6 进一步滤除压缩空气中的灰尘、杂质颗粒。贮气罐 4 输出的压缩空气可用于一般要求的气动系统，贮气罐 7 输出的压缩空气可用于要求较高的气动系统（如由气动仪表、射流元件等组成的系统）。

11.1.2 空气压缩机

空气压缩机（简称空压机）是一种能量转换元件，可将电能或机械能转化为空气的压力能，供气动机械使用。

1. 空气压缩机分类

空气压缩机分为低压型（0.2～1.0 MPa）、中压型（1.0～10 MPa）和高压型（>10 MPa）等。通过缩小气体的容积来提高气体压力的空压机称为容积型空压机，可分成往复式（活塞式和膜片式等）和旋转式（叶片式和螺杆式等）；通过提高气体的速度让动能转化成压力能，以提高气体压力的空压机称为速度型，有离心式、轴流式和转子式三种。

2. 空气压缩机工作原理

以常用的往复活塞式空压机为例，其工作原理如图 11-2 所示。当活塞 3 向右移动时，气缸 2 左腔的压力低于大气压力，吸气阀 9 开启，外界空气进入缸内，此过程称为吸气过程。当活塞 3 向左移动时，缸内气体被压缩，此过程称为压缩过程。当缸内气压力高于输出管道内气压力后，排气阀 1 打开，压缩空气排入输气管道，此过程称为排气过程。活塞 3 的往复运动是由电动机带动曲柄 8 转动，通过连杆 7 带动滑块 5 在滑道 6 内移动，活塞杆 4 带动活塞作往复直线运动实现的。大多数空气压缩机是多缸多活塞的组合。

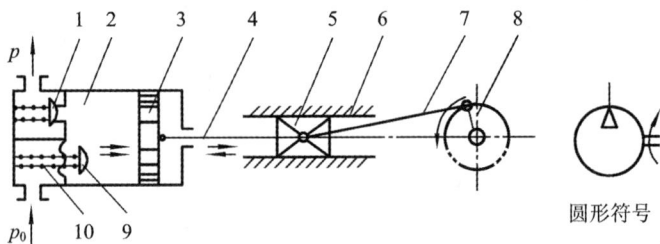

1—排气阀；2—气缸；3—活塞；4—活塞杆；5、6—滑块与滑道；7—连杆；8—曲柄；9—吸气阀；10—弹簧。

图 11-2 活塞式空压机工作原理图

3. 空气压缩机的选择

空气压缩机可根据气动系统所需要的工作压力和流量两个参数进行选择。一般气动系统的工作压力为 0.4～0.8 MPa，故常选用低压空气压缩机。此外，由于有局部压力和沿程压力损失，气源压力应比设备工作的最高压力高出 20% 左右。空气压缩机的流量应满足整个气动系统对压缩空气的需求量并有一定的余量。选择空气压缩机流量的计算公式（式中的流量都是指折算为标准状态的流量）如下：

$$q_{vn} = \frac{q_{vn0} + q_{vn1}}{0.7 \sim 0.8}$$

(11 - 1)

式中，q_{vn0}——配管等的漏气量；

q_{vn1}——工作元件的总流量；

q_{vn}——空气压缩机的流量。

11.2　气动辅助元件

气动辅助元件包括气动三大件、消声器和气压传动管件等，是气动系统不可缺少的组成部分。

11.2.1　气动三大件

分水过滤器、气动减压阀和油雾器依次无管化连成组件，常称为气动三大件，其职能符号如图 11-3 所示。分水过滤器的作用是滤去空气中的灰尘和杂质，并将空气中的水分分离出来。气动减压阀起减压和稳压作用，其工作原理与液压系统中的减压阀相同，保证气动系统所需要的压力。油雾器是一种特殊的注油装置，当压缩空气流过时，它将润滑油喷射成雾状，随压缩空气一起渗透需要润滑的部件，达到润滑的目的。压缩空气经过气动三大件的最后处理，将进入各气动元件及气动系统，因此，气动三大件是压缩空气质量的最后保证。根据气动系统不同的用气要求，气动三大件可以少于三件，只用一件或二件，也可多于三件。

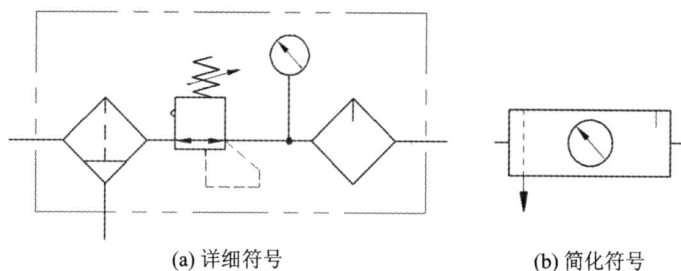

(a) 详细符号　　　　　　　(b) 简化符号

图 11-3　气动三大件职能符号

11.2.2　消声器

气缸、气阀等工作时排气速度较高，气体体积急剧膨胀和压力变化会产生强烈的高频噪声，一般可达 100～120 dB。其排气速度和排气功率越大，噪声也越高。噪声使工作环境恶化，人的身心健康会因此受到影响，所以必须设法减弱或消除噪声。

消声器是一种允许气流通过，并利用对气流的阻尼作用和增大排气面积等方法来降低排气速度和排气功率，使声能衰减，从而达到降低噪声的目的的器件。为了降低噪声，可以在排气口装设消声器。气动装置中的消声器主要有吸收型消声器、膨胀干涉型消声器和膨胀干涉吸收型消声器。

（1）吸收型消声器通过玻璃纤维、毛毡、泡沫塑料、烧结材料等吸声材料进行消声。将这些材料装设于消声器体内，使气流通过时受到阻力，声波被吸收一部分转化为热能而达到消声目的。一般情况下，要求通过消声器的气流流速不超过 1 m/s，以减小压力损失，提高消声效果。这种消声器具有良好的消除中、高频噪声的性能，一般可降低噪声 20 dB 以上。

（2）膨胀干涉型消声器的结构很简单，相当于一段比排气孔口径大的管件。当气流通过时，气流在里面扩散、膨胀、碰撞反射、互相干涉，减弱了噪声强度，最后通过非吸声材料制成的、开孔较大的多孔外壳排入大气，主要消除中、低频噪声，尤其是低频噪声。

（3）膨胀干涉吸收型消声器是前两种消声器的综合应用，其结构如图 11-4 所示。气流由上端盖上的斜孔引入，在 A 室扩散、减速、碰壁撞击后反射到 B 室，气流束互相冲撞、干涉，进一步减速，再通过敷设在消声器内壁的吸声材料排向大气。该种消声器消声效果好，低频可消声 20 dB，高频可消声约 45 dB。

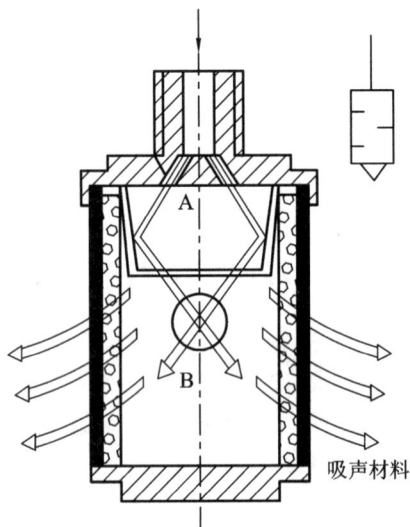

图 11-4 膨胀干涉吸收型消声器

▰ 11.2.3 ▰ 气压传动管件

本节介绍输气管及接头、气动系统管道的布置原则和气动系统管道的安装。

1. 输气管及接头

气动系统中常用的输气管有硬管和软管两种。

硬管通常是金属管，如碳素钢管、铜管、铝合金管等。压缩空气中含有水分，因此对碳素钢管必须进行镀锌、镀铜等防锈处理。常用的软管有合成材料（聚氨酯、聚乙烯、聚氨乙烯、尼龙等）软管、棉线编织橡胶管等。合成软管因耐腐蚀性好、价格低、质量轻、装拆方便等优势，广泛用于气动管路中。金属管主要用于工厂管路和大型气动装置上。

管接头是连接管道所必须的辅件。管接头的要求为工作时可靠，密封性好，流动阻力小，结构简单，制造和装卸方便。常用的管接头有卡套式、倒钩式、弹性卡头式、插入快换式等，其结构及工作原理与液压管接头基本相似。

2. 气动系统管道的布置原则

输气管道把压缩空气从空气压缩机的出口送往各用气设备的入口，管道布置合理对气动系统的操作运行以及维修等有重大影响。所以，管道的布置应遵循以下原则：

（1）输出管道的布置应尽量与其他管网（如暖气管道、煤气管道、供水管道等）统筹考虑，统一根据现场的实际情况安排。

（2）根据气动系统对供气可靠性的要求，采用不同的供气网络。对间断供气系统，可采用单树枝状供气网络，如图 11-5(a)所示；对连续供气系统，可采用双树枝状供气网络，如图 11-5(b)所示；对气压稳定性较高的系统，可采用环状管网，如图 11-5(c)所示。

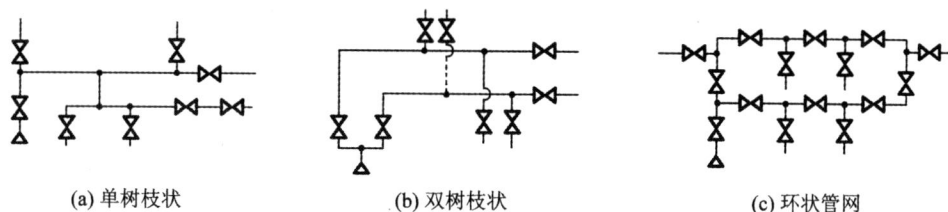

(a) 单树枝状　　　　　　(b) 双树枝状　　　　　　(c) 环状管网

图 11-5　供气网络系统

（3）管路进入车间以后，应设置压缩空气入口装置，如图 11-6 所示。

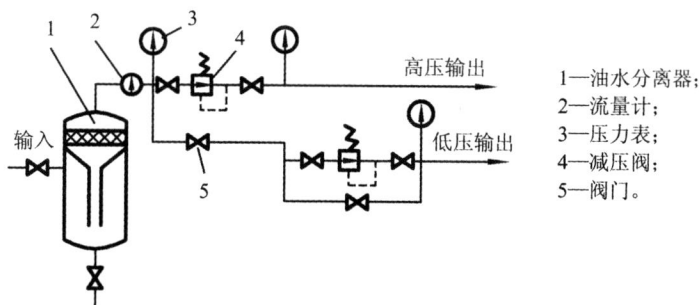

1—油水分离器；
2—流量计；
3—压力表；
4—减压阀；
5—阀门。

图 11-6　用气车间的压缩空气入口装置

（4）车间内竖直干线应沿柱子安装，横向干线应按气流方向向下倾斜 3°～5°沿墙铺设。在管路终端应设置集水罐，聚集析出的水、油，以便定期从集水罐底部管阀排出，如图 11-7所示。

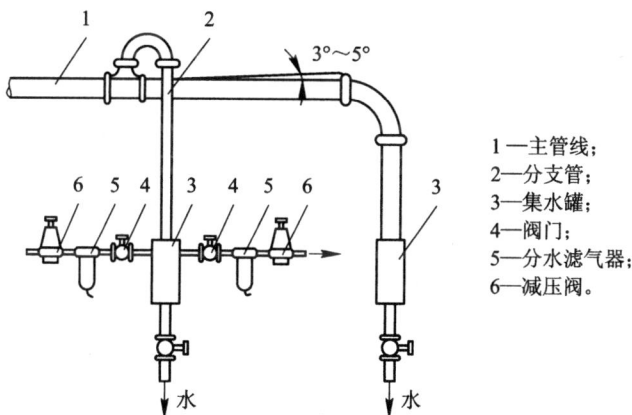

1—主管线；
2—分支管；
3—集水罐；
4—阀门；
5—分水滤气器；
6—减压阀。

图 11-7　车间内管道布置

（5）输气支管要在干线上部采用大角度拐弯后再向下引出，在离地面 1.5 m 左右安装配气器，在配气器两侧接支管，再经软管送到用气设备上。配气器下方装有排污阀，以便定期排出污物。

（6）若遇管道较长，可在靠近用气点的供气管路中安装一个适当的贮气罐，以满足大的间断供气量，避免过大的压降。

（7）要用最大耗气量或流量来确定管道的尺寸。

3. 气动系统管道的安装

气动系统中，管道安装正确、可靠，对系统工作的可靠性影响很大。因此，管道安装时要注意以下几点：

(1) 安装时，配管不能变形；螺纹连接不可拧得过紧，避免对管道产生附加应力。

(2) 对长管道应在适当部位安装托架，避免产生挠度。配管采用螺纹连接时，要用托架固定管道，防止螺纹受力松动。

(3) 从固定管道到移动装置配管时，应使用软管，并保证软管有充分的长度。

(4) 在各管道上应设置截止阀和高压放气阀。

(5) 弯曲硬管时应使用弯管机。

(6) 安装管道时，不能让焊渣、密封材料混入管道内部。

(7) 安装完毕应进行冲洗，去除异物。然后进行检查，不得漏气。

11.3　气动执行元件

气动执行元件是将压缩空气的压力能转换成机械能的装置，根据运动形式分为能实现连续回转运动的气动马达和能实现往复运动的气缸。

11.3.1　气动马达

气动马达是将压缩空气的压力能转换成机械能的装置，输出转速和转矩。气动马达按结构形式可分为叶片式、活塞式、齿轮式等。最常用的是叶片式气马达、活塞式气马达。叶片式气马达制造简单，结构紧凑，但低速启动转矩小，低速性能不好，适宜中低功率的机械。目前气动马达在矿山机械和风动工具中应用普遍。活塞式气马达在低速情况下有较大的输出功率，低速性能好，适宜载荷较大和要求低速、大转矩的场合，如起重机、铰车铰盘、拉管机等。但其结构复杂，机器重量与输出功率比较大。下面简单介绍叶片式气马达的工作原理及特性。

1. 叶片式气马达的工作原理及特性

图 11-8(a)为叶片式气马达的工作原理。它的主要结构和工作原理与叶片式液压马达相似，主要由定子1、转子2和叶片3组成。径向有 3~10 个叶片的转子偏心安装在定子内，转子两侧有前后端盖(图中未画出)，叶片在转子的径向槽内可自由滑动。叶片底部通压缩空气，转子转动时靠离心力和叶片底部气压将叶片压紧在定子内表面上，形成密封的工作腔。定子内有半圆形的切沟，提供压缩空气及排出废气。

当压缩空气从 A 口进入定子腔内时，会使叶片带动转子逆时针旋转，产生旋转力矩，废气从排气口 C 排出，而定子腔内残余气体则经 B 口排出。如需改变马达的旋转方向，只需将 B 口改接供气口即可。气动马达的有效转矩与叶片伸出的面积及其供气压力有关。叶片数目多，出转矩虽然较均匀且压缩空气的内泄漏减小，但减小了有效工作腔容积，所以叶片数目应选择适当。为了增强密封性，在叶片式气动马达启动时，叶片靠弹簧(原理同叶片液压马达)或压缩空气顶出，使其紧贴在定子内表面上。随着气马达转速增加，离心力进一步把叶片紧压在定子内表面上。

图 11 - 8(b)是叶片式气马达的特性曲线。此曲线是在一定工作压力下作出的。当气压不变时，它的转矩、转速、功率均随着外负载变化而变化。当负载转矩 T 为零(即空转)时，转速最大，以 n_{max} 表示，此时气动马达输出功率 P 为 0。当负载转矩等于马达最大转矩时，气动马达停转，此时，输出功率 P 也为 0。当负载转矩 T 等于气动马达最大转矩的 1/2 时，其转速为 $n_{max}/2$，此时输出功率 P 最大，为气动马达的额定功率。在工作压力变化时，特性曲线的各值将随压力的变化而有较大的变化。

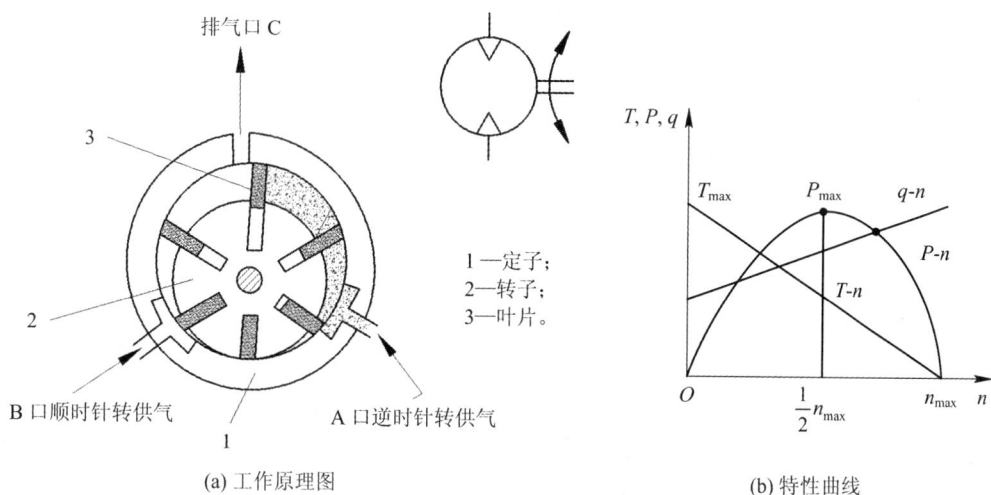

1—定子；
2—转子；
3—叶片。

B 口顺时针转供气　　A 口逆时针转供气

(a) 工作原理图　　　　　　　　　　(b) 特性曲线

图 11 - 8　叶片式气动马达

综上所述，叶片式气马达的特性曲线的最大特点是具有软特性。

2. 气动马达的特点和应用

气动马达由于以压缩空气为工作介质，有以下特点。

(1) 可以无级调速：只要控制进气量，就能调节气动马达的输出功率和转速。

(2) 可以双向回转：只要改变进排气方向，就能实现气动马达输出轴的正转和反转，而且瞬时换向时冲击很小。

(3) 有过载保护作用：过载时气动马达只是转速降低或停车，过载消除后可立即恢复工作，不会产生故障。

(4) 工作安全：适宜恶劣的工作环境，在易燃、易爆、高温、潮湿、振动、粉尘等不利条件下均能正常工作。

(5) 具有较高的启动转矩可以直接带负载启动，启停迅速。

(6) 输出功率相对较小，最大只有 20 kW 左右；转速范围较宽，可从 0~5000 r/min。

(7) 耗气量大，所需气源容量大，效率低，噪声大。

(8) 工作可靠，维修简单，可长时间满载连续运行，温升较小，操作方便。

目前气动马达主要应用于矿山机械、专业性成批生产的机械制造业、油田、化工、造纸、冶金、电站等行业；建筑、筑路、建桥、隧道开凿等工程中；许多气动工具如风钻、风扳手、风动砂轮、风动铲等均装有气动马达。随着气动技术的发展，气动马达的应用将更加广泛。使用气压马达，应特别注意其润滑问题，一般应在气马达的换向阀前安装油雾器，以进行不间断润滑。

▇▇▇ 11.3.2 ▇▇▇ 气缸

气缸是把压缩空气的压力能转换成往复运动的机械能的装置，是气动系统除气动马达外的另一类执行元件。

1. 气缸分类

根据使用条件不同，气缸结构、形状有多种形式，常用的分类方法有以下几种：

（1）按活塞受力状态，气缸分为单作用缸和双作用缸。

（2）按结构特征，气缸分为活塞式缸、柱塞式缸、薄膜式缸、叶片式摆动缸、齿轮齿条式摆动缸等。

（3）按功能，气缸分为普通缸和特殊缸。普遍气缸一般指活塞式单作用气缸和双作用气缸，用于一般场合。特殊功能气缸用于有特殊要求的场合，如气-液阻尼缸、膜片式气缸、冲击气缸、回转气缸、伺服气缸、数字气缸等。

2. 普通活塞式气缸

普通活塞式气缸的结构与工作原理与活塞式液压缸类似，但气缸重量轻运动快、耐压低。图 11-9 所示为普通活塞式双作用气缸结构，它由缸筒 5，前、后缸盖 3、13，活塞 8，活塞杆 6，密封圈 11 和导向套 2 等组成。该气缸双侧设有缓冲柱塞，在活塞到达行程终点前，缓冲柱塞进入柱塞孔后将主排气孔堵死，迫使环形腔气流从节流阀排出，使排气背压升高而起缓冲作用。调节缓冲节流阀可调节缓冲作用的大小。气缸活塞上装有磁性环，用来产生磁场，使活塞接近磁性开关时发出电信号，即在气缸上装了磁性开关后就可构成开关气缸。

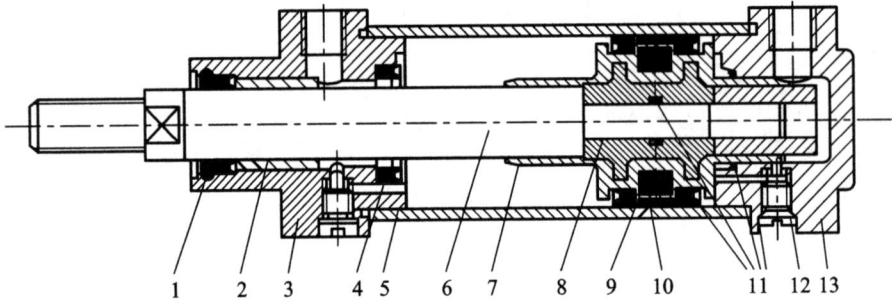

1—防尘组合密封圈；2—导向套；3—前缸盖；4—缓冲密封圈；5—缸筒；6—活塞杆；7—缓冲柱塞；8—活塞；9—磁性环；10—导向环；11—密封圈；12—缓冲节流阀；13—后缸盖。

图 11-9 普通活塞式双作用气缸结构

3. 其他气缸

1）膜片式气缸

图 11-10 所示为膜片式气缸结构，其膜片由高弹性材料制成，有盘形膜片和平膜片两种。膜片将气缸分成上、下两腔，单作用式气缸上腔接压缩空气，下腔通大气，由弹簧实现推杆复位；双作用式气缸上、下两腔分别通压缩空气实现双向动作。这种气缸的行程短，一般不超过 50 mm，其最大行程（平膜片气缸）大约是缸径的 15%，盘形膜片气缸大约是缸径的 25%。膜片式气缸摩擦极小，因此适用于低压、响应较快的场合。由于膜片及弹簧变形阻力的原因，输出推力随行程增大而减小。这种气缸结构紧凑、成本低、泄漏少、寿命长、

效率高、维修方便。

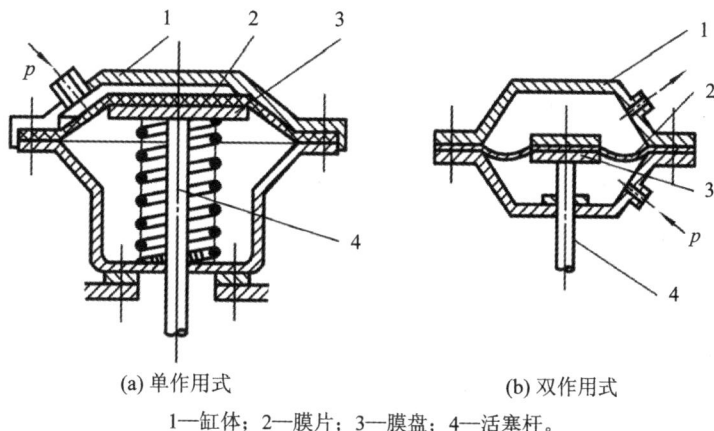

(a) 单作用式　　　　　(b) 双作用式

1—缸体；2—膜片；3—膜盘；4—活塞杆。

图 11 – 10　膜片式气缸结构

2）冲击气缸

冲击气缸是一种气动执行元件，其工作原理如图 11 – 11 所示。与普通气缸相比，其结构特点是增加了一个具有一定容积的蓄能腔和喷嘴。

冲击气缸由缸体 8、中盖 5、活塞 7 和活塞杆 2 等主要零件组成。中盖 5 与缸体 8 固定，它和活塞 7 把气缸分隔成三部分，即蓄能腔 3、活塞腔 2 和活塞杆腔 1。中盖 5 的中心开有喷嘴口 4。当活塞杆腔 1 进气时，蓄能腔 3 排气，活塞 7 上移，借助活塞上的密封垫封住中盖上的喷嘴口 4。活塞腔 2 经泄气口 6 与大气相通。最后，活塞杆腔的压

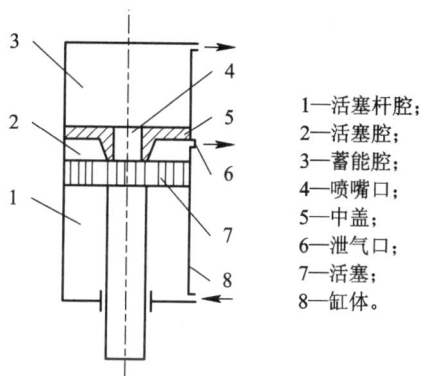

1—活塞杆腔；
2—活塞腔；
3—蓄能腔；
4—喷嘴口；
5—中盖；
6—泄气口；
7—活塞；
8—缸体。

图 11 – 11　冲击气缸的工作原理

力升高至气源压力，蓄能腔压力降至大气压力。当压缩空气再进入蓄能腔时，其压力只能通过喷嘴口的小面积作用在活塞上，不能克服活塞杆腔的排气压力所产生的向上推力及活塞与缸体间的摩擦力，喷嘴仍处于关闭状态，从而使蓄能腔压力逐渐升高。当蓄能腔压力与活塞杆腔压力的比值大于活塞杆腔作用面积与喷嘴面积之比时，活塞下移，使喷嘴口开启，聚集在蓄能腔中的压缩空气通过喷嘴口突然作用于活塞的全面积上。此时，活塞一侧的压力可达活塞杆一侧压力的几倍乃至几十倍，使活塞受很大的向下推力作用。活塞在此推力作用下迅速加速，在很短的时间内以极高的速度向下冲击，从而获得很大的动能。

冲击气缸的用途广泛，可用于锻造、冲压、铆接、下料、压配、弯曲折边等方面，在铸造生产中可用来破碎铸铁锭及废铸件等。

4. 气缸的使用

气缸使用的要点如下：

(1) 一般，气缸正常工作条件下的工作压力为 0.4～0.6 MPa，环境温度为 −35～80℃。

(2) 安装前应在 1.5 倍工作压力下进行试验，不漏气。

（3）装配时所有密封件的相对运动工作表面应涂上润滑脂。气源进口处必须设置油雾器对气缸进行润滑；不允许用油润滑时，可采用无油润滑气缸。在灰尘大的场合，运动件处应设防尘罩。

（4）安装时要注意动作方向，载荷应沿缸轴线方向，活塞杆不允许承受偏心负载或横向负载。

（5）在行程中载荷有变化时，应使用输出力有裕度的气缸，并附设缓冲装置。在开始工作前，应将缓冲节流阀调至缓冲阻尼最小位置，气缸正常工作后，再逐渐调节缓冲节流阀，增大缓冲阻尼，直到满足要求为止。

（6）气缸行程应大于工作行程，避免活塞和缸盖频繁撞击。

（7）要针对各种不同型式气缸的安装要求进行正确安装。

11.4　气动控制阀

气动控制阀的作用、工作原理和结构与液压控制阀相似，主要实现压缩气体的压力、流量和方向控制。

11.4.1　压力控制阀

压力控制阀主要用于控制和调节压缩空气压力的大小，使压缩空气压力满足系统使用要求。根据作用不同，压力控制阀主要分为减压阀、溢流阀和顺序阀等。

1. 减压阀

减压阀与液压传动中的减压阀一样，都起减压作用，但更重要的作用是调压和稳压。在气压传动中，空气经空气压缩机压缩后，先将压缩空气储存于储气罐中，然后再经管路输送给各气动装置使用。由于储气罐提供的空气压力都高于每台装置所需的压力，且压力波动也较大，因此必须在每台装置的入口处设置一减压阀，将入口处的压力降低到装置所需压力，并保持该压力值的稳定。

气动减压阀也分为直动式和先导式减压阀两大类。直动式减压阀是由旋钮直接调节调压弹簧来改变减压阀输出压力，而先导式减压阀是由压缩空气代替调压弹簧来调节输出压力。这里只介绍直动式减压阀。

图 11-12 为气动直动式减压阀的结构图。顺时针方向旋转调节旋钮 1，压缩弹簧 2、3 及膜片 5 使阀芯 8 下移，增大阀口 10 的开度能使输出压力 p_2 增大。逆时针方向旋转调节旋钮 1，减小阀口 10 的开度会使输出压力 p_2 减小。当逆时针旋转调节旋钮 1 时，阀芯 8 的顶端与溢流阀座 4 会脱开，减压阀处于无输出状态。

若输入压力瞬时升高，则经进气阀口 10 以后的输出压力随之升高，使膜片气室 6 内的压力也升高。在膜片 5 上产生的推力相应增大，膜片 5 向上移动。同时，阀芯 8 在复位弹簧 9 的作用下也向上移动，关小进气阀口 10，节流作用加大，输出压力下降，使输出压力基本又回到原值。相反，若输入压力瞬时下降，则输出压力也下降，膜片 5 下移，阀芯 8 随之下移，进气阀口 10 开大，节流作用减小，输出压力也基本回到原值。

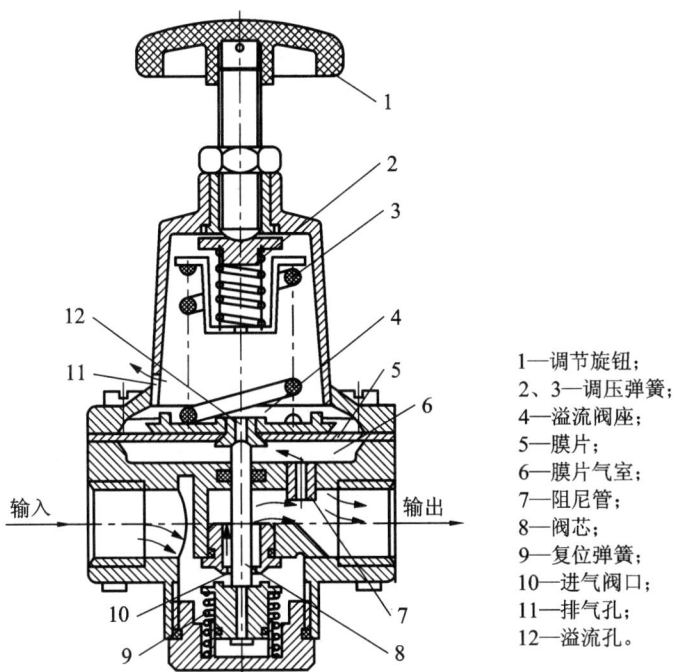

1—调节旋钮；
2、3—调压弹簧；
4—溢流阀座；
5—膜片；
6—膜片气室；
7—阻尼管；
8—阀芯；
9—复位弹簧；
10—进气阀口；
11—排气孔；
12—溢流孔。

图 11-12　气动直动式减压阀

2. 溢流阀

当气动系统中的压力达到某给定值时，进入系统中的部分或全部气体从排气口溢出，并在溢流过程中能保持回路中的压力基本稳定的阀，称为溢流阀。为了防止管路、气缸等的破坏，应限制回路中的最高压力。当回路中的压力达到最高压力时，能自动排气的阀称为安全阀。安全阀与溢流阀的作用不同，但它们的工作原理一样。

图 11-13 所示为直动式溢流阀的结构原理图。直动式溢流阀有活塞式、球阀式和膜片式，工作原理基本相同。当气压从 P 口进入达到给定值时，气体压力将克服弹簧预紧力，顶开阀芯，从排气孔 O 迅速向外排气。当系统内压力降至给定值以下时，阀将重新关闭。调节弹簧的预紧力即可改变阀的开启压力。

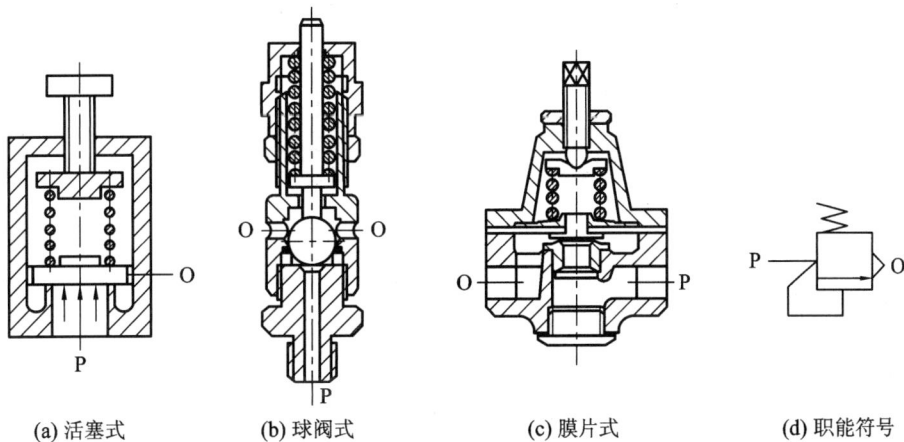

(a) 活塞式　　　(b) 球阀式　　　(c) 膜片式　　　(d) 职能符号

图 11-13　直动式溢流阀

3. 顺序阀

顺序阀是当入口压力或先导压力达到设定值时，允许气体从入口侧流向出口侧的阀。当在系统中有两个以上的分支回路，而气动装置中又不便于安装行程阀，需要依据气压的大小，使执行元件按设计规定的程序进行顺序动作时，可使用顺序阀。顺序阀常与单向阀并联，构成单向顺序阀。

图 11-14 所示为单向顺序阀工作原理。当输入口 P 的气体压力作用在阀的活塞上的作用力大于弹簧调定值时，P 口和 A 口接通，阀开启，气体输向下一个执行元件，实现顺序动作。反向时，从 A 口进气打开单向阀芯，实现反向导通。

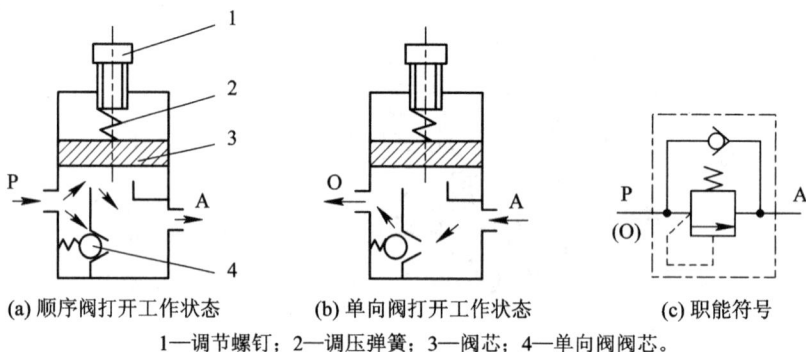

(a) 顺序阀打开工作状态 (b) 单向阀打开工作状态 (c) 职能符号

1—调节螺钉；2—调压弹簧；3—阀芯；4—单向阀阀芯。

图 11-14 单向顺序阀工作原理

11.4.2 流量控制阀

在气动系统中，控制气缸活塞的运动速度、控制信号的延迟时间等是通过调节压缩空气的流量来实现的。流量控制阀是通过改变阀的流通面积来实现流量（或流速）控制的元件。流量控制阀包括节流阀、单向节流阀、排气节流阀等。

1. 节流阀

节流阀是通过改变节流口的通流面积来调节流量的。图 11-15 所示为气动节流阀的结构原理。该阀通过调节螺杆使阀芯产生轴向位移来改变节流口通流截面的大小，从而实现流量的调节。调好后，可以用锁紧螺帽锁定。

单向阀和节流阀并联可构成单向节流阀，正向流动时，单向阀关闭，节流阀进行节流；当压缩空气反向流动时，单向阀开启，不进行节流。

节流阀是依靠改变阀的通流面积来调节流量大小的。对节流阀的要求是流量的调节范围宽，能进行微小流量的调节，调节精确、性能稳定，阀芯开度与通过的流量成正比。

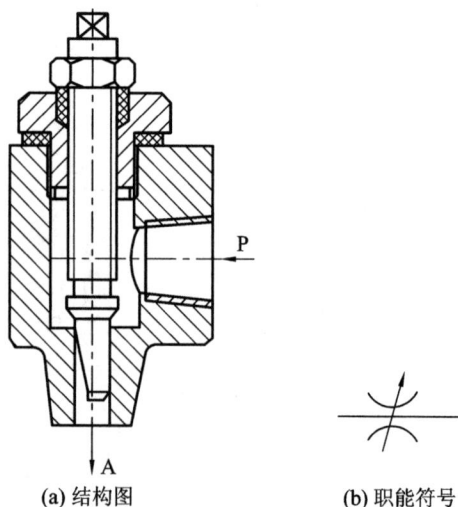

(a) 结构图   (b) 职能符号

图 11-15 气动节流阀

2. 提高速度控制效果的措施

由于空气的可压缩性较大，因此由气动流量控制阀控制的气动执行元件运动速度的精度远不如液压流量控制阀的高。尤其是在超低速控制中，很难实现按预定行程变化进行控制速度。因此，气缸的运动速度一般不得低于 40 mm/s。

为达到比较满意的气缸速度控制效果，应充分注意以下三点。

（1）彻底防止管路中的气体泄漏，包括各元件接管处的泄漏。

（2）减小气缸运动摩擦阻力，以保持气缸运动速度平稳。为此，需注意气缸本身的质量，要保持良好的润滑状态，要正确、合理地安装气缸，超长行程的气缸应安装导向支架。

（3）加在气缸活塞杆上的载荷必须稳定。在载荷变化的情况下，可利用气液联合传动的方式来稳定气缸的运动速度。

11.4.3　方向控制阀

方向控制阀是能控制气体的流动方向和气路的通断的阀。

1. 方向控制阀的分类

方向控制阀的分类依据不同，其类别也不同。

（1）按照气流在阀内的流动方向，方向控制阀分为换向型和单向型两种。

（2）按照阀芯的工作位置和通路，方向控制阀分为二位三通、二位五通、三位四通、三位五通等。

（3）按照阀芯的结构形式，方向控制阀分为滑阀式、截止式、旋塞式等。

（4）按照阀的控制方式，方向控制阀分为气压控制、电磁控制、机械控制、人力控制、时间控制等。

以下对滑阀式换向阀和截止式换向阀的性能特点进行介绍。

滑阀式换向阀的主体部分与液压滑阀类似，它通过阀芯与阀体的相对运动来改变各阀口间的连通状态。滑阀式换向阀具有以下性能特点：

（1）阀芯行程相对较长，不但使阀的尺寸增大，而且对其动态特性也有不利影响。

（2）静止时阀芯所受轴向力保持平衡，故容易设计成具有记忆功能的阀。

（3）换向时没有背压阻力，换向力小、动作灵敏。

（4）滑阀式换向阀具有较好的通用性。

（5）滑阀式换向阀对工作介质中的杂质较敏感，需要具有严格过滤、润滑、维护等措施。

截止式换向阀利用弹簧力或气压力使阀芯压上阀座或离开阀座而使阀口关闭或开启，该类阀具有以下性能特点：

（1）阀芯行程短，换向迅速、流阻小，通流能力强，易于设计成结构紧凑、通径大的阀。

（2）阀芯始终受气源压力作用，密封性好、动作可靠，但在高压或大流量时，需要较大的换向力，换向冲击较大，不宜用于灵敏度要求高的场合。

（3）滑动密封面小，泄漏损失小，抗污染能力较强，对气压过滤精度要求相对较低。

（4）由于在换向瞬间，气压口、输出口和排气口可能同时打开相通，因此使用时易发生串气现象，会导致系统气压波动。

2. 单向控制阀

单向控制阀分为单向阀、梭阀和双压阀。

1）单向阀

图 11-16 所示为单向阀结构。当 A 口通高压空气时，可推开阀芯，通过阀芯径向孔和轴向孔和 B 口相通；反向时，阀芯靠到阀套上，气体不能流通，从而实现高压气体的单向导通、反向截止。

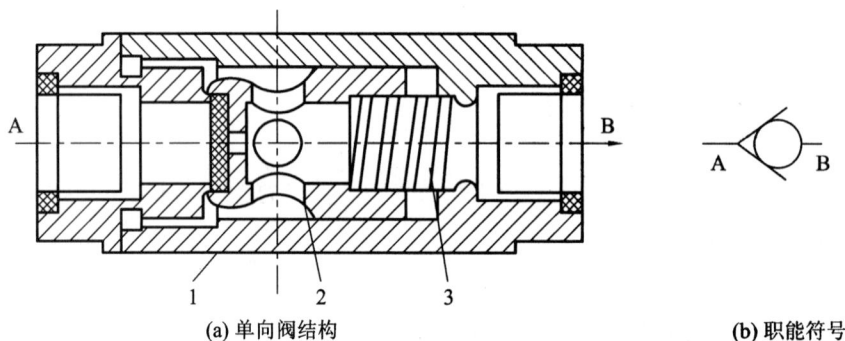

(a) 单向阀结构   (b) 职能符号

1—阀体；2—阀芯；3—弹簧。

图 11-16　单向阀

2）梭阀和双压阀

图 11-17 所示为梭阀，相当于逻辑"或"。梭阀有三个气口，P_1、P_2 口都能与 A 相通，P_1 口与 P_2 口不互通，当 P_1 口通压缩空气、P_2 口不通压缩空气时，压缩空气将阀芯向右推，P_2 口关闭，气流由 P_1 口进入 A 口流出；反之，则 P_1 口关闭，气流由 P_2 口进入 A 口流出。若 P_1 口和 P_2 口同时通压缩空气，则 A 口就与压力高的一端相通，另一端自动关闭。

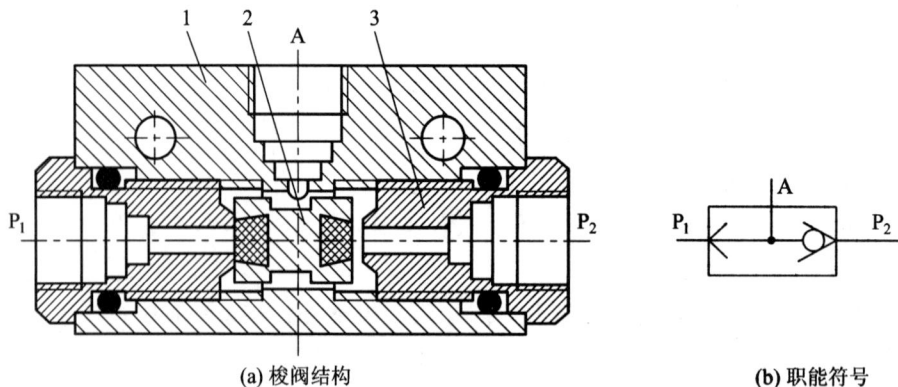

(a) 梭阀结构   (b) 职能符号

1—阀体；2—阀芯；3—阀座。

图 11-17　梭阀

3）双压阀

图 11 - 18 所示为双压阀，其作用相当于逻辑"与"。双压阀有两个输入口 P_1、P_2，和一个输出口 A。当 P_1 口或 P_2 口单独有压力输入时，阀芯被推到右端或左端，A 口无输出；只有当 P_1 口和 P_2 口同时有压力输入时，A 口才有输出，其中 P_1 口与 P_2 口中，压力低的气体通过 A 口输出。

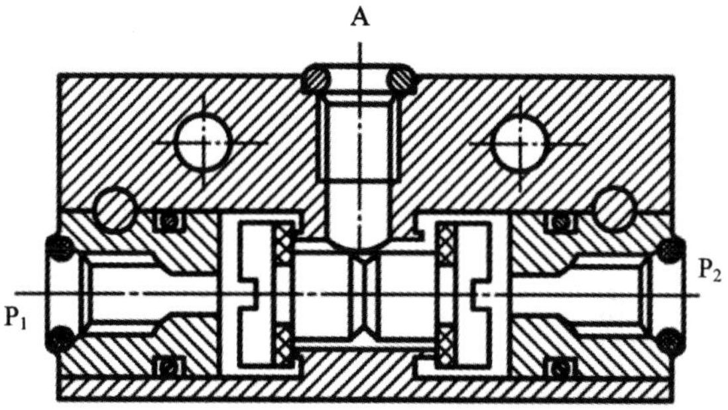

(a) 双压阀结构 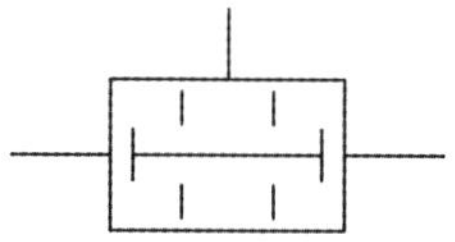　　　　　　　　　　　　　(b) 职能符号

图 11 - 18　双压阀

3. 换向控制阀

换向控制阀包括人力控制换向阀、直动式电磁换向阀和双气控换向阀。

1）人力控制换向阀

人力控制换向阀是用手动或脚踏方式实现阀换向的控制阀，其操作方式有按钮式、旋钮式、推杆式及脚踏式等。

图 11 - 19 所示为推杆式手动换向阀。当用手拉起阀芯时，P 与 B 相通，B 腔进气，A 与 O_1 相通，A 腔排气。手放开，依靠密封圈较大的摩擦力使阀具有定位能力，保持阀的状态不变。当用手将阀芯压下时，P 与 A 相通，A 腔进气，B 与 O_2 相通，B 腔排气，且仍具有定位能力。

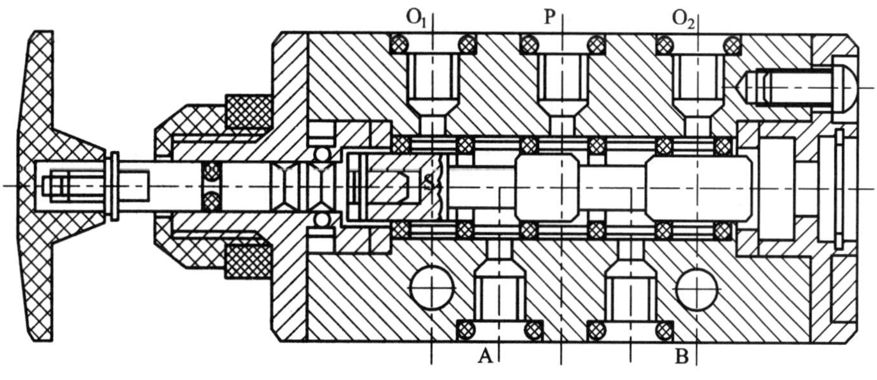

图 11 - 19　推杆式手动换向阀

2）直动式电磁换向阀

图 11-20 所示为二位三通双电控盘式线圈直动式电磁换向阀的结构和职能符号。该阀是常闭式的，并具有记忆功能，多用作先导阀。该阀的工作过程为：当上线圈 10 通电时，上静铁芯 6 吸动动铁芯 4 向上运动。因进气塞杆 5 和排气塞杆 13 固定在动铁芯 4 上，它们随盘式铁芯一起向上运动，所以进气塞 2 打开，排气塞 14 关闭，使 P、A 相通，A、O 切断。若突然断电，由于剩磁、密封圈摩擦力和压缩空气在气塞上的作用力，动铁芯不能自动下落，保持在原有位置不变，这就是双线圈电磁铁的记忆作用。当下线圈通电时，下静铁芯将动铁芯吸到下端位置，排气塞打开，A、O 相通。当把塑料护帽取下后，可通过用手按下或拉上手动柄 9，铁芯上、下运动，从而实现手动控制。

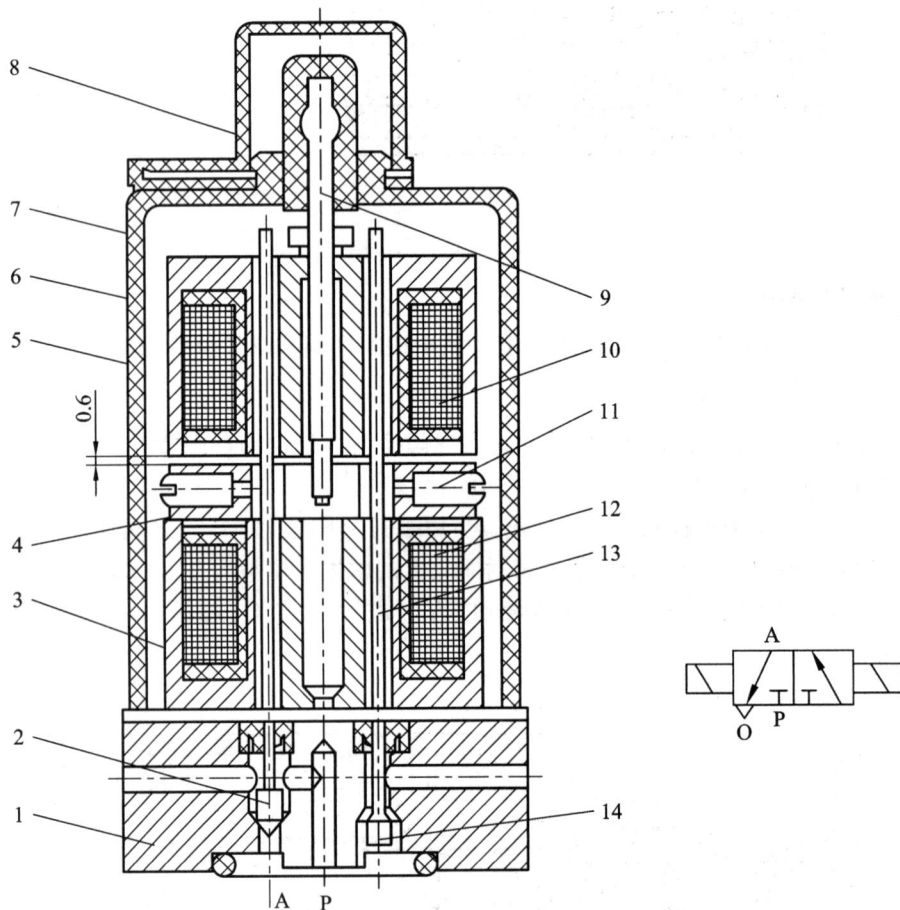

1—阀体；2—进气塞；3—下静铁芯；4—动铁芯；5—进气塞杆；6—上静铁芯；7—外壳；8—护帽；
9—手动柄；10—上线圈；11—紧定螺钉；12—下线圈；13—排气塞杆；14—排气塞。

图 11-20 二位三通双电控盘式线圈直动式电磁换向阀

3）双气控换向阀

图 11-21 所示为双气控换向阀。该阀的阀芯与阀套之间采用间隙密封，并设有定位装置。该阀在 K_1 信号时阀芯推向左边后，若切断 K_1，且不加 K_2，则阀芯将保持在有 K_1 信号时的工作状态。反过来，在 K_2 信号使阀芯推向右边后，若切断 K_2，且不加 K_1，则阀芯将

保持在有 K_2 信号时的工作状态。具有这种双控性质的阀为具有记忆功能的阀或双稳阀。它的这种持续性质在气动逻辑控制中得到广泛应用。

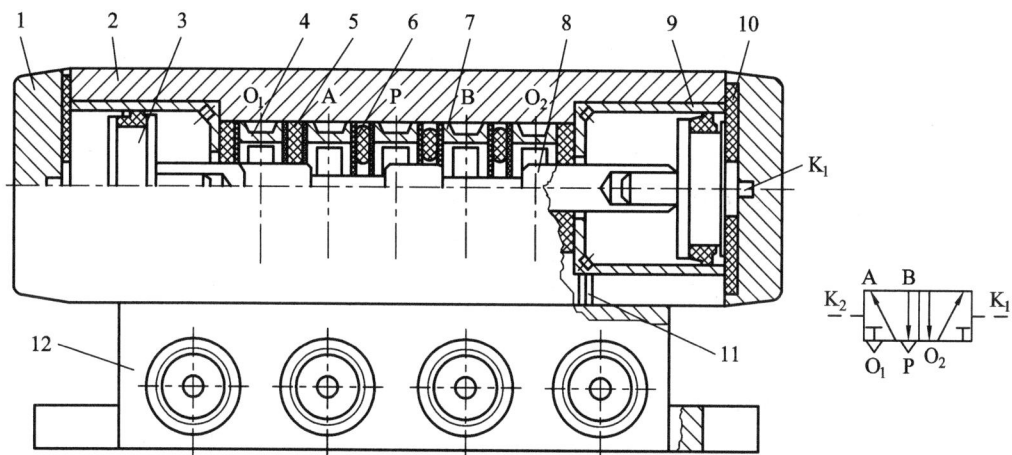

1—阀盖；2—阀体；3—阀塞；4—隔套；5—E 型密封圈；6—组合密封圈；7—垫圈；8—阀杆；9—Y 型密封圈；10—缓冲套；11—呼吸孔；12—阀座。

图 11-21 双气控换向阀

11.5 气动逻辑元件

气动逻辑元件是一种采用压缩空气为工作介质，通过元件内部的可动部件(如膜片等)的动作改变气流流动的方向，从而实现一定逻辑功能的控制元件。气动逻辑元件的种类很多，可按照不同的方式分类。按照工作压力，气动逻辑元件可分为三种：高压元件(工作压力 $0.2\sim0.8$ MPa)，低压元件(工作压力 $0.02\sim0.2$ MPa)，和微压元件(工作压力 0.02 MPa 以下)。按照逻辑功能，气动逻辑元件又可分为"或门"元件、"与门"元件、"非门"元件、"双稳"元件等。按照结构形式，气动逻辑元件可分为截止式、膜片式、滑阀式、球阀式和其他形式。

下面主要介绍截止式气动逻辑元件的特点、结构和工作原理。

11.5.1 截止式气动逻辑元件的特点及应用

截止式气动逻辑元件的特点如下：

(1) 逻辑元件流通孔道较大，抗污染能力较强，对气源的净化程度要求低。

(2) 通常逻辑元件在完成切换动作后，能切断气源和排气孔之间的通道，因此逻辑元件的无功耗气量较低(与工作频率有关)。

(3) 逻辑元件的带负载能力强，可带动较多的被控元件。

(4) 气信号口和安装孔都已设计成标准形式，在组成系统时，逻辑元件相互之间连接方便，匹配简单，调试容易。

(5) 气动逻辑元件的响应时间一般为几毫秒至十几毫秒(微压元件可在 1.5 ms 左右)。

响应速度较慢，不宜组成运算很复杂的控制系统。

（6）由于逻辑元件中有可动部件存在，在强烈冲击和振动的工作环境中可能产生误动作。

截止式逻辑元件的动作是依靠气压信号推动阀芯或通过膜片变形来完成的，改变气流的通路以实现一定的逻辑功能。每个气动逻辑元件都对应一个最基本的逻辑单元，逻辑控制系统的每个逻辑符号可以用对应的气动逻辑元件实现。气动逻辑元件设计有标准的机械和气信号接口，元件更换方便，组成逻辑系统简单，并且容易维护。逻辑元件的输出功率有限，一般用于组成逻辑控制系统中的信号控制部分，或推动小功率执行元件。如果执行元件功率较大，则要在逻辑元件的输出信号后接大功率的气控滑阀作为执行元件的主控阀。

11.5.2 截止式气动逻辑元件的分类

截止式气动逻辑元件包括"是门"和"与门"元件，"或门"元件，"非门"和"禁门"元件，"或非"元件，"双稳"和"单记忆"元件，以下分别介绍。

1."是门"和"与门"元件

"是门"和"与门"元件结构示意如图 11-22(a)所示，a 为信号输入孔，S 为信号输出孔，中间孔接气源孔 P 时，为"是门"元件。在 a 输入孔无信号时，阀片 3 在弹簧及气源压力作用下处于图示位置，封住 P、S 之间的通道，使输出孔 S 与排气孔相通，S 无输出。在 a 有输入信号时，膜片 4 在输入信号作用下将阀芯 1 推动下移，封住输出孔 S 与排气孔间通道，P、S 之间相通，S 有输出。也就是说，无输入信号时无输出，有输入信号时就有输出。元件的输入和输出信号始终保持相同状态。显示活塞 5 用来显示输出的有无状态。手动按钮 6 用于手动发信。"是门"元件在回路中可用做波形整形、隔离、放大。

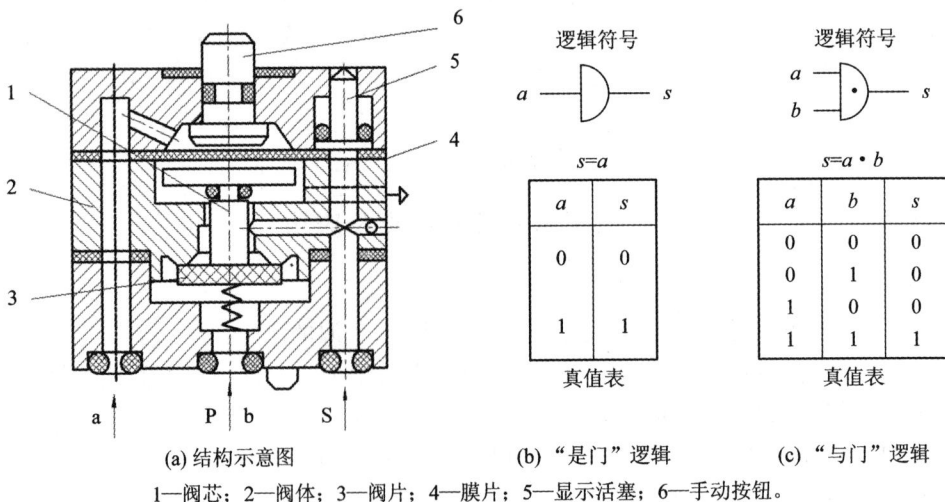

a	s
0	0
1	1

$s=a$

a	b	s
0	0	0
0	1	0
1	0	0
1	1	1

$s=a \cdot b$

(a) 结构示意图　　　　(b)"是门"逻辑　　　(c)"与门"逻辑

1—阀芯；2—阀体；3—阀片；4—膜片；5—显示活塞；6—手动按钮。

图 11-22 "是门"和"与门"元件及逻辑关系

若将中间孔不接气源而接另一输入信号 b，则成为"与门"元件。即当 a 有输入信号，b 无输入信号；或 b 有输入信号，a 无输入信号时，输出端 S 均无输出。只有当 a 与 b 同时有输入信号时，S 才有输出。

"是门"和"与门"元件的逻辑关系分别见图 11-22(b)和(c)。

2."或门"元件

图 11-23(a)所示为"或门"元件结构示意。图中，a、b 为信号输入孔，S 为信号输出孔。当 a 有输入信号时，阀芯 2 因输入信号作用，下移封住 b 信号孔，气流经 S 输出。当 b 有输入信号时，阀芯 2 在 b 信号作用下向上移，封住 a 信号孔，S 也会有输出。当 a、b 均有输入信号时，阀芯 2 在两个信号的作用下或上移，或下移，或保持在中位，无论阀芯处在任意状态，S 均有输出。也就是说，在 a 或 b 两个输入端中，只要有一个有信号或同时有信号，S 均有输出信号。显示活塞 1 用于显示输出的有或无。

"或门"元件的逻辑关系见图 11-23(b)。

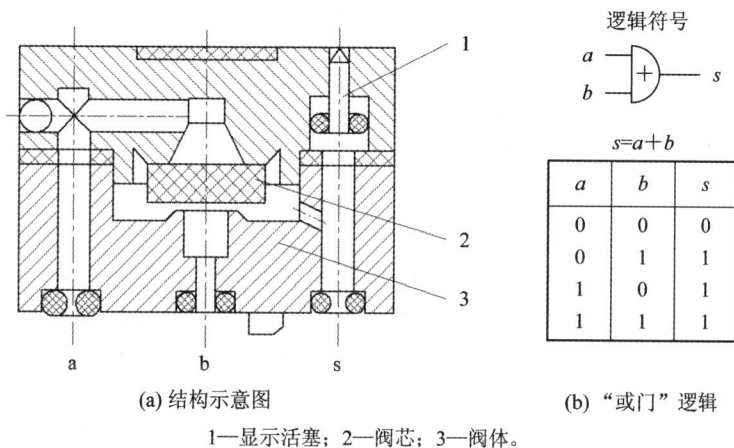

(a) 结构示意图　　　　　(b)"或门"逻辑

1—显示活塞；2—阀芯；3—阀体。

图 11-23　"或门"元件及逻辑关系

3."非门"和"禁门"元件

图 11-24(a)所示为"非门"和"禁门"元件结构示意图。图中，a 为信号输入孔，S 为信号输出孔，中间孔接气源 P 时为"非门"元件。当 a 无信号输入时，阀片 3 在气源压力的作用下上移，封住输出孔 S 与排气孔间的通道，S 有输出。当 a 有输入信号时，膜片 4 在输入信号的作用下，推动阀杆 1 下移，阀片 3 下移，封住气源孔 P，S 无输出。即一旦 a 有输入信号出现时，输出孔就为"非门"，没有输出了。显示活塞 5 用以检查输出的有无。手动按钮 6 用于手动发讯。

若把中间孔不作气源孔 P，而改作另一输入信号孔 b，元件即为"禁门"元件。由图可看出，在 a、b 均输入信号时，阀杆 1 及阀片 3 在 a 输入的信号作用下封住 b 孔，S 无输出；在 a 无输入信号，b 有输入信号时，S 就有输出。也就是说，a 输入信号对 b 输入信号起"禁止"作用。

"非门"和"禁门"元件的逻辑关系分别见图 11-24(b)和(c)。

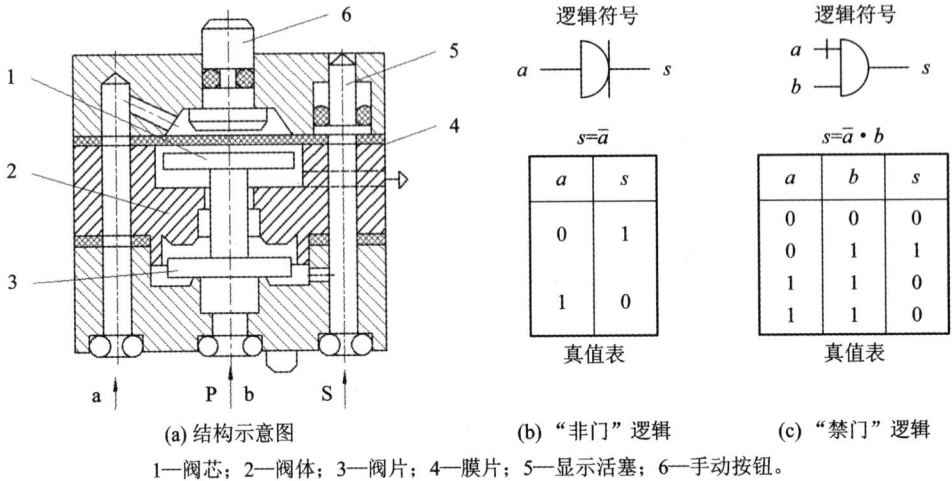

逻辑符号

$s=\overline{a}$

真值表

a	s
0	1
1	0

逻辑符号

$s=\overline{a} \cdot b$

真值表

a	b	s
0	0	0
0	1	1
1	1	0
1	1	0

(a) 结构示意图　　(b) "非门"逻辑　　(c) "禁门"逻辑

1—阀芯；2—阀体；3—阀片；4—膜片；5—显示活塞；6—手动按钮。

图 11-24　"非门"和"禁门"元件及逻辑关系

4. "或非"元件

"或非"元件是一种多功能的逻辑元件,应用这种元件可以组成"或门""与门""双稳"等各种逻辑单元。

图 11-25(a)为三输入"或非"元件的结构示意图。这种"或非"元件是在"非门"元件的基础上另外增加了两个信号输入端,即 a、b、c 为三个信号输入孔,P 为气源,S 为输出端。三个信号膜片不是刚性连接在一起,而是处于"自由状态",即阀柱 1、2 和相应的上下膜片是可以分开的。当所有的输入端 a、b、c 都无输入信号时,输出端 S 就有输出。若在三个输入端的任意一个或某两个或三个有输入信号,相应的膜片在输入信号压力的作用下,通过阀柱依次将力传递到阀芯 3 上,同样能切断气源,S 无输出。也就是说,三个输入端(所有输入端)的作用是等同的。这三个输入端,只要有一个输入信号出现,输出端就没有输出信号,即完成了"或非"逻辑关系。"或非"元件的逻辑关系见图 11-25(b)。

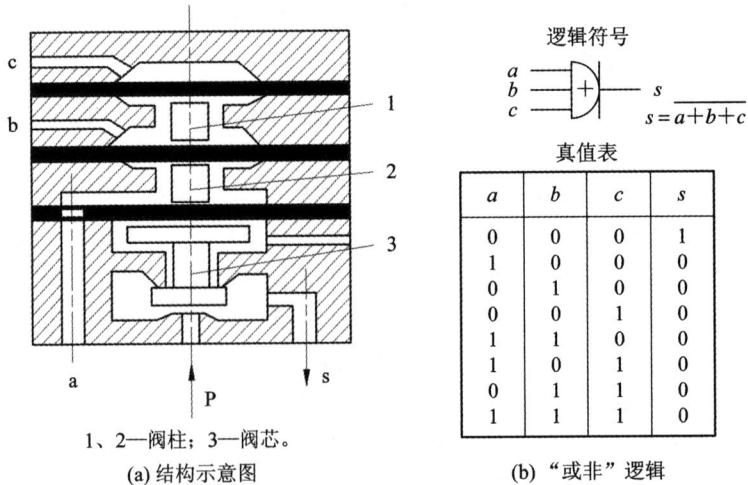

逻辑符号

$s=\overline{a+b+c}$

真值表

a	b	c	s
0	0	0	1
1	0	0	0
0	1	0	0
0	0	1	0
1	0	1	0
1	1	0	0
0	1	1	0
1	1	1	0

1、2—阀柱；3—阀芯。

(a) 结构示意图　　(b) "或非"逻辑

图 11-25　"或非"元件及逻辑关系

5. "双稳"和"单记忆"元件

"双稳"和"单记忆"元件均属记忆元件，在逻辑回路中有着很重要的作用。图 11-26(a)为"双稳"元件原理图，"双稳"即双记忆元件。如图 11-26(a)所示，阀芯 2 被控制信号 a 的输入推向右端，气源的压缩空气便由 P 通至 S_1 输出；而 S_2 与排气孔 O 相通，此时"双稳"处于"1"状态。在控制端 b 的输入信号到来之前，a 的信号虽然消失，阀芯 2 仍然保持在右端的位置，S_1 总有输出。当控制端 b 有输入信号时，阀芯 2 在此信号作用下推向左端，此时压缩空气由 P 通至 S_2 输出；而 S_1 与排气孔相通。于是"双稳"处于"0"状态。在 b 的信号消失后，a 信号未到来之前，阀芯仍稳在左端，S_2 总有输出。"双稳"元件的逻辑关系见图 11-26(b)。

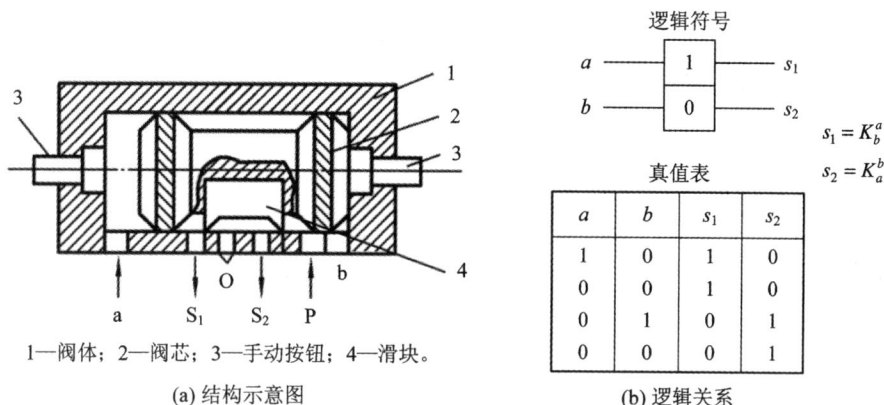

逻辑符号

$$s_1 = K_b^a$$
$$s_2 = K_a^b$$

真值表

a	b	s_1	s_2
1	0	1	0
0	0	1	0
0	1	0	1
0	0	0	1

1—阀体；2—阀芯；3—手动按钮；4—滑块。

(a) 结构示意图　　(b) 逻辑关系

图 11-26　"双稳"元件及逻辑关系

"单记忆"元件的原理如图 11-27(a)所示。a 为置"0"信号输入端，b 为置"1"信号输入端，S 为输出端，P 为气源孔。当 b 有置"1"信号输入时，膜片变形使活塞上移，将小活塞 4 顶起，而打开气源通道，并关闭排气通道。此时 S 孔有输出。如果 b 的置"1"信号消失，膜片 1 复原，活塞 2 在输出端压力作用下仍能保持在上面位置，输出端 S 仍有输出，对 b 的置"1"信号起记忆作用。当 a 有置"0"信号输入时，活塞 2 下移，打开排气通道，小活塞 4 也下移，切断气源，输入端 S 无输出。"单记忆"元件的逻辑关系见图 11-27(b)。

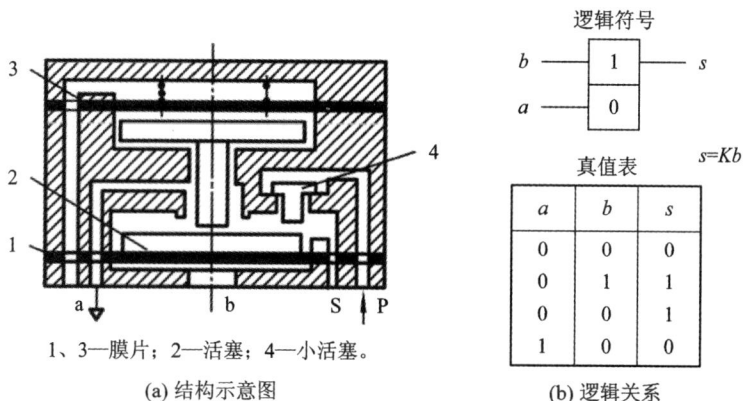

逻辑符号

$$s = Kb$$

真值表

a	b	s
0	0	0
0	1	1
0	1	1
1	0	0

1、3—膜片；2—活塞；4—小活塞。

(a) 结构示意图　　(b) 逻辑关系

图 11-27　"单记忆"元件及逻辑关系

习　　题

11.1　气动三大件为哪三个元件？画出其职能符号。

11.2　气缸有哪些种类？各种气缸有哪些特点？

11.3　已知单杆双作用气缸的内径 $D=100$ mm，活塞杆直径 $d=25$ mm，工作压力 $p=0.5$ MPa，气缸效率为 0.5，求气缸往复运动时的输出力各为多少。

11.4　单作用气缸的内径 $D=63$ mm，复位弹簧的最大反力为 150 N，工作压力 $p=0.5$ MPa，气缸效率为 0.4，求该气缸的推力为多少。

11.5　简述气动控制阀与液压控制阀的主要区别。

11.6　逻辑元件有哪些种类。

第 12 章

气动基本回路及气压传动系统实例

气动系统是由一些基本回路组成的。按回路控制的功能不同,气动回路分为压力控制回路、速度控制回路、换向回路、位置控制回路、安全保护回路、气动逻辑回路等。

12.1 压力控制回路

对气动系统的压力进行调节和控制的回路称为压力控制回路。常用的压力控制回路包括气源压力控制回路和设备压力控制回路。

1. 气源压力控制回路

图 12-1 所示的气源压力控制回路用于控制压缩空气站的贮气罐内的压力 p_s,又称为一次压力控制回路。压力控制回路采用电接点压力表或压力继电器控制空气压缩机的启动和停止,使贮气罐内的压力保持在要求的范围内;安全阀用于限定贮气罐内的最高压力。

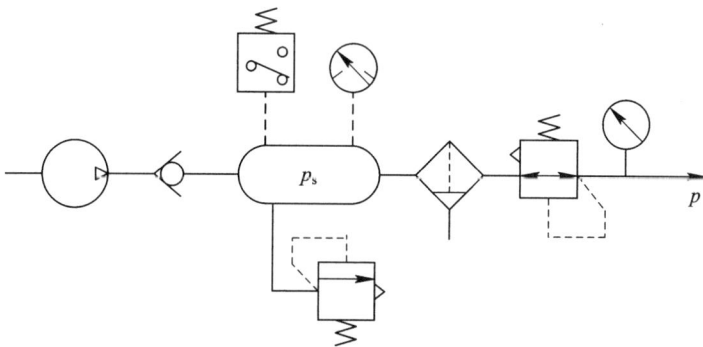

图 12-1 气源压力控制回路

2. 设备压力控制回路

图 12-2 所示的设备压力控制回路是向每台气动设备提供气源的压力调节回路,又称为

二次压力控制回路,主要由气动三联件,即分水过滤器、减压阀、油雾器构成。图12-2(a)所示为通过调节减压阀实现对气动设备工作压力的控制;图12-2(b)所示为通过换向阀向气动设备提供两种不同的工作压力;图12-2(c)所示为通过两个减压阀对同一台气动设备的不同执行元件提供两种不同工作压力。

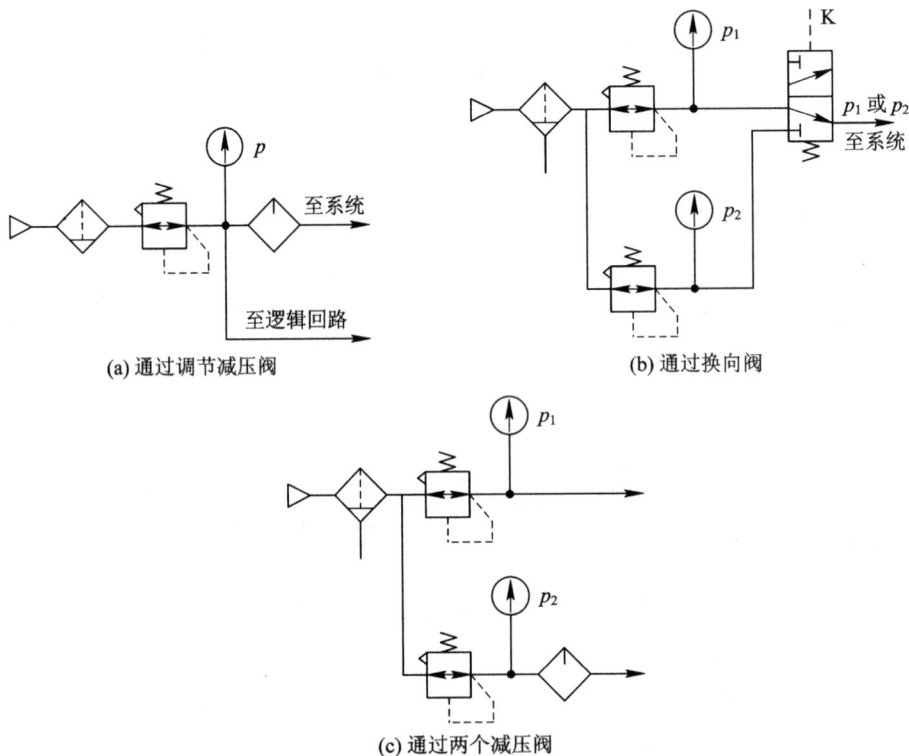

(a) 通过调节减压阀

(b) 通过换向阀

(c) 通过两个减压阀

图12-2 设备压力控制回路

12.2 速度控制回路

控制气缸运动速度的回路称为速度控制回路。速度控制回路分为气阀调速回路和气液联动速度控制回路。

1. 气阀调速回路

因气动系统使用功率不大,调速方法主要是节流调速,故常采用气阀调速回路,即排气节流调速回路。气阀调速回路分为单作用气缸调速回路、双作用气缸调速回路和缓冲回路。

1) 单作用气缸调速回路

图12-3(a)所示电路采用两个单向节流阀分别控制活塞杆的升、降速度。图12-3(b)所示电路中,活塞杆伸出时采用节流阀调速,活塞杆退回时通过快速排气阀排气,快速退回。

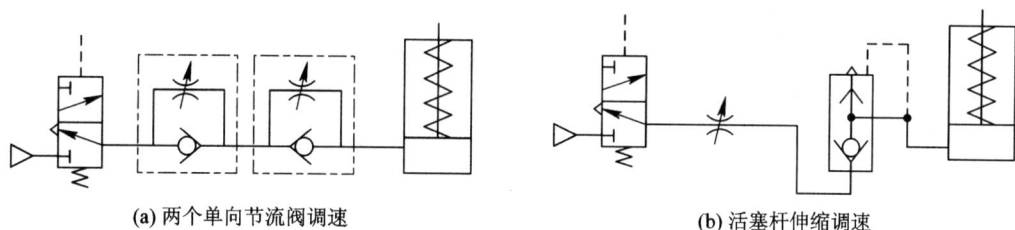

(a) 两个单向节流阀调速　　　　　　　　　　(b) 活塞杆伸缩调速

图 12 - 3　单作用气缸调速回路

2）双作用气缸调速回路

图 12 - 4(a)所示电路采用单向节流阀对气缸进行双向调速；图 12 - 4(b)所示电路采用排气节流阀对气缸进行双向调速。当外负载变化不大时，采用排气节流调速，进气阻力小，比单向节流阀的调速效果好；并且排气节流阀和消声器通常设计成一体，可直接安装在二位五通阀上。

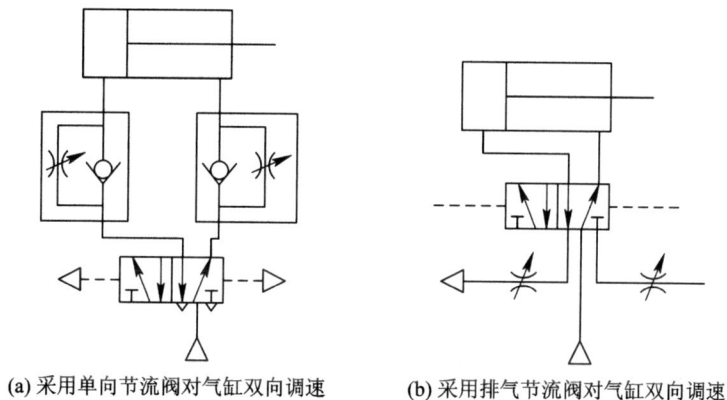

(a) 采用单向节流阀对气缸双向调速　　　(b) 采用排气节流阀对气缸双向调速

图 12 - 4　双作用气缸调速回路

3）缓冲回路

由于气动执行元件动作速度快，当活塞惯性较大时，可采用如图 12 - 5 所示的缓冲回路。当活塞向右运动时，气缸右腔的气体经过二位二通阀排气，直到活塞运动接近末端，压下机动换向阀时，气体经节流阀排气，活塞低速运动到终点。

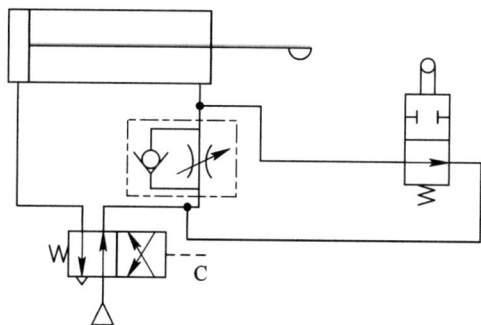

图 12 - 5　缓冲回路

2. 气液联动速度控制回路

由于气体可压缩,所以其运动速度不稳定,定位精度也不高。在气动不能满足工作要求时,可采用气液联动速度控制回路。该回路以气缸为动力,液压缸为阻尼,调节运动速度。气液联动速度控制回路分为调速回路、变速回路和有任意位置停止的变速回路。

1) 调速回路

气液缸调速回路如图 12-6 所示,采用节流阀 1、2 实现双向调速,油杯 3 用于补充漏油。

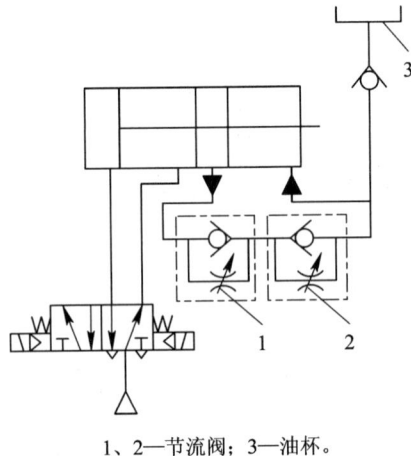

1、2—节流阀;3—油杯。

图 12-6 气液缸调速回路

2) 变速回路

图 12-7 是采用行程阀的变速回路。当活塞杆右行,撞块 A 碰到机动换向阀后,开始作慢速运动。改变行程阀的安装位置可以改变变速的位置。

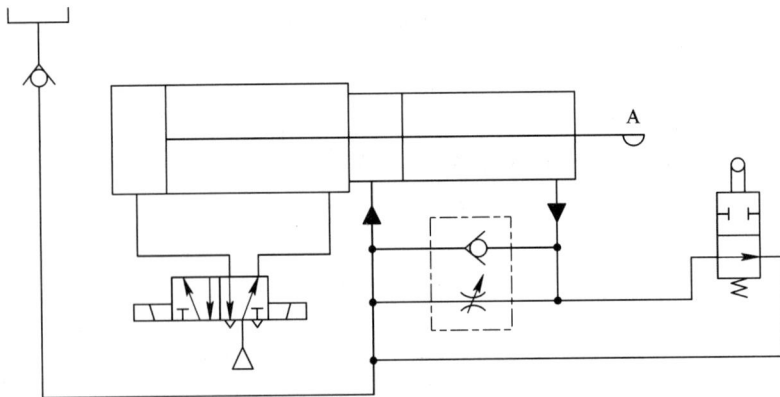

图 12-7 气液缸变速回路

3) 有任意位置停止的变速回路

图 12-8 所示回路中液压阻尼缸和气缸并联,气缸活塞杆端滑块套在液压缸活塞杆上,当滑块运动到调节螺母 3 处时,气缸由快进转为与液压缸同样的慢进。此时,两缸的速度由节流阀 2 控制。弹簧式蓄能器 1 用于液压缸活塞往复运动时吸收或补充油液。调节螺母

3，可调节气缸由快进转为慢进的变速位置。当三位五通阀 5 处于中间位置时，液压阻尼缸的油路被二位二通阀 3 切断，活塞停止运动。而当三位五通阀切换到左、右位时，压缩空气都可经过梭阀 4 切换阀 6，使阻尼液压缸起调速作用。

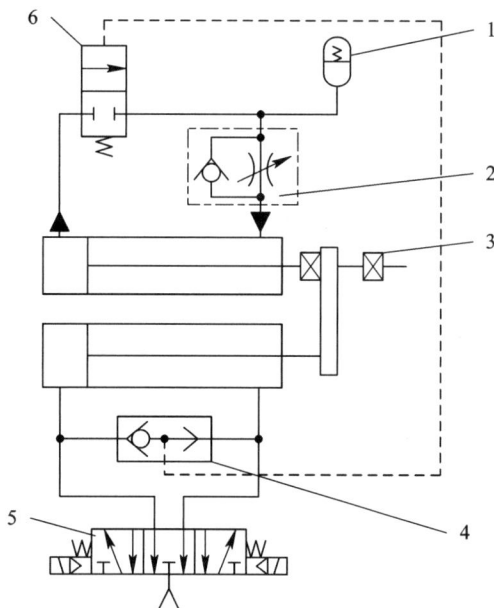

1—弹簧式蓄能器；2—节流阀；3—调节螺母；4—梭阀；5—三位五通阀；6—二位二通阀。

图 12-8　有中位停止的变速回路

12.3　换　向　回　路

通过控制进气方向改变执行元件运动方向的回路称为换向回路。换向回路分为单作用气缸换向回路、双作用气缸换向回路和气马达换向回路。

1. 单作用气缸换向回路

单作用气缸换向回路如图 12-9 所示。其中。图 12-9(a)回路为用二位三通电磁换向阀控制单作用气缸上、下运动的换向回路。当电磁铁通电时，气缸活塞向上运动；当电磁铁断电时，气缸活塞在弹簧作用下返回。图 12-9(b)回路是用三位四通电磁换向阀控制单作用气缸上、下运动和停止的换向回路。该阀具有自动对中功能，可使气缸停在任意位置。但由于阀不可避免地存在内泄漏，因此其定位精度不高，定位时间不长。

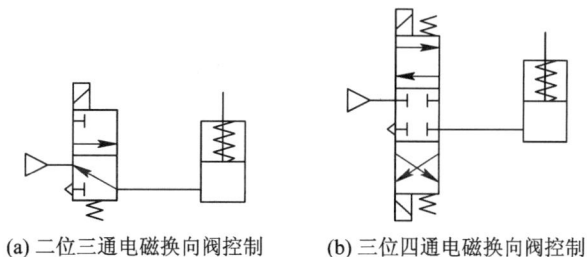

(a) 二位三通电磁换向阀控制　　(b) 三位四通电磁换向阀控制

图 12-9　单作用气缸换向回路

2. 双作用气缸换向回路

双作用气缸换向回路分为电控换向回路、单往复换向回路和连续往复换向回路。

1）电控换向回路

图 12-10 所示是用电控二位五通换向阀控制的双作用气缸伸缩回路。

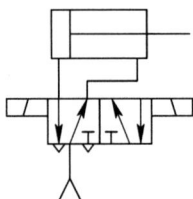

图 12-10　电控换向回路

2）单往复换向回路

图 12-11 所示是由机动换向阀和手动换向阀组成的单往复换向回路。按下手柄阀后，二位五通换向阀换向，气缸外伸；当活塞杆挡块压下机动阀后，二位五通换向阀换至图示位置，气缸缩回并停止。按一次手动阀，气缸完成一次往复运动。

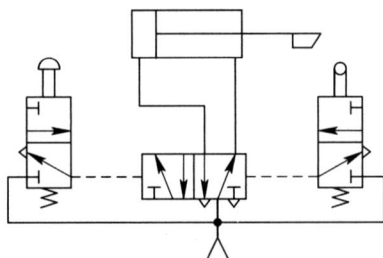

图 12-11　单往复换向回路

3）连续往复换向回路

连续往复换向回路如图 12-12 所示。手动阀 1 换向，高压气体经过阀 3 使阀 2 换向，气缸活塞杆外伸，行程阀 3 复位，活塞杆行至挡块压下行程阀 4 时，阀 2 换向至图示位置，活塞杆缩回，阀 4 复位。当活塞杆缩回到行程终点压下行程阀 3 时，阀 2 再次换向。如此循环实现连续往复运动。

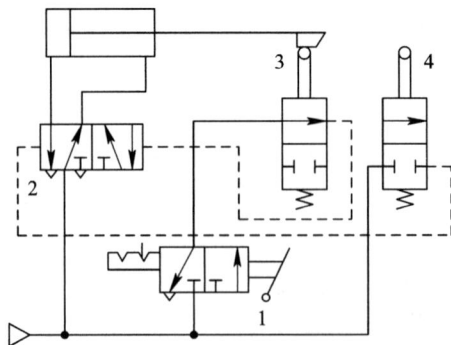

1—手动阀；2—换向阀；3、4—行程阀。
图 12-12　连续往复动作回路

3. 气马达换向回路

图 12-13 所示气马达换向电路采用三位五通电气换向阀控制气马达的正转、反转和停止三个状态。由于气马达排气噪声较大，该回路在排气管上通常接消声器。如果不需要节流阀调速，两条排气管可共用一个消声器。

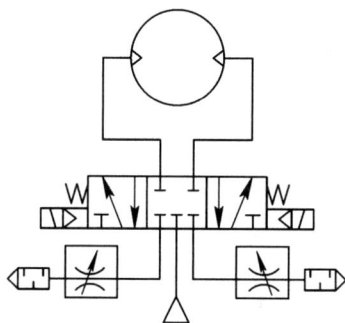

图 12-13　气马达换向回路

12.4　位置控制回路

位置控制回路分为采用串联气缸定位和任意位置停止控制回路。

1. 采用串联气缸定位

气缸由拥有多个不同行程的气缸串联而成，见图 12-14。换向阀 1、2、3 依次得电和同时失电，可得到四个定位位置。

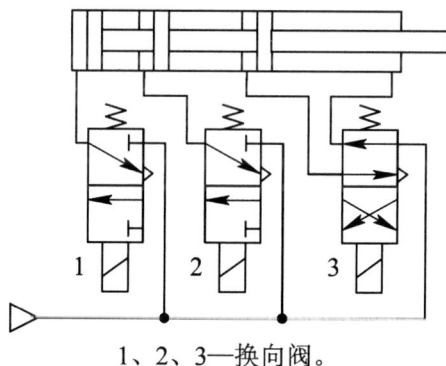

1、2、3—换向阀。

图 12-14　串联气缸位置控制回路

2. 任意位置停止控制回路

如图 12-15 所示，用中间封闭式或中间泄压式中位机能的气动三位换向阀可对气动执行元件"锁紧"，使其在任意位置停止。

当气缸负载较小时，可选择图 12-15(a)所示回路；当气缸负载较大时，应选择图12-15(b)所示回路。

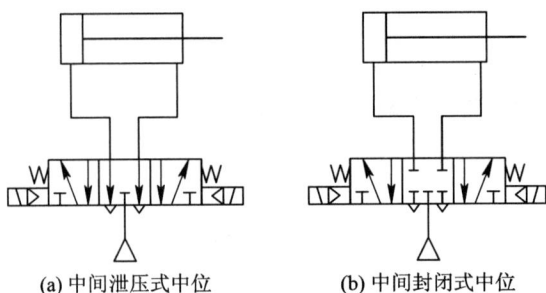

(a) 中间泄压式中位   (b) 中间封闭式中位

图 12-15   采用中间封闭式或中间泄压式中位机能的位置控制回路

12.5   安全保护回路

安全保护回路包括双手操作安全回路和互锁回路。

1. 双手操作安全回路

图 12-16 所示电路中只有同时按下两个启动用的手动换向阀，气缸才能动作。该回路可以在冲床、锻床上，对操作人员的手起保护作用。

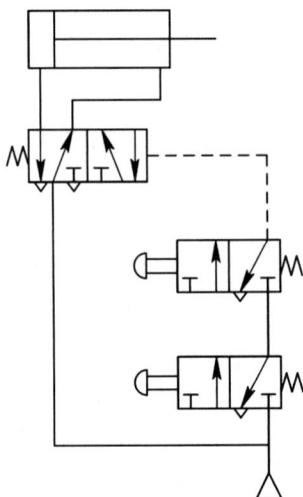

图 12-16   双手操作回路

2. 互锁回路

图 12-17 所示回路中，当一个气缸活塞杆伸出时，不允许其他气缸活塞杆伸出。图中梭阀 1、2、3 和换向阀 4、5、6 共同实现互锁。如换向阀 7 换向时，A 缸的进气管道气体通过梭阀 1 和梭阀 3 作用在换向阀 6 和换向阀 5 的弹簧端。此时即使换向阀 8 或 9 有信号，使换向阀 6 或换向阀 5 的无弹簧端通气，换向阀 6、换向阀 5 也不会换向，B、C 两缸也不会动作。如果要其他缸活塞外伸，必须使前面动作的缸复位。

1、2、3—梭阀；4、5、6、7、8、9—换向阀。

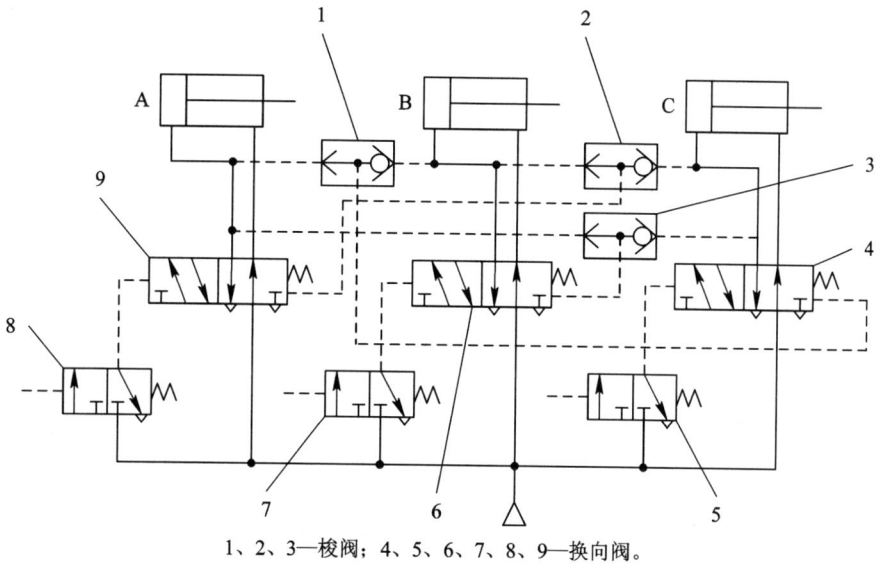

图 12-17   互锁回路

12.6   气动逻辑回路

气动逻辑回路是把气动阀按逻辑关系组合而成的回路。采用这些逻辑回路的主要目的是进行信号的变换。基本的逻辑回路有"是""或""与""非"等回路。表 12-1 介绍了几种常见的逻辑回路，表中 a、b 为输入信号，s_1、s_2 和 s 为输出信号，"1"与"0"分别表示有信号和无信号。

表 12-1   基本逻辑回路

回路名称	回 路 图	逻辑符号及表达式	真 值 表	动作说明
是		a —⊃— s $s=a$	a | s 0 | 0 1 | 1	有信号 a 则 s 有输出，无 a 则 s 无输出
非		a —⊃— s $s=\bar{a}$	a | s 0 | 1 1 | 0	有 a 则 s 无输出，无 a 则 s 有输出
或		a b —+— s $s=a+b$	a | b | s 0 | 0 | 0 0 | 1 | 1 1 | 0 | 1 1 | 1 | 1	只有当信号 a 和 b 同时存在时，s 才有输出

续表

回路名称	回 路 图	逻辑符号及表达式	真 值 表	动作说明
或非	(a) 无源　　(b) 有源	$s=\overline{a+b}$ $\begin{array}{cccc} a&b&s\\0&0&1\\0&1&1\\1&0&1\\1&1&0\end{array}$ 用逻辑符号	$\begin{array}{ccc}a&b&s\\0&0&1\\0&1&1\\1&0&1\\1&1&0\end{array}$	有 a 或 b 任一个信号，s 无输出
与	(a) 无源　　(b) 有源	$s=a\cdot b$	$\begin{array}{ccc}a&b&s\\0&0&0\\0&1&1\\1&0&1\\1&1&1\end{array}$	只有当信号 a 和 b 同时存在时，s 才有输出
禁	(a) 无源　　(b) 有源	$s=\overline{a}\cdot b$	$\begin{array}{ccc}a&b&s\\0&0&0\\0&1&1\\1&0&0\\1&1&0\end{array}$	有信号 a 时，s 无输出(a 禁止了 s 有)；当无信号 a，有信号 b 时，s 才有输出
记忆	(a) 双稳　　(b) 单记忆	(a)　(b) $s_1=K_b^a$　$s_2=K_a^b$	$\begin{array}{cccc}a&b&s_1&s_2\\1&0&1&0\\0&0&1&0\\0&1&0&1\\0&0&0&1\end{array}$	有信号 a 时，s_1 有输出；a 消失时，仍有输出，直到有 b 信号时，s_1 才无输出，s_2 有输出。记忆回路要求 a、b 不能同时加入
脉冲		$a\ \square\ s$		回路可把长信号 a 变为一个脉冲信号 s 输出，脉冲宽度可由气阻 R、气容 C 调节。回路要求 a 的持续时间大于脉冲宽度。
延时		$a\ t\ s$		有信号 a 时，需延时 t 时间后 s 才有输出，调节气阻 R、气容 c 可调，t 回路要求 a 的持续时间大于 t

12.7　气压传动系统实例

气压传动在工业机械手，特别在高速机械手中应用较多。它的压力一般在 0.4～0.6 MPa 之间，个别的气压系统的压力可达 0.8～1 MPa。气动机械手可根据各种自动化设备的工作需要，模拟人手的部分动作，按生产工艺的要求，实现预定的控制程序，例如实现自动取料、搬运、上料、卸料和自动换刀等功能，是自动生产设备和自动生产线上的重要装置之一，广泛用于机械加工、冲压、锻造、铸造、装配、热处理等生产过程中。

图 12-18 所示是某气动机械手的结构示意图。该系统共有 A、B、C 和 D 四个气缸，可在三维空间工作。其中，A 缸为抓取机构的松紧缸，当活塞杆退回时将工件夹紧，当活塞杆伸出时将工件松开；B 缸为长臂伸缩缸，可以实现伸出和缩回动作；C 缸为机械手升降缸；D 缸为立柱回转缸，也是齿轮齿条缸，它通过齿条齿轮啮合将活塞的直线运动转换为立柱的旋转运动。

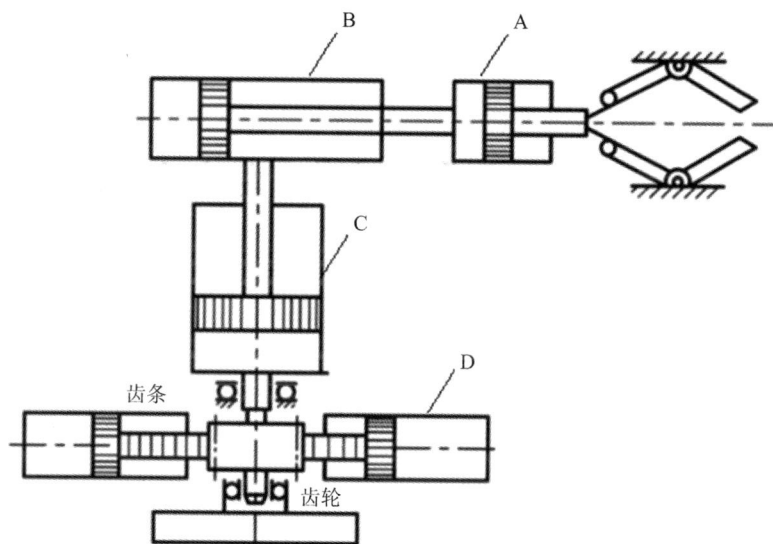

A—松紧缸；B—长臂伸缩缸；C—机械手升降缸；D—立柱回转缸。

图 12-18　气动机械手结构示意图

该机械手的控制过程为：由手动阀启动机械手，通过程序控制，使机械手从第一个节拍连续运动到最后一个节拍，把位于机械手右下方的工件，搬到左下方的位置上的机械手动作程序如图 12-19 所示。控制过程为：由启动阀启动机械手，依次完成立柱下降、伸臂、夹紧工件、缩臂、立柱左回转、立柱上升、放开工件、立柱右回转的工序。通过程序控制，使机械手从第一个节拍连续运动到另一个节拍，把位于机械手右下方的工件，搬到左下方的位置上等操作。图中 q 为启动信号。

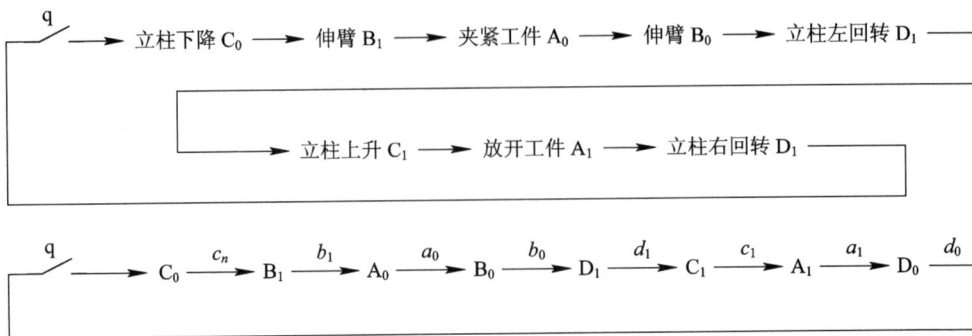

图 12-19 机械手动作程序示意图

该机械手气动控制回路原理图如图 12-20 所示。系统中的原始信号 c_0、b_0 是无源信号，不能直接与气源相连，只有分别通过 a_0 与 a_1 才能与气源信号相连接。

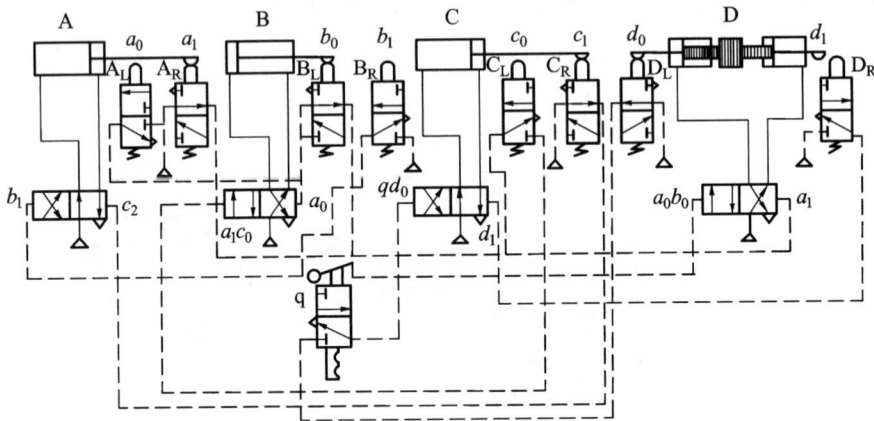

图 12-20 机械手气动控制回路原理图

该系统的工作循环分析如下：

（1）按下启动阀 q，压缩空气经 D_L 阀和手动阀进入 C 缸主控阀左腔，使 C 缸的主控阀处于左位，C 缸活塞杆退回，立柱下降，实现动作 C_0。

（2）当立柱下降到位、C 缸活塞杆上的挡铁压下 C_L 的阀芯后，压缩空气经 A_R 阀和 C_L 阀进入 B 缸主控阀左腔，控制信号 a_1 和 c_0 使 B 缸主控阀处于左位，B 缸活塞杆伸出，手臂伸出，实现动作 B_1。

（3）当手臂伸出到位、B 缸活塞杆上的挡铁压下 B_R 的阀芯后，压缩空气经 B_R 阀进入 A 缸主控阀左腔，控制信号 b_1 使 A 缸主控阀处于左位，使 A 缸活塞杆退回，夹紧工件，实现动作 A_0。

（4）当工件被夹紧、A 缸活塞杆上的挡铁压下 A_L 的阀芯后，压缩空气经 A_L 阀进入 B 缸主控阀右腔，控制信号 a_0 使 B 缸主控阀处于右位，B 缸活塞杆退回，手臂缩回，实现动作 B_0。

（5）当手臂缩回到位、B 缸活塞杆上的挡铁压下 B_L 的阀芯后，压缩空气经 A_L 阀和 B_L 阀进入 D 缸主控阀的左腔，控制信号 a_0 和 b_0 使 D 缸的主控阀处于左位，D 缸活塞杆右移，通过齿轮齿条机构带动立柱顺时针方向回转，实现动作 D_1。

（6）当立柱回转到位、D 缸活塞杆上的挡铁压下 D_R 的阀芯后，压缩空气经 D_R 阀进入 C 缸主控阀右腔，控制信号 d_1 使 C 缸的主控阀处于右位，C 缸活塞杆伸出，立柱上升，实现动作 C_1。

（7）当立柱上升到位、C 缸活塞杆上的挡铁压下 C_R 的阀芯后，压缩空气经 C_R 阀进入 A 缸主控阀的右腔，控制信号 c_1 使 A 缸的主控阀处于右位，A 缸活塞杆伸出，放开工件，实现动作 A_1。

（8）当工件被放开、A 缸活塞杆上的挡铁压下 A_R 的阀芯后，压缩空气经 A_R 阀进入 D 缸主控阀的右腔，控制信号 a_1 使 D 缸的主控阀处于右位，D 缸活塞杆左移，带动立柱逆时针方向回转，实现动作 D_0。

（9）当立柱回转到位、D 缸活塞杆上的挡铁压下 D_L 的阀芯后，压缩空气经 D_L 阀和启动阀 q 后，控制信号 d_0 经启动阀 q 再次进入 C 缸主控阀的左腔，使 C 缸的主控阀又处于左位，重新开始下一个工作循环。

该气动机械手气压系统具有以下特点：

（1）不用增速机构就能获得较高的运动速度，使气能快速自动地完成各个动作，动作迅速、平稳、可靠。

（2）结构简单、重量轻、刚性好、成本低。

（3）空气泄漏对环境无污染，对管路要求低。

习　　题

12.1　设计一个四缸互锁回路。

12.2　简述气动安全保护回路分为哪几种，其原理各是什么。

附录1 常用液压传动图形符号摘要

(摘自 GB/T 786.1—2021)

1. 基本符号、管路及连接

名　称	符　号	名　称	符　号
工作管路		柔性管路	
控制管路、泄漏管路		组合元件框线	
连接管路		单通路旋转接头	
无连接点交叉管路		三通路旋转接头	

2. 动力源及执行机构

名　称	符　号	名　称	符　号
单向定量液压泵		摆动执行器	
双向定量液压泵		单作用单杆缸	
单向变量液压泵		双作用单杆缸	
双向变量液压泵		双作用双杆缸（活塞杆直径不同、双侧缓冲，右侧缓冲可调）	
液压源		双作用双杆缸（两侧带限位开关）	
单向定量液压马达		单作用柱塞缸	
双向定量液压马达		单作用多级缸	
单向变量液压马达		双作用多级缸	
双向变量液压马达		单作用增压器	

3. 控制机构

名　称	符　号	名　称	符　号
锁定功能的手动控制		单作用可调电磁控制	
可调行程推杆控制		双作用电磁控制	
滚轮杠杆控制		双作用可调电磁控制	
带有定位的推/拉控制		电液先导控制	
单作用电磁控制		步进电机控制	

4. 控制阀

名　称	符　号	名　称	符　号
溢流阀一般符号或直动型溢流阀		减压阀一般符号或直动型减压阀	
先导型溢流阀		先导型减压阀	
先导型比例电磁溢流阀		顺序阀一般符号或直动型顺序阀	
电磁溢流阀（常开）		单向顺序阀	
集流阀		或门型梭阀	
分流阀		二位二通推压控制方向控制阀	
可调节流阀		二位二通方向控制阀（电磁控制、常开）	
可调节单向节流阀		二位三通换向阀（滚轮杠杆控制）	
比例流量控制阀（直动式）		二位四通换向阀（电液控制）	

名　称	符　号	名　称	符　号
单向阀		三位四通电磁方向控制阀	
带弹簧单向阀		三位四通电液方向控制阀	
液控单向阀		三位四通液动方向控制阀	
双液控单向阀（液压锁）		比例方向控制阀（直动式）	

5. 辅助和其他装置

名　称	符　号	名　称	符　号
过滤器		温度调节器	
带磁性滤芯过滤器		活塞式蓄能器	
带光学阻塞指示器的过滤器		隔膜式蓄能器	
通气过滤器		囊式蓄能器	
压力计		温度计	
压差表		液位指示器	
流量计		扭矩仪	
冷却器		压力传感器	
加热器		电动机	

附录 2　液压与气压传动系统设计常用标准

序号	标准号	中文标准名称
1	GB/T 3766—2015	液压传动系统及其元件的通用规则和安全要求
2	GB/T 786.1—2021	流体传动系统及元件 图形符号和回路图 第1部分:图形符号
3	GB/T 786.2—2018	流体传动系统及元件 图形符号和回路图 第2部分:回路图
4	GB/Z 42533—2023	流体传动系统及元件 参考词典规范 第2部分:气动产品类与特性的定义
5	GB/T 7932—2017	气动 对系统及其元件的一般规则和安全要求
6	GB/T 23572—2009	金属切削机床 液压系统通用技术条件
7	GB/T 35023—2018	液压元件可靠性评估方法
8	GB/T 7935—2005	液压元件 通用技术条件
9	GB/T 7631.2—2003	润滑剂、工业用油和相关产品(L类)的分类 第2部分:H组(液压系统)
10	GB/T 3141—1994	工业液体润滑剂 ISO 粘度分类
11	GB 11118.1—2011	液压油(L-HL、L-HM、L-HV、L-HS、L-HG)
12	JB/T 10607—2006	液压系统工作介质使用规范
13	GB/T 14039—2002	液压传动油液固体颗粒污染等级代号
14	GB/T 16898—1997	难燃液压液使用导则
15	GB/T 21449—2008	水-乙二醇型难燃液压液
16	GB/Z 19848—2005	液压元件从制造到安装达到和控制清洁度的指南
17	GB/T 25133—2010	液压系统总成 管路冲洗方法
18	GB/T 17491—2023	液压传动 泵、马达 稳态性能的试验方法
19	GB/T 7936—2012	液压泵和马达 空载排量测定方法
20	GB/T 17485—1998	液压泵、马达和整体传动装置参数定义和字母符号
21	GB/T 38045—2019	船用水液压轴向柱塞泵
22	GB/T 23253—2009	液压传动电控液压泵性能试验方法
23	GB/T 2353—2005	液压泵及马达的安装法兰和轴伸的尺寸系列及标注代号
24	GB/T 6577—2021	液压缸活塞用带支承环密封沟槽型式、尺寸和公差
25	GB/T 15242.1—2017	液压缸活塞和活塞杆动密封装置尺寸系列 第1部分:同轴密封件尺寸系列和公差
26	GB/T 6578—2008	液压缸活塞杆用防尘圈沟槽型式、尺寸和公差
27	GB/T 32216—2015	液压传动 比例/伺服控制液压缸的试验方法
28	GB/T 24946—2010	船用数字液压缸

序 号	标 准 号	中 文 标 准 名 称
29	GB/T 36997—2018	液压传动 油路块总成及其元件的标识
30	GB/T 8107—2012	液压阀 压差-流量特性的测定
31	GB/T 39956.1—2021	气动 电-气压力控制阀 第1部分:商务文件中应包含的主要特性
32	GB/Z 41983—2022	液压螺纹插装阀 安装连接尺寸
33	GB/T 7937—2008	液压气动管接头及其相关元件 公称压力系列
34	GB/T 32957—2016	液压和气动系统设备用冷拔或冷轧精密内径无缝钢管
35	GB/T 14034.1—2023	液压传动连接 金属管接头 第1部分:24°锥形
36	GB/T 42086.1—2022	液压传动连接 法兰连接 第1部分:3.5 MPa～35 MPa、DN13～DN127 系列
37	GB/T 41354—2022	液压传动 无缝或焊接型的平端精密钢管 尺寸与公称压力
38	GB/T 20079—2006	液压过滤器技术条件
39	GB/T 3452.3—2005	液压气动用 O 形橡胶密封圈 沟槽尺寸
40	GB/T 2879—2005	液压缸活塞和活塞杆动密封 沟槽尺寸和公差

参 考 文 献

[1] 董继先,吴春英. 流体传动与控制[M]. 北京:国防工业出版社,2008.

[2] 贺利乐. 液压与液力传动[M]. 北京:国防工业出版社,2011.

[3] 刘军营. 液压与气压传动[M]. 西安:西安电子科技大学出版社,2007.

[4] ZHANG Qiwei, KONG Xiangdong, YU Bin, et al. Review and development trend of digital hydraulic technology[J]. Applied Sciences, 2020, 10(2): 579.

[5] XU Bing, SHEN Jun, LIU Shihao, et al. Research and development of electro-hydraulic control valves oriented to Industry 4. 0: a review[J]. 中国机械工程学报, 2020, 33(2):5 - 24.

[6] TAMBURRANO P, PLUMMER A R, DISTASO E, et al. A review of electro-hydraulic servovalve research and development[J]. International Journal of Fluid Power, 2018.

[7] 徐兵,纵怀志,张军辉,等. 碳纤维复合材料液压缸研究现状与发展趋势[J]. 复合材料学报, 2022, 39(2): 446 - 459.

[8] CHEKUROV S, LANTELA T. Selective laser melted digital hydraulic valve system [J]. 3D Printing and Additive Manufacturing, 2017, 4(4):215 - 221.

[9] 彭天好,徐兵,杨华勇. 变频液压技术的发展及研究综述[J]. 浙江大学学报(工学版), 2004, 38(2):215 - 221.

[10] 马纪明,付永领,李军,等. 一体化电动静液作动器(EHA)的设计与仿真分析[J]. 航空学报, 2005, 26(1):79 - 83.

[11] 孔祥东,李松晶,俞滨,等. 小型化液压油源和一体化电液执行器整体综合设计理论与方法 2019 年度技术进展报告[R]. 2019.

[12] CHAO Qun, ZHANG Junhui, XU Bing, et al. A review of high-speed electro-hydrostatic actuator pumps in aerospace applications: challenges and solutions[J]. Journal of Mechanical Design, 2019, 141(5).

[13] 张斌,杨振环,贺电,等. 混凝土泵车臂架 EHA 系统控制策略研究[J]. 液压与气动, 2023, 47(11):158 - 168.

[14] 张利平. 液压阀原理、使用与维护[M]. 北京:化学工业出版社,2005.

[15] 许益民. 电液比例控制系统分析与设计[M]. 北京:机械工业出版社,2006.

[16] 石延平,扬力. 大摆角螺旋摆动液压缸的设计[J]. 液压与气动, 1999(6):5 - 7.

[17] 李松柏,刘义伦,刘伟涛. 螺旋摆动液压缸间隙的优化设计[J]. 中南大学学报(自然科学版), 2012, 43(5):1710 - 1716.

[18] 刘嵩,陈凯,李发. 螺旋齿摆动液压缸螺纹副优化动力学分析[J]. 机床与液压, 2018, 46(7):55 - 59, 77.

[19] 雷天觉. 新编液压工程手册[M]. 北京:北京理工大学出版社,1998.

[20] 许福玲,陈尧明. 液压与气压传动[M]. 北京:机械工业出版社,2004.

[21] 郑德帅，谷立臣，张平，等. 新型煤炭采样臂 AMESim 建模及可行性分析[J]. 机床与液压，2013，41(13):155-157.

[22] 冯世波. A4V 系列液压泵的开发和应用[J]. 液压气动与密封，1999，(4)：16-19.

[23] 姚怀新. 行走机械液压传动理论(连载 11)[J]. 建筑机械，2003，(8)：69-72.

[24] 黄宗益，李兴华，陈明. 液压传动的负载敏感和压力补偿[J]. 建筑机械，2004，(4)：52-55+58.

[25] 唐雯，吴榕，林文祥. 带位移传感器液压缸的现状及其发展趋势[J]. 液压气动与密封，2011，31(5):3-6.

[26] 生敏，褚桂君，刘朋，等. 多级伸缩油缸典型结构解析[J]. 液压气动与密封，2013，33(12)：61-63.